Pietzko/Thiel

**Die Narzissmus-Bilanz**

# DIE NARZISSMUS-BILANZ

**Vom Schaden und Nutzen toxischer Charaktere in Organisationen**

von
Sylvia Pietzko und Marion Thiel

Verlag Franz Vahlen München

**vahlen.de**

ISBN Print: 978-3-8006-7409-1
ISBN E-Book (ePDF): 978-3-8006-7612-5
ISBN E-Book (ePub): 978-3-8006-7613-2



Druck und Bindung: Beltz Grafische Betriebe GmbH
Am Fliegerhorst 8, 99947 Bad Langensalza

Satz: Sylvia Pietzko

Grafiken: Aura Kasih, Maximilian Pauli,
Muhammat Sukirman, Sylvia Pietzko, Till Teenck

Produktion: Sieveking Agentur, München

Umschlag: Sylvia Pietzko

vahlen.de/nachhaltig

Gedruckt auf säurefreiem, alterungsbeständigem Papier
(hergestellt aus chlorfrei gebleichtem Zellstoff)

# Inhaltsverzeichnis



*Speziell gekennzeichnete Seitenränder lassen dich sofort unsere drei Highlights finden!*

## ANHANG

*Diese Figur weist dich auf einen Info-Kasten zu einem speziellen Thema oder einem Begriff hin.*

*Diese Figur weist dich auf eine Beispielgeschichte hin, die wir im Anhang analysieren.*

*Die Glühbirne steht zusammen mit einer gestrichelten Linie für kleinere Beispielgeschichten.*

*Diese Figur markiert am Ende eines jeden Kapitels, was es darin zusammenfassend zu lernen gibt.*

**DIESES BUCH IST NICHT FÜR EXTREME NARZISSTEN GEEIGNET!**

Für Risiken und Nebenwirkungen wie Wutausbrüche oder Anfälle von Selbstreflexion übernehmen wir keine Haftung.

# Eine Hommage an den Menschen Fritz Bremer

**Mitmensch**

Oft mag ich Menschen
nicht – wenn ich sehe wie
sie an der Schwelle stolpern
denke ich, warum sind sie
nur so ungelenk

Wenn ich sie schamlos
grinsen sehe und spotten
höre – über den da
sind sie mir so widerlich
dass ich kotzen könnte

Wenn ich sehe – wie sie
ihre Kinder an den Armen
zerren und sie beschimpfen
verfluch ich sie und sage
leise, sie sind's nicht wert

Wenn sie keck umhergehen
und sich gegenseitig
reizend überbieten
scheint mir, sie tun wie
Waren auf dem Markt

Oft mag ich Menschen
nicht und mir wird
flau und mutlos
vor allem, da ich weiß
dass ich gleich
stolpern werde

*Fritz Bremer*

# Geleitwort von Neurologe und Psychiater Egbert Cardinal von Widdern

Die ungewöhnliche Konzeption des Buch, bietet dem oft als heikel beschriebenen Themenfeld angemessene Perspektivwechsel. Das fördert einen konstruktiven Umgang mit dem Leid, das dieser Thematik meist innewohnt.
Die Basis für konstruktive Dialoge wird begünstigt durch das Tandem der Autorinnen, die als Vorarbeit in Austausch zum Themenfeld *Narzissmus-Bilanz* gingen und diesen Dialog untereinander bis zum letzten Korrekturschritt wach hielten.
Dies schafft beste Voraussetzungen, um jeder lesenden Person die Grundhaltung von Austausch und gegenseitigem Lernen nahezubringen und diese Grundhaltung für den persönlichen (Arbeits-)Kontext schmackhaft zu machen. Konstruktive Dialoge sind in diesem Zusammenhang eine besondere Herausforderung, narzisstisches Verhalten unterbindet manchmal auf subtile, manchmal auf machtbetonte und immer wieder vielfältige Weise häufig genau diesen Dialog.

Als Neurologe und auch als Psychotherapeut interessiert mich besonders, was im Fachjargon Embodiment genannt wird: Das Zusammenspiel aller Teile des Körpers und des Nervensystems in realen Situationen des Alltags.
Alle Teile des Körpers sind zusammen mehr als jedes Teil für sich. Dieser Allgemeinplatz wird nachvollziehbar, wenn man die Wechselwirkungen mit dem Kontext gleichberechtigt als Aufmerksamkeitsfokus mitlaufen lässt.
Aus dieser kooperativen Haltung, diesem kooperativen Zusammenspiel von Körper und Nervensystem mit dem Lebens- oder Arbeitskontext kann dann Neuroplastizität ins Spiel kommen. Durch diese dann mögliche Neuroplastizität durchlaufen die beteiligten Personen Entwicklungen zur Gesundung, gestützt auf nachhaltige Lernprozesse. Anregungen für Lernprozesse solcher Art geben die zahlreichen Beispielsituationen im Buch.

Ich empfehle, wiederkehrend die eigene Wahrnehmung beim Lesen zu justieren: Wir Menschen können Dinge produzieren, wir können in unserem Umfeld funktionieren und nicht zu vergessen: Wir können uns orientieren. Diese drei in eine Balance der Gleichwertigkeit zu bringen, halte ich für förderlich, um das Anliegen des Buches für den eigenen Alltag zu übersetzen:

» Was? Ebene des Produzierens
(Dinge oder Räume schaffen, herstellen oder gestalten)

» Wie? Ebene des Funktionierens
(Im Dienste von Zielen, Dingen oder Räumen stehen und dafür funktionieren)

» Wozu? Warum? Ebene des Orientierens
(Eine Fähigkeit zur Orientierung, entweder mittendrin stehend oder aus einer unterscheidenden Metaposition)

In unserer Mainstreamkultur beschränken wir uns meist auf das Dilemma zwischen dem ersten und dem zweiten Punkt, der dritte ist häufig ungeübt oder wird geringgeschätzt, belächelt, oder sogar bekämpft.

Wenn keine der drei eine der anderen Ebenen dominiert, wird es gelingen, die eigene Wahrnehmung, die eigene Erfahrung und das eigene Wissen alltagstauglich mit den Inhalten des Buches zu integrieren.

Ich wünsche diesem Buch eine aufgeschlossene Leserschaft, die mit den Anregungen der beiden Autorinnen einen gedeihlichen Umgang in ihrem eigenen Alltag entwickeln kann.

Dr. med. Oec. med. Egbert Cardinal von Widdern

**Bevor es richtig losgeht,**
**müssen wir noch eine Triggerwarnung aussprechen:**
Sei dir bewusst, dass wir auch über Trauma sowie über Komorbiditäten schreiben – das sind Störungen, Krankheiten und Phänomene, die extremen Narzissmus begleiten können. Menschen, die darunter leiden, gehen möglicherweise bis zum Äußersten. Bitte überlege dir gut, ob du das Buch lesen willst, wenn du selbst auf psychischer oder psychosomatischer Ebene sehr stark belastet bist.

# Einführung in die Narzissmus-Bilanz

85 Prozent aller Führungskräfte erkennen Toxizität nicht, selbst wenn sie ihnen in die Nase beißt. Dies ist kein Studienergebnis – es entspricht unserer Erfahrung als Menschen, die seit Jahren und Jahrzehnten extreme Narzissten begleiten und mit ihnen sowie ihren ‚Opfern' arbeiten. Über Narzissmus in privaten Beziehungen wurde schon viel geschrieben.[1] Wir konzentrieren uns in diesem Buch deshalb ganz auf den Alltag im Job. Narzissmus macht an der Bürotür nicht halt. Ganz im Gegenteil: unsere Gesellschaft ‚be-fördert' narzisstisches Verhalten bis in die Konzernspitzen. Bis zu 70 Prozent des Managements gelten als extrem narzisstisch oder sogar als gestört.[2] Narzissmus bestimmt mehr oder weniger subtil das Leben aller Menschen, ob sie es wollen oder nicht, ob es ihnen klar ist oder nicht. Er ist – hier stimmen wir dem „netten Narzissten" Dr. Pablo Hagemeyer zu – die Größte und vielleicht komplexeste aller menschlichen psychischen Störungen.[3] Er darf jedoch nicht ausschließlich als Störung verstanden werden – wirf für eine schnelle Definition gerne direkt einen Blick in unsere erste Infobox auf der nächsten Seite. Wir gehen noch einen Schritt weiter und stellen die These auf, dass es ohne extremen Narzissmus die heutige Wachstumswirtschaft nicht gäbe. Sondern lediglich den klassischen Tauschhandel. Davon sind wir überzeugt und werden dies natürlich im Verlauf der Lektüre begründen. Unser Buch ist ein 360-Grad-Blick auf das Thema Narzissmus im Business – im Kontext der Wirtschaftsphilosophie. Es ist für dich geeignet, wenn du

» mit toxischen Charakteren im Business umgehen lernen willst,
» die positiven Aspekte des Narzissmus für dein Unternehmen nutzen möchtest und
» vom Erkennen ins Verstehen kommen willst. Um mit diesem neuen Verständnis die Toxizität in deinem Unternehmen bewerten und – vermutlich erstmalig – steuern zu können.

1 Mehr als 1.000 Suchtreffer bei Amazon zum Stichwort Narzissmus – die Anzahl der Bücher darunter, die ihren Schwerpunkt in der Arbeitswelt haben, ist verschwindend gering, auch wenn etliche Ratgeber beispielsweise den Umgang mit narzisstischen Führungskräften anreißen.

2 Harvard Business Manager, Heft 05/2021; andere Quellen liefern andere, etwas niedrigere Zahlen.

3 Hagemeyer, Pablo: *Gestatten, ich bin ein Arschloch!* Hamburg, 2020. S.77.

**Narzissmus in a Nutshell**

Die meisten Bücher über Narzissmus beginnen mit der Frage: „Was ist Narzissmus?" Wir haben uns bewusst für einen anderen Weg entschieden und Teil I mit dem Thema Macht begonnen. Für den Fall, dass du dich jedoch noch gar nicht mit der Materie beschäftigt hast oder einfach neugierig bist auf unsere Definition, bekommst du hier die ‚Quick & Easy'-Variante. Sie dürfte sich von den allermeisten Ratgebern dadurch unterscheiden, dass sie ein etwas ausbalancierteres Bild anstelle des Teufels an die Wand malt. Auch wenn wir im Verlauf dieses Buches stellenweise deutliche Worte finden werden ...

Narzissmus ist zunächst weder eine Störung noch eine Diagnose, sondern beschreibt ein Set von Charaktereigenschaften und damit verbundenen Verhaltensweisen. Diese sind in ihrer Normalausprägung gesund und wichtig und wir wünschen sie jedem Menschen – zum Beispiel Mut, Kreativität oder Freude am Erfolg. Narzissmus wurde unseres Wissens nach auch niemals offiziell als Krankheit eingestuft – im Unterschied beispielsweise zur bipolaren Störung, die medikamentös behandelt werden kann.
Deshalb werden wir im Buch sehr häufig etwas über ‚gesunden' oder, in Abgrenzung dazu, ‚extremen' Narzissmus schreiben. Erst die extreme Variante führt zu dem, was wir im Untertitel des Buches als einen ‚toxischen Charakter' bezeichnen, wo es also ‚ungesund' wird. Wir sehen Narzissmus als Skala, und die hat bekanntlich neben der neutralen bzw. von uns positiv bewerteten Mitte zwei Enden. Am oberen Ende liegt der extreme Narzissmus, am unteren Ende das entgegengesetzte Extrem – der Echoismus. Wenn du dich hier verortest, hast du auch ein Problem: nämlich zu wenig narzisstische Eigenschaften.

Wenn wir hier im Buch ‚Narzisst' ohne situativ genau definierten Kontext bzw. ohne Betonung der gesunden Mitte sagen, dann meinen wir alles Erleben und Verhalten, das ins Extreme, Ungesunde, für die Person zum Teil auch selbst Belastende und für andere Menschen Schädliche geht. Ein Narzisst kann natürlich immer auch eine Narzisstin sein.

Mehr zu all dem liest du in Kapitel 2 ab Seite 37.

Apropos *Gift*: Lass uns noch ein Wort zu den ‚toxischen Charakteren' verlieren, die du hier sowie im Untertitel des Buches findest. Das Wort *toxisch*, also *giftig*, ist kein wirklicher Fachbegriff, sondern wird eher populärwissenschaftlich verwendet. Wir haben auch schon Gegenwind dafür abbekommen, Menschen so zu bezeichnen. Doch wir stehen dazu, denn wenn wir dieses Wort benutzen, geht es darum, dass du Stück für Stück seelisch durch die manipulativen Machenschaften eines anderen Menschen vergiftet wirst, bis du sogar körperliche Symptome zeigst. Beispielsweise geistige Verwirrung, muskuläre Verspannung oder eine tiefe Erschöpfung. Toxisch ist hier allerdings nicht nur das Verhalten und seine Wirkung auf dich, sondern, so traurig das klingt, die gesamte Person, die einen hohen Grad an Narzissmus aufweist. In einem solchen Fall ist es weniger wahrscheinlich, dass dieser Mensch sich ändert. Wie es zum Beispiel jemand könnte, der sich ungeschickt, unorganisiert oder unzuverlässig verhält. Das heißt noch lange nicht, dass er so ist. Beim extremen Narzissten ist das anders. Und gerade deshalb sollten wir das Wort *toxisch* nicht leichtfertig verwenden, nur weil uns mal jemand geärgert hat oder Verhalten zeigte, das sich nicht mit unseren individuellen Werten deckt.

Ganz wichtig dabei ist die Erkenntnis: Narzissten sind nicht ‚böse' im Sinne einer Bewertung von gut oder schlecht. Der Wolf, der das Lämmchen reißt, ist auch nicht böse. In beiden Fällen liegt das Verhalten in ihrer Natur[4], in beiden Fällen geht es ums eigene Überleben. Extreme Narzissten sind Menschen, die aus einer tiefen inneren Not heraus das eigene Ich sehr stark im Blick haben. Als Kind sind sie meist nicht bedingungslos geliebt worden bzw. haben Bindungs- oder Entwicklungstraumata erfahren.[5] Daraus haben sie hochintelligente Überlebensstrategien entwickelt. Ein ‚Wir' konnten sie dabei nie lernen. Narzissmus ist deshalb ein Phänomen, das Mitgefühl braucht. Gefahrlos mit Narzissten mitfühlen können jedoch nur Menschen, die in höchstem Maße klar, selbstwirksam, psychisch stabil und nicht von emotionaler oder wirtschaftlicher Abhängigkeit bedroht sind. Und selbst dann empfehlen wir, sich zwischendrin immer wieder gesund zu distanzieren. Nur so können wir Narzissten geben, was sie brauchen, ohne uns selber einzuschränken und ohne Gefahr zu laufen, dass unser eigenes Selbst von ihnen gekapert wird. Nur dann

4 Beim Wolf, weil er ein Raubtier ist. Beim Narzissten, weil die Anlage dafür zum Teil in den Genen liegt – der andere Teil liegt dann an einer ungünstigen Prägung vor und nach der Geburt bzw. in der frühen Kindheit. Erst ab Stufe 8-9 auf der Malkin-Skala (vgl. Abb. 1) geht Narzissmus in Psychopathie und damit in bewusst und willentlich bösartiges Verhalten über.

5 Lies mehr dazu in Kapitel 3.

können wir die Stärken, die der Narzissmus mit sich bringt, akzeptieren, anerkennen, wertschätzen. Und für Win-Win-Situationen nutzen. Wie für andere brauchen wir ganz besonders auch Mitgefühl für uns selbst und unsere eigenen Herausforderungen.

All das ist auch der Grund, warum wir in der *Narzissmus-Bilanz* ausführlich und auch durchaus kritisch auf das Phänomen *Narzissmus* schauen. Damit du als Führungskraft, Personalentscheider oder Berater wirklich weißt, was da auf dich zukommt. Wenn du nicht länger das hilflose Lämmchen sein oder dir naiv und blind den Wolf ins Haus holen willst. ‚Normalo-Narzissten' wie du und ich, wir können uns erstmal nicht vorstellen, was für eine Kraft und Bedürftigkeit gleichermaßen hinter den schwereren Fällen steckt. Bis wir es erlebt haben. Damit du unsere schmerzhaften wie lehrreichen Erfahrungen nicht selber machen musst, oder damit du im Falle eines Falles verstehen, aufarbeiten und verwerten kannst, was dir passiert ist, auch aus diesem Grund haben wir dieses Buch geschrieben.

## Für wen wir die *Narzissmus-Bilanz* geschrieben haben

Wir richten uns ganz allgemein an Menschen, die im Berufsleben stehen. Und die ihre Mitstreiter mit Tendenz zum extremen Narzissmus, aber vielleicht auch sich selbst ein bisschen besser verstehen wollen. Wir wenden uns an Mitarbeiter in Start-ups genauso wie im Mittelstand, in Konzernen, Non-Profit-Organisationen, öffentlichen Einrichtungen oder in der Politik. Kurzum an alle, die die schädlichen und die nützlichen Seiten von Narzissmus im Arbeitsleben erkennen und einen differenzierteren Blickwinkel jenseits der ‚Narzissmuskeule' einnehmen wollen. Was nicht heißt, dass wir sie nicht hier und da hochhalten werden. Insbesondere haben wir die *Narzissmus-Bilanz* jedoch für Wirtschaftsunternehmer in Konkurrenzsituationen, für Führungskräfte, Personalverantwortliche und Organisationsberater geschrieben. Sie sind es, die in erster Linie in Organisationen etwas bewegen und verändern können. Die vor allen anderen Lesern ein Interesse daran haben könnten, einen Wettbewerbsvorteil dank positiver Narzissmus-Bilanz zu haben. Und die vielleicht damit diese Welt ein kleines bisschen besser machen wollen.

Die Beschäftigung mit dem Menschen macht reich. Sie erlaubt, Mitarbeiter nach dem Maximalprinzip einzusetzen. Maximalprinzip bedeutet, vorhandene menschliche Potenziale maximal zur Entfaltung zu bringen. Das meinen wir keinesfalls ausbeuterisch, sondern ermächtigend: neudeutsch ‚empowernd'. Es geht darum, dass wir die Stärken, die in Menschen vorhanden sind, wertschätzen und fördern. Menschen, die in ihrer Arbeit endlich gesehen werden und aufblühen dürfen im Sinne eines gesunden Narzissmus, kommen auch Unternehmen zugute. Doch wir haben leider häufig selbst am eigenen Ego zu knabbern oder die Verletzungen unserer Kindheit zu heilen. Oft lassen wir uns durch die eigenen narzisstischen Nöte dazu verleiten, Menschen an ihren Schwächen zu messen. Dann verurteilen wir und lassen private wie berufliche Beziehungen scheitern. Sie enden in einem Lose-Lose statt in einem Win-Win, und machen ein Zusammenleben oder Zusammenarbeiten unmöglich. Aber stell dir mal vor, jeder Mensch würde sein volles Potenzial gerne auf der Arbeit einbringen und sich entwickeln. Mit Freude jeden Tag sein Bestes geben, aus eigenem Antrieb heraus. In Organisationen, in denen das Gefühl von psychologischer Sicherheit stark ausgeprägt ist, wird diese Utopie zur Realität. Dadurch erhöht sich das Wohlbefinden aller Beteiligten erheblich. Und dies führt zu einem geringeren Krankenstand – der zeigt sich direkt in der Bilanz unten rechts.

## Die *Narzissmus-Bilanz* besteht aus drei Teilen:

Im **ersten Teil**, der aus den Kapiteln 1 bis 3 besteht, öffnen wir den **Problemraum**. Wir werfen einen Blick darauf, was Narzissmus alles ist – je nachdem, auf welchen Forschungszweig und auf welche Autoren du dich beziehen magst. Wir helfen dir dabei, Narzissmus wirklich zu verstehen, ohne dass du selbst zum Experten werden musst. Wir stellen dir die Narzissmus-Skala vor, auf der wir uns alle befinden. Und wir beschreiben ausführlich, weshalb extreme Narzissten toxisch sind und du dich vor ihnen schützen solltest. Der Kontakt zu extremen Narzissten ist Stress pur, und Dauerstress kann traumatisierend wirken. Andererseits leiden Narzissten selbst meist lebenslang unter ihren frühkindlichen seelischen Verletzungen. Dies ist kein Grund, ihr Verhalten zu entschuldigen, doch wenn du die Hintergründe kennst, kannst du die Mechanismen besser verstehen. In der Fachsprache nennt sich das, was wir hier tun, *Psychoedukation.*[6] Sie ist wichtig, um besser zu verarbeiten, was du selbst mög-

6 Als Psychoedukation wird die strukturierte Vermittlung von psychologischem Fachwissen für betroffene oder interessierte Menschen ohne entsprechende Ausbildung verstanden.

licherweise schon mit der toxischen Form von Narzissmus erlebt hast, und um klarer zu erkennen, woran du bist, sollte dir extremer Narzissmus begegnen. Der Begriff wird dir im Buch öfter begegnen, weil wir dich ermutigen wollen, mit Psychoedukation in Sachen Narzissmus in deinem eigenen Wirkungskreis anzufangen.

Der **zweite Teil** bildet den **Übergang** in den Lösungsraum. Du wirst ihn mögen, wenn du dich für Systeme – hier das Zusammenspiel zwischen dem System Organisation und dem System Mensch – interessierst und neugierig darauf bist, was sich dort beobachten lässt: zum Beispiel, wie wichtig psychologische Sicherheit ist und dass Organisationen auch nur komplexe ‚Wesen' sind, die miteinander in Konflikte geraten und traumatisiert werden können. Was systemisch gesehen zwischen Menschen passieren kann, erläutern wir detailliert anhand einer Persönlichkeitstypologie. Außerdem geht es hier um die a) Risiken und b) Chancen – wir schreiben das bewusst in dieser Reihenfolge, und nicht andersherum! – von Narzissmus in der Wirtschaft. Auch das System Wirtschaft nehmen wir hier genauer unter die Lupe: Du lernst, wie extremer Narzissmus systemisch gefördert wird.

Im **Lösungsraum** selbst, dem **dritten Teil**, geht es darum, eine Bilanz zu erstellen sowie Ertrag und Kosten von Narzissmus in einer GuV gegenüber zu stellen. Wenn du selbst eine Narzissmus-Bilanz erstellen willst, geben wir dir mit unserem Test ein Werkzeug an die Hand: Ein Narzissmus-Messgerät für dein Team, deine Gruppe oder deine Organisation bzw. die, in der du arbeitest oder die dich beauftragt hat. Du kannst selbst reflektieren, wie du deine positiven, gesunden narzisstischen Eigenschaften noch besser nutzen kannst. Denn Führung beginnt mit Selbstführung. Hier geht es um deinen Weg vom Kennen zum Können: Wenn extremer Narzissmus in Organisationen nicht wegzudenken ist, muss dies von nicht-narzisstisch verletzten Führungskräften gemanagt werden: Narzissten gedeihlich Führen will gekonnt sein – wir zeigen dir anhand von Beispielen aus unserer Beratungspraxis, wie es gehen kann. Beginnend damit, wie du Narzissten am Arbeitsplatz erkennst und wie du dich und dein Team vor ihren destruktiven Seiten schützen kannst. Ja, wie du ein Narzissmus-Gegengift für Menschen und Organisationen entwickeln kannst. Dann kannst du lösungsorientierte Maßnahmen ergreifen, statt ohnmächtig manipulativen Spielen beizuwohnen und Menschen zu verteufeln oder zu pathologisieren. Du lernst, dass sich menschliche Ethik und wirtschaftlicher Erfolg nicht widersprechen, und dass es eine Form von Macht gibt, die wir dafür brauchen.

## Was ist anders als in anderen Narzissmus-Ratgebern?

Mit Blick auf die stetig wachsende Zahl an Narzissmus-Ratgebern stellst du dir vielleicht die Frage: „Noch ein Buch über Narzissmus? Echt jetzt?!“ Wir Autorinnen sind der Meinung, dass über Narzissmus gar nicht genug geschrieben werden kann. Bis sich das vorhandene Wissen in all seinen Facetten und manchmal auch Widersprüchlichkeiten in möglichst vielen Gehirnen festgesetzt hat. Bis Menschen aufhören, Narzissmus ausschließlich als Diagnose, als Schimpfwort oder auch als etwas, womit man sich brüsten kann, zu sehen. Bis schon Teenager wissen, was es mit Narzissmus auf sich hat, wie man ihn bei sich und anderen erkennen kann, wo er nützlich ist und vor welchem Verhalten man sich schützen und abgrenzen sollte.

Wir haben ein Buch versprochen, mit dem du dich nicht nur weiterbilden, sondern mit dem du auch arbeiten kannst. Deshalb wirst du gelegentlich Reflexions- bzw. Coachingfragen finden, die dich weiterbringen können. Viele Fragen kannst du nicht nur für dich persönlich, sondern auch – je nach Grad an psychologischer Sicherheit – zusammen mit deinem Team beantworten, wenn du das möchtest.

Wir Autorinnen erfinden das Rad in der *Narzissmus-Bilanz* nicht neu. Wir tragen lediglich das uns verfügbare Wissen der Welt zusammen und kombinieren es mit unseren Kenntnissen und Erfahrungen. Ohne all die klugen Köpfe, die sich lange vor uns Gedanken gemacht haben über Organisationen, Wirtschaft, Führung oder das menschliche Gehirn, würde es dieses Buch hier nicht geben. Wir könnten auch sagen: Die Existenz des Phänomens Narzissmus hat es vielleicht erst nötig oder möglich gemacht, dass viele dieser Bücher geschrieben worden sind. Nur hat es unseres Wissens nach nie jemand durch unsere Brille gesehen. Nie auf diese Weise auf den Punkt gebracht. Nie in diesem unseren wahrgenommenen Zusammenhang gesehen. Die *Narzissmus-Bilanz* gründet sich deshalb auf dem, was wir aus unseren Quellen schöpfen durften.

Wir haben in Beratungs- und Trainingssituationen schon jede Menge erlebt. Beispielsweise zwanzig gestandene Manager in einem unserer Kurse, viele davon mit der Rente fest im Blick, die noch nie etwas davon gehört haben, dass der Empfänger die Botschaft bestimmt und nicht der Sender. Deshalb setzen wir nichts mehr voraus, was Wissen anbelangt und werden einige Begriffe und Sachverhalte erklären, die man in einem Wirtschaftsbuch vielleicht für allgemein bekannt halten könnte. Überspring die Stellen einfach, wenn sie dich langweilen. Am Ende der einzelnen Kapitel haben wir die jeweils wichtigsten ‚Learnings' für dich notiert, falls du es eilig hast und dir eine kurze Zusammenfassung dessen reicht, was drinsteckt.

## Ach ja: Wer sind denn überhaupt „wir"?

Gestatten, wir sind Marion aus Koblenz und Sylvia aus Wiesbaden. Wir hatten in unserem Leben schon mit einigen Menschen zu tun, die wir hoch oben auf der Narzissmus-Skala verorten. Und weil es uns beiden so geht, weil wir auch im beruflichen Kontext betroffen waren und die große Lücke am Buchmarkt bei gleichzeitig riesigem Interesse der Wirtschaftsmedien am Thema Narzissmus entdeckt haben, kamen wir im Sommer 2023 auf die Idee, dieses Buch zu schreiben. Wir brauchen uns gegenseitig dafür: Marion, die Wirtschaftswissenschaftlerin, hat am Schreiben keine Freude, sondern am lernenden Dialog mit Menschen. Die Geisteswissenschaftlerin Sylvia, die bereits 2014 ein Buch veröffentlicht hat und regelmäßig bloggt, hat Spaß daran. Wir helfen nicht nur den ‚Opfern' durch traumasensible Begleitung, sondern arbeiten auch mit Führungskräften und deren Herausforderungen durch Narzissmus in Organisationen. Piekst du Marion an der richtigen Stelle an, so fließt ein ergiebiger Strom an Wissen aus ihr heraus, in den du eintauchen kannst. Sylvia schöpft aus diesem Strom die Essenz. Sie fragt oft äußerst skeptisch nach, strukturiert, ergänzt, verändert und kürzt hier und da und bringt das Gesamtergebnis in Form. Außerdem arbeiten wir beide seit vielen Jahren als Coaches, Dozentinnenen, Beraterinnen und Mediatorinnen und haben auch fundierte neurowissenschaftliche Weiterbildungen. In der zweijährigen Mediations-Ausbildung an der Universität Witten/Herdecke haben wir uns kennen- und schätzen gelernt. Was ganz besonders wichtig ist: Wir können zusammen lachen und hoffen, dass auch du bei aller Ernsthaftigkeit des Themas hier und da schmunzeln kannst.

Wir duzen unsere Leser – wie du bereits gemerkt haben dürftest – und haben uns für das per Definition alle Menschen inkludierende generische Maskulinum entschieden. Wir hoffen, dass du diese Entscheidungen mit Wohlwollen aufnehmen kannst. Das wertschätzende ‚Du' schafft unserer Erfahrung nach Verbindung und zieht dich tief ins Buch rein; das ‚Sie' erleben wir in der Literatur als trennend und entfremdend. Damit die *Narzissmus-Bilanz* gut lesbar ist, verwenden wir verständliche Alltags- und keine Wissenschaftssprache. Es soll ein Buch aus der Praxis für die Praxis sein, keins aus dem Elfenbeinturm.[7] Wenn nötig, führen wir dich natürlich in Fachbegriffe ein. Du findest unsere Quellen, Verweise und Kommentare in den Fußnoten sowie im Literaturverzeichnis. Vielleicht bist du nicht immer überall unserer Meinung oder hast die Dinge bisher anders erklärt bekommen: In solchen Fällen möchten wir dich herzlich einladen, dich einfach mal auf unsere Sicht einzulassen, dich ins Buch rein zu entspannen und in dieser Stimmung über den Tellerrand hinaus zu denken. Vielleicht entstehen daraus ja wertvolle neue Einsichten oder Erfahrungen, vielleicht magst du das Buch als ein Arbeitsbuch nach den Impulsen aus dem Vorwort verstehen.

Und jetzt wünschen wir dir gleichermaßen unterhaltsame, informative und vor allen Dingen auch hilfreiche Lektüre! Wir sehen so ein Buch übrigens nicht als kommunikative Einbahnstraße: Wenn du uns Feedback geben oder von einer eigenen Erfahrung mit Narzissmus im Business-Kontext berichten möchtest, freuen wir uns darüber unter hallo@narzissmus-bilanz.de

Wiesbaden und Koblenz im August 2024

7 Menschen im Elfenbeinturm kennen Theorien in- und auswendig, sprechen eine Sprache, die nur sie und ihresgleichen verstehen und wissen häufig tatsächlich alles besser. Sie haben jedoch noch nie einen Fuß in die reale Welt dort draußen gesetzt, jenseits ihrer Universitäten, Bibliotheken und Labore.

# TEIL I
# NARZISSMUS IM INDIVIDUUM

Das Phänomen Narzissmus ist gleichermaßen faszinierend wie gruselig. Der engere und längerfristige Umgang mit extremen Narzissten gilt als ungesund, gefährlich bis traumatisierend. Zu Recht, wie du im Verlauf dieses Buches an vielen Beispielen sehen wirst – unter bestimmten Bedingungen des gemeinsamen Umfelds. Doch ebenso wollen wir dir zeigen, dass Narzissmus auch Chancen bietet, zumindest, wenn wir im Kontext beruflicher Beziehungen bleiben. Es ist ein bisschen so wie am Aktienmarkt: Man kann dabei viel gewinnen und noch mehr verlieren. Ja, es ist riskant, wenn man mitspielt, ohne sich auszukennen. Wenn man in etwas investiert, von dem man keine hinreichende Ahnung hat. Wenn man entscheidende Signale nicht erkennt. Wenn man Aktien im Spiel hat, von denen man nichts weiß. Wenn man gar mit Menschen zockt, ihre Arbeitskraft nutzen will, ohne die Person dahinter zu sehen. Es kann im Zusammenwirken mit einem Narzissten steil nach unten, aber auch steil nach oben gehen. Wichtig ist, rechtzeitig den Absprung zu schaffen und nicht an etwas festzuhalten, was einen ruinieren kann: wirtschaftlich, aber in diesem Falle auch seelisch und sogar körperlich. Noch gefährlicher ist es, wenn du Teil eines Spiels bist bei dem du nicht weißt, dass du Teil des Spiels bist. Weil du in deinem Leben in zwischenmenschlichen Beziehungen mehr gute als schlechte Erfahrungen gemacht hast. Weil du noch nie in das Räderwerk narzisstischer Manipulation und Ausbeutung gekommen bist. Wenn du dich dann – beispielsweise nach einem Jobwechsel – bei einem extremen Narzissten als Vorgesetzten oder sogar in einem toxischen System wiederfindest, hast du wenig Chancen, darin aufzublühen, erfolgreich zu sein oder auch nur gesund zu bleiben. Und manchmal entsteht aus zu viel Kenntnis oder nicht verarbeiteter Erfahrung irrationale Überzeugung.

Die Gefahr, die von Narzissten ausgeht, zu minimieren und die Chancen, die sie bieten, zu maximieren, das wird nur durch Fachwissen und Psychoedukation, die Haltung der Menschen sowie einem für alle gedeihlichen Umfeld möglich.

Denn wenn du nicht gerade Psychologie studiert oder vergleichbare Ausbildungen hast, die einen Einblick in die Tiefen der menschlichen Seele samt ihren wirklich steilen Abgründen geben – woher sollst du darum wissen? Nur wenige Menschen haben diesbezüglich einen natürlichen Selbstschutz und ein Talent, sich Narzissten gegenüber abzugrenzen. Ein im Internet angelesenes Halbwissen, die Küchenpsychologie der Nachbarin, die aktuell gefühlt allgegenwärtig geschwungene Narzissmuskeule in den sozialen Medien und auf dem Büroflur, all dies schadet mehr, als es nützt. Doch vielleicht macht es neugierig und du hast deshalb dieses Buch hier gekauft, um mehr darüber zu erfahren. Diese Zeilen schreiben wir im Bewusstsein, dass auch wir als Autorinnen eines Ratgebers über Narzissmus nicht alles wissen können. Und dass es die eine richtige Wahrheit dank unserer hochkomplexen individuellen Wahrnehmungsprozesse eh nicht gibt. Jeder Mensch hat seine eigene. Wir können nur gemeinsam eine Wirklichkeit konstruieren, indem wir uns mit anderen Leuten über ihre Wahrheiten austauschen, um uns gemeinsam der Realität anzunähern. Eine Wirklichkeit, auf die wir uns einigen bzw. an deren Reibungspunkten entlang wir uns gemeinsam weiterentwickeln können. Als Individuen, als Organisationen und als Gesellschaft. Deshalb möchten wir dir mit diesem Buch eine realitätsnahe Wirklichkeit anbieten, die jenseits vom bisherigen Schwarz-Weiß-Denken über Narzissmus dessen Graustufen bedenkt und beleuchtet. In den Schattierungen können sich Schätze, Lösungen und Möglichkeiten verbergen, die auch für dich, dein Team oder deine Organisation dazu führen, dass die Kurse wieder steigen, um im Bild zu bleiben. Um uns der Realität anzunähern, haben wir uns immer wieder fachlich fundierte Erfahrungen und Sichtweisen von extern eingeholt.

Aus der Vielzahl dessen, was als Narzissmus bezeichnet wird oder wie Narzissten angeblich sind, haben wir 13 Aspekte herausgesucht, die wir im Bereich der Mythen verorten – als Geschichten, die von einer großen Menschenzahl für wahr gehalten werden und damit handlungsleitend sind. Doch diese Geschichten führen jeden in die Irre, der sich ein vollumfängliches Bild machen möchte, um aus größtmöglicher Klarheit heraus Bilanz ziehen zu können. Du findest diese Mythen als gesonderten Exkurs zwischen Kapitel 2 und 3.

*Macht ist weder gut noch schlecht, sondern neutral. Ihre moralische Qualität hängt davon ab, wie sie eingesetzt wird.*

Michel Foucault

# 1. Macht – die Antriebskraft hinter Narzissmus?

„Wissen ist Macht!" – dieses geflügelte Wort kennst du mit Sicherheit. Es wird ursprünglich dem englischen Philosophen Francis Bacon zugeschrieben.[8] Er lebte in der frühen Phase der wissenschaftlichen Revolution, Ende des 16. Jahrhunderts und sah die Wissenschaft als ein Mittel, um die Lebensbedingungen der Menschen zu verbessern. „Wissen ist Macht!" galt als Kampfruf des Bürgertums. Das Bürgertum begründete nämlich seinen Aufstieg in der frühen Neuzeit und seine Hoffnung auf einen Anteil an der bis dato alleinig dem Adel zugestandenen politischen Macht mit dem Zugang zu Wissen. Eine neue gesellschaftliche Ordnung sollte geschaffen werden, auf Basis selbst erworbenen und genutzten Wissens anstelle vererbter Standesrechte. Bacon gilt mit seinen Ideen als wichtiger Wegbereiter des Zeitalters der Vernunft: der Aufklärung.

Weshalb beginnen wir ein Buch über Narzissmus in der Wirtschaft mit dem Thema Macht?

» **Erstens**, weil wir einstimmen in den alten Kampfruf „Wissen ist Macht!": Wir sagen den Machenschaften extremer Narzissten in toxischen Systemen die friedliche, aber deutliche Begrenzung an. Die *Narzissmus-Bilanz* möchte zu diesem Zwecke aufklären, möchte Wissen verständlich zugänglich machen. Damit du dich im positiven Sinne selbst ermächtigen und deiner Organisation zu einem Aufstieg verhelfen oder ihren Abstieg verhindern kannst. Ja, so mächtig kann dieses Wissen sein, wenn du es annimmst und in die Praxis umsetzt. Da sind wir mal ganz unbescheiden und leben unseren gesunden Narzissmus aus.

8 In der englischsprachigen Fassung von 1598 lautete der Satz: „For knowledge itself is power.": https://www.die-bonn.de/doks/report/2011-theorie-der-erwachsenenbildung-01.pdf

» **Zweitens**, weil der Verdacht nahe liegt, dass das Streben nach Macht die Antriebskraft hinter Narzissmus ist: Wir finden diesen Verdacht, wenn wir in die Fachbücher schauen. Er springt uns an in der populärwissenschaftlichen Literatur. Und selbstverständlich finden wir ihn im Internet. Wir Autorinnen denken, dass hier der erste Irrtum vorliegt, den wir aufklären wollen. Es werden noch viele weitere Irrtümer folgen.

So, wie wir das Buch begonnen haben – mit dem Thema Macht –, wollen wir es später auch beenden. Wir möchten Macht neu denken, damit sie aus der Schmuddelecke geholt und sinnvoll genutzt werden kann. Denn sie bestimmt mehr oder weniger subtil unser ganzes Leben. Doch bevor wir all diese Gedanken vertiefen und am Ende den vermuteten Irrtum aufdecken[9], sollten wir der Frage nachgehen: Was ist überhaupt Macht? Nur, weil wir alle die gleichen Vokabeln benutzen, meinen wir ja nicht unbedingt die gleiche Sache.

## Macht als Gewalt

Was Macht anbelangt, ist im Gedächtnis unserer westlichen Kultur das Gedankengut zweier berühmter Männer stark verankert: Es handelt sich um den britischen Staatstheoretiker Thomas Hobbes sowie den deutschen Soziologen Max Weber. Ihnen zufolge ist Macht nahezu untrennbar mit Gewalt über oder an Menschen verbunden. Macht ist durch Hobbes' und Webers großen Einfluss in unserer Gesellschaft hauptsächlich negativ konnotiert. So definiert auch Wikipedia, die Brockhaus-Enzyklopädie des 21. Jahrhunderts, Macht im Sinne dieser beiden Männer als „die Fähigkeit einer Person, auf andere so einzuwirken, dass diese sich unterordnen."[10] Wenn wir das so stehenlassen, würde sich der oben geäußerte Verdacht, dass es Narzissten um Macht geht, erhärten. Narzissten ist es ja wirklich sehr wichtig, sich groß, stark und überlegen zu fühlen. Am einfachsten lässt sich das für sie erreichen, wenn sie andere Leute klein machen, schwächen und ihnen zeigen, dass sie unterlegen sind. Nicht von der Hand zu weisen ist außerdem, dass sich vielen Menschen beim Gedanken an Macht unweigerlich Bilder von wahnhaft anmutenden Regierungschefs wie Donald Trump und Kriegstreibern wie Wladimir Putin vor das innere Auge schieben. Doch wir müssen gar nicht bis nach

9 Das ist doch mal ein schöner Cliffhanger – bleib also dran, es lohnt sich für dich!
10 https://de.wikipedia.org/wiki/Macht_(Begriffskl%C3%A4rung)

Amerika oder Russland schauen: Oft reicht der Blick ins Nachbarbüro oder in die eigene Kinderstube. Beschämend kann der Gedanke an die herrschsüchtige Chefin sein, die deine guten Ideen als ihre eigenen ausgegeben hat. Schmerzhaft die Erinnerung an deine dich manipulativ einengende Mutter, der auch mal die Hand ausrutschte. Berichte über Machtmissbrauch in Politik und Wirtschaft sowie eigene Erlebnisse lassen viele Menschen denken, Macht sei ausschließlich schlecht.

Doch es wäre zu einfach, wenn wir Wikipedia glauben, und damit alles gesagt wäre. Wenn wir Hobbes, der später im Buch noch eine Rolle spielen wird, und Weber unreflektiert zustimmen würden. Denn Macht ist so viel mehr als Gewalt und Unterdrückung. Und es existieren so viele kluge Theorien zum Thema, dass wir uns einer Definition nur annähern können. In den Geistes- und Sozialwissenschaften gibt es im Gegensatz zu den Naturwissenschaften keine feststehende, unumstößliche, absolute Wahrheit: Dass ein Gegenstand auf dem Planeten Erde zu Boden fällt, wenn du ihn loslässt, dieser Beobachtung wird sich vermutlich nichts Neues mehr hinzufügen lassen, solange sich die Rahmenbedingungen unserer Schwerkraft nicht ändern.[11] In Philosophie, Soziologie oder Psychologie dagegen werden Phänomene im jeweiligen Kontext beobachtet und interpretiert, woraus völlig verschiedene Perspektiven und Verständnisse entstehen können.

Nach Ansicht des französischen Soziologen und Philosophen Michel Foucault ist Macht zunächst neutral und sollte nicht von vornherein moralisch beurteilt werden. Erst wenn wir sie mit Bedeutung aufladen, wird sie entweder gut oder schlecht. Macht ist wie ein Hammer: Du kannst dich damit nützlich machen und etwas reparieren oder erschaffen, zum Beispiel eine Holzkiste zusammennageln. Oder du kannst dich damit strafbar machen und gewaltvoll etwas vernichten, indem du einem anderen Menschen den Schädel einschlägst. Wir bestimmen im Idealfall, was wir mit unserer Macht tun. Und wir bewegen uns nie jenseits von Machtverhältnissen.

11 Wobei wir neulich bei LinkedIn einen ‚Spezialisten' getroffen haben, der selbst die Existenz der Gravitation anzweifelte. Es gibt scheinbar wirklich nichts, was es nicht gibt!

## Macht und Ohnmacht in Beziehung zu dir selbst und anderen

Macht lässt sich in mehrere Bereiche unterteilen:

- » Die Eigenmächtigkeit, für die du nur dich selbst brauchst.[12]
  - » Damit verbunden ist die individuelle Kraft, um etwas im physikalischen oder übertragenen Sinne zu bewegen
  - » Die Macht als bestimmte Qualität einer bestimmten sozialen Beziehung.
- » Dabei ist wiederum zu unterscheiden
  - » ob du Macht und damit möglicherweise auch Gewalt als Machtinstrument aktiv ausübst. Ein weiteres Mittel, um Macht aktiv auszuüben, ist die Kontrolle. Eng damit verbunden ist die Manipulation als Mittel, um die Kontrolle zu behalten.
  - » oder ob Macht dir zugeschrieben wird, wie es unter anderem Leuten ergeht, die als starker Charakter oder charismatische Persönlichkeit bezeichnet werden. Wird Macht überhaupt erst verliehen von denen, die aufschauen und bewundern?, fragt sich die ehemalige Profi-Fußballspielerin und HSV-Vorständin Katja Kraus?[13] Hierzu gibt es jedoch auch eine weniger positiv besetzte Lesart …

… nämlich einen bemerkenswerten Zustand, den der Organisationsberater und Konfliktforscher Friedrich ‚Fritz' Glasl[14] als *Komplementärprojektion*[15] bezeichnet: Weil Menschen sich ohnmächtig fühlen, muss irgendjemand schuld an ihrer Situation oder ihrem Gefühl sein. Hier wird Macht aus dem eigenen Erleben von Ohnmacht und Schwäche heraus zugeschrieben und die eigene Stärke und Macht abgelehnt.

Auch wenn wir mit Foucault gehen und annehmen, dass Macht zuerst neutral ist, ist es unmöglich, sich neutral zur Macht zu verhalten. Du hast als erwachsener Mensch in den meisten Lebenssituationen die Wahl, sie für dich persönlich anzunehmen oder abzulehnen. Wenn du Macht grundsätzlich verurteilst,

12 Lies dazu mehr in Kapitel 8, wenn es um das Konzept der Selbstabhängigkeit geht.

13 Kraus, Katja: *Macht – Geschichten von Erfolg und Scheitern*. Frankfurt am Main, 2014. S.8.

14 Bei Fritz Glasl haben wir 2019–2020 unsere Ausbildung zu Wirtschaftsmediatoren absolviert.

15 Was Projektion ist, beschreiben wir ausführlich auf Seite 40.

wählst du automatisch die Ohnmacht. Erfolgstrainer und Finanzexperte Bodo Schäfer ist sich sicher, dass die meisten Menschen gerne mehr Selbstführung im Sinne von mehr Einfluss und mehr Gestaltungsmöglichkeiten in ihrem Leben hätten. Doch fragt er nach, dann lehnen 80 Prozent[16] Macht ab. Sie sehen sich als machtlose Wesen. Sie schalten in den Empfänger- statt in den Gestaltermodus. Sie lassen sich führen, auch wenn das nicht immer zu ihrem Besten ist. Warum ist das so? Laut Schäfer: Weil es ihnen an Selbstwertgefühl fehlt, weil sie wenig Erfahrungen der Selbstermächtigung machen konnten. Hier finden wir erste Indizien dafür, dass das mit Macht und dem *Narzissmus* genannten Selbstwertmangel etwas kniffliger ist, als es auf den ersten Blick erscheinen mag. Um sich nicht dauerhaft allzu erbärmlich zu fühlen, entwickeln Menschen in narzisstischen Nöten[17] häufig ein überhöhtes Anspruchsdenken, was sich auch in den diversen existierenden Narzissmus-Checklisten finden lässt. Du findest eine solche Liste natürlich auch bei uns ab Seite 78.

Ganz ehrlich, wir hätten nicht erwartet, in einem Kurs über Finanzen eine Lektion über die Entstehung von verdecktem Narzissmus bzw. über Echoismus zu erhalten – was das jeweils genau ist, werden wir dir in Kapitel 2 näher beschreiben. Lass uns die Macht zunächst noch ein bisschen tiefer erforschen.

## Macht als individuelles Bedürfnis und Grundmotiv

Nach Steven Reiss gehört Macht zu den 16 wissenschaftlich evaluierten menschlichen Grundbedürfnissen oder Motivationen, die weltweit zu finden sind. Allerdings in unterschiedlichen Ausprägungen: stark, mittel, schwach. Diese Ausprägung ist es, die uns hilft, Persönlichkeiten und ihre Merkmale besser zu verstehen. Schauen wir uns doch mal an, was es bei Reiss über Macht zu lernen gibt. Der US-Professor für Psychologie und Psychiatrie bezeichnet Macht als „eine treibende Kraft für Leistungsmotivation, Willenskraft, Entschlossenheit

16 Die Information haben wir aus einem kostenpflichtigen Videokurs von Bodo Schäfer. Woher er diese Zahl hat, haben wir bis zur Manuskriptabgabe trotz mehrfacher Nachfrage leider nicht herausgefunden. Vielleicht ist es eine Zahl basierend auf seinen Erfahrungswerten, wie wir das selbst auch öfter handhaben.

17 Klaus Eidenschink prägte unseres Wissens nach diesen Ausdruck mit seinem 2024 erschienenen Werk *Es gibt keine Narzissten. Nur Menschen in narzisstischen Nöten.*

und Führung".[18] Es geht um den inneren Antrieb, im Leben voranzukommen. Um die Neigung, eine Führungsperson zu sein.

Bis hierhin unterscheiden sich Reiss' Erkenntnisse gar nicht so sehr von denen Niccolo Machiavellis, der zu Beginn des 16. Jahrhunderts mit *Il principe* (‚Der Fürst') eine Anleitung zum Herrschen veröffentlicht hat. Die spaltet bis heute die Lager: Machiavellismus gilt einerseits neben Narzissmus und Psychopathie als Bestandteil der *dunklen Triade der Persönlichkeit*[19] und als absolut verachtenswert. Was eventuell ansatzweise nachvollziehbar ist, ist der Mensch durch Macchiavellis Augen gesehen nicht nur egoistisch, sondern darüber hinaus auch asozial, triebhaft und politisch. Machiavelli hat seinen Anteil daran, weshalb Macht in Verruf geraten ist. Andererseits hat die Lehre Machiavellis – zumindest in Teilen – Befürworter. Heute könnte man dazu sogar schon ‚Follower' sagen, glaubt man Topmanager und Buchautor Werner Schwanfelder. Er ist sich sicher, dass absolut alle Manager machiavellistisch handeln.[20] Und dass viele von ihnen Machiavellis Tipps wortwörtlich nehmen und im beruflichen Alltag anwenden. Zu seiner Verteidigung sei gesagt, dass Schwanfelder dies „nicht unbedingt gutheißen kann".[21] Wir werden die Rolle des Managers – von extremen Narzissten gern und häufig bekleidet! – im Laufe des Buches noch genauer unter die Lupe nehmen und auch dem alten italienischen Philosophen erneut begegnen.
Doch lass uns das ambivalente Thema *Macht* mit Steven Reiss noch tiefer ergründen, um eine solide Grundlage für die *Narzissmus-Bilanz* zu schaffen. Reiss meint es nämlich gar nicht so negativ, wie es auf den ersten Blick aussehen mag.[22] Er betont das Bedürfnis nach Kreativität und Kreation von Personen mit dem Leitmotiv Macht – es geht um Schöpfergeist und Willenskraft. Zusammengefasst bezeichnet Reiss diese Bedürfnisse als Selbstbehauptung und weist darauf hin, dass die Befriedigung von Macht dazu führt, dass ein Mensch sich kompetent fühlt und sich an der eigenen Selbstwirksamkeit erfreuen kann. Selbstwirksamkeit spielt in unserem Coaching- und Beratungskontext eine essenzielle Rolle. Sie gilt es stets zu aktivieren und zu stärken.
Menschen in narzisstischen Nöten fühlen sich tief im Innern überhaupt nicht kompetent. Sie sind wie gefangen in ihrer Angst, als Hochstapler entlarvt zu

18 Reiss, Steven: *Das Reiss Profile.* Offenbach, 2010. S.84.

19 Den Begriff prägten im Jahr 2002 die kanadischen Psychologen Delroy Paulhus und Kevin Williams. In Kapitel 4 gehen wir nochmal tiefer darauf ein.

20 Schwanfelder, Werner: *Machen macht mächtig.* Heidelberg, 2005. S.11.

21 Ebd.

22 Reiss, 2010. S.84 ff.

werden, in ihrer Angst vor Kritik und Kontrollverlust. Die Quintessenz von extremem Narzissmus ist eine schwere Beziehungsstörung: Narzissten haben keine Beziehung mit sich selbst und eine toxische zu anderen Menschen. Die Macht, die in der gesunden Selbstbeziehung steckt, die Macht von Freundschaft und Liebe, die haben sie nie kennengelernt.

## Macht als Strategie, Rache als Motiv

Macht kann bei extremen Narzissten eine Strategie oder ein Ersatzbedürfnis[23] sein, und kein echtes Bedürfnis. Und genau hier wollen wir auch eine Grenze ziehen zwischen guter Macht und toxischer Kontrolle, die sich als gute Macht tarnt. Zwischen dem inneren, gesunden Antrieb, etwas zu erschaffen und dem krankhaften Zwang, andere Menschen zu manipulieren und dem eigenen Willen zu unterwerfen, um die eigene Geltungssucht zu befriedigen und die innere Leere – vergeblich! – zu füllen. Du kannst noch so viel Gutes in einen Narzissten reinkippen – es wird in ihm verschwinden wie Masse in einem Schwarzen Loch. Narzissten miss-brauchen (das ist kein Schreibfehler!) Macht als Strategie zum Zweck der Kontrolle anderer Menschen im Kampf gegen ihre eigentliche Unsicherheit. Mit dem, was ihnen dadurch möglich wird, versuchen sie, das Loch in ihrer Seele zu stopfen: Geld, Ansehen, Befehlsgewalt, eine größere Auswahl an Sexualpartnern, … Ohne sich jedoch jemals an die wahren unerfüllten Bedürfnisse heranzutrauen. Es geht ihnen primär um den Sieg und nicht darum, etwas zu leisten. Auch Steven Reiss betont diesen Unterschied: „Das Bedürfnis zu siegen, ist motiviert durch das Grundbedürfnis nach Rache, während das Grundbedürfnis, etwas zu leisten, durch das Grundbedürfnis nach Macht motiviert ist.“[24] Der starke Wunsch der extremen Narzissten nach Rache kommt aus der erlebten oder eingebildeten Kränkung, gespeist durch die narzisstische Wut.

23 Marshall Rosenberg, der Begründer der *Gewaltfreien Kommunikation*, prägte den Begriff Ersatzbedürfnis: Hierbei handelt es sich um ein unbewusst vorgeschobenes Bedürfnis oder eine Strategie, um ein tiefer liegendes Grundbedürfnis zu erfüllen. Ein Beispiel dafür ist Geld. „Ich brauche Geld!“ – fragen wir nach, wird klar, dass das Geld nur ein Mittel zum Zweck ist. Das wahre Bedürfnis ist, was man sich mit dem Geld erfüllen kann – zum Beispiel Sicherheit, Status oder Unabhängigkeit.

24 Reiss, 2010. S.85.

**Doch Achtung:** Die meisten Menschen haben mehr als ein Antriebsmotiv, und zu Rache kann sich bei Narzissten durchaus auch Macht im Verständnis von Reiss dazugesellen. Es lesen sich die Persönlichkeitsmerkmale, die er für Menschen mit einem starken Grundbedürfnis nach Macht auflistet, wie aus dem Lehrbuch für grandiose Narzissten:

» ehrgeizig
» selbstbehauptend
» dreist
» arbeitsam
» entschlossen
» konzentriert
» zielstrebig
» willensstark

Dies sind alles wunderbare Stärken, die wir im Wirtschaftsleben brauchen – wenn wir *dreist* im Sinne von *unverschämt, hemmungslos, zudringlich, frech* – vielleicht mal außen vorlassen. Seine Gaben sinnvoll zu nutzen, ist ein Element von positiver Macht. Doch für jede große Stärke gilt: Wird sie zu groß, weil man sich ständig überhöhen und alles übertreiben muss, dann kippt sie und wird zu einer Schwäche. Jedes Extrem neigt dazu, durch ein anderes Extrem überkompensiert zu werden. Wenn beispielsweise eine Gesellschaft extreme wirtschaftliche Ungleichheit erfährt, kann dies zu sozialen Unruhen führen. Die Menschen könnten dann extreme linke oder kommunistische Ansichten unterstützen, um die Ungleichheit zu bekämpfen, was wiederum zu übermäßigen Reaktionen in die entgegengesetzte Richtung führen würde, wie autoritäre Maßnahmen oder politische Verschiebungen nach rechts. In Liebesbeziehungen kann eine extreme Hingabe von einem Partner dazu führen, dass der andere Partner sich emotional zurückzieht oder Abstand sucht, um dem gefühlten oder tatsächlichen Druck zu entkommen. Und Menschen, die sich aus Gründen klein, hilflos und minderwertig fühlen, die ziehen Personen an, die sie dominieren, kontrollieren und manipulieren. Damit diese sich für groß, stark und mächtig halten können, weil sie sich tief im Innern klein, hilflos und minderwertig fühlen. Die Kompensation finden die allzu Mächtigen dann möglicherweise im Drogen- oder Alkoholkonsum. Angeblich nutzen ja ziemlich viele Top-Manager die Dienste von Dominas.[25] Wir haben uns lange gefragt, warum, bis es uns wie Schuppen von den Augen fiel: Wer ständig Kontrolle ausüben muss, für den ist es natürlich maximal entspannend, in einem geschützten und diskreten Umfeld endlich mal alle Kontrolle abgeben und sich seinerseits dominieren lassen zu können. „Das ist nichts Ungewöhnliches", sagt der Paartherapeut und Psychotherapeut Stefan Woinoff. „Gerade sehr mächtige Männer brauchen die totale Erniedrigung."[26]

Dass die Stärke durch Selbstwertmangel kippt wie ein Teich in der Sommerhitze durch Sauerstoffmangel, ist bei Narzissten eher die Regel als die Ausnahme. Es grenzt zum Teil an Manie: Aus Entschlossenheit wird über Leichen gehen. Aus Ehrgeiz wird Wahn. Aus Arbeitsfreude ein Burnout. Aus Sparsamkeit wird Geiz. Aus Willensstärke und Selbstbehauptung Manipulation. Aus Konzentration wird Fixierung. All dies kann extremen Narzissten passieren, wie dir die vielen Beispielgeschichten, mit denen wir unser Buch bestückt haben, illustrieren werden.

Wir möchten in der *Narzissmus-Bilanz* verschiedene feststehende Annahmen und Meinungen beleuchten und vielleicht ein bisschen aufrütteln. Damit neue Erfahrungen gemacht werden können. Damit Menschen Macht nicht mehr ablehnen, sondern sinn- und verantwortungsvoll nutzen. Damit extreme Narzissten nicht mehr Macht zugeschrieben bekommen, als sie besitzen. Das Thema Macht ist für die *Narzissmus-Bilanz* wie die beiden Hälften eines Burger-Brötchens: zwischen unseren beiden Macht-Kapiteln ist der Inhalt eingebettet. Wir hoffen, dass er dir schmeckt. Am Ende von Kapitel 9 machen wir den Deckel drauf.

25 „90 Prozent meiner Kunden sind Männer in Führungspositionen", sagt die Münchner Domina Lady Angelina der HuffPost: https://www.focus.de/familie/sexualitaet/panorama-domina-verraet-warum-sich-euer-chef-danach-sehnt-ein-sex-sklave-zu-sein_id_10254284.html

26 Ebd.

**Kapitel 1 – das gibt's zu lernen**

Macht ist eine Antriebskraft oder ein Killer, je nach deiner eigenen Moral und den Verhaltensweisen, die du verantworten willst.

Wir bewegen uns nie jenseits von Machtverhältnissen und Handlungszwängen.

Macht kann Schutz für die Gemeinschaft sein, je nach Moral des Machtinhabers.

Selbst-Ermächtigung schafft Möglichkeiten, Ohnmacht gibt deiner Umwelt die Macht über dich und nimmt dir Möglichkeiten.

Ohnmacht kann ebenso missbraucht werden wie Macht. Sie schafft Schuldfallen für andere Beteiligte. Verantwortung aus eigenen Handlungsanteilen ist nicht übertragbar, weder für Täter noch für Opfer.

Handlungszwänge und Machtmissbrauch sorgen für Ohnmacht, Leid, Ungerechtigkeit und Krieg. Manchmal muss Narzissmus mit bewusst eingesetztem narzisstischem Verhalten (Spiegelung) begrenzt werden.

Grandiose Stärken verbergen Schwächen oder kippen an bestimmten Punkten in Schwäche um.

*Es ist das Individuum, das an seinen Mitmenschen nicht interessiert ist, das die größten Schwierigkeiten im Leben hat und andern das größte Unrecht zufügt. Daher rührt alles menschliche Versagen …*

Alfred Adler

## 2. Narzissmus – alles, was du (für die Lektüre) wissen musst

In unserer kleinen Blitz-Umfrage unter HR-Fachleuten vom Juni 2024 gaben 88,6 Prozent der Teilnehmer, an sicher zu wissen, was Narzissmus ist.[27] Die positive Selbsteinschätzung hat uns verblüfft. Wir bedauern ein bisschen, dass wir nicht tiefer nachgefragt haben. So bleibt im Dunkeln, ob dieser kleine Ausschnitt unserer großen Zielgruppe ‚arbeitende Menschheit im deutschsprachigen Raum' einfach berufsbedingt besonders gut informiert ist, oder ob es sich um den *Dunning-Kruger-Effekt* handelt: Dieser Effekt beschreibt Leute, die fest daran glauben, etwas zu wissen, ohne sich ihrer Wissenslücken bewusst zu sein. Wir meinen das keinesfalls bewertend, doch es bringt uns dazu, vorab eine Warnung auszusprechen: Es kann gut sein, dass die *Narzissmus-Bilanz* hart mit deinem *Confirmation-Bias* zusammenstößt – mit der menschlichen Tendenz, nur die Informationen zu suchen und zu akzeptieren, die zu bereits bestehenden Überzeugungen passen.

Weshalb wir bezüglich des Umfragewertes skeptisch sind, liegt einerseits an unseren bisherigen Erfahrungen mit Menschen im Gespräch über Narzissmus, andererseits an Peter Fiedler. Der Psychotherapeut erklärt im Interview mit der Zeitschrift *Psychologie Heute*: „Es gibt zehn oder zwölf unterschiedliche Theorien zu Narzissmus, die kann man nicht unter einen Hut bekommen."[28] Es verstehen also nicht nur Laien unter *Narzissmus* unterschiedliche Dinge, selbst die Forschung ist sich uneins. Was natürlich auch an den unterschiedlichen Forschungszweigen zum Thema liegt: ein Tiefenpsychologe kommt zu anderen Ergebnissen als ein Sozialpsychologe oder ein Verhaltensforscher. Wir haben in den vergangenen Jahren die unterschiedlichsten Bücher, Artikel, Tests und For-

27 5 Fragen, 35 Teilnehmer, Laufzeit der Umfrage: eine Woche; auf Wunsch anonym via Google Forms, Verbreitung: Social Media und SurveyCircle.com.

28 Psychologie Heute Dossier 02/2023. S.72.

schungsergebnisse dazu studiert. Wir haben begonnen, selbst über Narzissmus Vorträge zu halten, zu bloggen und zu podcasten. Wir arbeiten mit Narzissten und mit deren Opfern. Und wir haben extremen Narzissmus darüber hinaus in Summe Jahrzehnte lang am eigenen Leib erfahren. Sozusagen unfreiwillig Feldforschung betrieben. Wir können bestätigen, dass Narzissmus unglaublich viele Gesichter hat. Darüber hinaus ist er mythenumwoben und hat einen fast ausschließlich schlechten Ruf. Auf alle Fälle ist er gleichermaßen schrecklich wie faszinierend.

Die *Narzissmus-Bilanz* hat nicht den Anspruch, dich vollumfänglich über Narzissmus in all seinen Facetten zu informieren, sonst hätten wir das Buch *Die Narzissmus-Bibel* genannt und es wäre doppelt so dick. Wir gehen mit unseren Erläuterungen nur so weit, wie wir denken und hoffen, dass es gleichermaßen spannend wie nützlich für dich ist. Denn um ein Buch über Narzissmus in der Wirtschaft lesen und einordnen zu können, musst du natürlich wissen, was es damit auf sich hat. Und nun wünschen wir dir freudiges Erforschen der größten aller menschlichen Störungen[29], die gleichzeitig nicht ausschließlich als Störung begriffen werden darf.

## Der Narzissmusgrad ist schwer zu erkennen

Fangen wir für einen tieferen Einstieg ins Thema doch mal damit an, wie die heutige klinische Forschung Narzissmus sieht und warum der Grad an Narzissmus bei einer Person schwer zu erkennen ist. Bis 2022 gab es in den beiden internationalen psychiatrischen Diagnose-Manualen DSM-5 und ICD-10 drei Sparten, in die die verschiedenen Persönlichkeitsstörungen einsortiert waren. Die Narzisstische Persönlichkeitsstörung (NPS) fiel gemeinsam mit der Antisozialen, der Histrionischen und den Borderlinern in das Cluster B: dramatisch/emotional. Doch diese Einsortierung war nicht ganz problemfrei. Wo fängt Narzissmus an? Was ist noch gesund? Gibt es überhaupt gesunden Narzissmus? Ab wann ist er eine Persönlichkeitsstörung? Wie unterscheidet er sich von der Persönlichkeitsstörung Borderline?[30] Wann ist die Grenze zur Psychopathie überschritten? Was passiert, wenn sich zum Narzissmus eine bipolare Störung gesellt? Diese Fragen sind auch für Psychiater und Therapeuten nur schwer

29 Vgl. Hagemeyer, 2020. S.77.

30 Darüber hat sich Sylvia 2020 Gedanken gemacht. Lies mehr dazu unter https://www.sylvia-pietzko.de/der-bipolar-gestoerte-narzisst-und-der-empathische-mensch/

zu beantworten. Narzissmus gilt als kaum abgrenzbar. Zwischen gesundem Narzissmus und der Persönlichkeitsstörung liegt noch ein Bereich, der bereits durch rigide Interaktionsmuster gekennzeichnet ist und als Persönlichkeitsstil oder -akzentuierung bezeichnet wird.[31]

Das DSM-5 ist das Klassifikationssystem für psychische Störungen in den USA. Es beschreibt neun Kriterien, von denen mindestens fünf seit dem frühen Erwachsenenalter erfüllt sein müssen, um von einer Persönlichkeitsstörung zu sprechen. Selbstverständlich darf eine solche Diagnose nur von einem Psychologen oder Psychiater gestellt werden.

### Die neun Kriterien für die Narzisstische Persönlichkeitsstörung lauten:

» Ein übertriebenes, unbegründetes Gefühl der eigenen Bedeutung und Talente (Grandiosität)
» Die Beschäftigung mit Phantasien von unbegrenzten Erfolgen, Einfluss, Macht, Intelligenz, Schönheit oder der vollkommenen Liebe
» Der Glaube speziell und einzigartig zu sein und sich nur mit den Menschen auf höchstem Niveau zu vernetzen
» Der Wunsch bedingungslos bewundert zu werden
» Ein Gefühl des Anspruchs
» Ausnutzung anderer, um ihre eigenen Ziele zu erreichen
» Ein Mangel an Empathie
» Neid auf andere und der Glaube beneidenswert zu sein
» Überheblichkeit, Hochmut

Die offizielle Zahl an NPS in der Bevölkerung beläuft sich auf 1,5 Prozent. Oder auf 8 Prozent. Je nachdem, welcher Quelle man vertrauen möchte. So oder so, jegliche Messungen basieren auf Menschen, die sich an einen Arzt oder Therapeuten gewendet haben. Nur: Wer befürchtet, extrem narzisstisch zu sein und deswegen zu einem Experten geht, der ist es normalerweise nicht. Sondern bekommt es in vielen Fällen von einem wirklich extremen Narzissten suggeriert. Denn wer es in extremem Maße ist, der will nicht hinsehen.

31 Vgl. Caspar, Franz et al.: Klinische Psychologie. Wiesbaden, 2018. S.131.

Narzissten neigen zur Projektion – noch mehr, als es Menschen sowieso tun. Das bedeutet, dass ihr Gehirn alle negativen Eigenschaften und Verhaltensweisen, die sie in sich tragen, aus dem Bewusstsein abspaltet und auf andere Menschen projiziert wie Licht auf eine Leinwand. Dort sehen sie dann ein Bild von sich, das aber nur in der anderen Person existieren darf. So wird der Spieß ganz schnell umgedreht und das ‚Opfer' wird mit dem Vorwurf konfrontiert, Narzisst zu sein. Die wahren extremen Narzissten sind ihrer Ansicht nach niemals schuld oder auch nur verantwortlich. Zum Störungsbild gehört, auf keinen Fall ehrlich in den Spiegel zu blicken und das verletzte kleine Ich hinter der Maske anzuschauen. Geschweige denn, den Finger in die Wunde zu legen, um sie zu reinigen und irgendwann zu schließen.

Um eine Störung im medizinisch-psychologischen Sinne zu diagnostizieren, reicht eine Checkliste wie oben dargestellt nicht aus. Die Fachleute sind sich einig, dass die Person, die sich um Hilfe bemüht, auch wirklich selbst unter sich und ihrem Verhalten leiden muss. Hier beißt sich die Katze in den Schwanz… Ebenfalls schwierig: Etliche Psychiater und Psychologen leiden selbst an eigenen narzisstischen Anteilen. Und eine Krähe hackt der anderen bekanntlich kein Auge aus. Oder sie sind nicht tief genug in der Thematik drin, um sie zu erkennen. Vulnerabler – das ist ein anderes Wort für ‚verletzlicher' – Narzissmus ist von einer unipolaren Depression nicht gut zu unterscheiden.

Die Dunkelziffer von unerkanntem, nicht diagnostiziertem extremem Narzissmus in der Bevölkerung dürfte also wesentlich höher liegen. Wegen all dieser Schwierigkeiten wurde die NPS Anfang 2022 aus dem internationalen Diagnose-Manual ICD-11 entfernt. Lediglich die Borderline-Persönlichkeitsstörung blieb für sich stehen – ihre Lobby war stark genug. Der Rest subsummiert sich unter leichter, moderater und schwerer Persönlichkeitsstörung. Im amerikanischen DSM-5 gibt es die NPS allerdings noch.

## Wertvolles Begriffs-Wirrwarr

Doch damit nicht genug: Viele verwirrende Begriffe rund um Narzissmus werden dort draußen jongliert wie bunte Bälle. Da kann man auch schon mal danebengreifen, und bei der hohen Geschwindigkeit, mit der Menschen im Bekanntenkreis und auf Social Media als Narzissten denunziert, als toxisch bezeichnet und über einen Kamm geschert werden, kann einem schwindelig werden.

Grandios, vulnerabel, offen, verdeckt, subtil, männlich, weiblich, sozial, gutartig oder bösartig (in der Fachsprache *malign* genannt) – diese und noch viel mehr Arten von Narzissmus soll es geben.

Der Autor Mitja Back belehrte uns jüngst, dass es Narzissten lediglich um Status gehe, dass keine seelische Verletzung vorliege und es auch keine Maskenspielchen geben würde. Alles ganz harmlos, solange man dem Affen Zucker gebe.

Bärbel Wardetzki klärt uns auf, was weiblicher Narzissmus ist, nämlich die verdeckt-vulnerable Variante. Turid Müller hält dagegen: Eine Trennung zwischen männlich und weiblich sei eher sinnfrei, weil es Mischformen in allen Facetten und bei allen Geschlechtern gibt.

Pablo Hagemeyer stilisiert sich selbst als netten Narzissten unter lauter Arschlöchern. Sein Therapeuten-Kollege Klaus Eidenschink ruft aus, dass es gar keine Narzissten gäbe, um eine ungerechtfertigte Etikettierung zu vermeiden.

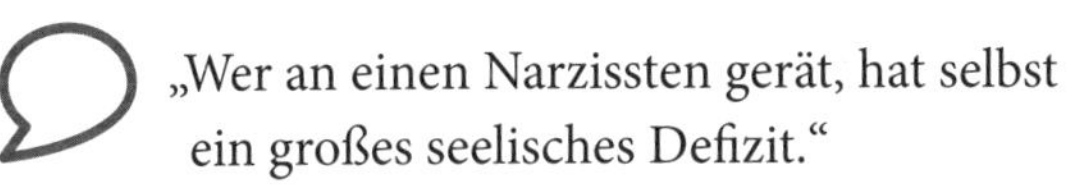


„Wer so etwas behauptet,
betreibt Täter-Opfer-Umkehr."

„Wir haben seit den 90er Jahren
eine Narzissmus-Epidemie, die
immer schlimmer wird."

„Die Narzissmus-Zahlen sind in den
letzten 25 Jahren zurückgegangen."

Die Liste an vordergründigen Ungereimtheiten ließe sich noch viel weiter ergänzen. Und selbst beim Hintergrund – der Frage nach der Ursache für Narzissmus – gibt es keine klare Antwort, keine einzig richtige Wahrheit.

„Narzissmus liegt in den Genen."

„Narzissten werden gemacht."

„Narzissmus beginnt an der Mutterbrust – verwöhnte Gören werden Narzissten."

„Narzissmus entsteht durch Mangel – emotionaler wie materieller Art – in früher Kindheit."

„Narzissmus ist eine Selbstwertstörung, verursacht durch frühe Bindungspersonen."

„Narzissmus ist keine Selbstwertstörung, sondern eine tiefe innere Leere gekoppelt mit dem auf ewig zum Scheitern verurteilten Versuch, diese Leere zu füllen."

„Narzissmus ist der ganz natürliche Drang, sich als etwas Besonderes vorzukommen, was positive Effekte auf seelisches und körperliches Wohlbefinden hat."

„Gesunden Narzissmus gibt es nicht."

Und für all diese widersprüchlichen Aussagen gibt es tatsächlich wissenschaftliche Studien, Zahlen, Belege.[32]

32 Quellen in der Reihenfolge der erwähnten Autoren: Back (2023, S.30), Wardetzki (2021), Müller (2022), Hagemeyer (2020), Eidenschink (2024).

Uff! Ja, was denn nun? Könnt ihr euch mal entscheiden, liebe Psychologen, Psychiater und Narzissmus-Forscher?! Haben wir hier Fälle von „Traue keiner Statistik, die du nicht selbst gefälscht hast"? Wir sehen einen Mehrwert in dieser Reibung und polarisieren daher so provokant. Die von uns sehr geschätzten Kollegen bitte wir bereits jetzt um Verzeihung unserer Provokation: Die Argumentationsketten der jeweiligen Forscher sind in sich stimmig, so dass jeder aus seiner Sicht Recht hat. Nur durch diese Vielzahl an Ergebnissen können wir der Komplexität von Narzissmus gerecht werden. Es ist ein bisschen wie mit erhaltenem Feedback, das man wie ein Sushiband sehen soll, von dem man sich herunternimmt, was schmeckt und was zu einem passt. Was sich mit den eigenen Erfahrungen deckt oder hilfreich ist.

Auch wir können uns nur auf Basis unserer eigenen Erfahrungen, Beobachtungen sowie den Berichten unserer Klienten an den mannigfaltigen Forschungsergebnissen oder schlichtweg Meinungen entlanghangeln. Und eine Wirklichkeit für uns sowie ein Deutungs-Angebot für dich als unseren vertrauensvollen Leser erschaffen. Eine Wirklichkeit, die dir hilft, Narzissmus im beruflichen Kontext zu erkennen, einzusortieren, deine Bilanz zu ziehen und dich zu entscheiden, wie du mit dem Ergebnis umgehen willst. Eine Wirklichkeit, die im privaten Kontext mit Sicherheit schon wieder etwas anders aussieht.

Wir brauchen für dieses Buch ein gemeinsames Vokabular, auf das wir uns als Autorinnen einigen. Und eine Arbeitsdefinition der wichtigsten Narzissmus-Varianten, die wir dir mit dem nächsten Unterkapitel anbieten wollen. Damit wir die gleiche Sprache sprechen und die gleiche Sache meinen, damit dieses Buch für dich als Werkzeug funktionieren kann. Fachbegriffe erläutern wir dir entweder unmittelbar, oder verweisen auf den Vokabelkasten in Kapitel 8.

## Narzissmus: unsere Arbeitsdefinition

Wir möchten dich raus aus Klischees führen, hinein in ein echtes Verständnis der Wirkungsweise von Narzissmus. Dazu müssen wir uns auch die Ursachen anschauen: Im Kern besteht extremer Narzissmus aus einem leicht kränkbaren, instabilen Selbstwertgefühl. Die Basis der Störungen im sozialen Miteinander liegt in der Störung der Beziehung des Narzissten zu sich selbst. Scham und Minderwertigkeit sind starke Gefühle bzw. Gedanken, die diese Menschen antreiben. Die Grundannahme dahinter ist, nicht liebenswert zu sein – möglicherweise der größte Schmerz, den ein Mensch beim Gedanken an sich selbst empfinden kann. Um diesen Schmerz nicht zu spüren, verfolgen Narzissten verschiedene Strategien – je nach angeborenem Temperament, Sozialisierung und aktuellen äußeren Umständen – die alle das gleiche Ziel haben: permanente Aufmerksamkeit, das Gefühl von Kontrolle, stetige Bestätigung durch andere. Kurz: Die fehlende Fähigkeit anderen Menschen Bedürfnisse und die Freude aus der Erfüllung dieser zugestehen zu können, ohne diese zu bewerten oder absprechen zu müssen (Neid) und zwar im Moment der Begegnung. Besonders aber im Moment der Aufmerksamkeitsteilung und vor ‚Publikum'. (Definition Narzissmus von Marion Thiel)

Für die *Narzissmus-Bilanz* unterscheiden wir zwei Varianten: **offen-grandios und verdeckt-vulnerabel**. Was es damit auf sich hat, erfährst du gleich. Für deinen Hinterkopf: Die aktuelle Narzissmusforschung – die es natürlich nach wie vor gibt, unabhängig von den Veränderungen im ICD-11 – sagt, dass narzisstisch verletzte Menschen beide Varianten in sich tragen. Jedoch in unterschiedlicher Ausprägung. Dies entspricht auch unserer Erfahrung. Doch wir müssen für dieses Buch die Komplexität irgendwie sinnvoll reduzieren. Lass uns deshalb bitte ganz pragmatisch festhalten: Die Paare, die im Doppel besonders häufig zusammenspielen, heißen *offen* + *grandios* und *verdeckt* + *vulnerabel*. Die zweite Kombination wird auch gelegentlich als introvertierter, stiller oder subtiler Narzissmus bezeichnet.

**Offen grandiose Narzissten** sind das, was allgemein unter einem Narzissten verstanden wird, solange man keinen differenzierteren Blick dazu gewonnen hat. Sie überhöhen sich in jeder wachen Minute selbst. Sie flüchten sich in eine strahlende Scheinwelt grenzenlosen Erfolgs. Und machen keinen Hehl daraus, dass sie sich für die beste Erfindung seit geschnitten Brot halten, dass sie unantastbar und unbesiegbar sind. Ihre Verletzlichkeit tragen sie im Innern und lassen sie niemanden sehen. Alles, was dazu dient, die in der Kindheit und Jugend geschlagene narzisstische Wunde zu überdecken und die Aufmerksamkeit auf sich zu lenken, ist willkommen: Eitelkeit, Prahlerei, Statussymbole, Machtspielchen. Die einfachste Art und Weise, sich selbst groß und wichtig zu fühlen, ist, andere Leute klein und unbedeutend dastehen zu lassen. Aus diesem Grund eignen sich offen grandiose Narzissten meist ein rhetorisches Geschick an, um die Konkurrenz, einen Kollegen, Freund oder Partner gegen die Wand zu reden, im richtigen Moment anzuschweigen oder auf den Platz zu verweisen. Und der ist in jedem Fall unter dem des Narzissten.

**Als Führungskraft oder Unternehmer** zeigt sich der offen-grandiose Narzisst selbstsicher und dominant. Er liebt es, im Mittelpunkt zu stehen und nutzt jede Gelegenheit, die Erfolge seiner Firma zur Schau zu stellen. Seine Mitarbeiter, die durch ihre harte Arbeit Teil dieses Erfolges sind, bleiben unerwähnt.

**In einem Angestelltenverhältnis** sorgen offen grandiose Narzissten ab einem gewissen Zeitpunkt für Unmut, weil sie die Ideen von Kollegen als ihre eigenen ausgeben, weil sie beleidigt auf jede Form von kritischem Feedback reagieren, weil sie andere nicht aussprechen lassen und ihre eigenen Leistungen permanent hervorheben müssen. Als Einzelkämpfer sind sie super. Aber für die Teamarbeit nicht zu gebrauchen.

Allen gemein ist, dass sie gerne Dinge vortäuschen, die nicht den Tatsachen entsprechen, und es chronisch mit der Wahrheit nicht allzu genau nehmen – nicht nur als situative Notlüge. Wie in der Geschichte von Nora, Elmar und Janine auf der nächsten Seite.

## Nora, Elmar und die grandiose Personalleiterin

Nora und ihr Bruder Elmar sind die noch jungen Geschäftsführer eines mittelständischen, familiengeführten Unternehmens in der Medizintechnik-Branche. Vor vier Jahren haben ihre Eltern sich zur Ruhe gesetzt und ihnen den Stab übergeben. Zum Zeitpunkt der Geschichte arbeiteten die beiden an einer Kulturtransformation des seit mehr als 40 Jahren bestehenden Betriebes, für den sie zwei Jahre zuvor einen zweiten Standort eröffnet hatten. Sie wissen: Wann immer es um Kultur geht, geht es um die Arbeit am System und nicht darum, an Menschen herumzuschrauben. Geisteshaltungen wie den Mut, Veränderung als Chance statt als Gefahr zu sehen, lassen sich nicht verordnen, sondern nur durch eine gute menschliche Begleitung Stück für Stück behutsam ermöglichen. Aus diesem Grund waren Nora und Elmar auf der Suche nach einem neuen Personalleiter, der nicht nur verwaltet, sondern auch mit Augenmaß entwickelt, eigene Ideen einbringt und offen dafür ist, gemeinsam neue Wege zu gehen. Sie hatten bereits einige Male Pech bei der Auswahl. Dann wurde ihnen eine externe Personalberaterin empfohlen: Janine machte bereits im ersten Gespräch kein Hehl daraus, dass sie begeistert sei von der Firmenvision, und dass sie sich auch einstellen lassen würde. Gesagt, getan – Janine war den beiden Geschäftsführern sympathisch und die Zeit drängte. Denn viele neue Mitarbeiter kamen in diesen Monaten dazu. Und die älteren Kollegen waren mit den neuen Konzepten häufig überfordert – den Teams möglichst viel Verantwortung zu geben und sie sich selbst organisieren zu lassen. Die Anforderungen und Erwartungen an Janine waren gründlich besprochen worden: Coaching, Personalentwicklung, neben der Administration vor allem für die Menschen da sein. Und natürlich die strategische Personalplanung mit allem, was dazu gehört. Alles war klar.

Nora war stets im Büro. Elmar war häufig geschäftlich unterwegs. Nach einiger Zeit stellte Nora fest, dass die Stimmung immer schlechter wurde, wann immer sie in die Firma kam. Die Geschwister wunderten sich, denn sie hatten doch Janine eingestellt, um das Gegenteil zu bewirken. Zeitgleich mit Janine hatten sie einen anderen Mitarbeiter für eine strategisch wichtige Position ins Haus geholt: Oliver. Lange dachten sie, die schlechte Stimmung läge an ihm. Weil sie einmal mitbekamen, wie er erzählte, dass das Unternehmen durch grundlegend falsche Entscheidungen der Geschäftsleitung sicherlich nicht lange weiterbestehen würde.

Fast ein Jahr lang konnten sie nicht herausfinden, wer in der Firma Zwietracht säte und Unfrieden auslöste. Elmar war zwischenzeitlich mit seiner Hochzeit beschäftigt und ihre Doppelspitze driftete auseinander. Janine versuchte zusätzlich, einen Keil zwischen die beiden zu treiben. Als Nora während Elmars Hochzeitsreise mit Janine sprach, hatte sie den Eindruck, ihr Bruder würde den gesamten Laden vor die Wand fahren. Überhaupt: Wann immer sie mit Janine zu tun hatte, hörte sie nur, was insgesamt alles schlecht laufe. Und dass dies alle in der Firma bestätigen würden. Dann kam auch noch Oliver und kippte Öl ins Feuer mit einer negativen Bemerkung über Elmar: Er würde so viel falsch machen und überhaupt nichts hinkriegen. Natürlich fragten sich die Geschwister, ob sie das Problem seien, und ließen sich auch in ihrer Geschäftsführer-Rolle supervidieren. Sie beschlossen, wieder enger zusammenzurücken und mehr zusammenzuarbeiten. Und vor allem, täglich miteinander zu kommunizieren. Denn sie entdeckten, dass jeder vom anderen dachte, viel mit Janine zusammenzuarbeiten. Aus diesem Grund bemerkten sie über Monate hinweg nicht, dass die neue Personalleiterin ihren Job nicht machte und besonders die strategischen Dinge vernachlässigte.

Eines Tages ließen sie eine Mitarbeiterumfrage durch einen externen Dienstleister durchführen. Es wurde ein Tag der Erkenntnis, jedoch anders, als sie es erwartet hatten. Bei der Ergebnispräsentation waren Elmar, Nora, Janine, Oliver sowie alle Teamleiter des Unternehmens anwesend. Sie besprachen mit dem Dienstleister, dass man die Ergebnisse ja stets in den Kontext setzen müsse, damit keine Missverständnisse aufkämen. Und dass sie natürlich an den Themen, die sie als problematisch betrachten, arbeiten würden. In dem Moment richtete Janine das Wort an Nora und Elmar, und meinte vor der gesamten Runde: „Ja, das müsst ihr dann halt auch endlich mal machen!“ Sie stellte die Geschäftsleitung in den nächsten Minuten als Duo dar, das nur labern würde, aber überhaupt kein Interesse daran hätte, etwas zu bewegen. An diesem Tag schauten sich Elmar und Nora an und dachten beide dasselbe: „Es kann doch nicht sein, dass diese Frau Unwahrheiten verbreitet und uns vor allen Leuten in die Pfanne haut!“ In der Pause steckte Elmar seiner Schwester, dass Janine schon vor der Sitzung von ihm gehört hatte, was sie in dem Meeting sagen wollten. Die Entrüstung vor allen Teamleitern über den angeblich mangelnden Elan ihrer Geschäftsleitung war folglich ein gezielt inszeniertes Theaterstück.

So begannen die Geschwister, die Causa ‚Janine und die schlechte Stimmung in der Belegschaft' aufzuarbeiten. Nicht, ohne Janine vorher zu entlassen. Dabei kamen Dinge heraus, die sie niemals für möglich gehalten hätten: Die charmante, nette und eloquente Personalerin schaffte es am Ende über fast eineinhalb Jahre hinweg, den Leuten Sachen einzureden. Instinktiv drückte sie ihre Knöpfe und fütterte die jeweiligen Sorgen und Ängste. Kaum hatte Janine die Firma verlassen, kamen die Mitarbeiter an und erzählten. Das Verborgene des Eisbergs trat zutage: So gut wie jedem hatte sie Flöhe ins Ohr gesetzt oder gezielt verbal Gift gespritzt! Sie hetzte die Menschen im alten Gebäude offen gegen die Kollegen im neuen Haus auf. Auch Oliver, der mit seinem Team öfter kleinere Ausflüge unternahm, ging – nach einem Burnout, der sich zum Großteil auf Janines Verhalten zurückführen ließ – auf, wie entspannt diese Ausflüge nun sind. Weil niemand mehr da ist, der die ganze Zeit schlecht über das Unternehmen spricht. Er fragte sich rückblickend, wie er das hatte übersehen können. Und wie es möglich war, dass Janine ihn so in der Hand hatte, dass er so auf ihre Lügenmärchen bezüglich der Geschäftsleitung reinfallen konnte. Sie verdrehte jeden Kopf so, dass man nur noch das Negative sehen konnte. Obwohl ihre Jobbeschreibung das Gegenteil vorgesehen hätte.

Von ihrer eigentlichen Arbeit hatte Janine so gut wie nichts umgesetzt. Ihren Brötchengebern gegenüber wählte sie in all der Zeit eine Taktik zwischen ‚sich an nichts erinnern können' und ‚deren Ideen als ihre eigenen ausgeben': Für die neuen Auszubildenden hätte sie zum Beispiel einen Ausbildungsplan entwickeln sollen. Die ersten Azubis kamen und irgendwie lief das nicht gut. Janine ging daraufhin zur Geschäftsleitung, baute sich breitbeinig auf und schlug vor, dass ein Ausbildungsplan von ihnen entwickelt werden sollte. Elmar und Nora dachten in solchen Momenten zwar, dass das doch genau die Aufgabe war, die sie Janine gegeben haben. Doch sie waren oft viel zu perplex in solchen Situationen, dass sie nicht schnell genug reagieren konnten. Die beiden hatten durch Janines Intrigen sehr an sich gezweifelt. Sie hatten die Befürchtung, dass sie es trotz aller Mühen nicht hinbekommen würden, ein gutes Team zusammenzustellen und die Firma in die Zukunft zu führen. Sie verstanden überhaupt nicht, was da geschah. Doch auch bei ihnen schlug sich der dauerhafte Stress körperlich nieder: Elmar entwickelte einen Tinnitus. Nora bekam ein Restless-Leg-Syndrom – ihre in der Nacht automatisch zuckenden Beine hielten über Wochen den Schlaf fern und trieben sie an den Rand der totalen Erschöpfung.

Janine genoss bis zum Tag der Personalumfrage-Show ihr Vertrauen, niemand war skeptisch ihr gegenüber. Sie dachten, natürlich soll sie mit den Menschen sprechen und sich kümmern. Und wenn sie etwas über Kollegen oder Teamleiter erzählte, dann werde das schon stimmen. Sie hatte alle Freiheiten und einen Instinkt dafür, an welcher Stelle sie wie weit gehen konnte. Dank Charme, kommunikativem Geschick und Spürsinn hatte Janine leichtes Spiel, ihre eigenen Defizite zu verstecken und sich in ihrer extremen narzisstischen Not auszutoben und großen Schaden anzurichten. „Das kann man mündlich gar nicht wiedergeben, wie schlimm das am Ende war", verrieten uns Elmar und Nora im Interview. Sie verglichen Janine mit dem Seher aus dem Asterix-Band #19, der in das gallische Dorf kommt und alles und jeden emotional vergiftet. Und Janine? Die kniff den Schwanz ein, nachdem sie ertappt wurde, und leistete keinen Widerstand. Sie wollte noch nicht mal ein Arbeitszeugnis haben und hat sich nach Empfang ihrer Kündigung nie wieder gemeldet. Ein typisches Verhalten für offen-grandiose Narzissten, wenn sie erfolglos waren.

*Unsere Analyse dieses Falls liest du im Anhang auf Seite 412.*

Aufmerksamkeit gibt es auch für Hilflosigkeit, Opferhaltung, Märtyrertum, inszeniertes Leiden und mehr. Diese Variante nennen wir den **verdeckt-vulnerablen Narzissmus**. Wo offen grandiose Narzissten ihre vermeintliche Brillanz und Wichtigkeit gut sichtbar und leicht erkennbar nach außen tragen (der typische Donald Trump) und sich tief im Innern mickrig fühlen, kehrt sich der verdeckt-vulnerable Narzisst heimlich, still und leise von Innen nach Außen: Er zeigt sich angepasst und zurückhaltend, kränkelnd, depressiv oder anderweitig leidend. Er ist das verkannte Genie, nagt stets am Hungertuch oder präsentiert sich möglicherweise als Retter, als barmherzigen Samariter und trainiert derweil gleichzeitig erfolgreich erlernte oder anerzogene Hilflosigkeit. Natürlich müssen nicht all diese Anzeichen synchron auftreten. Doch heimlich gibt er sich Größenphantasien hin, träumt vom Tag des Durchbruchs und ist der Meinung, alle in den Schatten zu stellen, wenn man ihm doch nur eine Chance geben würde. Wenn sein Umfeld doch nur erkennen würde, wie außerordentlich talentiert er ist. Dieses intime Wissen um die eigene Grandiosität teilt er nur mit ausgewählten Personen, die bereit sind, ihm Glauben zu schenken. Ein prominentes Beispiel, bei dem der Verdacht auf verdeckt-vulnerablen Narzissmus naheliegt, könnte nach unserer Einschätzung Hillary Clinton sein.[33]

**Als Führungskraft oder Unternehmer** kämpft der verdeckt-vulnerable Narzisst mit Gefühlen von Unsicherheit und Unzulänglichkeit. Äußerlich tritt er bescheiden und zurückhaltend auf, doch innerlich sehnt er sich nach Bewunderung und Anerkennung. Kritik wirft ihn zurück, statt ihm Entwicklungspotenzial aufzuzeigen. Klare Anweisungen gibt er nicht, doch wenn ein Projekt nicht nach Plan verläuft, verhält er sich passiv-aggressiv gegenüber Mitarbeitern und devot gegenüber Kunden.

**In einem Angestelltenverhältnis** wirst du verdeckt-vulnerable Narzissten hauptsächlich als ängstlich, wenig entscheidungsfreudig, nicht durchsetzungsstark, verantwortungsscheu und mit vielen Selbstzweifeln erleben.

33 https://www.wienerzeitung.at/h/um-sich-selbst-kreisende-liebe

## Sina und Daniel: Verdeckter Narzissmus in der Geschäftsleitung

Vor einigen Jahren suchte Sina offensiv in ihrem Tourismus-Netzwerk nach einem neuen Job. Da sie in der Branche bekannt war und einen guten Ruf hatte, fand ihr Gesuch schnell Anklang. Daniel, der Inhaber eines Reiseveranstalters für Senioren, meldete sich als Erster und bot ihr mit den Worten „Ich kann mir nur dich in meinem Unternehmen vorstellen!“ die stellvertretende Geschäftsführer-Stelle an. Wohlgemerkt: Die beiden kannten sich zu diesem Zeitpunkt lediglich locker von einer kurzen Begegnung auf einer Messe! Natürlich fühlte sich Sina geschmeichelt, doch für dieses Angebot vom Saarland nach Dresden zu ziehen, war ihr zu weit und sie fand einen anderen Job. Allerdings ging das *Love-Bombing* weiter: Anrufe, Geschenke per Post, Textnachrichten – alles natürlich rein beruflich, dennoch mit der Variante aus sich anbahnenden Liebesbeziehungen vergleichbar. Der neue Job erfüllte Sina nicht wirklich, und so wurde sie eines Tages weich und nahm Daniels Angebot an.

Sina zog in eine Stadt, die sie sich niemals freiwillig ausgesucht hätte, und fing an, für Daniel zu arbeiten. Ihren Umzug bezahlte dieser natürlich sehr gerne. Auch das Gehalt war mehr als großzügig. Schließlich konnte nur sie all die Dinge, die er für die Firma brauchte, wie er ihr immer wieder versicherte. Er war total nett und sie ließ sich blenden, fühlte sich gut und dachte irgendwann selbst „Na klar, das kann nur ich, da hat er Recht!“. Sina wurde so sehr eingewickelt, dass sie gar nicht auf die Idee kam, zu hinterfragen, was er eigentlich genau mit dem meinte, was angeblich nur sie könne, und was er überhaupt von ihr erwartete.
Es gab keine Einarbeitung, es gab eigentlich gar nichts Handfestes. Nur seine Worte und ihre eigene Definition von Erwartungen. Also machte Sina einfach was sie dachte, dass von ihr erwartet werden würde. Nach einem halben Jahr fragte sie ihn dann mal, wie es denn aussähe und ob alles so laufe, wie er sich das vorstelle? Daniels Antwort: „Ja, alles prima, nur die strategische Arbeit, die du machen sollst, dass kannst du nicht so gut. Aber das ist kein Problem.“ Sina fragte nicht nach, wie er darauf komme oder was er damit genau meine. Denn Strategie, das konnte sie ja, das hatte sie schon Jahrzehnte lang gemacht. Und da ihr Chef abwiegelte, nahm sie die Sache nicht weiter ernst. Weiteres Feedback gab es nicht. Doch es kam ja auch ansonsten nichts Negatives, keine weiteren Erwartungen, die sie nicht erfüllt hätte.

Wie in Unternehmen üblich, wurden mit den Mitarbeitern Personalgespräche geführt – in Sinas Anfangszeit mit Daniel zusammen. Viele Mitarbeiter erwähnten sie lobend und hoben positiv hervor, dass man merken würde, dass sie nun da sei. Sina spürte intuitiv, dass Daniel diese Worte störten, doch sie hatte nichts, woran sie es festmachen konnte und drückte ihr Bauchgefühl weg. Was sollte ihn auch stören – ihr Chef war nett und eher schüchtern: Die Geschäftsführer-Präsentationen hielt Sina. Daniel blieb im Hintergrund und verhielt sich unauffällig. Er ging auch nie mehr auf Veranstaltungen, nachdem Sina in seine Firma kam und das Flagge zeigen übernahm. Durch die Blume ließ er seine Belegschaft jedoch regelmäßig wissen, dass es viele Dinge gebe, die er besser als alle anderen könne. Auch wenn er sich nie ins Rampenlicht stellte, um zu glänzen.

Nach 1,5 Jahren – die Firma wuchs in der Zwischenzeit um das Doppelte an, die gute Resonanz auf Sina von Seiten der Belegschaft blieb bestehen – fragte sie sich, wann es denn eigentlich mal ein Personalgespräch mit ihr geben würde, wann sie mal sprechen würden? Als sie das Thema aufbrachte, meinte Daniel „Ach ja, wir sollten auch mal sprechen …“ Sina freute sich auf den Termin, weil sie sich ein bisher nicht erhaltenes „Dankeschön“ für ihre offensichtlich gute Arbeit erhoffte. Unter 50 Stunden in der Woche verließ sie das Büro nie. Sie gab immer alles und ging auch oft über ihre Energie hinaus. Mehr wollte sie gar nicht, nur mal ein Wort des Dankes hören. Doch der Schock am Tag des Gesprächs war groß: Statt Wertschätzung bekam sie eine lange Liste ihrer Verfehlungen und Mängel vorgelegt. Eine Aufzählung der Dinge, an denen sie Daniels Meinung nach Schuld sei, und an Versäumnissen, für die sie sich gefälligst schämen solle. Sina war sprachlos. Mitten in diesem Gespräch, das eher ein Monolog war, fiel Daniel ein, dass sie die Firma umstrukturieren müssten. Und sie solle ihm bis morgen ihre Einschätzung geben, was sie diesbezüglich vorschlagen würde. Doch Sina war völlig durch den Wind und am nächsten Tag nicht lieferfähig. In Daniels Augen ein Super-GAU: von seiner Seite aus war es ganz klar, dass sie sich trennen müssten! Danach begann die Achterbahnfahrt. An einem Tag schrieb er ihr per Textnachricht, dass sie sich keine Sorgen machen müsse, sie sei sein wichtigstes Teammitglied, sie sei toll und die Firma brauche sie. Am Tag darauf kündigten Mitarbeiter – die Fluktuation war zu jener Zeit hoch! – und er warf ihr vor, dass die ständigen Kündigungen an ihr liegen würden.

## Passiv-aggressives Verhalten

Die passive Aggressivität schleicht sich leise durch die Hintertür rein und lächelt dabei nett: Torben hat einen Fehler bei der Bedienung einer Produktionsanlage gemacht. Seine Kollegin Nadine sagt mit freundlicher Stimme zu ihm: „Nicht so schlimm. Kann man von dir als Quereinsteiger ja auch nicht erwarten, dass du die Maschine korrekt einrichten kannst." Auch wenn das vergleichsweise harmlos klingt: passiv-aggressives Verhalten führt zu tiefen Konflikten. Es zeichnet sich dadurch aus, dass ein Mensch in seinen Äußerungen und Handlungen permanent zwischen Kooperation und Abwehr wechselt. Ohne jegliches Bewusstsein dafür, wie Psychiater Raphael Bonelli betont[34]. Für das Gegenüber ist das im wahrsten Sinn des Wortes unfassbar: man weiß nie, woran man ist, man kann den unterschwelligen Aggressor in seiner Ambivalenz nicht einordnen und bekommt ihn nicht zu fassen. Torben sieht Nadine milde lächeln, hört ihre warme Stimme und die Botschaft, dass sein Fehler nicht schlimm sei. Dass sie ihn dabei grob beleidigt hat und seinen Fehler keinesfalls nicht schlimm fand, ging Torben erst am Abend auf. Die wahren Bedürfnisse und Absichten des anderen sind nicht erkennbar. Häufig sagen sie „ja", wenn sie „nein" meinen. Stellst du einen passiv-aggressiven Menschen zur Rede, wird er wütend leugnen, aggressiv gewesen zu sein und alles abstreiten. Vielmehr, er wird den Spieß umdrehen und dir vorwerfen, deinerseits aggressiv zu sein. Projektion vom Feinsten. „Das Verhalten dieser Menschen hat immer einen starken Beigeschmack von Herabsetzung, Abwehr, Ablehnung oder Ignoranz. Offen nachweisen kann man dem anderen diese Absichten aber nicht."[35] Bis 2013 galt passiv-aggressives Verhalten sogar als Persönlichkeitsstörung. Heute nur noch als Persönlichkeitsstil. Wir sehen hier massive Ähnlichkeiten zu narzisstischen Verwirr- und Abwehrtaktiken, besonders in der verdeckt-vulnerablen Ausprägung: Gaslighting, Schuldumkehr, Projektion – all das vereint die passive Aggression. Wir würden so weit gehen, sie als Synonym für verdeckt-vulnerablen Narzissmus gelten zu lassen. Und wir sollten bei der Deutung immer Vorsicht walten lassen: Wir wissen nie, welche Absicht der andere hatte und können diese immer nur erfragen. Eine gedeutete Arroganz kann ein echter einseitiger ‚Hörschaden' sein. Sei deshalb vorsichtig mit negativer Deutung, ohne achtsam zu fragen und besonders zu spüren.

34 Psychologie Heute (10/2019), S.18.

35 Ebd.

Sina wusste, dass die Leute wegen struktureller Themen gegangen waren: Die familiäre Atmosphäre im Betrieb, die von den Alteingesessenen geschätzt wurde und die durch das starke Wachstum nicht mehr existierte, war einer der Gründe neben hohem Stress und niedrigem Gehalt. Und so ging es weiter.

Bis zu dem Tag, an dem Sina Daniel um ein weiteres Gespräch bat, weil sie sich – die Urlaubszeit stand vor der Tür und beide waren nacheinander abwesend! – vier Wochen lang nicht sehen würden. Sie wollte nicht im Unguten und Unklaren in Urlaub gehen. In diesem Gespräch konfrontierte sie ihn erstmalig damit, dass es keine Einarbeitung und keine Feedbackgespräche gegeben hätte und dass sie das von Anfang an seltsam fand. Daniel fühlte sich sofort angegriffen und schob jegliche Schuld weit von sich. Sina deeskalierte, dass sie zusammen an einem Strang ziehen sollten, doch Daniels Ablehnung ihrer Person war unübersehbar. Noch am gleichen Tag schrieb er ihr, er hätte es sich nochmal überlegt und er brauche unbedingt jemanden wie sie im Unternehmen. Dann fuhr er in Urlaub.

In der Woche drauf – Sina war noch im Büro – gingen wieder mehrere Kündigungen ein. Die Leute betonten, dass es nichts mit ihr, die sich auch um HR-Prozesse kümmerte, zu tun habe, sondern mit der Unternehmenskultur. Sina bot den Ausscheidenden am letzten Arbeitstag vor ihrem Urlaub an, dass sie nochmal mit Daniel nach dessen Rückkehr sprechen könnten. Denn Entscheidungsgewalt über Strukturen oder Gehälter hatte sie nicht. Selbst als sie im Urlaub war, konnte sie sich nicht wirklich erholen: Daniel rief in dieser Zeit das Team zusammen und erzählte allen, dass Sina eine Fehlbesetzung sei. Doch das Team stand voll hinter ihr und informierte sie in ihrer Abwesenheit über das Geschehen. Zwei Tage zuvor hatte sie eine Nachricht von Daniel erhalten, sie sei die Beste und er wolle sie unbedingt behalten. Schon in der Vergangenheit hatte er die Mitarbeiter aktiv gefragt, was sie von Sina hielten und jubelte ihnen geschickt unter, dass sie ihren Job nicht gut machen würde. Wenn alle total beschäftigt waren, kam er in den Raum und verbreitete Hektik, weil Sina angeblich mal wieder etwas nicht richtig gemacht hatte.

Der Appell an die ausscheidenden Kollegen war übrigens nutzlos – als Sina aus dem Urlaub zurückkam, wurde sie sofort in Daniels Büro zitiert und mit den Kündigungen konfrontiert. Er forderte sie auf, darüber nachzudenken, was sie gegen die hohe Fluktuation machen könnten. Die Leute würden ja ihretwegen gehen bzw. wären unglücklich, weil sie da sei. Doch Sina war im Urlaub zur Besinnung gekommen. Sie hatte keine Lust mehr auf Achterbahn fahren, keine Kraft mehr, sich länger fertig machen zu lassen, und schon einen Tag später einigte sie sich mit Daniel auf einen Aufhebungsvertrag. Vier Tage darauf verließ sie ein letztes Mal das Firmengebäude und erstaunlicherweise blieb im Anschluss alles ruhig.

Die Mitarbeiter waren geschockt, denn Sina war ihre erste Ansprechpartnerin. Doch Daniel kommunizierte ihren Weggang mit den Worten, er übernehme die Geschäftsführung jetzt erstmal alleine, bis wieder alle Mitarbeiter glücklich wären … Ihr Arbeitszeugnis musste sie sich selber schreiben. Es war Juli, als Sina aus der Firma ausschied. Kurz vor Weihnachten bekam sie ein Mitarbeiter-Geschenk von Daniel mit einer handschriftlichen Notiz, in der er sich für ihren Einsatz bedankte. Die Geschenkidee war noch von ihr gewesen. Sina war so klug, nicht darauf zu reagieren und sich nie wieder bei Daniel zu melden.

Heute ist Sina klar, dass er sie als Trophäe haben wollte, mit deren guten Namen in der Branche er sich schmücken und aufwerten wollte. Als sie anfing, gab es eine große Pressemeldung, damit es auch ja jeder mitbekommt. Wenn extreme Narzissten selbst nicht glänzen können – nicht unbedingt wegen mangelnder Leistung, sondern möglicherweise wegen psychischer Dispositionen –, holen sie sich Leute, die dies für sie übernehmen und auf die sie dann stolz sein können. Bis sie den Eindruck haben, die anderen werden größer oder sind beliebter als sie selbst. Dann gilt es, den ‚Konkurrenten' niederzumachen. Kurz, bevor Gefahr droht, die Quelle zu verlieren, wird die Beziehung mit Komplimenten wieder aufgebaut.

*Unsere Analyse dieses Falls liest du im Anhang auf Seite 414.*

Über viele Jahre wurden der grandiose und der vulnerable Narzissmus als zwei Paar Schuhe betrachtet. So gelten auch die oben aufgeführten neun Diagnosekriterien des DSM-5 nur für die Reinform des Narzissmus-Klischees: die grandiose Variante in ihrer offenen Form. Für die verdeckten und vulnerablen Narzissten ist dieser Fragebogen blind.[36] Sie, die noch viel häufiger anzutreffen, jedoch viel schwerer zu erkennen sind, haben es nie in die Diagnose-Manuals hineingeschafft. Und genau das macht verdeckt-vulnerablen Narzissmus so gefährlich. Wer nichts darüber weiß, ist chancenlos ausgeliefert.

Beiden Varianten gemeinsam sind

» die Orientierung an der Außenwelt, um dem nicht liebevoll bewerteten Inneren nicht begegnen zu müssen
» die vier E als Kennzeichen: Egozentrik, Empfindlichkeit, Empathiemangel und Entwertung anderer Menschen.[37]

**Kennzeichen #1: Egozentrik**
Einen gewissen gesunden Egoismus wünschen wir jedem Menschen. Im Sinne der Selbstliebe, die wir von Eigenliebe unterscheiden. Du kannst dich nur dauerhaft gut um andere Lebewesen kümmern – Kunden, Kinder, Mitarbeiter, Pflegebedürftige, Tiere … – wenn du dich auch gut um dich selbst kümmerst und eben nicht immer gleich hüpfst, wenn jemand anders „Frosch" sagt. Besonders Frauen als Mütter neigen dazu, sich bis zur Selbstaufgabe und der totalen Erschöpfung aufzuopfern. Egoismus hat zu Unrecht einen schlechten Ruf. Erst, wenn Egoismus – der, wenn du dich wirklich selbst liebst, gelegentlich nötig ist! – in Egozentrik ausartet, kommt es zu Störungen im Miteinander. Denn die Welt eines extremen Narzissten dreht sich nur um ihn. Er braucht die permanente Anerkennung anderer Menschen, um sich gut zu fühlen. Und es gibt für ihn nichts Wichtigeres als seine eigenen Wünsche und Bedürfnisse. Alle anderen dienen dann lediglich der Unterstützung der eigenen Interessen. In der Fachsprache: Sie dienen als Quelle der narzisstischen Zufuhr und haben in Augen des extremen Narzissten nur dann eine Daseinsberechtigung, wenn sie sich so verhalten, wie der Egozentriker es wünscht. Weil er sich nicht ernsthaft mit sich und seinen ihn unbewusst antreibenden Motiven beschäftigen kann, muss er sich zur Ablenkung den ganzen Tag oberflächlich mit seiner narzisstschen Wut und seinen meist materiellen Wünschen beschäftigen.

36 Vgl. Müller, Turid: *Verdeckter Narzissmus in Beziehungen*. München, 2022. S.37.
37 https://www.sylvia-pietzko.de/kennzeichen-von-narzissmus/

Egozentrische Narzissten denken – mehr oder weniger unbewusst:

- „Wo ich bin, ist vorne!"
- „Regeln und Gesetze gelten nicht für mich!"
- „Mir steht das Beste zu, alle anderen haben sich einzureihen!"
- „Der Einzige, der die Beförderung verdient hat, bin ich!"
- „Ich weiß es besser und deshalb bin ich berechtigt, dich mitten im Satz zu unterbrechen!"
- „Du hast zu machen, was ich sage!"
- u.s.w.

Im Business wie in Freundschaft und Liebe machen sie dabei gerne leere Versprechungen, was sie alles für einen tun würden, um ihre Quellen bei der Stange zu halten. Wenn du etwas erzählst, schaffen sie es mühelos, direkt danach über sich selbst weiterzusprechen, statt auf dich einzugehen.

Damit sind wir schon beim zweiten ‚E'…

**Kennzeichen #2: Empathielosigkeit**

Narzissten können sehr wohl benennen, ob ein anderer Mensch ängstlich, wütend, angeekelt, traurig oder freudig aussieht. Diese Fähigkeit nennt sich kognitive oder kalte Empathie. Doch sich wirklich einzufühlen, emotional nachzuvollziehen wie sich das Gegenüber fühlt, gedanklich ein paar Meter in den Schuhen des anderen zu laufen um ihn und seine Welt zu verstehen, das gelingt ihnen nicht oder nur sehr schwer. Die Gründe dafür liegen nahe: Narzissten interessieren sich einfach nicht für andere Menschen – außer, sie sind ihnen nützlich. Außerdem würde der Narzisst in deiner Erzählung möglicherweise seine eigenen wahren Nöte und Ängste gespiegelt sehen. In der grandiosen Ausprägung könnte er das, was er da sieht und hört, nicht ertragen, weil es sein mühsam vorgegaukeltes Selbstbild ankratzt. Deshalb ist sich in dich einzufühlen auf jeden Fall zu vermeiden und er wechselt sofort das Thema, vorzugsweise zu sich selbst und seiner letzten tollen Leistung. Der vulnerable Narzisst, dem fällt dagegen sofort eine Geschichte ein, in der ihm das von dir Erzählte auch schon mal passiert ist, nur viiiiel schlimmer! Und schon geht es wieder nur um ihn, da will er als Egozentriker ja hin. Das Irritierende dabei ist, dass extreme Narzissten sehr gut Empathie vortäuschen können! Es hat nur nichts mit echter Empathie zu tun. Sondern mit der natürlichen Überlebens-Intelligenz des Narzissten, unabhängig von dessen IQ. Wir bezeichnen es gerne als ‚Studium der narzisstischen Quelle'. Nur wenn er dich gut kennt und du Vertrauen zu ihm aufbaust, dann kennt er auch die Knöpfe, die er drücken muss, um dich im Laufe der Zeit gefügig zu machen und dich äußerst unschön zu manipulieren.

Ein Narzisst liest dich aus, merkt sich deine Ängste, deine Sorgen, deine Schwächen genauso wie deine Vorlieben. Da steckt er dann seinen Schlüssel ins Schloss und kann dich auf- und zuschließen, wie er es gerade braucht. Was er dir damit antut, das ist ihm eher nicht bewusst. Im Grunde wollen Narzissten gut sein und sehen sich selbst so. Sie haben keine Empathie mit sich selbst. Und wenn sie dir schaden, dann ist es ihnen meist egal. Sie können belastende Dinge wie Massenkündigungen durchziehen, ohne dass sie aus Mitgefühl schlaflose Nächte hätten. Das wichtige Thema Empathie wird dir in Kapitel 8 auf Seite 311 – Mediation mit Narzissten – noch einmal ausführlicher begegnen.

**Kennzeichen #3: Empfindlichkeit**
Ein extremer Narzisst ist komplett unreflektiert und deshalb bereits beleidigt, wenn die Sonne weiterwandert.[38] Wenn du Drama willst, dann äußere auch nur den leisesten Hauch von Kritik! Wir reden nicht von den großen Schmerzpunkten des Lebens, bei denen die meisten von uns sofort anspringen und sich wehren. Wir reden von ‚egal was': Jeder, der ihn nicht lobt, ist ein Feind, weil die Gefahr besteht, dass er des Narzissten tiefste innere Selbstzweifel auf den Plan ruft. Jeder, der nicht tut was der Narzisst will oder der etwas Unangenehmes sagt, was der Narzisst auf sich bezieht, wird weggekläfft. Und da der Narzisst ja bekanntlich *alles* auf sich bezieht… Und nein, du hast nichts falsch gemacht, wenn du vorsichtig anmerkst, dass der Narzisst sich in der Powerpoint-Präsentation nicht ans Corporate Design gehalten hat, und du darauf eine Verbalattacke vom Feinsten erlebst. Gespickt mit Beleidigungen und Gründen, weshalb die Präsentation trotzdem verwendet werden muss! Grundsätzlich ist es sinnvoll, ebenfalls über die eigene Kommunikation und den richtigen Moment der Anmerkung nachzudenken sowie um Erlaubnis zu bitten, die Anmerkung machen zu dürfen.

Einfach gehen, Abtauchen, über Tage bis Monate beleidigt Schweigen – in der Fachsprache als *Ghosting* bzw. *Silent Treatment* bezeichnet – ist eine andere Form von Empfindlichkeit, die du mit einem extremen Narzissten erleben kannst. Narzissten verwenden beide Manipulationstaktiken als Strafe, Erziehungsmaßnahme oder Racheakt. Mehr dazu erfährst du in Kapitel 8.

38 Dieses schöne Bild prägte die Psychologin Stefanie Stahl in ihrer Podcastfolge vom 12.01.2022.

**Kennzeichen #4: Entwertung**

Weil der Narzisst unbedingt im Mittelpunkt der Aufmerksamkeit stehen muss, duldet er keine anderen Götter neben sich. Alle anderen Menschen werden bis auf wenige Ausnahmen abgewertet. Als Ausnahmen kommen Personen infrage, die den grandiosen Narzissten bewundern, ihm schmeicheln und sich selbst devot zurücknehmen, oder die die Größenphantasien des vulnerablen Narzissten glauben und ihm ihre Energie schenken, damit der ewig vom Pech Verfolgte endlich mal Glück hat. Egal, ob jemand etwas besonders Tolles oder etwas besonders Blödes gemacht hat: Der extreme Narzisst packt sofort die Gelegenheit beim Schopf, um über den anderen zu lästern und ihn fertig zu machen oder um sich und seine eigene Leistung noch höher zu stellen und der Welt zu erklären, dass der Kollege ja nur den Bonus bekommen hat, weil er Glück hatte oder mit der Chefin ins Bett gegangen ist …

Jeder Mensch hat hier und da das Bedürfnis, zu glänzen und im Mittelpunkt zu stehen. Jeder Mensch hat mal einen miesen Tag, bei dem er keine Kraft mehr hat, empathisch zu sein. Jeder Mensch wird mal so stark von einem einzigen Wort berührt, dass er heulend aus dem Zimmer rennt oder den anderen lauthals verflucht. Und auf Firmenfeiern hat man ja bekanntlich den meisten Spaß mit denjenigen, die nicht dabei sind … Wir sind alle nur Menschen und das ist ganz normal. Doch wenn die vier genannten Dinge regelmäßig, dauerhaft und vor allem in Kombination auftreten, dann ist die Wahrscheinlichkeit sehr hoch, dass du es mit einem extremen Narzissten zu tun hast, von dem du dich abgrenzen solltest, wenn du nicht in sein Netz verstrickt werden möchtest.

## Zu viel ist schädlich – zu wenig auch: Neutrale Beschreibung statt Diagnose

Wir Autorinnen sahen Narzissmus schon länger intuitiv als Skala und witterten die positiven Seiten in diesem mysteriösen Begriff, der alltagssprachlich meist mit Eitelkeit, Arroganz und Selbstverliebtheit[39] gleichgesetzt wird. Marion hatte Craig Malkin in Form seines Buches *Der Narzissten-Test*[40] gelesen und wir sahen unsere Annahmen wissenschaftlich bestätigt. Malkin, Psychiater und Sohn einer narzisstischen Mutter, hat dankenswerterweise einen für unsere Zwecke sehr nützlichen Fragebogen entwickelt, der von den üblichen neun Fragen der American Psychiatric Association und ähnlichen Umfragen abweicht. All diese anderen Tests nehmen bereits durch ihre Fragestellung bzw. durch die Bewertung der Antworten vorweg, dass Narzissmus – in der Definition, sich selbst für etwas Besonderes zu halten! – stets etwas Schlechtes sei. Die Definition über das Gefühl der Besonderheit finden wir auch bei Malkin. Für den Einstieg ist sie hilfreich. Willst du tiefer tauchen, halten wir sie für nicht hinreichend geeignet, um die gesamte Problematik zu erfassen. Wir sehen darüber hinaus jedes Individuum als etwas Besonderes, und die narzisstische Not in einem frühkindlichen Mangel an Liebe, sicherer Bindung, Aufmerksamkeit und Anlagen begründet.

Bei Malkins Test, der auch den Narzissmus-Mangel sowie den gesunden Narzissmus mit bedenkt, kannst du dich auf einer Skala von 0 bis 10 verorten und daran erkennen, wie ausgeprägt dein eigener Narzissmus ist. Für Teams, Gruppen und Organisationen haben wir den Test weiterentwickelt – du findest ihn in Kapitel 7 zu Beginn von Teil III. Falls du denkst, du hast dich verlesen, als wir eben Narzissmus-**Mangel** schrieben: Jawoll, den gibt es. Er nennt sich *Echoismus* und siedelt sich auf den unteren Skalenwerten 0–3 an.

39 Siehe Mythos #6 auf Seite 101.

40 Malkin, Craig: *Der Narzissten-Test. Wie man übergroße Egos erkennt … und überraschend gute Dinge von ihnen lernt.* Köln, 2017. Wir beziehen uns bei den folgenden Details auf seine Arbeit.

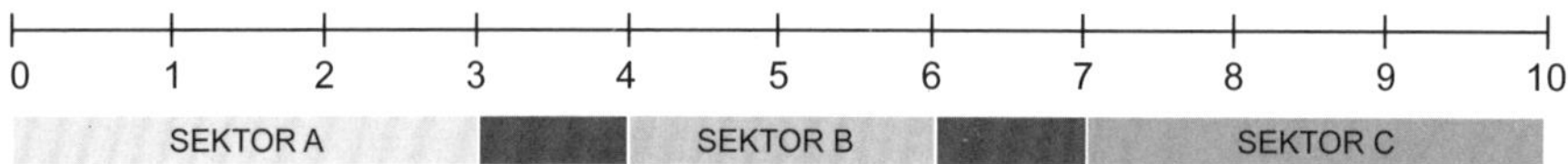


*Abb. 1: Craig Malkin beschreibt Narzissmus auf einer Skala von 0 bis 10. Wir bewerten die Sektoren 0–3 als Echoismus, 4–6 als gesunden Narzissmus, 7–10 als extremen Narzissmus. Die Übergänge sind fließend: wo man sich exakt verortet, hängt vom Zusammenspiel aller drei Sektoren-Werte ab. Nur Sektor B gilt als gesund.*

**Echoisten** schaden vor allem sich selbst und ihr besonderes Merkmal ist, dass sie nicht auffallen wollen. Sie sind anspruchslos, ängstlich, pessimistisch und werden häufig depressiv. Wer am Echo leidet, hat sich selbst und seine Wünsche aufgegeben, hat keine eigene Meinung mehr und lebt für die Bedürfnisse anderer Menschen. Echoismus ist ein spannendes, jedoch in der Gesellschaft noch relativ unbekanntes Phänomen. Wenn du direkt mehr darüber erfahren möchtest, lies in Kapitel 3 auf Seite 123 weiter.

In der Mitte – zwischen 4 und 6 – liegt das, was als **‚gesunder Narzissmus'**, ‚Alltagsnarzissmus', ‚reifer Narzissmus' oder ‚Durchschnittsnarzissmus' bezeichnet wird. Zu den Merkmalen dieser Gruppe zählen beispielsweise berechtigter Stolz, gesunder Ehrgeiz verbunden mit Disziplin und sozialverträglicher Durchsetzungsstärke, ohne arrogant oder unempathisch zu werden. Menschen im mittleren Bereich der Skala haben durchaus hohe Ambitionen und genießen Erfolge, Applaus und Aufmerksamkeit. Jedoch nicht zum Preis zerrütteter zwischenmenschlicher Beziehungen. Sie haben ein gutes Selbstwertgefühl, können Kritik annehmen, können gleichermaßen Geben wie Nehmen, sind eher entspannt, optimistisch und gut gelaunt.

**Extreme Narzissten** kennen gesunde Mitten jeglicher Art nicht, sondern leben in einer Welt von Schwarz und Weiß: Entweder, sie sind immer und auf jeden Fall die Gewinner und unersetzlich, oder sie sind die Loser und damit in ihren Augen wertlos. Entweder, du bist für sie oder gegen sie. Entweder, etwas ist gut oder es ist schlecht. Graustufen, ein Dazwischen, gibt es für sie nicht.

Ab Stufe sieben wird es allmählich extremer – was als narzisstischer Persönlichkeitsstil bezeichnet wird. Ab Stufe 9 geht Narzissmus ins Pathologische, also Krankhafte, und damit auch in die **Psychopathie**[41] über.

In Konflikten können immer Dynamiken entstehen, die uns alle sehr schnell in narzisstische Nöte mit hohen Narzissmuswerten eskalieren. Die obigen Werte gelten bei einem mittleren Erregungszustand und nicht in Druck, Stress oder im Konflikt.

**Hier fassen wir nochmal zusammen, wodurch sich Narzissmus in seiner extremen und damit ungesunden, toxischen, schädlichen Form auszeichnet:**

- » Arroganz & Selbstüberhöhung
- » Entwertung anderer Menschen
- » schwankendes Selbstwertgefühl:
  sich klein fühlen aber groß was vormachen
- » Neid, Wutausbrüche & Racheaktionen
- » sich vergleichen, Überlegenheit und Macht als Strategie,
  siehe Kapitel 1 und 9
- » übermäßiges Bedürfnis nach Bewunderung und Anerkennung,
  damit verbunden auch eine höhere Risikobereitschaft
- » Überempfindlichkeit – bereits Feedback wird als Kritik aufgefasst
- » Empathielosigkeit & Egozentrik
- » Illoyalität & Unmoral
- » Irrationalität & Paranoia

Wo der pathologische Narzisst einst eine Selbstwertstörung (NPS) diagnostiziert bekommen hätte, spricht man beim Psychopathen von einer antisozialen Persönlichkeitsstörung (APS). Zur Psychopathie gesellen sich der oben aufgeführten Liste noch in unterschiedlicher Ausprägung Emotionslosigkeit, Furchtlosigkeit, Kaltblütigkeit, Unberechenbarkeit, Skrupellosigkeit, gestörte Impulskontrolle, Brutalität, Sadismus und kriminelle Energie hinzu. Ein Psychopath ist also stets auch ein Narzisst. Doch nicht jeder Narzisst ist auch ein Psychopath. Personen mit beiden psychischen Dispositionen können ein besonders hohes Maß an Manipulation, Ausnutzung und fehlendem Einfühlungsvermögen aufweisen. In Deutschland soll es davon zirka 500.000 Betroffene geben.[42]

41 Siehe auch Mythos #2 auf Seite 96.

42 Hagemeyer, 2020. S.61.

Mit Blick auf Malkins Skala wird schnell klar: Zu viel ist sehr schädlich, vor allem für andere. Zu wenig ist ebenfalls ungesund, vor allem für den Menschen selbst.

**Wir halten also fest: Es handelt sich bei extremem Narzissmus um ein vielschichtiges Bild, das mannigfaltig interpretiert wird. Das jedoch, egal welcher Interpretation wir folgen wollen, jegliche Form von zwischenmenschlicher Beziehung (zer-)stört. Zwischen Familienmitgliedern, Freunden, Liebespartnern, Arbeitskollegen, Kunden und Dienstleistern.**

Die Übergänge auf Malkins Skala sind fließend, und wo du dich verortest, kann mit 17 anders aussehen als mit 35 oder mit 68 Jahren. Um zu unterscheiden, ob ein und dasselbe Verhalten ‚normal' oder extrem ist, ob dahinter ein gesundes Bedürfnis oder eine Überlebensstrategie aus einer Not heraus steckt[43], dazu braucht es mehr als nur eine kurze oder einmalige Beobachtung von außen. Bitte hüte dich deshalb vor allzu raschen Urteilen. „Um die [Persönlichkeit] bei einem Menschen richtig einzuschätzen, ist eine Beobachtung über mindestens drei Wochen notwendig. Dann kann sich ein Mensch einen ganz guten Eindruck von der Persönlichkeit seines Gegenübers verschaffen – unabhängig von dessen Stimmungen", erläutert der Persönlichkeitspsychologe Jens Asendorpf in einem Interview mit der GEO.[44] Wir, die wir im nicht-medizinischen oder -therapeutischen Bereich arbeiten, können immer nur Arbeitshypothesen aufstellen. Wir brauchen gar keine Diagnosen für unsere Arbeit. Du brauchst sie auch nicht. Unterm Strich ist es nämlich egal, welches Etikett wir drankleben: Extremer Narzisst, Borderliner, Bipolar oder vielleicht doch einfach nur ein – sorry, not sorry – Arschloch. Das Einzige, was zählt ist: Da ist ein Mensch, dessen chronisch egozentrisches, empfindliches, empathieloses und entwertendes Verhalten dir, deinem Team, deiner Organisation über einen längeren Zeitraum nicht guttut. Dieses Verhalten neutral zu beobachten und auf der Skala zu verorten, gesunden Narzissmus zu fördern, ungesunde Tendenzen zu erkennen oder zu begrenzen, darum geht es uns hier. Und nicht aus dem Blick zu verlieren, dass sich auch extreme Narzissten ändern können, wenn nur die Notwendigkeit und der Wille dazu da sind. Auch, wenn die Schritte meist klein sind und das Umfeld einen echt langen Atem braucht.

43 Eidenschink, Klaus: *Es gibt keine Narzissten.* Köln, 2024. S.12.

44 https://www.geo.de/magazine/geo-wissen/1001-rtkl-persoenlichkeit-psychologie-wie-wir-unsere-staerken-entfalten

## Wahrnehmung und die Macht der Täuschung

Niemand sieht die Welt auf deine Weise. Niemand hat je gedacht, was du denkst. Eine Hose, die du ‚grau' nennst, nennt der Rest der Welt womöglich ‚grün'.[45] Wenn du überlegst, einen schwarzen Cupra Formentor Hybrid mit den coolen bronzefarbenen Felgen zu bestellen, siehst du plötzlich überall genau dieses Modell auf der Straße. Das ist völlig normal. Es geht uns allen so. Je nach dem, was gerade in diesem Moment wichtig für uns erscheint, beobachten wir die Welt um uns herum und nehmen nur kleine Teile der Realität wahr. Das Phänomen ist der Wahrnehmungspsychologie längst bekannt und es wird ständig weiter erforscht. Marketing und Vertrieb haben großes Interesse daran. Zu wissen, was potenzielle Käufer morgen interessiert, ist Gold wert. So kommt es vor, dass der Algorithmus einer Suchmaschine dir bereits Vorschläge macht, ohne dass du etwas eingegeben hast. Möglicherweise weiß Google vor dir, dass du schwanger bist. Zu niemandem sind wir so ehrlich wie zur Eingabemaske einer Suchmaschine. Deine Suchbegriff-Historie verrät deine Wünsche, Vorlieben und Bedürfnisse.

Unsere Bedürfnisse lenken unsere Wahrnehmung. Unsere Wahrnehmung löst Gedanken und Gefühle aus. Und was wir denken und fühlen hat Einfluss auf unser Handeln und Verhalten. Die Ergebnisse unseres Verhaltens zahlen auf unser Bedürfniskonto ein – sind wir im Plus oder im Minus? – und bestätigen uns in unserer Wahrnehmung oder verändern sie. Doch unsere Wahrnehmung hat einen dunklen Zwilling namens Täuschung, der ihr ständiger Begleiter ist. Das ganze Zusammenspiel, das wir in Kapitel 4 noch mal benötigen, wird durch unser Unterbewusstsein geprägt.

Sich seiner selbst bewusst zu werden ist sowas wie der übergeordnete Auftrag, den das Leben allen Menschen stellt. „Gnothi seauton – Erkenne dich selbst!" steht seit dem 5. Jahrhundert vor Christi am Apollotempel von Delphi. „Den Weg der Selbsterkenntnis zu beschreiten, bedeutet, dass ich den Mut habe, mich so zu geben, wie ich bin, ohne mich zu verstellen, ohne eine Rolle zu spielen oder den anderen etwas vorzumachen, und das Feedback anzunehmen, das sich daraus ergibt, dass ich mich dir so gezeigt habe, wie ich bin"[46], lehrt uns der Psychoanalytiker Jorge Bucay. Doch um dich selbst mehr und mehr erkennen zu können, musst du wissen, wie Bewusstsein und Wahrnehmung funktionie-

45 So ist es Sylvia einst in der Oberstufe mit einer Stoffhose ergangen …

46 Bucay, Jorge: *Selbstbestimmt leben*. Frankfurt am Main, 2016. S.84.

ren. Die Hirnforschung ist da zum Glück heute etwas weiter als zur Zeit der altgriechischen Apollonpriester. Es geht nicht nur darum, dich nicht selbst zu täuschen. Es geht uns in einem Buch über Narzissmus darum, dich nicht in anderen Menschen zu täuschen und dich nicht täuschen zu lassen. Deshalb zeigen wir dir, was es in Sachen Wahrnehmung und Bewusstsein zu entdecken gibt.

## Bewusst, unbewusst, vorbewusst – und wie unser Langzeitgedächtnis sich täuschen lässt

Das Gehirn filtert einströmende Reize und lässt nur einen Bruchteil davon ins Bewusstsein durch. Als Bewusstsein bezeichnen wir das bewusste Erleben von dem, was in uns vorgeht und was um uns herum passiert. Charakteristisch dafür ist, dass wir über das Erlebte berichten können. Auch Phantasien oder Vorstellungen gehören dazu. Die Welt stellt uns pro Sekunde eine unfassbar große Informationsmenge zur Verfügung. Unter Hirnforschern gibt es den Scherz, dass das Gehirn in erster Linie ein Abwehrsystem für Informationen ist. Stell dir vor, wir sitzen im 7D-Kino[47] und die Leinwand besteht aus elf Kilometern Länge. Hier werden mit allen Sinnen erfahrbare Möglichkeiten abgespielt. Von denen können wir selbst bei höchster Achtsamkeit maximal 40 Meter pro Sekunde bewusst aufnehmen. Mehr Kapazität haben wir nicht. Verschiedene Quellen nennen hier unterschiedliche Zahlen. Das ist gar nicht so relevant. Wichtig ist: Von einer unfassbar großen Realität des Lebens bleibt jedem von uns in jedem Augenblick nur ein kleiner bewusst erfassbarer, subjektiver Ausschnitt. Und das geht so: Die Informationen, die es über unsere Sinnesorgane hineingeschafft haben, werden erstmal vom Thalamus, dem ‚Tor zum Bewusstsein', überprüft.[48] Er filtert bereits erste Informationen. Sonst würdest du dich, wenn du dich mit deiner Kollegin in der rappelvollen geräuschüberfluteten Kantine unterhältst, gar nicht auf ihre Worte konzentrieren können, sondern alle Gesprächsfetzen um dich herum ungebremst aufnehmen. Der Thalamus stellt sich dabei in Windeseile drei Fragen: Ist es neu? Ist es für den Gehirnbesitzer interessant? Ist es für sein Überleben wichtig? Lautet die Antwort dreimal

47 Ein 7D-Kino kombiniert 3D-Filme mit kristallklaren Klängen, Sondereffekten im Kinosaal und beweglichen Sitzen, die mit der Handlung synchronisiert sind. Der Film lässt sich mit allen Sinnen spüren, beispielsweise durch Wind, Regen oder Beschleunigung.

48 Wir vereinfachen unsere Beschreibungen hier ein wenig. Details kannst du auf lustige Art bei Werner Tiki Küstenmacher (*Limbi*) oder wissenschaftlich beschrieben bei Alica Ryba und Gerhard Roth (*Coaching, Beratung und Gehirn*, Kapitel 6) nachlesen.

„nein“, schafft es die Information nicht am Türsteher vorbei und muss draußen bleiben. Lautet mindestens eine Antwort „Ja“, wird die Information auf die weitere Reise durchs Gehirn geschickt. Ab hier fährt sie zweigleisig: einmal zur Amygdala, die für die emotionale Bewertung der Wahrnehmung und die zuständigen Körperreaktionen verantwortlich ist. Und zur Neocortex genannten Großhirnrinde, in der die Information von unserem Verstand verarbeitet wird. Dieser Zug fährt allerdings etwas langsamer.

Außerdem spielt die Konzentration für die Wahrnehmung eine Rolle – die Kunst, dich bewusst auf etwas zu fokussieren. Diese Stärke nimmt unserer Beobachtung nach in der Gesellschaft mehr und mehr ab. Nicht nur die Jugend, auch die älteren Generationen verfügen oft nur noch über die Konzentrationsfähigkeit, die einem 30-sekündigen Tik-Tok-Videoclip entspricht. Einige unserer Testleser haben uns Sätze als nicht lesbare Schachtelsätze angekreidet, wenn sie mehr als zwei Kommata enthielten. Im Deutsch-Leistungskurs gab es 1998 für die Fähigkeit, lange Sätze a) zu schreiben und b) zu verstehen noch Bestnoten. Worauf wir hinauswollen: Bist du unkonzentriert und lenkst deine Wahrnehmung nicht bewusst, zerstreut sich auch deine Aufmerksamkeit und du bekommst noch weniger von deinem Umfeld mit, als sowieso.

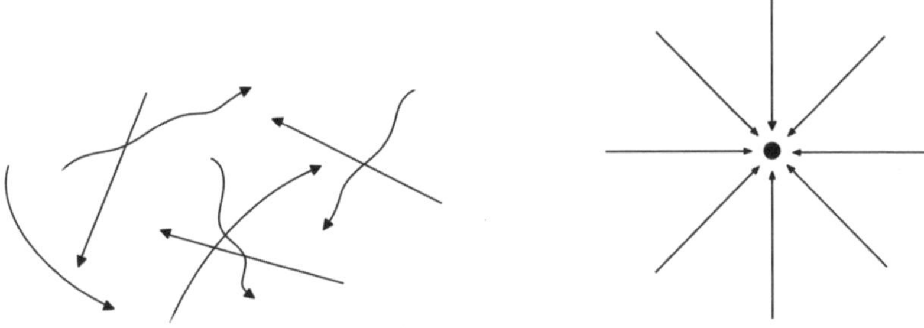


*Abb. 2: Zerstreute vs. fokussierte Aufmerksamkeit. Quelle: Trigon Entwicklungsberatung.*

Manchmal, zum Beispiel in lebensbedrohlichen Situationen, wird deine Aufmerksamkeit allerdings auch von außen gesteuert und du entscheidest nicht freiwillig, worauf du deinen Fokus lenkst: Ein 16-Jähriger filtert in einer Unterhaltung über den Haushalt vollautomatisch heraus, dass es vorteilhaft für das Zusammenleben wäre, die Spülmaschine nach dem Ausräumen auch wieder einzuräumen. Dies geschieht so lange, bis wir sein Leben bedrohen: In Form von Computer-Entzug. Dann erst nimmt er wahr, was er tun soll, statt sich mit einem „Hab ich nicht gehört!“ aus der Verantwortung zu stehlen.

Dann gibt es noch Dinge, die sich grundsätzlich dem Bewusstsein verschließen. Wir nennen sie das Unbewusste. Dazu gehört alles, was sich unserem Bewusstsein nie erschlossen hat: Inhalte, die nicht erinnerungsfähig sind aufgrund infantiler Amnesie. Das was wir im Bauch unserer Mutter bis hin zu einem gewissen Kleinkindalter erlebt haben. Oder die sensorischen, neuronalen und motorischen Vorgänge, die dem Denken, sich bewegen oder Handeln vorausgehen. Dir ist ja nicht bewusst, was sich beim Sehen genau zwischen deinem Auge und allen Hirnarealen, die für die Verarbeitung des Gesehenen zuständig sind, abspielt. Auch Wahrnehmungsprozesse, die nicht stark genug sind oder nicht lang genug dauern, um ins Bewusstsein durchzudringen, können wir hier zuordnen. Das Unbewusste hat uns Sigmund Freud nahegebracht, der Begründer der Psychoanalyse. Es beeinflusst unser Verhalten, wenn wir etwas sagen oder tun, ohne zu wissen, warum.

Das Vorbewusste unterscheidet sich vom Unbewussten dadurch, dass es irgendwann mal bewusst gewesen sein muss. Manche Informationen werden irgendwann im Gehirnkeller ins Archiv gepackt. Dort sind sie zwar weiter vorhanden, werden jedoch nicht bewusst erinnert – bis ein dazu passendes Ereignis die Erinnerung wieder hervorholt. Andere Inhalte sind möglicherweise zu schmerzhaft, um sie im Langzeitgedächtnis zu behalten: sie werden verdrängt und begünstigen Trauma – davon handelt Kapitel 3. Und andere Dinge passieren vollautomatisch: die Art und Weise, wie du dir als Erwachsener die Zähne putzt beispielsweise. Dass Vorbewusste sorgt auch dafür, dass du schon 20 Kilometer auf der Autobahn gefahren bist, aber deine letzte bewusste Erinnerung das Einlenken in die Zufahrt gewesen ist. Bis du dir wieder bewusst wirst, dass du gerade mit 150 km/h in deinem BMW auf der A3 unterwegs bist.

Unser Bewusstsein lässt sich täuschen. Eng damit verbunden ist unser Langzeitgedächtnis: Bei einem Experiment der Psychologin Elizabeth Loftus wurden ehemaligen Disneyland-Besuchern fiktive Werbeanzeigen für diesen Freizeitpark gezeigt. Neben Mickey und Donald wurde auch Bugs Bunny in den Anzeigen abgebildet und beschrieben. Der Möhrchen-Mümmler gehört jedoch den Warner Bros – er hat mit Walt Disney nichts zu tun. Die Teilnehmer wurden nach dem Betrachten der Anzeigen gefragt, ob sie sich an eine Begegnung mit Bugs Bunny im Disneyland erinnern könnten. Erstaunlicherweise antworteten rund 30 Prozent, dass sie sich an den schönen Tag mit Bugs Bunny erinnerten und davon noch irgendwo ein Foto haben müssten. Bugs-Bunny-Kostüme oder -Figuren haben in Disneyland jedoch niemals existiert. Diese Studie veranschaulicht, wie suggestive Informationen falsche Erinnerungen hervorrufen können. Und wie anfällig unser Gedächtnis für Manipulation und externe Lenkung unserer Aufmerksamkeit ist.

Es kommt noch besser: Jedes Mal, wenn du dich an etwas erinnerst, überschreibt dein Gehirn diese Erinnerung und komprimiert das Datenvolumen. Das ist ein bisschen wie mit dem JPG-Bildformat. Speicherst du ein JPG nach dem Öffnen immer wieder, wird seine Dateigröße immer geringer und die Bildqualität immer schlechter. Du kennst Familien- oder Firmengeschichten? Sie entwickeln sich über die Zeit. Du brauchst schon sehr viel Disziplin und Wahrheitstreue, um die Geschichten deines Lebens sowie deren Erkenntnisse realitätsnah zu bewahren. Hier entsteht viel Potenzial für irrationale Überzeugungen, die ungünstig für ein gutes Miteinander sind.

## Filter: von der objektiven Realität zur subjektiven Wirklichkeit

Wir filtern uns unbewusst von der Realität zur subjektiven Wirklichkeit. Abbildung 3 veranschaulicht stark vereinfacht, wie das geschieht.

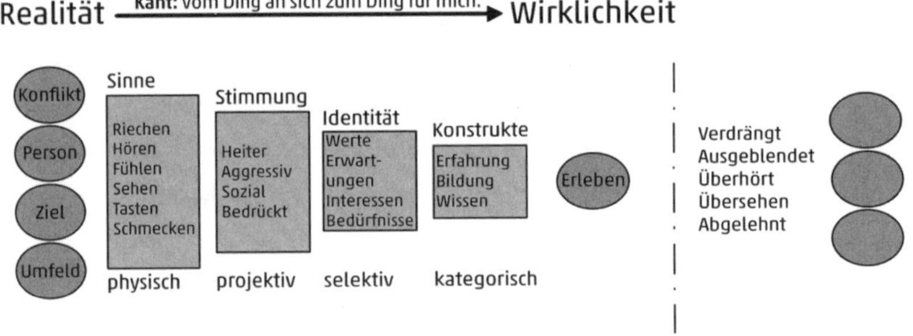


*Abb. 3: Der Prozess der Wahrnehmung. Vgl. Löhner, Michael: Seminarunterlagen.*

Der **erste Filter** betrifft unsere Sinne: Sehen, Hören, Riechen, Schmecken, Tasten, Fühlen. Wie bei allem im Leben haben wir auch hier persönliche Vorlieben. Du bevorzugst vielleicht Hörbücher oder Videos und hast dabei ein Tablet in der Hand. Deine Freundin liest lieber und zieht gedruckte Bücher mit hochwertigem Einband vor. Die sensorischen Präferenzen prägen sogar unsere sprachlichen Vorlieben.

„Ich hab im Ohr, dass …"
„Ich sehe das so …"
„Ich hab den Eindruck …"
„Das wird dir jetzt vielleicht nicht schmecken, aber …"
„Er hat da ein Näschen für …"
„Nach meinem Gefühl verhält es sich so …"

Dein gesprochenes Wort kann bildhaft, geschmacksbetont, geruchsbeschreibend, sensitiv oder melodisch sein. Und je nach Präferenz deines Gegenübers erreichst du ihn damit, oder auch nicht. Die spannende Welt der Persönlichkeitspräferenzen erforschen wir in Kapitel 5 tiefer.

Unsere fünf Sinne ergänzen sich durch den Spürsinn, der auch ‚der siebte Sinn' genannt wird.[49] Dazu gehören Körperreaktionen und Gefühle. Die Ankündigung des Chefs, die dir Gänsehaut macht. Das plötzliche Gefühl, dass in einem Raum voller Menschen etwas nicht in Ordnung ist. Das Grummeln im Bauch am Tag vor dem Meeting mit der streitsüchtigen Kollegin. Selbst, wenn du diese Dinge nicht bewusst wahrnimmst, wenn du deine Gefühle nicht mehr fühlst, wenn du deine so genannten *somatischen Marker* – das ist der Versuch deines Emotionszentrums, mit deinem Körper zu kommunizieren – nicht spüren kannst, sind sie wirksam. Manche Menschen spüren sich selbst nicht mehr. Sie haben sich so sehr von sich selbst abgespalten, dass sie ihren Magen nicht von ihrem Darm unterscheiden können. Sie wissen dann bei ‚Unwohlsein' nicht, ob ihnen übel ist oder ob sie Bauchkrämpfe haben. Der Geschichte, die der eigene Körper gerne erzählen würde, hören sie nicht zu oder sie können sie nicht mehr deuten. Wer sich nicht spürt, kann auch andere nicht erspüren und in Resonanz mit ihnen gehen. Aus diesem Stoff hat das Leben schon so manche traurige Story geschrieben.

Der Filterprozess ist noch lange nicht abgeschlossen. Der **zweite Filter** ist unsere Stimmung. In heiterem Zustand nehmen wir schlechte Nachrichten leichter auf, als in betrübter Stimmung. Wie wir gestimmt sind, das übertragen wir auch auf andere. Deshalb nennt sich dieser Filter ‚projektiv'. Und je nach deiner

49 Bleibt die Frage: Was ist der sechste Sinn? Dabei handelt es sich um unseren Gleichgewichtssinn im Innenohr.

Stimmung wird dein Umfeld auf dich reagieren. Wer bereits einen angespannten Eindruck hinterlässt, der kann davon ausgehen, dass das Umfeld eher vorsichtiger mit ihm interagieren wird. Sollte die Stimmung im Büro durch aggressives Verhalten geprägt sein, filtern wir Informationen wesentlich anders als in einem entspannt-sozialverträglichen beruflichen Umfeld.

Der **dritte Filter** betrifft unsere Bedürfnisse, Erwartungen, Werte und Interessen. Wenn du satt bist, wird der leckere Duft der Dönerbude, der durchs Fenster zieht, keinen Speichelfluss bei dir auslösen. Den überarbeiteten Kollegen, der seit dem Frühstück nichts mehr gegessen hat, übersiehst du dabei. Wenn Ehrlichkeit ein hoher Wert für dich ist, wirst du entsetzt sein, wenn du hörst, wie die Kollegin sich bei einer wichtigen Prüfung durchgemogelt hat. Ihre familiären Probleme, die sie zu diesem energiesparenden Verhalten geführt haben, hast du in dem Moment vergessen. Das einzige Interesse des jungen Mannes aus dem Beispiel oben besteht darin, möglichst schnell an seinen Computer zurück zu kommen. Der noch nicht abgeräumte Esstisch wird ausgeblendet.

Als **vierter Filter** prägt gespeichertes Wissen deine Wahrnehmung, beispielsweise aus Schule und Ausbildung. Dazu kommen frühere Erfahrungen mitsamt den damals gefühlten Gefühlen. Sie sind der Kleber für die Speicherfunktion in unserem Gehirn. Wenn du denkst, du könntest sie aus deiner Wahrnehmung ausklammern, irrst du dich. Andernfalls hättest du eine sehr ernste Erkrankung. Die Krux ist, dass das Gefühl, das wir als Kind zum Speichern einer Erfahrung benutzt haben, heute nicht mehr zu dem passt, was wir als Erwachsener darüber denken. Und dennoch prägt es uns.

Der gesamte Wahrnehmungsprozess mit all seinen Filtern läuft blitzschnell ab, und meistens ohne dass wir uns dessen bewusst sind. Was du verdrängt, ausgeblendet, überhört, übersehen oder abgelehnt hast, kommt in deiner Wahrnehmung und damit in deinem Erleben nicht vor. Wahrnehmung ist hochgradig anfällig für Verzerrungen und Fehler. Es entstehen Illusionen. So wird nur ein ganz kleiner Teil der Realität zu deiner individuellen Wirklichkeit. Deine Welt entspricht der Summe der in dir gespeicherten Bewertung von günstigen oder ungünstigen Erfahrungen. Nehmen wir zum Beispiel das Wort *Narzissmus*: Wenn du noch keine unangenehme Begegnung mit toxischen Charakteren hattest, wenn du noch nichts darüber gelesen oder gehört hast und du selbst die Geschichte aus der griechischen Antike nicht kennst, wirst du beim Titel unseres Buches vielleicht an eine gelbe Blume denken. Und desinteressiert am Buchregal vorbeilaufen, obwohl deine Kollegen dich mobben und dein Vorgesetzter dir in den Rücken fällt. Du wirst dich wundern, weshalb dieser Titel bei den Management-Ratgebern statt in der Abteilung für Haus und Garten steht. Vielleicht bist du jedoch schon so gebeutelt worden von Narzissten, dass du das Buch aus dem Regal nimmst und böse wirst, wenn du auf der Buch-Rückseite liest, dass es unserer Ansicht nach gesunden Narzissmus gibt. Dein persönliches inneres Begriffsnetzwerk – deine Mind-Map – verknüpft *Narzissmus* vermutlich nur teilweise so, wie es bei uns Autorinnen der Fall ist. Wir freuen uns, wenn wir dein Wissen zum Thema Narzissmus etwas erweitern können. Doch hier liegt bereits viel Stoff für Spannungsfelder, und wir haben uns mit *Macht* und *Narzissmus* erst zwei zentrale Begriffe angesehen.

### Was ist der Unterschied zwischen Emotionen und Gefühlen?

Das Schreibprogramm Word, in dem wir diesen Text hier verfassen, hat uns ausnahmsweise mal positiv überrascht: Die Synonyme-Funktion der Software bietet bei ***Gefühl*** alles Mögliche an, nur nicht ***Emotion***. Umgekehrt suchten wir bei ***Emotion*** vergeblich nach dem Vorschlag, stattdessen ***Gefühl*** zu verwenden. Word weiß, dass Emotionen und Gefühle nicht dasselbe sind! Das können wir von der Mehrzahl der Menschen, mit denen wir explizit darüber gesprochen oder denen wir einfach nur zugehört haben, nicht sagen. Denn in der Alltagssprache werden die beiden Begriffe synonym verwendet. Nicht nur, um unsere Sprache abwechslungsreicher zu machen – das tun wir Autorinnen tatsächlich trotz besseren Wissens im Alltag auch öfter –, sondern aus Unkenntnis, wie es wissenschaftlich gesehen korrekt ist. Wir würden dich gerne an unserem Wissen teilhaben lassen, denn für das übernächste Kapitel ist das relevant: das Verstehen und den Umgang mit Konflikten. Außerdem kann jeglicher Wissensvorsprung, den du auf theoretischer Ebene in Sachen Psychologie und Hirnforschung gegenüber Narzissten hast, einen Unterschied machen. Dir hilfreich für ein gelingendes Miteinander werden. Und aus neurobiologischer Sicht gibt es tatsächlich Unterschiede zwischen Gefühlen und Emotionen.[50] Sie liegen in der Art und Weise wie sie in unserem Gehirn entstehen und verarbeitet werden. Emotio (lat.) bedeutet ***Hinausbewegung***: Eine Emotion ist das Erste, was im Gehirn passiert, nachdem ein Sinneseindruck einen Hirnkomplex namens ***limbisches System*** erreicht hat und dort bewertet worden ist. Beispiel: Es ist schwarz, ungefähr so groß wie ein 1-Euro-Stück, es sitzt auf dem Fußboden und es sieht aus, als ob es ziemlich viele Beine hätte? Eine Spinne, Alarm!

Was sich jetzt ganz schnell hinausbewegt, bist möglicherweise du, und die Emotionen, die in diesem Moment auf deinem Gesicht abzulesen sind, lauten Ekel oder Angst. Das alles passiert zunächst unbewusst. Der Hirnforscher Gerald Roth bezeichnet das limbische System, das sinnigerweise auch ***Emotionszentrum*** genannt wird, als die zentrale Bewertungsinstanz des Gehirns.[51] Der Psychologe Paul Ekman nennt sechs kulturunabhängige Basisemotionen: Angst, Ärger, Trauer, Ekel, Überraschung und Freude.[52] Sie sind mit speziellen körperlichen Reaktionen verbunden, wie erhöhtem Puls, verzerrtem

50 Diese Erkenntnis haben wir dem Neurowissenschaftler Antonio Damasio zu verdanken.

51 Küstenmacher, Werner: *Limbi*. München, 2016. S.33.

52 Und auch hierzu gibt es unterschiedliche Sichtweisen und Forschungsergebnisse.

Gesicht oder Gänsehaut. Evolutionär bedingt haben sie den Zweck, dass du auf Bedrohungen schnell reagierst. Sobald die Information („schwarz, groß wie ein Euro, auf dem Fußboden und es sieht irgendwie fusselig aus") von deinem Großhirn mit früheren Erfahrungen abgeglichen worden ist und du dann festgestellt hast, dass die Spinne nur ein Fussel ist, sind dein Ekel und deine Angst verschwunden. Emotionen haben eine kurze Lebensdauer, sie sind dafür sehr intensiv. Gefühle sind länger haltbar und wir haben zahlenmäßig wesentlich mehr davon als Emotionen. Gefühle entstehen, wenn das Gehirn die Reaktionen des Körpers analysiert und bewusst wahrnimmt.[53] Laut Hirnforscher Gerald Hüther sind Gefühle das Ergebnis einer individuellen Bewertung von Ereignissen oder Situationen, die aufgrund persönlicher Erfahrungen und Erinnerungen entstehen. Sie sind eng mit unseren kognitiven Prozessen verbunden. Wenn Angst und Ekel aus unserem Beispiel mit der Spinne verschwunden sind, weil der Verstand erkannt hat, dass keine Gefahr besteht, entstehen möglicherweise in dir Gefühle von Erleichterung, Scham oder Belustigung – je nachdem, was für ein Typ du bist. Angst, Ärger und die anderen Emotionen können natürlich auch Gefühlswörter sein, daher kommt sicherlich ein Teil der Verwirrung in der Alltagssprache. Wir können sie jetzt jedoch weiter ausdifferenzieren: Ist es vielleicht nur ein leises Unbehagen oder fürchtest du dich schon richtig? Fühlst du dich nur etwas aufgebracht oder bist du total zornig? Spannend ist hier das Phänomen der Gefühlsübertragung, besonders gut beschrieben beim Psychiater Joachim Bauer.[54] Stell dir einen Raum mit lauter fröhlichen Leuten vor, die sich unterhalten. Plötzlich geht die Tür auf und ein Mensch mit schlechter Laune kommt herein. Der Reiz ist nicht stark genug, als dass er irgendeine Emotion in den Anwesenden auslösen würde. Sie schauen vielleicht kurz hoch, bleiben auf ihren Stühlen sitzen und unterhalten sich weiter. Es kann jedoch passieren, dass die Gespräche nach und nach verstummen, die Atmosphäre irgendwie düsterer wird und sich die schlechte Laune auf die vorher fröhlichen Leute überträgt. Sie verlassen dann mies gelaunt den Raum und wissen gar nicht, was geschehen ist. Denn Gefühle können auch unbewusst bleiben. Das Talent für solch eine Gefühlsübertragung wird übrigens besonders narzisstischen Charakteren zugeschrieben. Sie können ihren eigenen inneren Spannungszustand subtil atmosphärisch entladen, sich dadurch entlasten und andere mit Anspannung aufladen. In narzisstischer Not, im Falle von Stress, Druck und Konflikten, können wir das alle.

53 https://www.dasgehirn.info/denken/emotion/bewusste-gefuehle

54 Bauer, Joachim: *Warum ich fühle, was du fühlst*. Hamburg, 2016. S.133 ff.

## Wie Narzissten Wahrnehmung steuern

Extreme Narzissten legen häufig großen Wert auf die perfekt gepflegte äußere Erscheinung.[55] Damit beeinflussen sie häufig deine visuelle Wahrnehmung positiv. Es gibt nur eine Chance für den ersten Eindruck – diesen Kalenderspruch haben sie verinnerlicht. Sie riechen auch gerne betörend und vernebeln dir damit die Sinne. In der Kennenlern- oder Akquisephase sind sie nett, finden freundliche Worte, bringen dich zum Lachen. Ihr Charme und ihre Eloquenz faszinieren dich. Sie geben sich empfindsam und achtsam, wenn sie deine Gunst gewinnen wollen. Damit können sie dich innerlich tief berühren. Beruflich erschaffen sie die Illusion, die besten und fleißigsten Mitarbeiter zu sein. Sie bestechen durch ihren Ideenreichtum und ihre Risikobereitschaft. Auch wenn sie in etwas nicht so gut sind, können sie es kaschieren: „Fake it till you make it!" ist ein Motto, nach dem Narzissten leben. Es gibt Arbeitsumgebungen wie Unternehmensberatungen oder Kreativagenturen, in denen sie damit noch nicht mal hinter den Berg halten müssen. Dort ist ein ‚so tun, als ob' erwünscht und wird sogar erwartet. Wenn sich das mit deinen Werten nicht deckt, wirst du solche Arbeitgeber hoffentlich noch in der Probezeit wieder verlassen. Kapitel 8 beschäftigt sich noch ausführlicher mit diesen Themen.

Extreme Narzissten erkennen schnell, wie sie dich einfangen können, auf welchen Kanälen du empfänglich bist, und das wird dich beeindrucken. Es sei denn, du bist selbst völlig frei von narzisstischen Nöten und gut in deiner Mitte. „Sylvia, das nächste Projekt möchte ich unbedingt mit dir zusammen machen!" „Marion, seitdem du neben mir stehst, fühle ich mich viel sicherer, gut zu performen." Nur ein kleiner Satz, der unsere inneren Wünsche trifft, und schon haben wir angebissen. Außerdem sind sie echt gut darin, dich in deiner Körpersprache zu spiegeln oder dich zu imitieren. Das unbewusste und feine Spiegeln baut Nähe und Vertrauen auf. Imitieren ist bewusster und auffälliger. Narzissten setzen es ein, um Anerkennung zu erlangen, sich durchzusetzen oder sich selbst besser darzustellen. Spiegeln ist mehr als Nachahmen – es braucht Empathie dafür. Narzissten bedienen sich lediglich der Technik, ohne echte Empathie zu empfinden. Wie du bereits weiter oben erfahren hast, sind Narzissten unfähig, mitzufühlen. Doch sie haben gelernt, soziale Signale zu erkennen und

55 Unserer Erfahrung nach gilt das bei Frauen sowohl für grandiose und vulnerable Narzissten, bei Männern fast nur für die grandiose Variante. Männliche verdeckt-vulnerable Narzissten lassen sich eher gehen, was Körperpflege, Fitness, Ernährung, Parfum und Kleidung anbelangt.

zu kopieren, um andere Menschen zu manipulieren. Sie achten dabei auf die kleinsten Details.

So nahm **Geschäftsführer Creg** – du wirst ihm noch häufiger im Buch begegnen – sehr achtsam wahr, welche Farbe sein Chef-Chef-Chef mag. Zu den Jahresgesprächen trug Creg dann natürlich einen Anzug in Blau und eine Krawatte in den Farben des Firmenlogos.

Wahrnehmung ist leicht von außen lenkbar. Zauberkünstler faszinieren uns mit wundervollen Magie-Shows. Sie sind Meister darin, unsere Wahrnehmung zu täuschen, um uns zu unterhalten, um Vergnügen zu bereiten. Auch extreme Narzissten haben das Talent entwickelt, die Wahrnehmung und Aufmerksamkeit ihrer Mitmenschen zu lenken. Auf ihre Interessen, ihre Projekte oder ihre Produkte. Nur tun sie es ausschließlich zu ihrem eigenen Vergnügen oder Nutzen. Auch, wenn du vielleicht fasziniert ihren grandiosen Geschichten lauschst, nutzen sie die Gelegenheit um dich zu übervorteilen. Das können bei verdeckt-vulnerablen Narzissten auch Geschichten von grandiosem Scheitern sein, an dem natürlich alle Schuld sind, nur nicht der Narzisst. So oder so, du wirst eingesaugt in ihre subjektive Wahrnehmung, in ihre eigene Wahrheit, die ein Narzisst meist mit der Realität gleichsetzt.

Wenn du andockst, wird der Narzisst die Hoheit über deinen freien Willen übernehmen: Zuerst über deine eigene Wahrnehmung, die er dir abspricht und sie zu seinen Gunsten verdreht. Das vertiefen wir unten. Danach über deinen Willen, damit du die Welt zukünftig in seinem Sinne wahrnehmen wirst. Freunde werden zu Feinden. Seine Bedürfnisse werden zu deiner Aufgabe. Eine Grenzüberschreitung des Narzissten wird zu deinem Fehler. Du lässt dich zum *Co-Narzissten* entwickeln und nährst ganz selbstverständlich sein Ego, ohne es zu merken. Du nimmst vielleicht wahr, dass deine Energie weniger wird. Ständig bist du müde nach dem Kontakt mit deinem narzisstischen Kollegen, Vorgesetzten, Kunden oder Partner. Immer häufiger fühlst du dich schlecht, als wärst du einer giftigen Substanz ausgesetzt. Bekommst du Aufmerksamkeit oder eine positive Rückmeldung von ‚deinem' Narzissten, geht es dir kurzzeitig besser. Am Anfang eurer Zusammenarbeit hat er dich ja auch in den höchsten Tönen gelobt und echt beflügelt. Der Begriff für dieses Verhalten lautet *Love-Bombing*. Auch, wenn es im Business-Kontext passiert. Du warst wie berauscht von der Stimmung, die er erzeugte. Um diese Gefühle immer wieder zu spüren, tust du alles, wirklich alles. Der Narzisst fokussiert deine Wahrnehmung ziemlich umfassend auf seine Bedürfnisse und du lässt es dir gefallen, um wieder zu bekommen, was einst so gut war. Ähnlich, wie der Junkie seine Droge braucht. In die co-narzisstische Abhängigkeit rutschst du ebenso schnell wie in die Drogenabhängigkeit. Und sie verändert dein Gehirn auf ebenso ungesunde Art und Weise. Einerseits, weil deine tiefsten Bedürfnisse endlich gesehen und vermeintlich genährt werden. Das kann zum Beispiel das Bedürfnis sein, dass deine eigenen Talente endlich erkannt werden oder dass dir eine ersehnte Beförderung in Aussicht gestellt wird. Narzissten, die selbst so bedürftig sind, haben sehr gute Antennen für die Bedürftigkeit anderer Menschen. Sie nehmen deine eigene Bedürfnisnot wahr und schätzen dich richtig ein. Hier ist ihr Einfallstor in deine Seele; der Weg zur grenzenlosen Manipulation ist frei. Von anderen extremen Narzissten lassen sie sich dafür häufig täuschen, sofern sie ihnen sympathisch sind. Wenn sie jemanden bewundern und gerne so sein würden wie er – also noch grandioser –, dann kennen sie kein Halten.

Creg bekam als junger Mann die Chance, sich an einem Start-up zu beteiligen. Der Gründer machte auf Creg den Eindruck, als wäre er der nächste Shooting Star, und versprach ihm, im Himmel sei Jahrmarkt. Creg war völlig angefixt und lieh sich 15.000 Euro von seiner Lebenspartnerin. Doch er investierte in leere Versprechungen, in ein Luftschloss, und das alles ohne Vertrag. Der Traum platzte, der Gründer konnte sich an nichts erinnern, Creg hatte keine Beweise und seine Freundin sah ihr Geld nie wieder. Extreme Narzissten spielen gerne das Spiel mit dem Vertrauensbonus: Die Freundin tröstete Creg dann noch, damit der Arme seine Enttäuschung überwinden konnte.

Extreme Narzissten tarnen sich, um dich zu täuschen. Offen-grandiose Narzissten praktizieren dies durch Licht und Glanz: Sie blenden und tun so, als ob sie etwas ganz Besonderes seien. Ganz besonders großartig. Falls du bibelfest bist, kommt dir die Geschichte vielleicht bekannt vor: Luzifer war der blendend schöne Erzengel des Lichts. Und extreme Narzissten können leider wirklich teuflisch sein und eine lichtvolle Tarnkappe aufsetzen. Verdeckt-vulnerable Narzissten tarnen sich durch Schatten und Trübnis: Sie verdunkeln sich, machen sich klein. Sie tun so, als wären sie hilflos und harmlos. Jeder extreme Narzisst wird dich als gefährlich einstufen, wenn er ahnt, du könntest seine

Tarnung auffliegen lassen. Dann hast du nichts zu lachen: du wirst zum Feind erklärt![56]

- » Besonders dann, wenn du ein geradliniger Mensch bist, der Unstimmigkeiten sofort selbstbewusst klärt.
  - » Es sei denn, er nimmt dich als stark wahr, dann hast du vielleicht deine Ruhe und seine Achtung.
    - » Es sei denn, er will deinen Job, dann kennt er keine Gnade.

Schätzt der Narzisst dich als schwach und bedürftig ein, spielt er mit dir wie eine Katze mit der Maus. Gelingt es dir nicht, dich zu wehren und geht sein Narzissmus bereits in Richtung Psychopathie, freut er sich über dein Leiden. Es spornt ihn an, dir mehr davon zu bereiten. Um das zu verhindern, wirst du bald ebenfalls tun was er will oder braucht. Alternativ suchst du dir nach kurzer Zeit einen anderen Job. Nicht, ohne Federn zu lassen. Frauen nehmen das Spiel früher wahr als Männer. Ein guter Grund, Frauen in hohe Führungspositionen zu befördern. Hierfür sollte jedoch das System gesund sein. Ansonsten passt auch frau sich an.[57]

Wichtig ist, dass du dir all dessen bewusst bist. Wie du dir beim Auftritt eines Zauberkünstlers bewusst bist, dass er mit deiner Wahrnehmung spielt. Wenn du dich als Kunde auf ein Beratungsgespräch einlässt, ist dir das Interesse des Verkäufers bewusst, dir etwas zu verkaufen. Umgekehrt versuchst du als Verkäufer bewusst, den Fokus des Interessenten so zu lenken, dass er etwas kauft. Wir alle sind von Zeit zu Zeit solche Verkäufer, die die Aufmerksamkeit bewusst zu lenken versuchen: Vermutlich hast du dich schon mindestens einmal im Leben irgendwo auf eine Stelle beworben? Wenn du dann im Vorstellungsgespräch sitzt, stellst du deine Stärken und Vorzüge ins Licht – und die weniger vorteilhaften Elemente deines Lebenslaufs nach Möglichkeit unter den Scheffel. High Level Personaler schauen daher gerne auf Authentizität und die Fähigkeit, Schattenseiten offen anzusprechen. Ebenso präsentiert sich die Arbeitgeberseite so positiv wie möglich, mit Blick auf das eigene Jobangebot, die Unternehmenskultur und die Benefits. Sowohl Bewerber als auch Arbeitgeber wissen normalerweise, was hier gespielt wird. Günstig ist es, wenn die Kultur kein Spiel braucht und nur authentische, integre Menschen einstellt. Menschen mit gesundem oder mit zu wenig Narzissmus sind sich darüber bewusst, wie

56 Lies mehr dazu in Kapitel 8.

57 Vgl. Mythos #4 oder Kapitel 8.

Vertrauen zerstört wird: Indem sich nach Vertragsunterzeichnung herausstellt, dass leere Versprechungen gemacht worden sind. Indem herauskommt, dass relevante Informationen bewusst unter den Tisch fallen gelassen oder Falschaussagen in die Welt gesetzt wurden. Sind Narzissten dann schon länger im Job, sprechen Menschen nicht unbedingt objektiv über ihre Produkte. Sie erfinden Nutzen oder beschönigen Zahlen in Exceltabellen. Obwohl sie meist ganz genau wissen, was sie da tun und dass Wahrhaftigkeit anders aussieht, tun schwache Menschen das des Aufstiegs wegen oder aus Handlungszwängen heraus. Vielleicht hast du noch die Messwerte aus dem Dieselskandal präsent?

## An ihren Lügen sollt ihr sie erkennen – und weitere *Red Flags*

Extreme Narzissten haben in vielen Punkten mehr Mut zur Lücke. Sie neigen zum Lügen, wenn sie nur den Mund aufmachen. Sie haben sich ihre eigenen Geschichten so intensiv erzählt, dass sie irgendwann daran glauben. Narzissten sind in der Lage, nicht nur andere, sondern auch sich selbst zu belügen. Sie können sich selbst die Schokolade verstecken und dann aus einer tiefen Überzeugung heraus behaupten, du hättest sie da hingelegt, wo sie gefunden wurde. Ihr Bedürfnis nach Bewunderung ist so groß – bei der einen Narzissmus-Variante von außen sichtbar, bei der anderen nach innen gekehrt –, dass ein Lügendetektor nicht anschlagen würde. Sie sind wirklich davon überzeugt, dass sie nicht lügen. Um sich selbst der Illusion ihrer Parallelwelt nicht zu berauben. Sie könnten die Wahrheit nicht aushalten. Ob ein extremer Narzisst lügt, lässt sich auch von wirklich erfahrenen Menschen oder Profis wie Psychiatern kaum im ersten Gespräch wahrnehmen.

Doch meistens haben Lügen auch bei extremen Narzissten kurze Beine und kommen früher oder später heraus. Lügt ein Mensch – auch zum Vorteil des Ergebnisses, des Teams oder der Organisation – und wird dabei erwischt, sollten bei dir alle Alarmglocken läuten. Drängt er darüber hinaus über seinen Charme Kollegen in die Enge, ist das ein weiteres Indiz für einen toxischen Charakter.

Die Organisation in der Creg führend tätig war, hatte strenge Kriterien zur Qualitätssicherung. Besonders die Kassenprüfung war Chefsache. Damit war Creg haftbar für alles, was nicht stimmt. Nun fiel diese Kassenprüfung nicht ganz so perfekt aus wie in anderen Bereichen der Konzernprüfung, weil er seine eigenen Regeln gemacht und sich nicht an die Formalien gehalten hatte. Creg hat sehr viel Energie aufgewendet, um diesen Fleck auf seiner weißen Weste zu beseitigen. Es gelang ihm nicht komplett. Aber durch Druck, Manipulation und Lügen – aus seiner Sicht ‚kreative Kommunikation' – konnte er immerhin eine bessere Bewertung durchsetzen. Zu diesem Zweck bearbeitete er den Vorgesetzten des Prüfers sowie die Konzern-Buchhalterin, die für ihn schwärmte.

**Achtung:** Wie bereits erwähnt, vereinfachen wir die Narzissmus-Varianten für dieses Buch, um es nicht überkomplex zu machen. Es gibt Spielarten, in denen ist sich ein extremer Narzisst seiner Lüge bewusst, setzt sie gezielt ein und ist stolz darauf, wenn ihm viele Menschen auf den Leim gehen. So, wie es bei Creg der Fall war. Dies passiert nicht nur, wenn Narzissmus in den Bereich der Psychopathie übergeht, sondern auch in Kombination mit verschiedenen Begleiterscheinungen – mehr darüber erfährst du in Kapitel 3.

Wir teilen in diesem Buch unser Wissen mit dir, damit du lernst, extrem narzisstische Menschen von Menschen in narzisstischen Nöten zu unterscheiden, ihn frühzeitig zu erkennen und angemessen darauf zu reagieren. Gefahr erkannt, Gefahr gebannt: Wir haben neben der chronischen Lüge verschiedene Verhaltensweisen und Symptome als Anzeichen für hohe Toxizität gesammelt, die einer interessierten breiten Masse bereits als *Red Flags* bekannt sind:

» Sie gehen nicht auf dich oder andere Gesprächspartner ein, sondern erzählen immer nur von sich: „Ich kenne das auch …!" oder „Bei mir war das damals so … ", „Selbstverständlich nehme ich dich ernst, denn bei mir …" sind typische Reaktionen.

» Du erzählst etwas, und Narzissten reden von etwas ganz anderem weiter, als ob du gar nichts gesagt hättest.

- » Narzissten und ihre Anhänger wissen um deine andere fachliche Meinung, die ihnen nicht passt und du wirst einfach ignoriert, deine Einwände werden kleingeredet usw. Dein Input wird übergangen, die wichtigen Entscheider drehen sich von dir weg, schenken dir keine Beachtung usw.
- » Andere ausreden lassen? Seine Meinung ändern? Nachgeben? Da sehen Narzissten keinen Grund für!
- » Wenn du nach Meinung der Narzissten etwas Falsches gesagt oder sie gar kritisiert hast, reagieren sie beleidigt oder sogar aggressiv.
- » Narzissten drehen dir das Wort im Mund herum und erklären dir, wie du etwas gemeint hast oder dass du es neulich ganz anders gesagt hättest. Oder dass du dir einbildest, dass sie etwas gesagt, gemeint oder getan hätten (auch als *Gaslighting* bekannt, siehe Kapitel 2). Sie senden absichtlich doppeldeutige Botschaften oder streuen gezielt falsche Informationen.
- » Im beruflichen Kontext reißen sie Aufgaben an sich und verteilen die Aufgaben oder leugnen dreist Zusagen.
- » Sie beschäftigen dich mit einem Aufgabenstrom, sodass du deine wirklichen Kompetenzen nicht zeigen kannst
- » Wehe, du widersprichst, dann laufen Narzissten zu ihrer fiesen Hochform auf und treten auch schon mal verbal unter der Gürtellinie zu! Du siehst dich dann plötzlich damit konfrontiert, angeblich nicht zurechnungsfähig, dumm oder aggressiv zu sein.
- » Die ganz Cleveren manipulieren dich so, dass du richtig gestresst bist und vor Geschäftspartnern dumm, unprofessionell, arrogant, unsozial oder narzisstisch wirkst. Einer der wenigen bspw., die den hochgeschätzten Freud psychisch gesund überlebten, war C.G. Jung.
- » Eine Spielart davon ist, in dir durch vage Andeutungen Hoffnungen zu wecken (im beruflichen Kontext z. B. auf die Weiterbildung, die Beförderung, das neue Büro, einen Bonus, die Mitarbeit in einem für dich interessanten neuen Projekt …), ohne jemals konkret zu werden oder etwas zu versprechen.
- » Es werden gezielt soziale Akte bei den richtigen Multiplikatoren im Unternehmen inszeniert und die unbequemen diskreditiert
- » Andere Leute haben etwas ganz besonders Gutes oder etwas ganz besonders Ungünstiges getan? In beiden Fällen werden Narzissten nicht müde, die betroffene Person abzuwerten, zu lästern und schlecht über sie zu reden.

» Schweigen wird gerne eingesetzt, um zu bestrafen, um zu verachten und um Macht zu demonstrieren.
» Wenn Narzissten dich an ihren Phantasien teilhaben lassen, dann sehen sie sich bereits am Ziel ihrer größenwahnsinnigen Träume: Sie haben bereits die Firma übernommen, die erste Million in drei Wochen verdient, die Konkurrenz in die Pleite geschickt und den Newcomer-Award des Jahres gewonnen. Oder sie haben die besten Ergebnisse im Konzern, und das schaffen sie auch nachhaltig, bis die Mannschaft ausgebrannt ist…
» Wenn es Probleme gibt: Du bist schuld! Oder jemand anderes. Oder das Wetter. Die anderen müssen mehr an sich arbeiten! Narzissten drehen immer den Spieß um und sind grundsätzlich unschuldig, wenn es um Fehler oder um unangenehme Verantwortung geht.
» Narzissten geben anderer Leute Ideen oder Erfolge als die eigenen aus und lassen sich dafür feiern.
» Toxische Unternehmer kaufen deine Firma auf, um deine innovative Technik vom Markt zu nehmen. Wenn sie sie nicht kopieren oder stehlen können, müssen sie sie vernichten. Dann können sie ihren eigenen Schrott auf dem Markt besser platzieren. Die Belegschaft wird gleich mit eliminiert, die Spezialisten werden richtig fertig gemacht. Es sei denn, sie werden noch gebraucht, um Geschäfte abzuwickeln.
» ‚Fast forward' – Warten ist nichts für Narzissten! Wenn du Pech hast, bist du schneller schwanger, verheiratet, hast du schneller ein Haus (für dich und den Narzissten) gekauft, den Job in der fremden Stadt angenommen oder dich verleiten lassen, gegen einen Kollegen auszusagen, als du gucken kannst… Oder du hast schneller einen neuen Anteilseigner oder Partner in deiner Kanzlei, als dir lieb ist.
» Damit du möglichst schnell an deinem eigenen Verstand zweifelst – und du ohne den Narzissten nicht mehr leben kannst, weil du sonst allein bist! –, tun Narzissten alles, um dich zu isolieren und von deinen Freunden, Kollegen oder der Familie abzuschotten. Das kann sogar die Ausmaße einer Rufmordkampagne annehmen. Auf Organisationsebene hat der entsprechende Mitarbeiter, Anteilseigner o.Ä. sich so schnell unentbehrlich gemacht, dass du dich in einer Abhängigkeit wahrnimmst.
» Narzissten zeigen sich wutentbrannt, wenn du nicht so bist, wie sie dich haben wollen – oder komplett kalt und gleichgültig, wenn du für ihre Zwecke nicht mehr nützlich bist.

» Generell ist die narzisstische Wut sehr häufig zu beobachten: Sie dient dem Zweck, eine weitere Kränkung des Selbst auf jeden Fall zu vermeiden! Sie ist also ein Schutzmechanismus des Narzissten.
» Du weißt gar nicht, was los ist, doch plötzlich sind sie weg, die Narzissten. Gehen nicht mehr ans Telefon, antworten auf keine Nachrichten mehr. Tage-, wochen- oder monatelang. Dies nennt man *Ghosting* bzw. *Silent Treatment*. Im beruflichen Kontext ghosten extreme Narzissten beispielsweise unangenehme Mitarbeiter oder nervige Kunden. Sie setzen ihr Wissen auch gerne gezielt und gewinnbringend als ‚Währung' im Sinne vom Erzwingen der eigenen Bedürfnisserfüllungen gegen die Organisation ein. Das Sekretariat oder andere Kollegen sollen sie abschirmen. Und wenn sie das nicht hinkriegen, sollen sie gefälligst ihre Kommunikationsfähigkeit trainieren.
» Sie versprechen, wichtige Aufgaben zu lösen und lügen einfach, indem sie die Erfüllung vorgaukeln und eiskalt täuschen, wenn sie die Aufgabe aus irgendeinem Grund nicht lösen können.
» Sie spielen durch gezielte Nicht-Erreichbarkeit und Geschäftigkeit ihren Wert hoch, ohne wirklich einen besonderen Mehrwert zu liefern. Wer richtig hinschauen kann, sieht nur Täuschung. Beachte, dies gelingt den Narzissten, weil sie häufig eine sehr hohe Denk-, Arbeits- und Redegeschwindigkeit haben, der viele Menschen nicht mehr folgen können. Bei den meisten Menschen reicht die Aufmerksamkeitsspanne selten um das Spiel zu erkennen. Strategiespiele können Narzissten exzellent.
» Narzissten brauchen die Kontrolle über Nähe und Distanz. In der Abhängigkeit wirst du, wenn sie wieder auftauchen, alles dafür tun, dass dir dieser Schrecken nicht wieder passiert ... Im beruflichen Kontext bauen sie beispielsweise gerne einen Hofstaat um sich herum auf. Gehörst du zum braven Gefolge, belohnen sie dich mit ihrer Nähe und Aufmerksamkeit. Gibst du Widerworte oder bist nicht gut, ehrgeizig oder erfolgreich genug, oder hast eine eigene Meinung ohne fest im Sattel zu sitzen im Konzern, distanzieren sie sich von dir, beispielsweise durch *Ghosting* oder *Silent Treatment* – siehe oben. Schuld daran bist natürlich du. Dass der Chef ein Engel ist, hat er ja gerade eben erst wieder bewiesen, als er mit seinen Mitarbeitern grillen war. Huch, hat da jemand vergessen, dich einzuladen?
» Narzissten setzen alles daran, dein Selbstvertrauen zu zerstören, damit du glaubst, du würdest ohne sie nicht mehr zurechtkommen. Narzissten im Größenrausch sind grundsätzlich klüger oder besser als du, und das lassen sie dich auch bei jeder Gelegenheit spüren.Deine wohlwollende

Haltung werden Narzissten als Waffe gegen dich verwenden und dir als Schwäche auslegen. Besonders, wenn du wirklich kompetent bist. Du wirst ausgebremst vom Neid der Narzissten – besonders im Umfeld des Bildungssektors gerne gelebt.

» Vertrauen ist gut, Kontrolle ist besser? Für den Narzissten gibt es nur die Kontrolle! Durchsuch mal dein Handy, ob dein narzisstischer Lebenspartner dir eine Tracking-App eingerichtet hat – typisch wäre es! Er selbst hat die Standortaufzeichnung ausgeschaltet – er ist ja meist nicht doof! Narzissten wirken häufig sympathisch, gelassen und schusselig. In Organisationen sind Narzissten Kontrollinstrumente wesentlich wichtiger als der Aufbau einer Vertrauenskultur. Details dazu findest du in den Kapiteln über psychologische Sicherheit sowie Führung von toxischen Charakteren.

» Narzissten wollen alles entscheiden. Außer, etwas ist heikel – also gefährlich – oder trivial – also langweilig bzw. ohne Aussicht auf Ruhm und Ehre. Das darfst du dann entscheiden. Aber du musst natürlich ahnen: Wann wollen Narzissten etwas und wie soll es ausgeführt werden?

» Du hast etwas von ihm geschenkt bekommen? Dir wurde ein Kunde verschafft oder anderweitig einen Gefallen getan? Mach dir klar, dass dir das bei passender Gelegenheit aufs Butterbrot geschmiert wird, um in dir weitere Schuldgefühle auszulösen. Oder sich deine Zeit zu erschleichen. Umgekehrt gilt: Wenn du Narzissten etwas Gutes tust, ist das ja nur ihrer Großartigkeit angemessen und es gibt keinen Grund für sie, sich bei Gelegenheit erkenntlich zu zeigen. Oder auch nur echte Dankbarkeit zu zeigen.

» Sie werden dich immer an deinen Höchstleistungen messen und für ordentlich Wettbewerb – wenn nicht gar Streit – zwischen den Kollegen sorgen. So können sie jeden einzelnen besser manipulieren.

» Du hast gute Kollegen oder gar Vertraute in der Organisation? Narzissten werden alles tun, um diese Allianzen zu zerstören.

» Bauernopfer: Einer wird von Narzissten unter Beschuss genommen und immer unsicherer, während die Narzissten ihre Spielchen spielen. Die anderen Kollegen bleiben verschont. Versuchst du zu vermitteln, kann es sein, dass du das nächste Opfer bist. Außer, du gehörst zu ihrem inneren Kreis und bist unverzichtbar mit deinen beruflichen Fähigkeiten.

**Diese *Red Flags* sind eher bei offen-grandiosen Narzissten zu beobachten:**

- Narzissten halten sich für absolut außergewöhnlich: Sie sind unentbehrlich, ohne sie läuft nichts!
- Ungeteilte Aufmerksamkeit, Bewunderung, Applaus, Geschenke, Anerkennung? „Ja bitte, her damit und zwar viel davon!" – das ist die Geisteshaltung von Narzissten, mit der sie auch nicht hinter den Berg halten.
- Ihre eigenen Leistungen, ihr Talent, ihr Können und ihr Wissen betonen Narzissten am laufenden Band – und übertreiben dabei maßlos! Vorsicht, es gibt auch Menschen, die zeigen selbstverständlich und etwas naiv ihr Wissen, ohne über ihre Wirkung nachzudenken. Reflektiere hier zwingend eigene Neid- oder Missgunstgefühle!
- Ihrer Meinung nach haben sie immer das Beste verdient und stellen Bedingungen und Ansprüche an alles und jeden.
- Toxische Charaktere wissen ihr Handeln so zu steuern, dass sie im Beisein der Vorgesetzten die besten Führungskräfte sind. Sie tun alles dafür, dass sie einige echte Fans in der Organisation haben und damit wertvolle loyale Zeugen für ihr Image bei den Obersten.

Creg hatte genau zwei enge Vertraute in der Firma. Diese Vertrauten wurden sehr mitfühlend behandelt – eher wie Freunde. Die nötige Distanz der Führungskraft fehlte. Für diese Vertrauten war er der beste Manager, der ihnen alles gab, inklusive Gehaltserhöhungen und Anerkennung vor dem höchsten Chef. So konnte Creg wunderbar als harmonisches, an einem Strang ziehendes Trio vor der obersten Ebene erscheinen und hatte eine perfekte Tarnkappe auf. Beste Ergebnisse wurden gespielt mit bescheidener Haltung verkauft und den Mitarbeitern gedankt. Dass der Dank nicht von Herzen kam, sondern geheuchelt war, fiel niemandem auf. Wichtige Mitarbeiter, die sich bereit zeigten, die berühmte Extrameile wieder und wieder zu gehen, wurden auf den Sockel gestellt und fürsorglichst behandelt. So bemerkte lange Zeit niemand, dass die Quote der Langzeiterkrankungen in der Firma stieg.

Die *Red Flags* müssen deshalb immer im Gesamtbild gesehen werden.

**Eher typisch für vulnerable Narzissten:**

» Es hat niemand außer ihnen das Recht, Probleme und Schwierigkeiten zu haben.
» Sie lieben die Gesellschaft von ‚echten' Berühmtheiten, um dann mit der Begegnung oder dem Kontakt anzugeben und sich in ihrem Glanze sonnen zu können. Achtung: Manche Menschen denken sich da gar nichts bei. Sie sprechen von DAX-Vorständen, wie du von deinem besten Kumpel, der Bürgermeister ist.
» Nach außen treten sie diskret und bescheiden auf. Erfolge oder besondere Erlebnisse werden wie beiläufig in Nebensätzen erwähnt. Hier kann ebenfalls eine gewisse Unbedarftheit Ursache sein: Menschen freuen sich, ihre Freude teilen zu können.

Ganz schön viel, denkst du dir vielleicht?! Sieh unsere Aufzählung als Checkliste. Je mehr du ankreuzen kannst, desto höher ist die Wahrscheinlichkeit, dass es sich um einen toxischen Energieräuber und gewieften Manipulator handelt und nicht nur um jemanden, der einen schlechten Tag hat oder gerade situationsbedingt etwas mehr Aufmerksamkeit benötigt. Doch betrachte bitte immer den Gesamtkontext: die Gewohnheiten und Präferenzen der Person – siehe Kapitel 5 – und ob Stress oder Konflikte – siehe Kapitel 4 – in der betrachteten Situation eine Rolle spielen. Bitte schau immer auch bei dir selbst: Die Gefühle, die du empfindest, haben primär was mit dir und deiner inneren Welt zu tun. Daher ist es gut, die eigene Wahrnehmung mit anderen fragend abzugleichen, ohne zu lästern.

Was wir dir außerdem noch mitgeben wollen, ist eine **Liste der Respektlosigkeiten**[58], die dir im Kontakt mit Narzissten unterkommen können. Ergänzend zu dem bereits Erwähnten – andere Leute klein zu machen, sie zu beleidigen

58 Vgl. Eva Wlodarek, Youtube: *Anleitung zur Respektlosigkeit.*

oder nicht aussprechen zu lassen, haben wir hier noch ein paar Schmankerl für dich, was du mit Tina Toxy und Norbert Narziss erleben kannst:

» Wenn ihr euch begegnet – am Telefon, im Zoom oder von Angesicht zu Angesicht, legen sie sofort mit ihrem Thema los.
» Sie verlangen prompten Service. Achte darauf, wie sie mit ‚dienenden' Menschen umgehen.
» Sie hofieren nur diejenigen, die sie als nützlich erachten. An ihrem Verhalten merkst du, wo du in ihren Augen stehst.
» Sie stellen persönliche Fragen. Ohne sich dafür zu interessieren, ob das in Ordnung für dich ist.
» Sie überschreiten deine Grenzen. Ganz selbstverständlich und übergriffig.
» Sie sehen alles Gute in ihrem Leben als selbstverständlich an. Sie halten auch **dich** für selbstverständlich. Keine Spur von wahrer Dankbarkeit oder Wertschätzung.
» Sie kritisieren dich frank und frei und nennen es dann Feedback. Ungefragt und ohne Auftrag. Gerne auch direkt oder indirekt, wenn es Publikum gibt. Selbst als Chef bleibt dir dieses Verhalten nicht erspart.
» Von Augenblick zu Augenblick wechseln sie ihre Meinung. Was stört den Narzissten sein Geschwätz von gestern? An seine Zusagen kann er sich nicht erinnern. Lies unten bei *Gaslighting* mehr dazu.
» Narzissten ignorieren Kleiderordnungen. Nur ihre eigenen Regeln und Gesetze gelten.
» **Achtung:** Berücksichtige immer auch die Gesamtsituation. Kommt das mal vor? Ist das häufig so? Empfindest du eine gezielte Kränkung und was hat das mir dir selbst zu tun?

Setzen wir uns doch noch mal zurück an den Schreibtisch, an dem wir versucht haben, im Vorstellungsgespräch die Wahrnehmung zu lenken, um Verhalten zu beeinflussen. Meist wissen wir, wie wir in solchen Situationen mit Egozentrierung umzugehen haben: Wir versuchen über gute Gespräche zu verstehen, was gemeint ist. Wir stellen intensive Fragen, um gemeinsam der Realität möglichst nahe zu kommen. Wir untersuchen genauer, was uns nicht stimmig erscheint. Denn wir nehmen mit allen Sinnen wahr und erfassen auch unbewusst Signale, die der Körper des anderen sendet. Alica Ryba, ehemalige Doktorandin bei Hirnforscher Gerhard Roth, hat einen neurowissenschaftlich fundierten Coaching-Ansatz entwickelt. Er integriert das Erlebnis-, das Verhaltens- und das Körpergedächtnis. Ryba belegt damit: Die Reaktionen unseres Körpers sind unbewusst und gnadenlos ehrlich. Vielleicht erinnerst du dich an die Filmszene aus Casino Royale, in der James Bond und Le Chiffre am Pokertisch versuchen, ihre emotionalen Körperreaktionen zu unterdrücken.[59] Erik Standop, ein so genannter Facereader, wird gelegentlich von Pokerspielern gefragt, wie ein gutes Pokerface möglich sei. Dazu sagt er: „Das ist nicht möglich. Lerne das Gesicht deines Gegenübers zu lesen."[60] Dies gilt auch für dich, wenn du deine Geschäftspartner, Kunden oder Mitarbeiter besser verstehen willst: Lerne, auf ihre Körpersprache und Mimik zu achten und diese zu interpretieren. Im beruflichen Kontext fällt uns immer wieder auf, dass Menschen und ihre Verhaltensweisen einseitig bzw. unterkomplex wahrgenommen werden. Vielleicht, weil viele von uns gerne rational gesteuert wären und denken, sie könnten alles über ihren Verstand lösen. Solltest du auch zu dieser Gruppe gehören, müssen wir dich jetzt enttäuschen: Wir sind zutiefst emotional gesteuerte Wesen. Der Körper lügt nicht. In internationalen Verhandlungen werden gerne Facereader wie Standop mit an den Tisch gesetzt und als Berater ausgegeben. Vielleicht ist das ja auch eine Idee für deine nächste größere Verhandlung?

Kaum zu glauben, dass wir uns überhaupt über die gleiche Sache austauschen und uns verstehen können. Dass wir gemeinsame Lebens- und Arbeitswelten gestalten können. Häufig geht das ja auch schief, sozusagen aus Versehen. War keine Absicht, ist halt so passiert. Schon im Normalbetrieb jeglicher zwischenmenschlichen Beziehung stolpern wir über unterschiedliche Wahrnehmungen und deren Interpretationen. Wir nennen das dann Missverständnis. Häufig entschuldigen wir uns dafür. Extreme Narzissten machen das Gegenteil: Sie sorgen auch bewusst für Missverständnisse und verwenden Kommunikation nicht nur und überwiegend für gelingende Beziehungen, sondern rein manipulativ zu ihrem Zwecke. Sie verwirren dich, täuschen dich, und schrauben an deiner Wahrnehmung herum. Und sorgen dann noch dafür, dass du dich schuldig fühlst. Der Irrsinn hat Methode und die Methode hat einen Namen: *Gaslighting*.

59 https://www.youtube.com/watch?v=3jQbXuvGR5o

60 So Eric Standop im O-Ton, als er an Marions fünfzigstem Geburtstag aufgetreten ist.

## Gaslighting

Hast du noch keine schlechten Erfahrungen mit extrem narzisstischen Charakteren gemacht, dann kannst du vielleicht nicht verstehen, wie es passiert, dass jemand im Kontakt mit einem Narzissten innerhalb recht kurzer Zeit von einem gestandenen Kerl oder einer Powerfrau zu einem Wrack mutiert. Doch du hast die Lügen nicht bemerkt. Du hast die Gemeinheiten nicht gehört. Du nimmst das Leben leicht und bist nicht besonders misstrauisch. Und du weißt einfach nichts über Narzissmus. Deine Filter sorgen dafür, dass du es nicht erkennen kannst. Dadurch wirst du möglicherweise zum Teil des Problems: ein *Flying Monkey* genannter Steigbügelhalter und Claqueur[61] oder ein ahnungsloser HR-Leiter[62], der einen extremen Narzissten einstellt und sich damit die Pest ins Haus holt: Unserer bereits erwähnten LinkedIn-Umfrage zufolge geben zusammengefasst 45,5 Prozent der Teilnehmer an, einen Narzissten im Bewerbungsgespräch eher nicht oder ganz sicher nicht zu erkennen. Damit dies weniger häufig vorkommt, auch aus diesem Grund haben wir dieses Buch geschrieben.

Narzissten sorgen dafür, dass wir massiv an unserer Wahrnehmung zweifeln und uns selbst nicht mehr glauben. Dass diese Manipulationstechnik *Gaslighting* heißt, liegt an dem gleichnamigen Film mit Ingrid Bergmann aus dem Jahr 1944.[63] Die Hauptdarstellerin wird von ihrem Ehemann systematisch in den Wahnsinn getrieben, in dem er die Gaslampen im Haus manipuliert und vorgibt, das Flackern nicht zu sehen. Am Ende hält sich die Frau selbst für geisteskrank und erleidet einen Zusammenbruch. Oft kaschieren extreme Narzissten mit Gaslighting weitere Manipulationen oder Lügen.

Da sucht der Kollege verzweifelt seine Dokumente, die gestern noch auf seinem Schreibtisch lagen. Die seine Kollegin jedoch nach Feierabend heimlich in den Kopierraum getragen hat. In seiner Not bittet er sie um Hilfe bei der Suche. Natürlich präsentiert sie ihm kurz darauf die Unterlagen, die der arme verpeilte Kerl wohl drei Türen weiter vergessen hat! Sie versäumt nicht, ihn darauf hinzuweisen, wie gut es ist, dass sie sie gefunden hat. Bevor die Chefin sieht, wie er mit vertraulichen Texten umgeht! Seine Dankbarkeit ist ihr sicher. Seine zukünftige erhöhte Unsicherheit, was seine

61 Siehe Seite 322.

62 Siehe Seite 355.

63 In der deutschsprachigen Fassung: *Das Haus der Lady Alquist.*

Konzentrations- und Erinnerungsfähigkeit angeht, auch. Ihre Frage, ob er wohl ein bisschen überarbeitet sei, erlebt er nicht als übergriffige Unverschämtheit, sondern als Fürsorge und er nimmt sie sich zu Herzen. Könnte ja was dran sein, die Kollegin ist doch wirklich klug und hilfsbereit!

Damit Gaslighting funktioniert, muss mindestens eine von zwei möglichen Bedingungen erfüllt sein: Vertrauen, wie im Beispiel mit den Dokumenten. Oder Autorität, zum Beispiel durch höheres Alter, größere Expertise oder eine höhere Position.

In einer mittelständischen Firma für Softwareentwicklung arbeitet Moritz, ein junger, ambitionierter Programmierer. Er hat sich schnell in die Teamstruktur eingegliedert und ist bekannt für seine scharfsinnigen Analysen und seinen unermüdlichen Einsatz. Sein Vorgesetzter, Herr Berger, wurde erst kürzlich in die Geschäftsführung beordert. Nach außen wirkt der Chef offen, freundlich und hilfsbereit, doch seine Art, zu kommunizieren, hinterlässt oft mehr Fragen als Antworten. Eines Tages wird Moritz zu einem Meeting mit Herrn Berger eingeladen. Thema ist die neue Richtung, die das Softwareprojekt nehmen soll. Moritz hat bereits im Vorfeld Bedenken geäußert, dass die vorgeschlagenen Änderungen das Projekt erheblich verzögern könnten. Er hat Analysen vorbereitet und legt seine Bedenken höflich und dabei klar und deutlich dar. Herr Berger hört zu, nickt gelegentlich, doch seine Antwort lässt Moritz verwirrt zurück. „Moritz, ich verstehe deine Sorgen, wirklich. Aber schau, wir sprechen hier über etwas, das wir alle – das ganze Team, Tag für Tag – erleben. Du siehst das Problem durch eine sehr enge Linse. Versuch doch einmal, die Dinge aus einem anderen Blickwinkel zu sehen.“ Moritz formuliert seine Argumente erneut, diesmal untermauert mit Daten aus den letzten Projekten. Doch wieder weicht Herr Berger aus. „Du machst das hervorragend, Moritz, aber du musst verstehen, dass was du als Verzögerung siehst, tatsächlich eine Investition in die Zukunft ist. Alle hier, dein Team, deine Kollegen, sehen das täglich. Es ist wichtig, dass wir uns nicht von kleinen Rückschlägen entmutigen lassen.“ Verwirrt versucht Moritz, zu verstehen, ob seine Kollegen wirklich alle der gleichen Meinung sind, wie Herr Berger behauptet. Nach dem Meeting spricht er mit einigen Teammitgliedern, die seine Bedenken teilen und ebenfalls verwirrt über die Ausrichtung sind, die Herr Berger vorschlägt. In weiteren Meetings wiederholt sich das Muster. Moritz bringt Daten und Fakten, Herr Berger antwortet mit allgemeinen, oft wiederholenden Phrasen, die zwar wohlklingend sind, aber nichts zum eigentlichen Thema beitragen. „Moritz, wir müssen innovativ denken, dynamisch sein. Was du als Problem siehst, ist in Wirklichkeit eine Chance. Du musst das große Bild sehen, nicht nur die kleinen Details." Mit der Zeit beginnt Moritz an seiner eigenen Wahrnehmung zu zweifeln. Er fragt sich, ob Herr Berger nicht Recht hat. Die ständige Wiederholung, dass alle anderen täglich erleben, was er nicht sieht, und die Aufforderung, seine Perspektive zu ändern, zermürben ihn. Es dauert Monate, bis Moritz erkennt, was geschieht. Nach einem zufälligen Gespräch mit einem externen Berater wird ihm klar, dass das, was er erlebt, eine Form des Gaslightings ist. Der Berater erklärt ihm, wie subtile Manipulationen dazu führen können, dass Menschen an ihrer eigenen Realität zweifeln. Ermutigt durch diese neue Erkenntnis, beschließt Moritz, das Thema in einem offizielleren Rahmen anzusprechen. Diesmal bei der Personalabteilung, bewaffnet mit klaren Beispielen, wie Herr Berger seine Wahrnehmung manipuliert hat.

**Gaslighting ist in jedem Fall übergriffig und hat viele Gesichter:**

- » Wahrheitsverdrehung, Meinungen als Fakten ausgeben
- » Bösartigkeiten als Witz verharmlosen
- » Wahrnehmung, Erinnerung oder Wichtigkeit anzweifeln
- » Kleinmachen, Abwertung
- » Schuldgefühle produzieren
- » Diagnosen stellen – pass deshalb auf, dass du nicht aus Versehen Menschen als extreme Narzissten gaslightest, nur weil ihr in einem Konflikt seid!

Solange der Narzisst dich als Quelle braucht, wirst du ihn als wunderbaren Menschen wahrnehmen. Gegenleistung bekommst du nur so viel, dass du als Lieferant seiner Bedürfnisbefriedigung am Leben bleiben kannst. Doch zu diesem Zeitpunkt hat er deine Sinne bereits so getrübt, dich eingewickelt und abhängig gemacht, dass du das gar nicht bemerkst.[64] Der Preis für seine Gegenleistung ist nicht weniger als deine Gesundheit, Schaffenskraft und Lebensfreude. Du wirst schleichend eingesogen. Vielleicht betrifft es nicht dich selbst, sondern deine Mitarbeiter. Als Kollege oder Führungskraft wirst du ihnen dann möglicherweise nicht glauben können, denn es gelingt dir nicht, an eine realitätsnahe Wahrnehmung zu kommen.[65] Doch für Menschen, die Opfer extremer Narzissten geworden sind, ist es häufig am Schlimmsten, dass ihnen niemand glaubt.

64 Lies dazu bitte unsere Geschichten im Anhang von Teil III.

65 Schau dir die Geschichte von Pia und Hasan auf Seite 346 an.

„Was willst du denn, der ist doch immer so nett?!“ oder „Sie gibt hier echt alles, nun sei doch nicht so empfindlich, wenn auch sie mal einen schlechten Tag hat!“ sind Sprüche, die Narzissten-Opfer dann von ihrem Umfeld zu hören bekommen. „Du solltest an deiner Wahrnehmung arbeiten!“ „Sieh es doch mal aus der anderen Perspektive …“ „Du verstehst das sicherlich falsch …!“ Die Leute meinen das gar nicht böse. Und doch ist es next level Gaslighting: Nicht nur der Narzisst, auch andere Menschen sprechen dir plötzlich deine Wahrnehmung, dein Erleben, deine Gefühle ab. Und wenn es zu viele sind oder wichtige Einflusspersonen, dann kann es passieren, dass du ihnen glaubst statt dir selbst. Und dass du in den Gaslighting-Gesang mit einstimmst: „Wenn alle es sagen, dass der Chef ein guter Typ ist, muss es doch stimmen? Bestimmt liegt das Problem an mir. Schon meine Mutter hat gesagt, ich sei schwierig …“ Es gibt Menschen, die haben sich deswegen irgendwann umgebracht oder sind in einer psychosomatischen Klinik gelandet. Weil ihnen niemand geglaubt hat. Weil sie sich allein gefühlt haben. Weil sie dachten, sie werden verrückt.

**Wir bitten dich:** Wenn sich dir jemand öffnet und von Manipulation, emotionaler Erpressung oder seelischem Missbrauch berichtet, nimm ihn ernst und schau genau hin. Schnapp dir unser Buch oder auch ein anderes über Narzissmus, und hilf der Person, sich selbst und den Täter auf der Narzissmus-Skala nach bestem Wissen und Gewissen einzuordnen. Schaut euch zusammen die *Red Flags* an. Reflektiert die jüngst erlebten Situationen. „Alles, was du fühlst, ergibt Sinn!“ lehrt uns die Traumatherapeutin Verena König.[66] Zu wissen, dass einem auch nur eine einzige Person Glauben schenkt, statt die Wahrnehmungsfähigkeit anzuzweifeln, kann für einen Menschen einen Unterschied machen. Sei im Zweifelsfall nicht für den Angeklagten, sondern für das Opfer. Während der Narzisst sich sein applaudierendes, höriges Gefolge züchtet, steht der manipulierte und ausgenutzte Mensch oft ganz alleine da. Auch Einsamkeit macht krank.

66 König, Verena: *Bin ich traumatisiert?* München, 2021. S.8: Sylvia ließ sich bei Verena König in traumasensiblem Coaching sowie in neurosystemischer Integration ausbilden.

## Wahrnehmung, Selbstreflexion und Achtsamkeit: Ein Weg zu besserem Verständnis

Für den bewussten Umgang mit unserer Wahrnehmung bedarf es der Achtsamkeit des bewusst erlebten Augenblicks. Die heiligen Büchern der Weltreligionen ermahnen uns, unsere Wahrnehmung und die daraus folgenden Reaktionen am Wahren, Schönen und Guten zu orientieren. Der Austausch mit anderen auf Augenhöhe ist hilfreich, um der Realität möglichst nah zu kommen. Unsere innere Welt bestimmt, wie wir unsere Umwelt wahrnehmen, entschlüsseln und bewerten. Die objektive Wahrheit zu erkennen, ist aufgrund unserer menschlichen Begrenzung nicht möglich. Doch du kannst dich in Selbstreflexion und Achtsamkeit üben, um ihr möglichst nahe zu kommen. Der Weg dorthin führt dich raus aus deinem rationalen Denken, hinein in deine Gefühle. Sie können dich davor bewahren, dich von extremen Narzissten, den Meistern der Täuschung, blenden und verwirren zu lassen.

Manche Menschen gestalten ihre Wahrnehmung nach dem Pippi-Langstrumpf-Prinzip: „Ich mach mir die Welt, wie sie mir gefällt." Einige nehmen den Realitätsabgleich ernst, andere sehen ihn aus inneren Motiven großzügiger. Diese Menschen sind oft risikofreudiger, richten ihre Identität am äußeren Wirken aus und betreiben weniger Selbstreflexion. Sie zeigen eher narzisstische Tendenzen, da sie sich stark an ihrer Außenwirkung orientieren. Narzissten fehlt häufig der Mut, den Blick in ihr Inneres zu wagen; ihnen genügt der Blick in den Spiegel. Manchmal dienen andere Menschen als Spiegel. Wenn Narzissten in anderen ihre eigenen Schatten, Falten oder Makel bemerken, neigen sie dazu, den Spiegel zu zerschlagen, anstatt ihre Makel zu akzeptieren, zu lieben oder an sich zu arbeiten. Die Realität ist komplex und muss reduziert werden, um individuell erfassbar und deutbar zu sein. Es ist wichtig, sich bewusst zu machen, dass subjektive Wahrnehmung nicht immer der Realität entspricht. Ein guter Austausch kann dabei helfen, einen objektiveren Blick auf die Welt zu gewinnen. Erfahrungen des Scheiterns sind im Rückblick oft die härtesten Lehrer und bringen die größten Entwicklungsschritte mit sich.

Unsere Wahrnehmung kann durch Reflexion anders verortet und neu bewertet werden. Diese Selbstreflexion ist entscheidend für persönliches Wachstum und eine realistischere Wahrnehmung der Welt um uns herum. Insgesamt zeigt sich, dass Achtsamkeit, ehrlicher Austausch und Selbstreflexion entscheidende Werkzeuge sind, um unsere Wahrnehmung zu schärfen und narzisstische Tendenzen zu überwinden. Indem wir uns unserer inneren Prozesse bewusst werden, können wir ein tieferes Verständnis für uns selbst und andere entwickeln.

**Kapitel 2 – das gibt's zu lernen**

Die Basis eines gestörten sozialen Miteinanders liegt in der Störung der Beziehung des Narzissten zu sich selbst.

Narzissmus ist eine Skala, auf der sich alle Menschen befinden. Zu wenig Narzissmus nennt sich *Echoismus*. Menschen im gesunden Bereich sind im Stress und in Konflikten nicht frei von narzisstischen Nöten.

Extremer Narzissmus zeigt sich in vielen Facetten: zwei Hauptströmungen bezeichnen wir als *offen-grandios* und *verdeckt-vulnerabel*. Es gibt jedoch auch Mischformen.

Narzissmus ist erkennbar an den 4 ‚E's': Egozentrik (Eigensucht), Empfindlichkeit, Empathiemangel und Entwertung.

Narzissmus zu erkennen ist ziemlich herausfordernd und nicht ungefährlich für die eigene Karriere. Die Dosis macht das Gift – auch beim Narzissmus.

Klarheit schützt vor Gehirnnebel (*Gaslighting*). Vertrau deiner eigenen Wahrnehmung.

Die eigene Wahrnehmung sollte möglichst nah an der Realität liegen; sich mit anderen Menschen auszutauschen hilft dabei sehr. Unsere Wahrnehmung und die Verarbeitung von Reizen hat etwas mit unserem Gehirn zu tun und kann sich ständig verändern.

Fokussierte Aufmerksamkeit ist ein wahrer Karrierebeschleuniger. In groben Zügen zu verstehen, wie unser Gehirn funktioniert, hilft, mit narzisstischen Verhaltensweisen umzugehen.

Lügen und notorische Lügner zu entlarven, kann deiner Organisation erhebliche Gewinne bescheren bzw. großen Schaden abwenden.

# 13 MYTHEN ÜBER NARZISSMUS

Gebetsmühlenartig scheinen viele Autoren und die meisten Fachmagazine zu wiederholen, was die bekannten Größen der Narzissmus-Forschung vor langen Jahren meinten, herausgefunden zu haben. Sie schreiben es immer weiter ab, finden immer andere Worte dafür, aber haben sie das Phänomen Narzissmus auch wirklich in der Tiefe und Breite erfasst? Haben sie es selbst an Leib und Seele erlebt? Haben sie mit gescheiterten Narzissten und ihren Opfern gearbeitet, so wie wir? Haben sie Narzissten über Jahre und Jahrzehnte persönlich begleitet? Etwas theoretisch zu studieren ist etwas anderes, als das Phänomen erfahren und in der Tiefe durchdrungen zu haben. Wissenschaftliche Studien anzufertigen heißt nicht unbedingt, das Wissen auch am lebenden Objekt anwenden und verproben zu können.

Ursprünglich wollten wir in der *Narzissmus-Bilanz* mit sieben Mythen über Narzissmus ins Rennen gehen. Die sieben ist ja irgendwie eine magische Zahl und steht für Vollkommenheit: sieben Zwerge, sieben Todsünden, sieben Weltwunder, sieben Brücken, sieben Tage Schöpfung… Im Laufe des Schreibprozesses wurde uns klar: es gibt noch viel mehr zu widerlegen! Die Augen geöffnet hat uns dabei insbesondere die Master-Thesis *Narzissmus und Leadership* von Hanna Kraft[67] von 2016, mit der sie uns den damals aktuellen Stand der Forschung so hervorragend komprimiert in die Hand gedrückt hat. Hanna, wir danken dir für deine gute Arbeit! Je länger wir darin lasen, desto mehr dachten wir: „Das ist ein fataler Irrtum, dazu müssen wir uns auch noch äußern!“ Und da wir selbst nicht vollkommen sind, haben wir die Sieben mutig über Bord geworfen.

Ja, wir lehnen uns hier gerade ganz weit aus dem Fenster und machen uns hochgradig angreifbar, wenn wir einige der Aussagen anerkannter Größen wie Otto Kernberg oder Heinz Kohut anzweifeln. Aber es gibt ja bekanntlich keine schlechte PR… Also, legen wir los, und zerlegen die gängigsten Annahmen über Narzissmus!

67 Kraft, Hanna: *Narzissmus und Leadership. Persönlichkeitsakzentuierung als kritischer Faktor in Führungspositionen*, FOM Hochschule für Ökonomie & Management, 2016.

Es scheint uns, als hätten viele Autoren nicht erkannt, dass es sich bei Narzissmus um eine Sucht handelt, die etwas zu kompensieren versucht. Eine Ausnahme bilden Hans-Joachim Maaz, Pablo Hagemeyer und vor allem Craig Malkin, dessen Werk eine wichtige Grundlage für die *Narzissmus-Bilanz* ist. Wir werden unsere Thesen im Laufe des Buches nach und nach begründen oder haben es bereits getan. Wir sind uns sicher: Die Welt braucht ein überarbeitetes Narzissmus-Narrativ!

## MYTHOS #1: Narzissmus ist schlecht

In vielen Büchern und Diskussionen rund um Narzissmus wird oft eine einseitige Perspektive eingenommen – nämlich die, dass Narzissmus ausschließlich negativ sei. Aber wie könnte ein Set von Charaktereigenschaften und Verhaltensweisen, bei dem es eine gewisse Gauß'sche Normalverteilung in der Gesellschaft gibt, ausschließlich schlecht sein? Solltest du es wagen, in einem Online-Forum zur Selbsthilfe für Narzissmus-Opfer vorsichtig zu erwähnen, dass Narzissmus auch gute Seiten hat, wirst du am eigenen Leib erleben, was das Wort *Shitstorm* bedeutet. Nie gekannter Hass wird dir offen entgegenschlagen. Auch nicht schön. Aus diesem Grund möchten wir unbedingt mit diesem Mythos aufräumen und dich ermutigen, dich auf die Seite derer zu stellen, die einen differenzierten Blick auf Narzissmus haben, statt ihn als Schimpfwort oder Geisteskrankheit anzusehen.

**Unsere Korrektur:** Erst die Dosis macht das Gift: Narzissmus kann schlecht für dich und andere sein, wenn du davon zu viel oder zu wenig hast. Im Mittelmaß verfügst du jedoch über Eigenschaften und Verhaltensweisen, die einen psychisch gesunden Menschen ausmachen und die gut, richtig und wichtig sind. Die persönliches Wachstum ermöglichen und zu beruflichem Erfolg führen. Beides kommt nicht nur dir selbst, sondern auch deinen Mitmenschen zu Gute. Doch wenn eine große Stärke aus welchen Gründen auch immer zu stark wird, dann kippt sie ins Gegenteil und wird zu einer großen Schwäche. Wenn wahres Selbstbewusstsein in Arroganz umschlägt oder Ehrgeiz zu einem rücksichtslosen Streben nach Erfolg wird, können Beziehungen leiden und das soziale Gefüge gestört werden. Zu viel Narzissmus macht außerdem einsam. Ein Aspekt, den wir noch näher untersuchen werden, wenn es im hinteren Teil des Buches um Unternehmens- und Mitarbeiterführung geht. Mehr dazu liest du ab Seite 259.

## MYTHOS #2: Narzissmus ist böse

Mythos #2 ist quasi die Ergänzung von Mythos #1. Für Malkins Narzissmus-Skala gilt das Gleiche wie für das politische Spektrum: rechts außen wird es böse und gefährlich.

Dennoch lassen sich nicht alle Menschen mit narzisstischen Eigenschaften über einen Kamm scheren. Wer extremen Narzissmus seelisch und körperlich überlebt hat, aus dessen Perspektive ist es bis zu seiner eigenen Genesung natürlich verständlich, den ‚Täter' als böse zu bezeichnen. Diese Haltung ist jedoch nicht klug, weil das ‚Opfer' sich selbst an den Narzissten gebunden hält und ihm weiter die Kontrolle über das eigene Denken, Fühlen, Handeln erlaubt.

**Unsere Korrektur:** Objektiv betrachtet wird es ab Stufe 8-9 bösartig. Ab dort wird Narzissmus immer extremer und wird am Ende zur Psychopathie. Hier geht das unbewusste Reagieren des Narzissten auf die eigenen kindlichen Prägungen und die damit zusammenhängenden destruktiven, verletzenden Anteile ins Bewusste über.

Narzissten mit Tendenz zur Psychopathie zeigen kalkulierte verbale und vermehrt auch körperliche Aggressivität, die häufig darauf abzielt, ein bestimmtes Ziel zu erreichen. Sie ist Mittel zum Zweck. Wo der Narzisst ab Stufe 7 mehr und mehr dazu neigt, anderen die Schuld zu geben, weiß der narzisstische Psychopath überhaupt nicht, was Schuld sein soll. Und es interessiert ihn auch nicht. Völlig ohne Empathie und Gewissen haben solche Menschen kaum noch Hemmschwellen, jedoch oft Freude an Gewalt und Grausamkeit, um sich selbst zu stimulieren.

Im unbewussten Bereich sind Narzissten gefangen in ihrem permanenten Überlebensmuster der Selbstverteidigung, des Angriffs, der Flucht oder auch des Totstellens. Sie verhalten sich nicht vorsätzlich ausbeuterisch oder trampeln auf den Gefühlen ihrer Mitmenschen herum – sie stellen lediglich sich selbst und ihre Bedürfnisse aus einer großen inneren Not heraus in jedem Fall an die erste Stelle.

Es geht uns darum, dass du dieses Verhalten erkennen, in seinen unterschiedlichen Ursachen und Wirkungsweisen verstehen und unterscheiden kannst. Nicht darum, es zu entschuldigen und einen extremen Narzissten in Schutz zu nehmen. Menschen, die einst als narzisstische Quelle gedient haben, haben das schon genug getan.

## MYTHOS #3: Narzissmus ist laut

Was die breite Masse dort draußen denkt, ist: Extreme Narzissten treten laut, polternd und selbstherrlich auf. In der Fachsprache nennt man diese Show: grandiosen Narzissmus in seiner offenen Form. Solche Menschen blenden uns und gaukeln uns erfolgreich vor, dass sie sich für die beste Erfindung seit geschnitten Brot halten. Sie müssen auch immer die Besten, Klügsten, Stärksten sein und jeden Kampf gewinnen.

**Unsere Korrektur:** Demgegenüber gibt es jedoch noch eine andere Seite des extremen Narzissmus und die halten wir für wesentlich gefährlicher: den verdeckten Narzissmus in seiner vulnerablen Form. Diese Leute sind überhaupt keine ‚Trumpeltiere', sondern sie sind oft sehr lange still. Sie machen möglicherweise einen bescheidenen Eindruck oder man sieht sie ein bisschen bemitleidenswert in der Opferrolle. Doch insgeheim träumen auch sie von einer übertriebenen Größe und haben ein ganz massives Selbstwertproblem. Du kannst dir das so vorstellen. Der grandiose Narzisst, der verbirgt sein kleines, trauriges, verletztes Selbst im Innern und muss deswegen im Außen so viel Getöse machen, damit das ja niemand merkt. Und beim vulnerablen Narzissten? Da ist es umgekehrt! Der macht nach außen einen auf klein, harmlos, traurig. Und im Inneren träumt er von Größe und hat Allmachts- oder Wahnphantasien. Diese Art Narzisst denkt: „Wenn nur mal mein Stündlein schlägt, dann zeig ich es euch allen!" Oder: „Wenn man mir nur mal eine Chance geben würde, dann wäre ich die Beste!" Das fiese ist: Die beiden Versionen müssen nicht unbedingt in Reinform auftreten. Soll heißen, grandiose Narzissten haben auch verdeckt-vulnerable Anteile, und vulnerable Narzissten haben auch Momente offener Grandiosität.

Einem offenkundigen oberflächlichen Poser mit schlechten Manieren kannst du noch relativ leicht aus dem Weg gehen. Verdeckt-vulnerable Narzissten manipulieren dich genauso wie die offen-grandiosen Vertreter, nur merkst du es nicht. Wenn dich ein netter, hilfsbereiter, schüchterner Mensch in die Abgründe seiner Psyche lockt, um dich energetisch auszusaugen – das ist nicht so leicht zu kapieren, wenn du die Anzeichen nicht kennst. Und deswegen ist es auch sehr viel gefährlicher.

## MYTHOS #4: Narzissmus ist männlich

Auch diese Denkweise wollen wir nicht einfach so stehen lassen, auch wenn die Geschichte dazu kurz ist. Ja, Männer liegen einige Punkte über Frauen, wenn Narzissmus gemessen wird – siehe Abbildung 4. Andere Studien bezeugen, dass 75 Prozent aller Narzissten Männer sind.

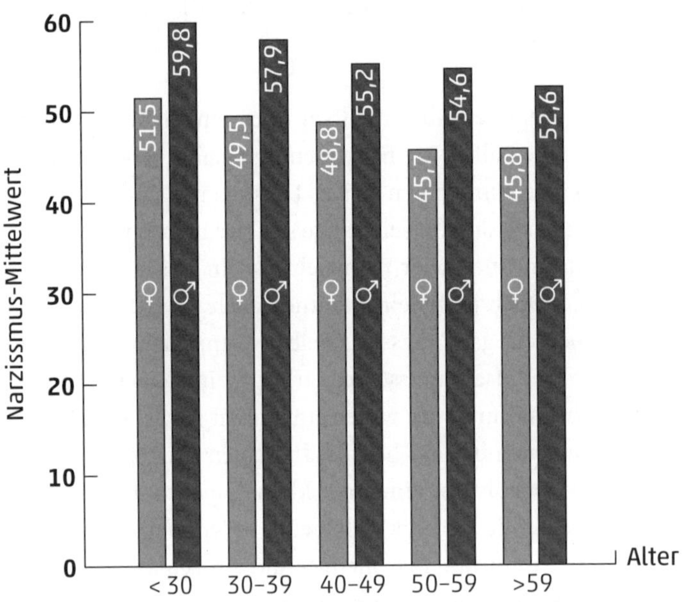


*Abb. 4: Narzissmus in der Bevölkerung in Prozent, getrennt nach Geschlecht und Altersgruppe. Quelle: Harvard Business Manager Heft 05/2021.*

Eine andere Studie besagt, dass Frauen speziell im Bereich verdeckt-vulnerabler Narzissmus[68] den Männern an nichts nachstehen, wenn nicht sogar gleich aufgezogen haben. Deshalb wird die Variante mit den vielen Namen – vulnerabler, verdeckter, introvertrierter, leiser – Narzissmus auch oft als *weiblicher Narziss-*

68 Müller, 2022. S.45.

*mus* bezeichnet. Die beiden männlichen Narzissten im Leben von Sylvia gehörten jedoch ebenfalls der verdeckt-vulnerablen Kategorie an. Wenn sie Erfolg hatten, stellten sie nach außen ihr Licht unter den Scheffel und taten so, als wäre es ihnen sogar ein bisschen peinlich. Sie hatten halt mal Glück. Wenn sie keinen Erfolg hatten, waren die anderen schuld und sie die armen Opfer. Das kennt Marion auch, in ähnlicher Form: Hinter der Fassade versteckten sich Angst, Unsicherheit und Missgunst. Besonders nervte sie eine fehlende echte Fähigkeit zum dialogischen Austausch.

**Unsere Korrektur:** Dieser Mythos hat seinen begründeten Ursprung in der Vergangenheit: Frauen konnten lange nicht narzisstisch sein. Sie hatten weniger Rechte als Männer und mussten akzeptieren, dass Männer weibliche Leistungen als die eigenen ausgaben. Das ist zum Glück heute anders. Doch diese Entwicklung diente als Nährboden, um Narzissmus auch unter Frauen zu fördern. Deshalb sind wir auf der Seite der Psychologin und Autorin Turid Müller und denken, dass man das Thema so trennscharf nicht unterscheiden kann. Es gibt verdeckte, vulnerable männliche Narzissten und es gibt offene, grandiose weibliche Narzissten. Müllers Kollegin Bärbel Wardetzki hat sich auf die Erforschung der Besonderheiten des weiblichen Narzissmus spezialisiert.[69] Eine Studie zur *Dunklen Triade* bescheinigt außerdem, dass weibliche Teilnehmer „gleich hohe Ausprägungen wie ihre männlichen Kollegen zeigen“[70], besonders, wenn sie im Top-Management angekommen sind. Dass sie sich in den höchsten Positionen weniger weiblich geben, sondern eher dem Typ Alphatier anpassen, sehen wir nicht als Beleg für männlichen Narzissmus, sondern für die gefährliche Effizienz toxischer Systeme, über die wir in Teil II der *Narzissmus-Bilanz* schreiben.

69 Wardetzki, Bärbel: *Weiblicher Narzissmus*. München, 2021.
70 Kraft, 2016. S.15.

## MYTHOS #5: Narzissten sind selbstbewusst

Lass uns in diesem Fall gleich mit der Korrektur beginnen: Nein. Sind sie nicht. Sie müssen nur so tun als ob, weil sie wollen – ja, weil sie es brauchen!, – dass wir dies über sie denken. Und weil die Wahrheit auch für sie selbst nicht auszuhalten wäre.

Die Entwicklung von echtem **Selbstbewusstsein** sehen wir als Teil eines Kreislaufs an (siehe Abb. 5), der mit dem **Selbstwert** beginnt und bei der **Selbstreflexion** endet, um dann wieder von vorne anzufangen. Wird das Selbstwertgefühl bereits in sehr jungen Jahren aufgebaut und positiv gestärkt, kommen dabei zuversichtliche junge Menschen heraus, die alle Chancen haben, zu ausgeglichenen, empathischen, starken Erwachsenen heranzureifen.

*Abb. 5: Kreislauf des Selbst von Sylvia Pietzko, inspiriert durch Wolfgang Roth.*

Wird das Selbstwertgefühl jedoch in den ersten Lebensjahren permanent angegriffen – durch verbale und non-verbale elterliche Botschaften wie „Du bist klein, dumm, böse, zu anspruchsvoll, nichtsnutzig, nicht liebenswert, eine Plage, du hättest gar nicht geboren werden sollen usw.“ – entstehen zutiefst beschämte, verunsicherte Menschen, die in späteren Jahren ihr frühes Trauma durch Arroganz, Perfektionismus, Dominanz, aber auch durch Hypochondertum, Mitleidstour und Opferrolle ausleben müssen. Hauptsache, sie bekommen die Aufmerksamkeit, die ihnen als Kind verwehrt worden ist. So entsteht extremer Narzissmus.

Extreme Narzissten können sich nur ganz schwer wirklich sich selbst zuwenden. Die **Selbstwahrnehmung** wird auf diese Art und Weise auch verzerrt, denn mit ihrem beschädigten Selbstwert konfrontiert zu werden, ist das, was unbedingt vermieden werden muss! Das ist der Grund, warum Narzissten Meister darin sind, nicht nur andere Menschen, sondern sich auch selbst zu belügen. Dadurch, dass sie sich ihre eigenen Märchen irgendwann glauben. Das Selbstbewusstsein ist je nach Interpretation des Wortes nicht vorhanden, oder es ist eine Maske: Das ganze Leben als Inszenierung, als permanentes Schauspiel, damit bloß niemand merkt, wie klein und dumm und wertlos, wie wenig liebenswert der Narzisst sich im Inneren hält. In Wahrheit ist da ein ganz, ganz großer Mangel an Selbstwertgefühl, und deswegen sind Narzissten ja auch so empfindlich gegenüber Kritik. Es besteht beim Mythos des Selbstbewusstseins Verwechslungsgefahr mit Durchsetzungsstärke, die einerseits typisch für extreme Narzissten ist: Die Ellenbogen ausfahren, wenn es nicht so läuft, wie sie es sich wünschen. Und die andererseits nichts Negatives ist: Denn für die eigenen Interessen und Bedürfnisse auf sozialverträgliche Art und Weise einzustehen, gehört zur Basisausstattung jedes psychisch gesunden Menschen. Ohne, dass es immer nur um einen selbst gehen muss oder dass man nicht auch zurückstecken oder verzichten könnte.

## MYTHOS #6: Narzissten sind selbstverliebt

Das Kind ist in den Brunnen gefallen. Genauer: Der schöne junge Mann Narziss ist im Teich ertrunken. Als er sich, verliebt in sein Spiegelbild, zu weit über ein Gewässer beugte, fiel er hinein und starb. Am Ufer erblühte daraufhin eine gelbe Blume, die wir Narzisse nennen … So oder so ähnlich geht die Geschichte des Narziss in ihren unterschiedlichen Überlieferungen aus. Die griechische Mythologie stand mit dieser Legende Pate für ein Phänomen, das erstmals 1898 vom britischen Sexualforscher Havelock Ellis als „Narziss-artig“ bezeichnet wurde: exzessive sexuelle Selbstbefriedigung. Dies passt auch durchaus gut zur Interpretation als Selbstverliebtheit oder Selbstliebe: Narziss verschmähte im Vorfeld zur Nummer mit dem Teich die Liebe der Waldnymphe Echo[71], die durch einen Fluch der Göttin Hera keine eigene Stimme mehr besaß, und liebte nur sich selbst.

Der Begriff *Narzissmus* entstammt in der Folge dem deutschen Arzt Paul Näcke. Er ging noch einen Schritt weiter; ihm ging es dabei um sexuelle Perversionen. 1914 entsexualisierte ausgerechnet Siegmund Freud, der Begründer der sich sehr um Sex drehenden Psychoanalyse, die Bezeichnung. Er sah in Narzissmus eine wichtige kindliche Entwicklungsphase, in der das Kind völlig in sich selbst aufgeht, bevor es später in der Lage ist, sich auch wieder seinem Umfeld zuzuwenden. Freuds Ansicht über Narzissmus bei Erwachsenen war jedoch äußerst ambivalent und legte den Grundstein für die heutige Verwirrung, um was es sich bei Narzissmus eigentlich wirklich handle.[72]

Weitere historische Details wollen wir dir ersparen, doch erlaube uns diesen kleinen Exkurs, um festzustellen: Unglücklicherweise ist es das Bild des selbstverliebten Jünglings, das im kollektiven Gedächtnis unter *Narzissmus* hängengeblieben ist. So stark, dass selbst Personengruppen, die es in unseren Augen besser wissen müssten, vehement in ihren Büchern und Fachartikeln schreiben: „Ein typischer Narzisst ist selbstverliebt." Um es in aller Deutlichkeit zu sagen: Wir halten das für falsch und irreführend!

**Unsere Korrektur:** Weder gibt es den typischen Narzissten, noch ist dieser selbstverliebt. Selbst das ‚so tun als ob' können wir nur der offen-grandiosen Variante unterstellen. Das Gegenteil ist der Fall. Extreme Narzissten tun sich mit Beziehungen schwer, weil sie sich bei aller Selbstbezogenheit nicht für liebenswert halten und sich auch selbst nicht lieben können. Selbstliebe im Sinne von sich so annehmen, wie sie sind, mit all ihren Stärken und Schwächen und dem Bewusstsein dafür, dass Liebe und Persönlichkeit Prozesse sind, die es im Laufe des Lebens weiterzuentwickeln gilt. Aus diesem Grund fehlt extremen Narzissten auch die Fähigkeit, andere Menschen aufrichtig zu lieben, sich vertrauensvoll einzulassen und sich tief und langfristig zu binden. Narzissten wohnt eine tiefe Scham und Selbstverachtung inne – besonders im beruflichen Kontext ist es die Angst, als Hochstapler entlarvt zu werden. Deshalb brauchen sie ständig Bestätigung von außen: Aufmerksamkeit, Bewunderung, Applaus, wechselnde Sexualpartner, wechselnde Jobs. Sie haben fast nie echte Freunde,

71 So ist es keinesfalls ein Zufall, dass der Gegenpart zum extremen Narzissmus auf Malkins Skala *Echoismus* heißt …

72 Vgl. Malkin, 2017. S.36 ff.

bestenfalls Speichellecker oder ebenfalls hochgradig narzisstische Neider, die sich wiederum im Glanz der vermeintlich Strahlenden sonnen wollen.

Was ein typischer Narzisst jedoch nach Raphael Bonellis Ansicht sehr deutlich lebt, ist die ‚Eigenliebe' im Unterschied zur ‚Selbstliebe'.[73] So hat Jean-Jacques Rousseau[74] es differenziert, wenn es darum geht, sich selbst als das Ideal zu betrachten. „Er schaut zu sehr auf sich", wie Freud es ausdrückte. Ob Selbstliebe oder Eigenliebe – lass uns festhalten: Narzissten sind nicht selbstverliebt – sie spielen es allerdings im Fall der offen grandiosen Variante eindrucksvoll vor!

73 Sylvia geht da nicht mit. Für sie ist diese Trennung künstlich, der Begriff *Egozentrik* reicht ihrer Ansicht nach völlig aus. Sie hält jegliches Strapazieren des Wortes *Liebe* im Zusammenhang mit Narzissmus für unangemessen. Denn auch die Idealisierung des eigenen Selbst ist ja lediglich ein Theater, das der (offen-grandiose) Narzisst sich und anderen permanent vorspielt. Wenn sie sich mit diesem Buch nur eine einzige Sache wünschen darf, dann soll es für Sylvia diese sein: Menschen – Laien wie Fachleute gleichermaßen – mögen doch bitte damit aufhören, extreme Narzissten als *selbstverliebt* oder gar als *sich selbst liebend* zu bezeichnen! Denn diese Formulierung, die sich fast überall findet, wenn es um Narzissmus geht, ist mehr als ein Klischee – es ist ihrer Beobachtung nach die größte Fehlannahme überhaupt. Eine erfreuliche Ausnahme bildet Bärbel Wardetzki, die betont: „Narzissmus bezieht sich ganz allgemein auf die Selbstliebe, die bei narzisstisch geprägten Menschen beeinträchtigt ist." (Wardetzki 2021, S.18) Marion sieht das etwas anders. Ihr ist die Unterscheidung zwischen Selbst- und Eigenliebe sehr wichtig und völlig verständlich. Hier kamen wir auf keine Einigung. „Jenseits von richtig und falsch liegt ein Ort. Dort treffen wir uns." (Rumi) – Nimm dir von unserem Buffet der Argumente bitte das herunter, was für dich persönlich stimmig ist.

74 Mehr zu Rousseau findest du in Kapitel 5 auf Seite 209.

## MYTHOS #7: Narzissten lieben sich selbst in einem übersteigerten Maß und haben ein starkes Selbstvertrauen

Dieser Mythos ist verwandt mit Mythos #6. „Ein Narzisst ist derjenige, der sich gut liebt…", zitiert Hanna Kraft den Psychoanalytiker Béla Grunberger in ihrer Master-Thesis.[75] Wie auch bei der Selbstverliebtheit finden sich viele weitere Aussagen über die Selbstliebe von Narzissten.

**Unsere Korrektur:** Hier wird Selbstliebe möglicherweise mit Eigenliebe bzw. Egozentrik (siehe oben) und einem an sich selbst immer zuerst Denkens verwechselt: „[…] Zunächst muss der Mensch ein gewisses Maß an gesunder Selbstliebe und Selbstvertrauen mitbringen […]"[76] Durch den frühkindlich erlittenen Liebesmangel extremer Narzissten haben sie kein Konzept von Liebe in sich und suchen lebenslang danach. Sie haben Liebe nie erfahren und können deshalb weder sich selbst noch andere lieben. Leute wegbeißen zu müssen, hat übrigens nichts mit Selbstvertrauen, sondern mit Angst zu tun. Sich selbst vertrauen sie genauso wenig wie allen anderen.

## MYTHOS #8: Ein Narzisst ist überzeugt vom eigenen Können, hat ein hohes Selbstbewusstsein und Selbstwertgefühl

Subklinischer Narzissmus – das ist die Form, bei der es für keine klinische Diagnose reicht – sei eine „problematische Variante hoher Selbstwertschätzung", lesen wir bei Hanna Kraft.[77]

**Unsere Korrektur:** Narzissmus ist der Inbegriff eines Selbstwertdefizits, erlitten durch frühkindlichen Mangel. Auch der überzeugte Auftritt ist lediglich eine Fassade, um das Gefühl von Schwäche, Ohnmacht, Wertlosigkeit und Unbedeutsamkeit zu überspielen. Tief im Innern sind Narzissten zutiefst verunsichert und der Meinung, dass sie überhaupt nichts können.

75 Kraft, 2016. S.4.
76 Ebd. S.31.
77 Ebd. S.34.

## MYTHOS #9: Wer gerne in den Spiegel schaut, ist ein Narzisst

Klarer Fall: Wer sich toll findet und an keinem Spiegel vorbeilaufen kann, ohne hineinzuschauen, das ist ein Narzisst!

**Unsere Korrektur:** Nein, so einfach ist die Welt leider oder zum Glück nicht! Wir können jeden nur herzlich dazu einladen, ein ehrlich gesundes Selbstbewusstsein aufzubauen, sich toll zu finden und Freude und Dankbarkeit beim Blick in den Spiegel zu empfinden. Wenn es dir so geht, ist das gesund und prima. Erst, wenn du außer dir nichts anderes mehr im Spiegel siehst, wenn du alle anderen Menschen wegbeißen musst, wenn du dich verächtlich über jemanden äußerst, der nicht ganz so hübsch oder erfolgreich ist wie du – dann solltest du mal genauer hinschauen, was da bei dir los ist. Narzissten spiegeln sich allerdings gerne in anderen, um die Illusion ihres Selbstbildes bestätigt zu sehen. Wahrhaftig in den Spiegel zu gucken, ist ihnen nicht möglich.

## MYTHOS #10: Narzissten sind charismatisch

Narzissten betreten den Raum und ziehen alle Blicke auf sich. Dies liegt an ihrer charismatischen Erscheinung, die sie außerdem zur idealen Führungspersönlichkeit macht.

**Unsere Korrektur:** Hier liegt eine Verwechslung vor. Sie ist vermutlich der Tatsache geschuldet, dass Charisma als *Außerordentlichkeit* verstanden wird[78], und Narzissten gerne außerordentlich viel Aufmerksamkeit auf sich ziehen möchten. Narzissten können gut blenden. Charisma wird außerdem Menschen zugeschrieben, die führen, dominant sind und repräsentative Rollen bekleiden. „Eine Führerrolle ist geradezu idealtypisch dafür prädestiniert, narzisstische Defizite überkompensierend ausleben zu können […]"[79] lesen wir auch bei Hanna Kraft. Doch es handelt sich um eine Fehlzuschreibung: Ihr Charisma ist lediglich eine Maske, Teil einer beeindruckenden Show. Begründung: Echte Charismatiker handeln laut Max Weber im Sinne der Gemeinschaft. Sie bleiben charismatisch, auch wenn es stressig oder unangenehm wird. Narzissten han-

78 Kraft, 2016. S.21.
79 Ebd. S.23.

deln ausschließlich zum Selbstzweck und mutieren unter Stress oder in Konflikten zu Gruselmonstern.

## MYTHOS #11: Narzissten sind Visionäre

Narzissten „reißen andere womöglich mit und schaffen Zusammenhalt, lassen eine Vision erkennen und für ein Unternehmen, das eine Krise durchmacht, kann genau dies der Wendepunkt sein"[80], zitiert Hanna Kraft den Psychoanalytiker Kets de Vries.

**Unsere Korrektur:** Marion hat einen wichtigen Unterschied zwischen einem wahren Visionär und einem narzisstischen Visionär erkannt. Einem wahren Visionär geht es um die Sache, und nicht darum, bei Erfolg auf der Titelseite zu landen oder selbst als erster ans Ziel zu kommen: Mose hat das gelobte Land nie erreicht. John Maynard hat das Ufer selbst nicht erreicht. Doch sie hatten die Vision, ihre Leute zu retten, und sie waren damit erfolgreich. Eine gute Führungskraft leitet ihr Team immer wieder ermutigend zur Vision hin und übernimmt für die Vision auch die Verantwortung. Sie geht einerseits als letzte von Bord. Und sie geht andererseits mutig voraus. Letzteres tun Narzissten allerdings auch. Doch vielleicht kennst du das Bild, das den Unterschied zwischen Boss und Leader illustriert?

*Abb. 6: Boss vs. Leader. Nachbildung – Originalquelle unbekannt.*

Extreme Narzissten sind tendenziell eher der Boss. Sollte der Narzisst vorausgehen, um im Bild zu bleiben, so hängt er seine Leute ab. Er geht alleine, statt sie mitzunehmen. „Die narzisstische Führungskraft ist völlig auf sich selbst fokussiert, die anderen werden nur gebraucht, um Bewunderung und Befriedigung der eigenen narzisstischen Bedürfnisse zu geben"[81], zitiert Kraft in ihrer

80 Kraft, 2016. S.37.
81 Kraft, 2016. S.40.

Master-Thesis. Darüber hinaus gibt der Narzisst gerne ein so hohes Tempo vor, dass seiner Mannschaft schnell die Luft ausgeht. Was auch die romantische Idee des Zusammenhalts enttarnt: Vielleicht reißen sie mit – zumindest solange die begeisternde *Love-Bombing*-Phase anhält. Doch vor allen Dingen zerstören sie Zusammenhalt. Weil sie mit Leuten nur so lange zusammenhalten, wie es nützlich für sie ist. Extreme Narzissten sind durch und durch illoyal und opportunistisch. Und weil es niemand lange mit ihnen aushält, der sie enttarnt hat oder unter ihnen leiden muss.

## MYTHOS #12: Narzissten wollen die Welt verändern

Kraft schreibt über „Prototypen der weltverändernden Narzissten" wie Bill Gates oder General-Electric-CEO Jack Welch, die „die Arbeitswelt revolutioniert haben".[82] Sie bezieht sich dabei auf die US-Psychologin Eleanor Maccoby, und es klingt, als wäre dieser Drang etwas Positives. Und ja, es gibt sicher positive Aspekte daran. Wenn extreme Narzissten einen Menschen in ihrer Nähe haben, der ihnen einen begrenzenden Rahmen setzt, kann es für alle gut werden.

**Unsere Korrektur:** Zur Person Jack Welch mussten wir erstmal das Internet befragen; nicht, dass wir jemandem Unrecht tun: „Seine radikalen Methoden haben ihm den Spitznamen Neutronen-Jack eingebracht, als Anspielung auf die Wirkungsweise einer Neutronenbombe, bei der die Menschen ausgelöscht werden, die Gebäude und Maschinen jedoch erhalten bleiben", klärt uns Wikipedia auf.[83] Joa, das passt in das Bild, das wir im hinteren Teil des Buches noch zeichnen. Und bringt uns zurück zur Frage, was denn das jeweilige Motiv hinter der Weltveränderung gewesen sein könnte? Etwas zum Besseren für die Gesellschaft zu verändern? Wir möchten niemandem Unrecht tun, nur stellen wir es in Frage, bei allem, was wir über Narzissmus und Narzissten wissen. Als

82 Ebd. S.39.
83 https://de.wikipedia.org/wiki/Jack_Welch

narzisstische Motive kommen eher Geld, Kontrolle, Status, Wut und Rache in Frage, als der Wunsch, die Welt zu einem besseren Ort zu machen.

## MYTHOS #13: Narzissten benötigen ausreichend paranoide Anteile

Ok, dieser Mythos kommt durch die Hintertür: Im Original schreibt Narzissmus-Forscher Otto Kernberg Führungskräften zu, dass sie „ausreichend paranoide Anteile – als Gegensatz zu Naivität“[84] benötigen würden. Weil er jedoch auch betont, dass „Führer zwar über ein Maß an Narzissmus verfügen müsse[n]“[85], möchten wir den Mythos der paranoiden Anteile aufklären. Der zuletzt genannten Aussage stimmen wir zu, sofern sich Kernberg auf den gesunden und nicht auf den extremen Narzissmus beziehen sollte.

**Unsere Korrektur:** Extreme Narzissten neigen zu Anflügen von Verfolgungswahn – Sylvia hat einen solchen Menschen über viele Jahre hinweg begleitet, der sich seinen paranoiden Zügen sogar bewusst war und offen darüber sprach. Auch unsere Quellen belegen einen Zusammenhang, besonders, wenn der narzisstisch verletzte Mensch unter hohem Stress steht oder sich bedroht fühlt.[86] Doch Führungskräfte müssen glasklar sein und dürfen keine Wahnvorstellungen haben. Wer paranoide Anteile hat, kann nicht vertrauen. Zu vertrauen – also in gewissem Sinne auch ein bisschen naiv und vertrauensvoll zu sein, ist jedoch eine der Grundvoraussetzungen, in der heutigen Zeit erfolgreich Menschen führen zu können. Das nennt sich dann bewusste Naivität. Wir wollen diesen Exkurs mit einer kleinen Übersicht zu einem Ende bringen. Zu diesem Zweck übernehmen wir Krafts Tabelle 3 (hier: Tabelle 1) und ergänzen sie um unsere Anmerkungen.

84 Kraft, 2018. S.36.

85 Ebd.

86 https://www.msdmanuals.com/de-de/profi/psychiatrische-erkrankungen/pers%C3%B6nlichkeitsst%C3%B6rungen/narzisstische-pers%C3%B6nlichkeitsst%C3%B6rung-nps

| **Narzisstische Führungskräfte** | |
|---|---|
| **Negative Facetten** | **Positive Facetten** |
| ☑ Arroganz | ☐ Visionskraft *nur bedingt* |
| ☑ Minderwertigkeitsgefühle | ☐ Charisma *f* |
| ☑ Unersättliches Bedürfnis nach Anerkennung und Überlegenheit | ☐ Bereitschaft zur ~~Führung~~ *Kontrolle* |
| ☑ Überempfindlichkeit und Ärger | ☐ Risikobereitschaft *nicht einschätzbar* |
| ☑ Mangel an Empathie | ☑ Aufgeschlossenheit |
| ☑ Unethisches Verhalten | ☐ Wunsch, die Welt zu verändern *?* |
| ☑ Irrationalität und Unflexibilität | ☐ Selbstsicherheit *f* |
| ☑ Verfolgungswahn | |

*Tabelle 1: Vor- und Nachteile narzisstischer Führungskräfte (eigene Darstellung, teilw. in Anlehnung an Furtner & Baldegger, 2013, S.27f.)*

Dass wir Narzissten die hier genannten positiven Facetten fast komplett absprechen müssen, heißt nicht, dass sie gar keine Sonnenseiten hätten – wir schreiben im Untertitel der *Narzissmus-Bilanz* schließlich auch was von Chancen durch toxische Charaktere. Doch verkennt die hier gezeigte Liste einige Sachverhalte und spiegelt lediglich den schönen Schein einer von extremen Narzissten gut gepflegten Oberfläche, unter der sich der hässliche Rost verbirgt. Wir bitten dich, dich nicht täuschen zu lassen und in Sachen Narzissmus nicht zum *Flat Earther* zu werden, der nach wie vor behauptet, die Erde sei eine Scheibe. Sie ist rund, und wir laden dich ein, sie mit uns in Sachen Narzissmus weiter zu bereisen … Die nächste Station – Kapitel 3 – führt dich in die düstere, jedoch auch gleichzeitig sehr erhellende Welt der Traumaforschung.

Es gibt übrigens noch einen weiteren großen Mythos: „Narzissten streben nach Macht". Doch wenn wir den jetzt vollumfänglich auflösen, machen wir dir und uns Kapitel 9 kaputt.

*„Narzisstische Beziehungen im Beruf sind wie ein andauernder Sturm, der das emotionale Fundament langsam aber sicher erodiert."*

Jens Hilzensauer – Traumatherapeut

## 3. Zusammenwirken: Der traumatisierte Mensch

Erfahrungen mit extremen Narzissten können traumatisch sein. Gleichzeitig konntest du das, was dich traumatisiert hat, nur erleben, weil du es über einen längeren Zeitraum mit einem frühkindlich traumatisierten Menschen zu tun hattest. Zu diesen Erlebnissen gehören:

» Manipulation
» verbale oder auch körperliche Gewalt
» emotionale Erpressung
» seelischer Missbrauch
» Gehirnwäsche
» gezielte Angriffe auf dein eigenes Selbstwertgefühl
» und vieles mehr

Doch was ist ein Trauma eigentlich? Der Begriff wird ‚da draußen' ja fast so inflationär gebraucht wie das Schimpfwort ‚Narzisst'.

*Trauma* ist das griechische Wort für *Verletzung* oder *Wunde*. Gemeint sind damit gleichermaßen körperliche wie seelische Verletzungen. Wir beziehen uns hier auf die seelische Ebene. Eine traumatische Erfahrung kann etwas Einmaliges (Monotrauma, Schocktrauma) sein, jedoch auch aus einer Serie von Ereignissen (sequentielles Trauma, Komplextrauma oder Mikrotrauma) bestehen.

Meistens ist das, was du am Arbeitsplatz mit einem Narzissten erlebst, kein Schocktrauma wie es eine erlebte Naturkatastrophe, ein schlimmer Unfall oder ein versuchtes Attentat wäre. Auch wenn es mit einem Schrecken losgehen kann, wenn die Kollegin deine Idee stiehlt und damit ihr wahres Gesicht zeigt, oder wenn der Chef dich erstmalig vor versammelter Mannschaft lautstark runterputzt.

Der ständige Umgang mit einem extremen Narzissten löst eher Mikrotraumata aus: Erlebnisse, die auf den ersten Blick nicht so schlimm erscheinen, die dich aber in Summe und auf Dauer tief verletzen und möglicherweise für den Rest deines Lebens prägen. Extremer Narzissmus ist wie ein schleichendes Gift, das dich umso mehr schädigt, je länger und intensiver du ihm ausgesetzt bist. Deshalb finden wir die Bezeichnung *toxisch* für extreme Narzissten auch durchaus berechtigt. Narzissmus tötet langsam, um es etwas überspitzt zu formulieren. Aber nur etwas – denn viele Menschen, die sich aus einer narzisstischen Verbindung erfolgreich gelöst haben, bezeichnen sich selbst als „Überlebende". Wer die Ablösung nicht schafft, für den ist im schlimmsten Fall Suizid[87] der einzige Ausweg.

Bevor wir weitergehen, ist es notwendig, noch ein bisschen tiefer zu forschen, was es mit Trauma auf sich hat. Lass uns dazu zwei kurze, wahre, anonymisierte Geschichten erzählen:

Günther Weiss hat vor vielen Jahren einen Flugzeugabsturz in Südamerika überlebt. Er fand sich nach dem Aufprall auf der Erde unverletzt und angeschnallt auf seinem Sitz vor, um ihn herum nur Trümmer. Außer ihm hatte niemand das Unglück überlebt. Heute lebt er in Lissabon und fliegt nach wie vor gerne über den großen Teich.

Kasper Braun erlitt als junger Mann auf einem Flug über Deutschland einen Hörsturz während eines wichtigen Gespräches mit seinem Kunden, der neben ihm saß. Weil er sich selbst kaum noch hören konnte, sprach er immer lauter und schrie den Kunden irgendwann an, um überhaupt noch etwas zu hören. Da Kasper nicht wusste wie ihm geschah, konnte der Kunde auch nicht verstehen, weshalb sein Dienstleister so ausflippte. Er beendete die Zusammenarbeit am selben Tag. Kaspers Gehör kehrte nach 24 Stunden zurück und er konnte die Situation mit seinem Kunden klären. Doch er hat sich danach nie wieder in ein Flugzeug gewagt.

87 Wenn du selbst depressiv bist, wenn du Suizid-Gedanken hast, dann kontaktiere bitte die Telefonseelsorge im Internet oder wähle die kostenlosen Hotlines 0800/111 0 111 oder 0800/111 0 222 oder 116 123.

Wieso leben manche Menschen ihr Leben nach disruptiven Erfahrungen einfach ganz normal weiter, und andere sind nach vergleichsweise harmlosen Erlebnissen nachhaltig traumatisiert? Weil Trauma nicht das ist, was dir passiert. Sondern das, was nach dem Erlebnis **in dir** passiert. Trauma ist etwas sehr Individuelles, erklärt Verena König.[88] Wo der eine nur einen Schreck bekommt, eine Lösung findet und sich wieder davon erholt, ist ein anderer dermaßen überfordert, hilflos und ohnmächtig, dass die Situation nicht zu bewältigen und in ihrer Folge nicht zu verarbeiten ist. So entsteht Trauma: Durch nicht gelingende Verarbeitung eines gewaltigen, plötzlichen, heftigen Ereignisses oder einer Kette von immer wiederkehrenden, ähnlich schrecklichen Erlebnissen. Die fehlende Verarbeitung von starkem Stress zeigt sich als Traumafolgestörung vor allem im Nervensystem der traumatisierten Person. Dazu gehört die Erfahrung von Erschrecken, Angst, Erniedrigung, Scham, Hilflosigkeit, Mobbing, Vernachlässigung oder körperlichem Schmerz.

## Narzissmus als Traumafolgestörung

Wenn wir uns an die Theorie halten, nach der extremer Narzissmus durch seelische wie körperliche Grausamkeiten entsteht, die in der frühen Kindheit erlebt worden sind, also durch sehr großen Stress, der nicht aus eigener Kraft oder mit Hilfe anderer reguliert werden konnte, dann kann Narzissmus ab Stufe 7-8 auf Malkins Skala als eine solche Traumafolgestörung betrachtet werden. König betont ausdrücklich, dass wir Persönlichkeitsstörungen als Traumafolgestörungen begreifen sollten.[89] Dies gilt unserer Ansicht nach auch schon für den subklinischen Narzissmus, bei dem es für eine Diagnose nicht reicht, und der hier und da als *Persönlichkeitsstil* oder *Persönlichkeitsakzentuierung* verharmlost wird.

Es gibt darüber hinaus eine genetische Disposition für extremen Narzissmus von bis zu 50 Prozent.[90] Doch ob sich dieser im späteren Leben ausprägt, hat ganz viel mit den äußeren Umständen zu tun, in denen ein Kind aufwächst. Narzisstische Eltern produzieren sehr häufig nicht nur genetisch, sondern tat-

88 Vgl. König, 2021. S.28 f.
89 Ebd. S.71.
90 Psychiater Claas-Hinrich Lammers in *Spektrum der Wissenschaft kompakt*, 02/2022, S.38.

sächlich narzisstischen Nachwuchs, als Resultat auf die dem Kind über Jahre hinweg zugefügten psychischen Verletzungen. Dazu gehören beispielsweise:

- » Permanente verbale Angriffe auf den Selbstwert und die Würde
- » Bedrohliche Situationen von schreienden, schlagenden oder anderweitig übergriffigen Eltern
- » Emotional wie körperlich nicht verfügbare Eltern
- » fehlende bedingungslose Liebe, Anerkennung und Unterstützung
- » Liebe, Lob und Zuwendung gibt es nur für Leistung oder angepasstes Verhalten
- » Kein Interesse an den Gefühlen und Bedürfnissen des Kindes
- » Die Wahrnehmungen des Kindes bezweifeln, belächeln oder abwerten
- » Überhöhte Anspruchshaltung: das Kind muss so sein, wie es dem Vater oder der Mutter gefällt. Es muss das Leben führen, das die Eltern für es vorgesehen haben und darf keine eigene Identität oder Persönlichkeit entwickeln

Die Eltern handelten höchstwahrscheinlich nach bestem Wissen und Gewissen und auch ihnen ist nicht bewusst, was sie ihrem Kind damit antun[91] – solange sie nicht aufgearbeitet haben, was ihnen selbst angetan worden ist. Denn die Egozentrik und Selbstsucht der Eltern liegt an deren eigener Empathiearmut, am eigenen in der Kindheit erlittenen Mangel. Narzissmus ist so gesehen ein Transgenerationen-Trauma.[92]

Als traumatisiert gilt ein Mensch allerdings nur dann, wenn er auch unter Traumafolgestörungen leidet. Es stellt sich die Frage, ob unsere Idee dann stimmen kann? Denn wenn Narzissten nicht zum Therapeuten gehen, weil sie genau kein Problem bei sich selbst feststellen können, wenn also das Leid nicht sichtbar wird und es deshalb nicht für die Diagnose einer Persönlichkeitsstörung reicht, gilt selbiges dann nicht auch für die Traumafolgestörung? Eine berechtigte Frage, die wir so beantworten möchten: Doch, diese Menschen leiden! Auf einer meist unbewussten Ebene oder dadurch, dass die Dinge halt immer wieder nicht so laufen, wie sie es aus Sicht der Narzissten sollten. Den guten

91 Weiterlesen bei: Eidenschink, 2024. S.32.

92 Traumatische Erfahrungen können epigenetische Veränderungen verursachen. Trauma wird dadurch auf biologischer Ebene weitergegeben, sofern es nicht verarbeitet und integriert worden ist. Kinder und Kindeskinder haben dann möglicherweise Schwierigkeiten mit ihrer Stressreaktion und ihrem inneren Erleben, ohne die traumatische Erfahrung selbst je gemacht zu haben.

Grund für ihr Verhalten, für ihre Symptome, den suchen extreme Narzissten stets im Außen und nie im Innen. Verdeckt-vulnerable Narzissten übernehmen zwar ebenfalls keine Verantwortung für sich selbst und ihr Erleben, leiden darüber hinaus aber auch noch an sich selbst. Und im stillen Kämmerlein mit sich allein, spürt auch ein offen-grandioser Narzisst seinen tiefen Schmerz. Die folgenden zwei Geschichten illustrieren, wie verdeckt-vulnerabler (Nick) und offen-grandioser Narzissmus (Creg) entstehen können. Creg ist dir bereits weiter vorne im Buch begegnet. Bei ihm handelt es sich um eine Mischform der beiden Narzissmus-Arten. Er wird dich mit seiner Lebensgeschichte durch das gesamte Buch begleiten.

Nicks Kindheit wurde von zwei narzisstischen Eltern geprägt. Die Mutter litt an verschiedenen Krankheiten und hielt ihre grobmotorische, kindliche Malerei für große Kunst, die von der Familie aufgehängt und bewundert werden musste. Der Vater war ein Ingenieur, der ständig behauptete, dass seine großen Pläne und Ideen von mächtigen Menschen geklaut und an ihm vorbei patentiert und realisiert worden wären. Die Eltern waren nicht wohlhabend. Urlaub bedeutete Ausflug in die Nachbarstadt mit Picknick im Park. Eine neue Bluse für die Mutter, das war nicht ‚erlaubt' – kaum hatte sie sie gekauft, hat sie sie am nächsten Tag im Geschäft zurückgegeben. Daheim hinter verschlossenen Türen vermöbelte die Frau, die sich insgeheim Reichtum und Ansehen wünschte, ihren schwachen Mann mit dem Kochlöffel und beschimpfte ihn als Versager. Der kleine Nick bekam diese Übergriffe durchs Schlüsselloch mit und beschloss, niemals so ohnmächtig zu werden wie sein Vater. Doch auch vor Nick machte die Mutter nicht Halt …

Creg verbrachte die ersten Lebenswochen im Brutkasten. So konnte er keine sichere Bindung zu seiner Mutter entwickeln. Auch der Vater war als Bindungsperson nicht verfügbar. Er konnte mit dem kleinen Creg nichts anfangen und kümmerte sich nur um sich selbst. Als Creg heranwuchs, wurde es besser. Doch der Vater blieb sehr eigen. Er wurde außerdem zum Alkoholiker, ertränkte den eigenen Kummer über die narzisstischen Demütigungen seines Schwiegervaters und starb am Suff, als Creg 16 Jahre jung war. Die Eltern lebten zuvor ein Leben aneinander vorbei, jeder zum eigenen Vorteil. Die Kinder liefen in einer Art geordnetem Regelbetrieb nebenher. Creg wurde ein lustiger, kreativer und leistungsorientierter Junge. Er blieb jedoch stets unsicher und hatte kaum Freunde. Eher hielt er einen großen Bekanntenkreis aufrecht, unter Einsatz einer schier nicht enden wollenden Energie. Fehler oder Misserfolge gab es bei Creg nicht. Es hatte immer alles toll zu sein. Unliebsames schob Creg gerne mit den kreativsten Ausreden anderen Beteiligten in die Schuhe. Cregs Mutter hatte kein Mitgefühl für ihren Sohn. Leistung war ihr sehr wichtig. Eines Tages vergaß Creg seine Jacke in der Turnhalle. Auf dem Heimweg brach er sich ein Bein. Die Mutter hielt seine Schmerzen für eine faule Ausrede und schickte ihn zurück, um die Jacke zu holen. Erst, als er wieder daheim war, bemerkte sie den Bruch und fuhr den Jungen ins Krankenhaus. Die Geschichte ihres tapferen Sohnes gab die Mutter noch jahrelang im Freundeskreis zum Besten. Durch diese und ähnliche Erfahrungen wurde Creg darauf konditioniert, seine Gefühle und Bedürfnisse auszublenden und sich stattdessen seelisch von Lob zu ernähren.

Um überhaupt traumatisiert werden zu können, brauchen wir zunächst mal ein höher entwickeltes Gehirn: Unter hohem Stress schaltet das Hirn – und mit ihm der gesamte Organismus – in ein Notprogramm, um sicherzustellen, dass sein menschlicher Träger überlebt. Das für seine instinktiven Reaktionen berühmt-berüchtigte Stammhirn übernimmt das Kommando, doch die traumatische Erfahrung macht aus, dass Selbsthilfe in Form von Kämpfen oder Flüchten eben nicht möglich ist. Hilfe von außen kommt auch nicht. Es bleibt die Flucht in die Starre, das Totstellen oder die totale Unterwerfung. Dermaßen ausgeliefert, verarbeitet und speichert das Gehirn die erlebten Dinge anders als bei normalem Stress, der durch Angriff, Verteidigung oder Flucht in den Griff zu bekommen wäre.

Normalerweise filtert das Gehirn einströmende Reize und lässt nur einen Bruchteil davon ins Bewusstsein durch.[93] Doch unter Hochstress sagt das Gehirn: ‚RAM overflow' – der Arbeitsspeicher ist überlastet und alle Sinneseindrücke fluten ungefiltert den Organismus. Auch der Hirn-Bibliothekar namens Hippocampus kann seinen Job dann nicht mehr machen: Eigentlich würde er das Erlebte sinnvoll sortieren und hübsch ins richtige Ablagefach stellen. Doch seine Kollegin Amygdala, zuständig für die Abteilung Emotionsmanagement, hat den Informationsfluss zu ihm gestoppt. Auch beim Sprachzentrum kommt nichts mehr an – die traumatische Erfahrung verschlägt einem wortwörtlich die Sprache. Die Folge ist eine ziemliche Unordnung im Gehirn: Statt ein irgendwie sinnvolles, erkennbares Gesamtbild zu ergeben, fliegen die Informationen quasi fragmentiert im Gehirn herum. Gefühle, Gedanken, visuelle, auditive, sensorische und olfaktorische Eindrücke sind wie zerrissen, losgelöst,

93 Siehe Seite 65.

zeitlich und räumlich nicht mehr einzusortieren. Im Kopf herrscht Chaos und damit auch im gesamten Nervensystem und Körper.

Das Chaos hat ebenfalls einen Namen: *Dissoziation*. Dieses Auseinandernehmen des Geschehens in einzelne Stücke gilt als Ultima Ratio bei einem traumatischen Erlebnis, um nicht auf der Stelle am Schock zu sterben – es kann einem nämlich vor Schreck nicht nur fast das Herz stehen bleiben, sondern tatsächlich.[94] Wenn du die echte Situation nicht verlassen oder den Schrecken beenden kannst, verlässt du dich einfach innerlich und beendest dadurch die Situation ja auch irgendwie. Und überlebst etwas, was nicht auszuhalten ist. Die Informationen kommen dennoch ungebremst in all ihrer Heftigkeit in dir an. Du spürst sie nur nicht mehr wirklich und kannst sie deshalb nicht mehr verknüpfen, assoziieren. Doch die Energie dieser dissoziierten Fragmente kann nicht abkühlen, sie bleiben geladen mit der Hochspannung der Überlebensnot. Und sie sind sehr leicht zu reaktivieren (neudeutsch: zu triggern), weshalb der traumatisierte Mensch sich dann schmerzhaft erinnert oder die Situation sogar innerlich erneut durchlebt, als wäre er oder sie mittendrin. Das nennt man *Flashback*. Die Stresshormone und Botenstoffe der Überlebensreaktion sorgen dabei dafür, dass sich die Wahrnehmung verschiebt und sich alles irgendwie unwirklich anfühlt. Die Zeit rast oder bleibt stehen, der Raum zieht sich zusammen oder man beobachtet sich plötzlich selbst von außen. In extremen Fällen verlieren Betroffene das Bewusstsein und kollabieren ohne körperliche Vorankündigung.

Was bei solch traumatischen Erfahrungen im Gehirn passiert, gibt unserer Theorie nach Aufschluss über das beobachtbare spätere narzisstische Verhalten. Es könnte zum Beispiel erklären, warum Narzissten – von der Konfrontation mit einer für sie unangenehmen Wahrheit in die Enge gedrängt – ihre eigenen Lügen tatsächlich glauben oder ihr Gegenüber an dessen Wahrnehmung zweifeln lassen wollen (*Gaslighting*). Dies haben sie ja andauernd vorgelebt bekommen! Das, was sie feinfühlig wahrgenommen haben, wurde ihnen als nicht richtig oder als schlecht abgesprochen. Ja, sie selbst als Individuum waren verkehrt und durften nicht so sein, wie sie waren. Da ist es doch vielleicht besser, weniger empathisch zu sein, weniger zu fühlen und auch nicht mehr zu spüren, was man braucht. Als hochintelligente Überlebensstrategie haben Kinder narzisstischer oder anderweitig liebloser, nicht verfügbarer Eltern sich angepasst. Nicht auffallen, leise sein, keine Widerworte geben, keine eigenen Bedürfnisse an-

94 Vgl. König, 2021. S.54 ff.

melden. Die Lügen der Eltern glauben. Dem Vorbild der Eltern folgen. Kinder sind der Spiegel ihrer Eltern.

Wo Leben im Sinne von Reifen und Aufblühen nicht möglich ist, sorgt unser Nervensystem wenigstens fürs Überleben. Die Biologie zwingt Kinder quasi dazu, die Eltern trotzdem zu lieben, um als soziale Wesen, als Herdentiere, nicht aus der Gruppe verstoßen zu werden. Das eher introvertierte Kind hat dann still darunter gelitten, nicht ok zu sein, so, wie es ist. Aus eher extravertierten Charakteren entstanden Revoluzzer; kleine und später große Tyrannen. Oder unzählige Mischformen. Alle Varianten führen im Laufe des Lebens zu täterimitierendem oder täterloyalem Verhalten. Zu jeglichen Varianten und Mischformen von extrem narzisstischem Verhalten als dauerndem Schutz- und Überlebensmechanismus, um den in der Kindheit erlittenen Mangel zu kompensieren und die verletzte Seele zu verteidigen.

Durch die Abspaltung von sich selbst ist es dem erwachsenen Menschen nicht möglich, ein Konzept von sich selbst zu entwickeln. So entstehen Bindungs- und Selbstwertprobleme. Verena König geht sogar noch einen Schritt weiter in ihrer Erklärung von Narzissmus – es geht nicht nur um mangelnden Selbstwert, sondern um die Abwesenheit von einem Selbstgefühl: „Etwas, was einen Narzissten im tiefsten Inneren ausmacht, ist, dass er kein Selbstgefühl hat, also kein Gefühl von einer kohärenten inneren Ebene von selbst. Es gibt kein Gefühl von Ich an dieser Stelle, wo **du** fühlst, wer du bist, mit Ecken und Kanten und Talenten, mit dem, was du wertschätzt, was dich beschwert oder vielleicht stört. An der Stelle hat der Narzisst eine Leere, so etwas wie einen weißen Fleck auf der Landkarte oder ein Loch. Das heißt, dem narzisstischen Menschen fehlt an der Basis etwas ganz Wesentliches, um eine gesunde Persönlichkeit zu entwickeln."[95]

Narzissmus tritt deshalb selten isoliert auf, sondern ist meist mit anderen psychischen Störungen oder extremen Persönlichkeitsmerkmalen verbunden. Eine Störung kommt generell selten allein. In unserem Sprachgebrauch meinen wir mit Störung nicht unbedingt eine Diagnose, sondern bereits „das, was stört" – die zwischenmenschlichen Beziehungen, die Beziehung zu sich selbst, die Wünsche und Träume, die erhofften Erlebnisse und Ergebnisse im Leben.

95 O-Ton aus dem Webinar *Empathie als Schlüssel und Falle* von Verena König am 21.07.2019.

Wenn sich eine Häufung an Störungen beobachten lässt – zwei oder auch mehr –, wird dies als *Komorbidität* bezeichnet.

## Komorbiditäten: Depression, Burnout und weitere Folgen im beruflichen Kontext

Viele Narzissten können lange kompensieren, dass sie keine Freunde haben, dafür aber häufig Stress mit ihrem Umfeld erleben. Erst bei ernsten Lebenskrisen (Kündigung, Scheidung, Insolvenz, Krankheit) ohne sofortigen Ersatz denkt ein extremer Narzisst über eine Therapie nach. Allerdings um zu erfahren, weshalb ihm die anderen so übel mitspielen und wie er mit den Deppen, die ihn einfach nicht verstehen, effektiv verfahren soll, um seine Ziele zu erreichen. Oder weil er neuerdings immer so müde, traurig und antriebslos ist. Das kann ein heilendes Geschenk in der persönlichen Entwicklung dieses Menschen werden.

Für verdeckt-vulnerable Narzissten kommen Unpässlichkeiten übrigens wie gelegen, um weiter Aufmerksamkeit auf sich zu ziehen. Und um sich niemals entschuldigen zu müssen! „Ich bin halt so, ich kann nichts dafür!“ oder ein „Du weißt doch, wie ich bin!“ sind typische Reaktionen, um jegliche Verantwortung von sich zu weisen. Diese Menschen sind Meister der Rechtfertigungskreativität zulasten der persönlichen Bewältigungsintelligenz.

Die zu beobachtenden Komorbiditäten bei extremem Narzissmus sind:[96]

- unipolare Depression
- bipolare Störung (früher manisch-depressiv genannt)
- Burnout (Erschöpfungsdepression)

- ADHS

96 U.a.: https://www.msdmanuals.com/de-de/profi/psychiatrische-erkrankungen/pers%C3%B6nlichkeitsst%C3%B6rungen/narzisstische-pers%C3%B6nlichkeitsst%C3%B6rung-nps

» Borderline
» Paranoia (Verfolgungswahn)
» antisoziale Persönlichkeitsstörung (Psychophatie) – sie tritt besonders häufig bei einer Doppeldiagnose von NPS und Borderline auf
» Esstörungen (Magersucht, Anorexia Nervosa) – besonders bei weiblichen Narzissten
» Angststörung
» Zwangsstörung

» Alkoholismus
» Drogenkonsum (speziell Kokain gilt als die Narzissten-Droge)
» Sexsucht

Die am häufigsten korrelierenden Störungsbilder waren gemäß einer Studie mehrerer Charité-Wissenschaftler:[97] affektive Störungen, also Depression, Manie oder Bipolarität (64,5 Prozent), gefolgt von Störungen durch Substanzkonsum (35,5 Prozent). Mit 12,5 Prozent liegt uns zum Subtyp C von ADHS eine weitere Messgröße vor, die extremen Narzissmus begleiten kann. Psychoanalytikerin Alice Miller geht sogar soweit, dass sie das narzisstische Grandiositätsdenken (nur innerlich wie beim verdeckt-vulnerablen Narzissten wie auch äußerlich beim offen-grandiosen) und die Depression für zwei Seiten derselben Medaille hält.[98] Denn das Erleben von Menschen in narzisstischer Not gleicht einer innerlichen Achterbahnfahrt und schwankt ständig zwischen Überhöhung und Selbstabwertung.

Bei dieser langen Liste an ‚Begleiterscheinungen' kannst du vielleicht gut nachvollziehen, dass leider auch die Suizidrate bei extremen Narzissten so hoch ist wie bei keiner anderen Störung:[99] Auslöser für diese letzte Lebensentscheidung sind erlebte Niederlagen und nicht verkraftete Kränkungen sowie das daraus resultierende Zusammenbrechen des letzten Rests an mühsam aufgebautem Selbstwertgefühl. Wenn bei einer hohen Anspruchshaltung die Lebenslüge der Grandiosität nicht mal mehr vor sich selbst aufrechterhalten werden kann,

97 https://www.researchgate.net/publication/238315180_Komorbiditaten_bei_Patienten_mit_einer_Narzisstischen_Personlichkeitsstorung_im_Vergleich_zu_Patienten_mit_einer_Borderline-Personlichkeitsstorung

98 Miller, Alice: Depression und Grandiosität als wesensverwandte Formen der narzisstischen Störung. Stuttgart, 1979. S.132-156.

99 https://www.neurologen-und-psychiater-im-netz.org/neurologie/ratgeber-archiv/artikel/narzisstische-persoenlichkeitsstoerung-oft-kombiniert-mit-weiteren-stoerungsbildern/

wenn sämtliche Kompensationsstrategien versagen, wenn eine Komorbidität dazukommt, unter der der Narzisst auch wirklich leidet, dann ist sogar Selbstmord für jeden zehnten extremen Narzissten noch ‚attraktiver' als die Option, in Therapie zu gehen und sich ernsthaft mit dem Loch in der eigenen Seele und den eigenen dysfunktionalen Verhaltensweisen auseinanderzusetzen.
In einem Buch über Narzissmus in der Wirtschaft bzw. im Business möchten wir uns auch einer immer weiter verbreiteten Angelegenheit widmen: dem Burnout-Syndrom. Dieses ist schon lange keine Modeerscheinung oder faule Ausrede mehr, sondern seit 2022 endlich eine von der Weltgesundheitsorganisation WHO anerkannte psychische Krankheit.[100] Bereits seit 2013 sind bei der Gefährdungsbeurteilung eines Arbeitsplatzes auch die Evaluation der psychischen Belastungen eines Arbeitsplatzes inkludiert.

Alle Menschen müssen ein Spannungsfeld ‚managen', dass sich zwischen privaten, persönlichen, familiären und beruflichen Anforderungen entfaltet. Beispielsweise sind da Freunde oder Hobbies, Familienmitglieder, Vorgesetzte oder die Unternehmenssituation, aber auch individuelle Lebensziele oder Werte, die alle etwas von dir wollen oder dich innerlich antreiben. Wird die Spannung zu hoch, ist alles zu viel, sind die Anforderungen zu heftig, dann erlebst du möglicherweise eine Form von Stress namens Überforderung. Über einen kurzen Zeitraum ist eine starke Mehrfachbelastung meist auszuhalten – dafür sind wir Menschen neuronal gut ausgestattet. Doch kommt dann noch etwas dazu – ein schlimmes Erlebnis oder eine Krankheit beispielsweise – oder kannst du den Stress über einen längeren Zeitraum nicht abbauen und die Anforderungen reduzieren, stellen sich psychische und körperliche Symptome ein: Nervosität, Verspannungen, Schlaflosigkeit, Ängste, dauernde Erkältung, anhaltende Gefühle von Trauer, Niedergeschlagenheit, Schwäche und mehr. Du veränderst dich auch auf der Verhaltensebene – reagierst zum Beispiel gereizt, reduzierst Kontakte, kannst nicht mehr ‚performen' oder brichst auch bei Kleinigkeiten in Tränen aus. Solltest du damit zum Arzt gehen, wirst du möglicherweise die Diagnose Belastungsstörung oder Erschöpfungsdepression erhalten – du bist ‚ausgebrannt'. Du kannst nicht mehr. Das alles passiert nicht plötzlich, sondern es ist ein schleichender Prozess, den du möglicherweise hier und da bemerkst aber schnell verdrängst. Weil nicht sein kann, was nicht sein darf. „Burnout? Das passiert nur den anderen!"

100 https://www.welt.de/gesundheit/article194300605/WHO-erkennt-Burn-out-erstmals-als-Krankheit-an.html

Möglicherweise wird von der Führung auch bewusst in Kauf genommen, dass du irgendwann ausbrennst. Human-Ressource leider verbraucht. Upsi! Kann ja mal passieren. Es geht heiß her in der Firma und am Markt, da nehmen wir Kollateralschäden halt in Kauf...

Rechtzeitig hinzuschauen und Konsequenzen aus solcher Führung zu ziehen, würde für dich vermutlich bedeuten, dir einen neuen Arbeitsplatz suchen zu müssen. Wenn dir das bekannt vorkommt, wenn du mal kurz ganz ehrlich zu dir selbst bist: Auch hier handelt es sich um eine Lösung aus einer toxischen Beziehung, und wie bei den meisten solcher Veränderungsprozesse gilt: Den altbekannten Schrecken findet dein Gehirn weniger schlimm als das unbekannte Grauen! Und deshalb bewegst du dich nicht weg und lässt Dinge mit dir machen.

Arbeitsumgebungen, in denen die Burnout-Diagnose einem Adelstitel gilt und du ohne sie nichts bist, sind echt nicht zu empfehlen! In solch ungesunden Biotopen gibt es viel zu verlieren – aber eben auch viel an Titel, Position, Ruhm und Geld zu gewinnen, weshalb sie ein beliebter Tummelplatz für extrem narzisstische Charaktere sind. Nicht mehr zu können ist bei denen ja nicht gerade angesagt. Ein wirkliches Dilemma für Menschen, die sich ihrer Überarbeitung bewusst sind.

Ein Universitätsprofessor hatte beruflich viel zu bewältigen. Aufgrund seiner stabilen, wunderbaren Ehe schaffte er es sehr lange, mit dem an der Hochschule geforderten Tempo Schritt zu halten. Doch er spürte seine Überlastung von Tag zu Tag mehr. Als auch noch private Probleme hinzukamen, vertraute er sich dem Hochschulleiter an. Nicht, ohne seine große Angst vor diesem Schritt zu überwinden. Doch der als toxisch geltende Rektor reagierte professionell und fand einen Weg, um den Professor zu unterstützen. Die Kombination aus Vertrauen und Hilfsbereitschaft schuf eine nachhaltig gute Verbindung zwischen diesen beiden Männern. Wir wollen damit zeigen, dass auch Personen, die als toxische Charaktere gelten, nicht toxisch sein müssen, ihre guten Seiten haben und sich günstig verhalten können: Für jeden Schatten gibt es irgendwo auch eine Lichtquelle. Das Umfeld von Universitäten ist von Hybris besonders betroffen, und die Befürchtung des Professors, sich schwach zu zeigen, war berechtigt. Doch in diesem Fall ist alles gut gegangen.

Umgekehrt können charakteristische Merkmale des extremen Narzissmus zu einem erhöhten Risiko für Burnout beitragen: übermäßiger Ehrgeiz bis hin zum Wahn, Perfektionismus, Kontrollzwang[101], ein Leben als Workaholic, Selbstausbeutung und Ausbeutung anderer. Extreme Narzissten sind ein massiver Stressor, der dazu beiträgt, Menschen im Umfeld ebenfalls in einen Burnout zu treiben. Hier gibt es ein ganz probates Mittel der Selbsterforschung: Wie geht es dir im Beisein dieses Menschen? Neutral? Gut? Oder hast du den Eindruck, in seiner Gegenwart Energie zu verlieren bis zur totalen Erschöpfung? Reduzierte Kontakte mit Energievampiren bedeuten steigende persönliche Tatkraft, Energie und Gesundheit. Allein dieser Punkt sollte unserer Ansicht nach bilanzierungsfähig werden. Burnout ist eine teure Angelegenheit, die sich niemand leisten kann: Schon vor der Diagnose nimmt die Leistungsfähigkeit ab. Fehlzeiten häufen sich, die Kündigungsrate steigt und die Zahl an inneren Kündigungen ist in großen Organisationen vermutlich gar nicht messbar. Die Fehlzeiten von Mitarbeitern, die auf Burnout zurückzuführen sind, sind in den letzten Jahren massiv gestiegen. Die aktuellsten Zahlen, die uns derzeit vorliegen, stammen aus dem Jahr 2022 und sehen so aus: 216.000 Burnout-Fälle führten zu 5,3 Millionen Krankheitstagen.[102] Und auch hier gibt es sicherlich eine noch höhere Dunkelziffer.

Doch nicht nur extremer Narzissmus, auch zu viel vom Guten kann ungesund sein und in den Burnout treiben.

101 Mehr zu Perfektionismus und Kontrollzwang liest du in Kapitel 8 auf Seite 267.
102 https://de.statista.com/statistik/daten/studie/239872/umfrage/arbeitsunfaehigkeitsfaelle-aufgrund-von-burn-out-erkrankungen/

## Narziss, Echo und Empath

Weiter oben haben wir notiert, dass Empathielosigkeit ein Hinweis auf extremen Narzissmus sein kann. Es lohnt sich, hier genauer hinzuschauen und auch einen Blick auf die so genannte dunkle Seite der Empathie zu werfen. *Empathie* – ein weiterer Begriff, der zunächst mal von seinen Verwandten abgegrenzt werden möchte. Alles fängt mit der *emotionalen Ansteckung* an: Dein Tischnachbar gähnt und du bist plötzlich auch ganz müde oder spürst zumindest den Impuls, ebenfalls zu gähnen. Oft tun wir es dann tatsächlich. Das war nur ein Beispiel von vielen Möglichkeiten, sich emotional anzustecken. Es zeigt wunderbar, wie das Prinzip der *Spiegelneuronen* funktioniert.

Spiegelneuronen sind Nervenzellen deines Gehirns, die nicht nur aktiv sind, wenn du selber etwas tust. Sie lösen allein schon durch reines Beobachten das gleiche neurobiologische Programm aus, als würdest du eine Handlung wirklich ausführen oder als würdest du wirklich selbst erleben, was die andere Person erlebt. Spiegelneuronen feuern, wenn du Mimik und Gestik siehst – wenn du Emotionen wahrnehmen kannst. Deshalb fühlen wir im Normalfall, was andere Menschen fühlen. Wir können dabei auf zwei Arten empathisch sein – ein anderes Wort dafür ist *einfühlsam*: uns selbst oder anderen Menschen gegenüber.

Empathie für andere benötigt keine *Sympathie*, auch wenn es einfacher für dich ist, dich in die Welt einer anderen Person hineinzuversetzen, wenn du sie magst. Solltest du jemanden sympathisch finden, spiegelst du ihn sogar automatisch, unbewusst. Empathisch verbunden zu sein, löst jedoch nicht automatisch den Wunsch aus, anderen Menschen helfen zu wollen. Diese Funktion übernimmt das *Mitgefühl*, das aus der Empathie erwachsen kann: Hier verspürst du einen starken Drang, unterstützen zu wollen, ggf. Bedürfnisse zu erfüllen und dafür auch kreativ zu werden. Professionelles Mitgefühl in Therapie und Coaching zeigt sich im ‚da sein' oder anders ausgedrückt, im ‚den Raum halten', beispielsweise für schwere Themen. Im Unterscheid zu Empathie und Mitgefühl machst du im *Mitleid* das Leid des anderen zu deinem eigenen. Wenn die eigenen Emotionen dich überrollen und deinen Blick vom anderen auf dich selbst lenken, bist du nicht mehr in der Lage, empathisch zu sein, angemessen zu handeln oder zu helfen.

Narzissten – auch den ganz schweren Fällen, den Psychopathen – mangelt es nicht an dem, was als *kognitive, kalte, erlernte oder logische Empathie, soziale Kognition* oder *Theory of Mind* bezeichnet wird: die Fähigkeit, Gedanken, Gefühle und Absichten anderer Menschen zu verstehen. Sie sind sogar sehr gut darin, Leute zu analysieren, ihre Persönlichkeitsstruktur zu entschlüsseln und sich entsprechend darauf einzustellen. Sie können sich hineinversetzen im Sinne von jemanden auslesen, das Wahrgenommene einordnen und verstehen, wenn es ihnen nützt. Um ihr Wissen zum eigenen Vorteil und zur Manipulation auf höchstem Niveau einzusetzen. Hier sprechen unsere Quellen von *dunkler Empathie*.[103] Doch solche Menschen können nicht mitfühlen oder nachempfinden. Ihnen fehlt die *emotionale oder warme Empathie*, die von Herzen kommt, die Menschen miteinander verbindet und sie auf der gleichen Wellenlänge schwingen lässt. Ein Narzisst spiegelt dich nicht, sondern er imitiert oder blendet dich: Mit dem Wissen um das Prinzip der Spiegelneuronen kann über bewusstes ‚Spiegeln' manipuliert werden. Menschen mit narzisstischen Bewältigungsstrategien schalten Empathie ein und aus wie eine Lampe.

Haben wir damit die babylonische Sprachverwirrung rund um Empathie ein bisschen aufgelöst? Dann kann es ja weiter gehen mit der Frage, wie Empathie entsteht und warum Narzissten zu wenig von der warmen Variante davon haben: Die Empathiefähigkeit eines Menschen ist eng an sein Bindungssystem gekoppelt. Dieses System ist auf der Biochemie – namentlich auf den Neuromodulatoren Oxytocin, Vasopressin und Serotonin – unseres Gehirns aufgebaut und entsteht wie so viele andere innere Systeme früh-nachgeburtlich bzw. im Kleinkindalter.[104] Geht hier was schief und gibt es obendrein noch eine genetische oder epigenetische[105] Vorbelastung, so hat dies direkte Auswirkungen auf die Bindungsfähigkeit des Erwachsenen. Menschen, die ohne ausreichende Fürsorge aufgewachsen sind, können anderen nicht vertrauen, lassen sich nicht auf tiefe Beziehungen ein, haben wenig Interesse an sozialem Miteinander, gelten als empathielos und sind häufiger depressiv. Die Hirnforschung hat gezeigt,

103 Vgl. Breithaupt, Fritz: *Die dunklen Seiten der Empathie*. Berlin, 2019.

104 Vgl. Roth, Gerhard/Ryba, Alicia: *Coaching, Beratung und Gehirn*. Stuttgart, 2016.

105 Epigenetik ist ein Teilbereich der Genetik, der sich mit Änderungen der Genaktivität beschäftigt, die nicht durch Veränderungen der DNA-Sequenz verursacht werden. Diese Änderungen können durch chemische Modifikationen oder durch Proteininteraktionen mit der DNA entstehen. Epigenetische Mechanismen beeinflussen, welche Gene aktiviert oder deaktiviert werden, und können durch Umweltfaktoren, Ernährung und Lebensstil beeinflusst werden. Diese Veränderungen können vererbbar sein, ohne dass die zugrunde liegende DNA-Sequenz geändert wird.

dass ein frühkindlicher Oxytocinmangel außerdem dazu führt, dass unangenehme Gefühle sowie soziale Kritik schlechter ausgehalten werden können.

Tim war als Kleinkind der verwöhnte Prinz. Verwöhnen und Inkonsequenz führen jedoch zu erhöhten Dopaminwerten, was in Kombination mit frühkindlichem Mangel zu antisozialem Handeln bis zu Gewalt, Erlebnissucht oder erhöhter Risikobereitschaft führen kann.

Wissenschaftler der Berliner Universitätsmedizin haben eine mögliche Erklärung für all das gefunden: Patienten mit extremen Narzissmuswerten haben in einer Hirnregion, die für das Spüren von Mitgefühl zuständig ist, weniger graue Substanz als ‚gesunde' Menschen. Herrschaft und Kontrolle über Dinge, Systeme oder Personen zu besitzen, scheint außerdem zu verändern, wie empathisch wir sind und wie sozial wir uns verhalten. „Empathie macht uns zu Menschen. Wenn auch nicht alles Menschliche gut ist und nicht jede Form von Empathie zu begrüßen ist …"[106], schreibt Fritz Breithaupt in seinem Buch *Die dunkle Seite der Empathie*. In zwei Fällen sehen wir Gefahren, die dich auf die dunkle Seite ziehen. Hier kommt auch wieder Echo ins Spiel, die unerkannte Bedrohung, der du im vorherigen Kapitel schon kurz begegnet bist.

**Fall 1:** Echoismus als frühkindlich erworbene Persönlichkeitsstruktur oder Traumafolge
**Fall 2:** Empathische Menschen, die durch narzisstische Manipulation und emotionalen Missbrauch auf der Verhaltensebene zu Echoisten werden und dies als traumatische Erfahrung erleben.

Lass uns dir diese Gefahren vorstellen, die für beide Fälle gelten bzw. die sich nicht lupenrein auf die Fälle aufteilen lassen.

## Erste Gefahr: Echoismus – Empathie als Einbahnstraße

Es gibt Menschen, in denen gibt es Empathie nur in eine Richtung: nämlich für alle anderen Wesen außer sich selbst! Sie werden als Echoisten bezeichnet. Hier stand natürlich Echo Patin, Narziss' erstes Opfer der Geschichte, die durch einen Fluch der Göttin Hera ihre eigene Stimme verlor, zum Nachplappern verdammt war und am Ende durch unerwiderte Liebe jämmerlich zugrunde ging. Einen toxischen Gegenspieler brauchen Echoisten dabei gar nicht, um zum Opfer zu werden, auch wenn sie diese unter gewissen Umständen anzie-

106 Breithaupt, 2019. S.11.

hen. Der Gegner sind sie nämlich bereits für sich selbst. Echo gibt freiwillig die Hoheit über ihr Sein ab, sie macht sich von Herzen gerne selbst zum Opfer. Der Großteil des eigenen Denkens und Handelns dreht sich dann nur noch um das Leben eines anderen Menschen – der noch nicht mal ein extremer Narzisst sein muss. Echo will das so, es entspricht ihrer Lebensphilosophie und sie ist überzeugt davon, gut zu sein. Echo leidet am Selbstverleugnungs-Mindfuck[107], ohne es zu merken.

**Kennzeichen für Echoismus können sein:**

- » Du bist selbstlos und bescheiden und findest den Gedanken abstoßend, du könntest etwas Besonderes sein – abzugrenzen von Menschen die an eine höhere Macht glauben und sich bewusst in die Hand eines höheren Selbst geben.
- » Du bist hart zu dir selbst, lachst selten bis gar nicht, gehst nicht einfühlsam mit dir um.
- » Du nimmst dich selbst in deinen Wünschen und Bedürfnissen nicht ernst bzw. du spürst sie noch nicht mal mehr – weißt nicht, was du willst, außer für den anderen Menschen da zu sein.
- » Du spürst auch deinen Körper nicht mehr gut, bist vielleicht auto-aggressiv (z. B. Ritzen, eigene Körperteile gegen Wände oder Möbel schlagen).
- » Du hast häufig Angst, fühlst dich schuldig, unsicher und wie unter Zwang.
- » Fröhlichkeit und Unbeschwertheit sind für dich nicht mehr als Wörter, die im Duden stehen.
- » Chancen und Möglichkeiten (z. B. auf ein Stipendium oder eine Gehaltserhöhung) lässt du ungenutzt vorüberziehen.
- » Du gerätst im Leben regelmäßig in Win-Lose-Situationen zu deinen Ungunsten.
- » Du bist auf der Malkin-Skala im Bereich 0-3 angesiedelt.

107 Diesen Begriff haben wir Petra Bocks Buch *Mindfuck* (2011) entliehen.

Wenn du auf diese Kennzeichen schaust, kommt dir vielleicht zu Recht der Verdacht, dass vieles davon auch auf verdeckt-vulnerable Narzissten zutrifft, die durchaus grandiose Opfer abgeben. Wir denken da an sich aufopfernde Übermütter oder allzu wunderbare ehrenamtliche Helfer. Der Unterschied zwischen den beiden ist, dass ein Echoist das extrem narzisstische Anspruchsdenken und das Gefühl von Überlegenheit tatsächlich nicht in sich trägt. Behalte das im Hinterkopf, solltest du den Narzissmus-Bilanz-Test aus Kapitel 7 machen wollen.

Man könnte jetzt meinen, Echoisten seien die perfekte Quelle für Narzissten, denen es um permanente Aufmerksamkeit geht und die Menschen gerne nach ihrer Pfeife tanzen lassen. Allerdings konnten wir beobachten, dass sich nur verdeckt-vulnerable narzisstische Anteile, die aus ihrer Bedürftigkeit und Hilflosigkeit keinen Hehl machen, gezielt an Echoisten anhängen. Denn Echoisten engagieren sich ja stark in jeglichen zwischenmenschlichen Beziehungen und missachten ihre eigenen Grenzen, um die andere Person zu versorgen – um *Supply* zu sein, so heißt es in der Fachsprache. Ohne jemals dafür Anerkennung zu wollen. Ein Narzisst mit verdeckt-vulnerablen Anteilen kann gleichzeitig offen-grandiose Anteile in sich tragen, die den Echoisten abstoßend finden. Anteile – dies schreiben wir bewusst so, da es ja Mischformen gibt. Außerdem ist der Übergang zwischen Echoismus und gesundem Narzissmus und damit auch gesunder Empathie fließend. Wie es ja auch beim Übergang vom gesunden zum extremen Narzissmus der Fall ist. Die offen-grandiosen narzisstischen Anteile wollen auch *Supply*. Doch sie sehnen sich nach Kollegen, Freunden, Partnern, die zwar unterstützen, mit denen man jedoch angeben und sich schmücken kann. Langweilige graue Mäuse sind für offen-grandiose Narzissten absolut unattraktiv. Was der Echoist in so einem Misch-Fall erleben kann, ist eine wilde Achterbahnfahrt von „komm her – geh weg, komm her – geh weg!". Das ist dann leicht mit Borderline-Symptomen zu verwechseln. Dominieren die offen-grandiosen Anteile, dockt ein Narzisst auch nicht an einen Echoisten an. Sehr wohl aber an einen Empathen im gesunden Spektrum, in dem er aufgrund des eigenen Mangels jemand wirklich Starken sieht, von dem er möglichst lange Zufuhr erhalten kann. Doch durch ihren Drang, sich groß und stark zu fühlen und zu diesem Zwecke jemand anderen klein und schwach zu machen, schneiden sich extreme Narzissten jeglicher Couleur ins eigene Fleisch, wenn sie einen gesunden empathischen Menschen in die Echohöhle stoßen …

**Zweite Gefahr: Echoismus oder Empathie als Gesundheitsrisiko**

Echo ist man nicht unbedingt von Kindesbeinen an: Manche Menschen, die sich selbst vorher durchaus als gestandene Frau oder als ganzen Kerl bezeichnet haben und eine gesunde 4-6 auf der Malkin'schen Skala aufweisen, zeigen im engen Kontakt mit extremen Narzissten im Laufe der Zeit Echo-Verhalten. Was nicht heißt, dass sie deshalb eine Echo-Persönlichkeit haben.

Doch sie werden nach und nach durch Manipulation und Missbrauch zu einem zutiefst traumatisierten psychischen Wrack, zu einem Menschen ohne jegliche Lebensfreude, abgespalten von den eigenen Gefühlen und Bedürfnissen. Hier gefällt uns das Bild von der Fliege, die ins Spinnennetz gerät: Du wirst eingewickelt, betäubt und ausgesaugt. Du hast gefälligst im Netz zu bleiben, aber keine Ansprüche anzumelden. Eine Fliege allein ist selten genug für die Spinne, speziell, wenn sie schon weitestgehend ausgelutscht ist. Die parallele Verstärkung der narzisstischen Zufuhr durch weitere Opfer hast du zu akzeptieren. Sei es durch Affären in Liebesbeziehungen, sei es durch Kollegen aus deinem Team, die ebenso wie du mit Versprechungen gelockt, ebenso wie du auf einen Sockel gestellt und angeblich dadurch gefördert werden, dass der toxische Chef sie mit Arbeit überschüttet. Erst, wenn du völlig leer bist oder kurz vor dem absoluten Ende deiner Kräfte unbequem wirst, weil dein Überlebenswille einsetzt und du anfängst, dich zu wehren, wirst du aussortiert. Rausgeschmissen, fallengelassen. Natürlich bist du in den Augen der Spinne selbst Schuld, dass dir das passiert ist – hättest ja nicht ins Netz fliegen müssen!

**Hier ein paar Beispiele für sich aus all dem ergebende Gesundheitsrisiken:**

a) Abhängigkeit: Stößt Echo auf Narziss oder lebt in einem Empathen das Bedürfnis nach einem Seelenverwandten, kann der Wunsch entstehen, mit dem Narzissten emotional zu verschmelzen. Vor lauter Begeisterungsfähigkeit (aka ‚Liebe') und Helfersyndrom vergisst sich der Echoist selbst, bis zum totalen Verlust des eigenen Ichs. Echoisten geraten mit extremen Narzissten an Menschen, welche durch die Verbindung irgendetwas in ihnen auslösen. Das sorgt dafür, dass sie sich deren Bedürfnissen unterordnen, um dafür Anerkennung und Liebe zu erlangen. Es geht soweit, dass sie ihre Identität kapern lassen. Dieses ‚Irgendetwas' ist von Mensch zu Mensch verschieden, löst jedoch ein unglaubliches Hochgefühl aus. Willkommen in der co-narzisstischen Abhängigkeit, die nicht ohne Grund so heißt! Auch wenn wir Autorinnen es im Leben Gott sei Dank nicht weiter geschafft haben als auf zwei Haschkekse, stellen wir uns das vor wie bei einer super starken Droge. In der Tat lassen sich bei Hirnscans von Narzissmus-Opfern ähnlich dramatische Veränderungen beobachten wie bei Junkies.

b) Depression bis Suizid: Selbst, wenn du alles gibst, was du bist und hast, bis nichts mehr von dir übrig ist außer einem Echo von Narziss – es ist nie genug! Doch Echo liebt nur vermeintlich bedingungslos bzw. setzt sich bedingungslos ein. Unbewusst erwartet der Echoist eine Gegenleistung oder eine Belohnung, beispielsweise Treue, Loyalität oder ebenfalls aufopferndes Verhalten. Diese Gegenleistung kommt jedoch nicht, Versprechen werden nicht eingehalten. Wo ein Mensch im gesunden Spektrum irgendwann wütend wird und geht, wird der Mensch mit Echo-Persönlichkeit oder Echo-Verhalten immer trauriger. Echo hatte aber nicht nur eine Depression oder ein Broken-Heart-Syndrom. Nein, sie starb durch fehlende Selbstliebe, möchten wir ergänzen, denn sie zog sich komplett zurück und hörte auf, zu essen und zu trinken.

c) Burnout und mehr: Nicht nur extreme Narzissten bekommen Burnout. Wenn dich deine große Empathie zum allzu barmherzigen Samariter macht oder ins echoistische Helfersyndrom führt, bei dem du zwanghaft für andere da sein musst, immer wieder die Extrameile gehst und deine Grenzen ignorierst, winkt auch für dich der Burnout – die Erschöpfungsdepression. Der dauerhafte Stress der Überbelastung greift dein Nervensystem an – die Folge können auch kognitive Aussetzer, körperliche Entzündungen, ein Herzinfarkt und viele andere Dinge sein, die du nicht haben möchtest …

**Dritte Gefahr: Empathie als Falle – Blessing in Misery**

Narzissten ziehen Empathen an, und Empathen ziehen Narzissten an. Das passt wie der Schlüssel ins Schloss. Sie ziehen sich an, weil beiden Seiten etwas fehlt, was der andere hat oder zu haben scheint. Und ironischerweise kann dies bei beiden das mangelnde Selbstwertgefühl sein, das sich bei den Opfern häufig durch ein nicht gestilltes Bedürfnis danach zeigt, gebraucht zu werden, nützlich zu sein, helfen zu können. Fehlenden Selbstwert kompensieren Echoisten wie Empathen mit besonders viel Mitgefühl: sie präsentieren sich als Kummerkasten, als Kümmertante oder als Wunscherfüller. Der empathische Mensch sieht im Narzissten jemanden, der ihn selbst aufs nächste Level bringen kann[108] (gran-

108 Das können extreme Narzissten auch tatsächlich. Falls du dich wunderst, dass wir diese Fähigkeit in den hinteren Kapiteln nicht zu den Chancen und Gewinnen zählen: Der Schaden, der am Ende entsteht, wenn du dich darauf einlässt, ist uns zu groß! Die Kosten entstehen dabei nicht unbedingt für die Organisation, sondern für die Gesellschaft, in Form von Krankenkassenkosten für Therapie und mehr.

dioser Narzisst) oder für den er da sein kann (vulnerabler Narzisst). Manchmal ist es auch eine Mischung aus beidem, was du dir dann als Win-Win-Situation verkaufst. Leider handelt es sich hierbei um Augenwischerei. Erst wenn das eigene Mitgefühl, die eigene Empathie frei ist von eigenen narzisstischen Nöten, von Absichten und dem Stillen innerer Bedürfnisse, erst, wenn du deine eigene Beziehung mit dir selbst geklärt hast, gefährdest du dich nicht selbst, tappst nicht in die Empathie-Falle und vermeidest auch, übergriffig zu werden.

**Vierte Gefahr: Empathie als Grenzüberschreitung**

Es kann passieren, dass ein empathischer Mensch mit jemandem mitfühlt und damit auch intuitiv richtig liegt. Zum Beispiel spüren manche Menschen eine tiefe Traurigkeit, eine heimliche Angst, einen unterdrückten Zorn oder eben einen stark verletzten Selbstwert in einer anderen Person. Selbst wenn diese Person das sehr gut verbirgt. So gut, dass sie es selbst nicht mehr fühlt, weil es ins Vorbewusste[109] verbannt worden ist. Der Besitzer dieser unterdrückten Gefühle will genau **nicht** empathisch gespiegelt, darauf angesprochen oder gar mit Lösungsideen für sein ‚Problem' konfrontiert werden! Sollte aus deiner Empathie eine zielgeleitete Absicht werden, nennt man das *übergriffig*. Es ist für den anderen eine Grenzüberschreitung. Auch wenn er dies vermutlich gar nicht bewusst benennen kann. Doch dann erlebst du, wie sich jemand in sein Schneckenhaus zurückzieht oder feindselig auf deine gute Absicht reagiert.

Wenn du signalisiert bekommst, dass jemand deine Form der Empathie nicht möchte, tust du gut daran, dies zu respektieren. Was der Empathie, die die Person dann wirklich braucht, vermutlich näher kommt. Der Mensch wird einen guten Grund dafür haben, seine Gefühle nicht fühlen zu wollen und du bist nicht auf der Welt, um ihn zu erziehen oder zu retten. Es kann sogar sein, dass ein empathischer Mensch einen Echoisten retten will, dessen Leid er spürt. Oder dass ein Echoist verstimmt reagiert, wenn du seinen Lebensinhalt, helfen zu wollen, für dich ablehnst. Es gilt: Kein Coaching, keine Beratung ohne Auftrag! Empathie bei sich selbst ein- und ausschalten – oder besser – dosieren, sich emotional distanzieren zu können, ist deshalb gar nicht so verwerflich, wie es auf den ersten Blick aussehen mag.

Auflösen lässt sich das Drama nur dadurch, dass du mutig vom Karussell springst, auf dem sich die Pferdchen namens ‚Täter', ‚Opfer' und ‚Retter' munter im Kreis drehen. Denn anhalten wird es von alleine nicht. Es ist wie ein Perpe-

109 Vgl. Kapitel 2.

tuum Mobile: einmal in Gang gesetzt, bleibt es ewig in Bewegung. Du kannst das Karussell auch *Drama-Dreieck* nennen.

## Ausstieg aus dem Drama-Dreieck

Das Drama-Dreieck ist ein Konzept aus der Transaktionsanalyse der Psychotherapie. Es setzt sich aus den Rollen Opfer, Täter und Retter zusammen und beschreibt die destruktiven Muster in zwischenmenschlichen Konflikten. Doch auch in guten zwischenmenschlichen Beziehungen finden sich Dynamiken des Drama-Dreiecks. In dem Wort *Beziehung* befindet sich das Wort *ziehen*, und das tun wir aneinander – weil wir alle Menschen sind.

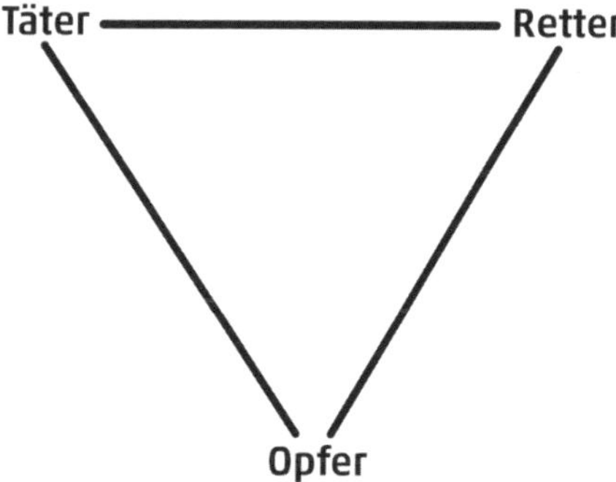


*Abb. 7: Das zur Transaktionsanalyse gehörende Drama-Dreieck nach Stephen Karpman*

Wir gehen davon aus, dass unser Buch sehr häufig von Menschen gelesen wird, die unter extremen Narzissten leiden und die sich deshalb in der Opfer- oder vielleicht auch Retter-Rolle sehen. Oder von Menschen, die eine beratende oder leitende Funktion haben und zum Wohle ihrer Kunden oder Mitarbeiter mehr über narzisstische Machenschaften erfahren wollen. Deshalb hat dieses Unterkapitel einen starken Fokus auf der Opferrolle. Täterrolle und -verhalten beschreiben wir in Kapitel 8 ausführlicher. Wenn wir in der *Narzissmus-Bilanz* und besonders in diesem Kapitel von Opfern und Tätern sprechen, beziehen wir dies auf die ganz alltäglichen Geschehnisse innerhalb einer mehr oder weniger toxischen zwischenmenschlichen Beziehung. Es geht dabei nicht um Übergriffe wie Vergewaltigung oder Körperverletzung bis hin zu Mord – die tatsächlich auch im Business-Kontext stattfinden, deren Bearbeitung jedoch unseren Kompetenzbereich und dieses Buch, das sich um psychische Phänomene dreht, sprengen würde.

Auf den ersten Blick erscheint es ganz klar: Der Narzisst ist immer der Täter! Und die Person, die von einem Narzissten ausgenutzt wird, ist das Opfer. Ganz so einfach ist es leider nicht. Die Beziehung zwischen Täter und Opfer ist fast immer dynamisch und hat eine Wechselwirkung durch unbewusste Motive, die sich jedoch ergänzen. Sich aus der Opferrolle zu befreien ist übrigens genauso unangenehm, wie die Täterrolle zu überwinden! Auf den Retter gehen wir später ein – zurück zum vorläufigen Täter: Narzissten können ihren Opfern Angst einjagen. Viele notorisch Selbstbezogene machen dies absichtlich, zum Beispiel durch die Drohung, dir zu kündigen oder dich zu verklagen. Doch häufig reicht es völlig aus, was durch die Erlebnisse mit solchen Menschen in deinem Kopf passiert.

Sylvia erzählt: In meiner eigenen Geschichte habe ich mir am Anfang des Endes manchmal ausgemalt, dass mein mich ghostender narzisstischer Geschäftspartner, der mehrere hundert Kilometer entfernt von mir wohnte, mir anbieten würde, er käme vorbei. Dann würden wir in seinem Auto ein paar Runden um den Block fahren, uns aussprechen so wie immer, und alles wäre wieder gut. Sicherlich war da einerseits ein Wunsch die Mutter des Gedankens. Andererseits hat diese Vorstellung Todesangst in mir ausgelöst: Selbst, wenn er vorbeigekommen wäre – ich wäre nicht bei ihm eingestiegen aus Angst, auf seine berühmt-berüchtigten Verbalattacken würde irgendwann ein körperlicher Angriff erfolgen! Da helfe ich als Coach anderen Menschen, sich nicht mehr mit ihren durch starke Emotionen ausgelösten Gedanken zu belasten, und renne dann wochenlang selbst mit solch schädlichen Phantasien im Kopf durch die Gegend! Tja, auch Coaches sind zum Glück nur Menschen. Ich bin diese inneren Bilder, Wünsche und Gedanken nach einiger Zeit aus eigener Kraft wieder losgeworden – durch meine Arbeit als Coach bin ich auch zur Mentalhygiene in eigener Sache fähig. Dennoch war das schrecklich und hat dazu geführt, dass ich wochenlang mit hochgezogenen Schultern durchs Leben gelaufen bin – Stress hat auch immer eine körperliche Komponente. Auch wenn ein vorgestelltes Erlebnis niemals stattgefunden hat: psychisch ist es wirklich und wirkt!

Du erkennst daran, wie wichtig es ist, den eigenen Anteil an der Misere zu kennen, wenn du narzisstischer Manipulation und emotionalem Missbrauch ausgesetzt bist. Auch wenn sich das mit deinem liebsten Selbstbild erstmal nicht vereinbaren lässt. Ganz wichtig, es vorweg zu nehmen: Wenn sich ein anderer Mensch dir gegenüber schlecht verhält, ist es niemals deine **Schuld**! Doch du hast eine **Verantwortung**, und die liegt zunächst mal im Hinschauen und ehrlich zu dir selbst sein.

Als wir in Kapitel 2 über Projektion schrieben, hast du schon gelernt, dass es ein normaler menschlicher Schutz- oder Abwehrmechanismus ist, hässliche, unerwünschte Anteile der eigenen Persönlichkeit abzuspalten, nicht zu spüren, nicht zu sehen. Das machen nicht nur extreme Narzissten, sondern wir alle. Diese unschönen Anteile liegen in verborgenen, ja sogar verbotenen Kammern deiner Psyche.[110] Sie zu öffnen und zu betreten oder auch nur an sie zu denken, kommt für dein entlang seiner Glaubenssätze konditioniertem *Kind- und Eltern-Ich* einem Tabubruch gleich. Das Kind-Ich und das Eltern-Ich haben wir ebenfalls der Transaktionsanalyse zu verdanken, wobei wir gemerkt haben, dass verschiedene Berufsgruppen – Coaches, Berater, Therapeuten – unterschiedlich damit arbeiten. Falls du das Konzept nicht kennst, stellen wir es an dieser Stelle kurz vor.

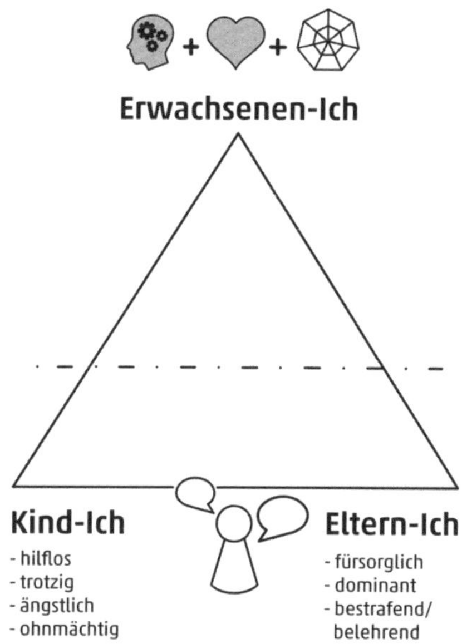


*Abb. 8: Das Transaktionsanalyse-Dreieck nach Eric Berne und Thomas A. Harris.*

110 Lies dazu unbedingt *Die Wolfsfrau* (1995) von Clarissa Pinkola Estés.

Das innere Kind und der innere Elternteil bilden sich aus dem heraus, was wir als Kinder von unseren Eltern und anderen Bezugspersonen gehört und gelernt haben. Was davon hängengeblieben und im Laufe der Jahre nicht ausgereift ist, ist eher als ungünstig zu betrachten.

Das **Kind-Ich** verhält sich hilflos, ohnmächtig, es fühlt sich klein und schwach, kann aber auch frech oder trotzig reagieren. Das **Eltern-Ich** ist dominant, belehrend, bestrafend, fühlt sich mächtig, hat die Deutungshoheit und neigt gelegentlich auch zum Helikopterelterntum.

So sind das innere Kind und das Eltern-Ich beide in narzisstischen Nöten und in einem dauernden, vollautomatischen und destruktiven Dialog miteinander. Das klingt zum Beispiel so im eigenen Kopf:

Kind-Ich: „Ich kann nicht nach der Gehaltserhöhung fragen, ich habe Angst und bin zu schwach, ich hab das gar nicht verdient!"
Eltern-Ich: „Du musst es aber schaffen, unser Ansehen hängt davon ab! Was sollen sonst die Nachbarn denken? Streng dich mehr an und hör mit dem Gejammer auf!"

Kind-Ich: „Du hast ja Recht, ich bin ein nichtsnutziger Jammerlappen und eine Schande für die Familie. Ich werde es morgen versuchen …"

Drei von unzähligen möglichen Glaubenssätzen könnten also lauten: „Ich muss perfekt sein!" oder „Ich darf niemals scheitern!" oder „Ich bin es nicht wert, besser bezahlt zu werden."

Die inneren Anteile, die sich schwach und hilflos fühlen, die dürfen nicht existieren und werden vom Eltern-Ich verdammt: Die Option einer Niederlage darf nicht mal bedacht werden. Doch auch das innere Elternteil ist weggesperrt, denn es wäre ziemlich schmerzhaft, sich dessen bewusst zu werden, wie man da gerade mit sich selber ins Gericht geht und die Stimme der eigenen Mutter oder des eigenen Vaters imitiert. Wir behalten doch lieber die schönen, liebevollen Momente mit unseren eigenen Eltern in Erinnerung! Die Tatsachen, dass niemand perfekt und Perfektionismus auch ziemlich anstrengend ist, dürfen ebenfalls nicht gesehen und gespürt werden. Hier kommen wir zurück zur Verantwortung und damit zum Seins-Zustand des Erwachsenen-Ichs. Um aus dem Drama-Dreieck und dem nicht hilfreichen Gesprächs-Ping-Pong von Kind-Ich und Eltern-Ich auszusteigen, musst du dir das, was in diesen verborgenen Kammern der Psyche ist, was du bisher abgespalten hast, als erwachsener Mensch zu eigen machen. Nur so kannst du deinen nächsten Entwicklungsschritt gehen. Wenn du dich eher als Opfer siehst, wenn Ärger und Wut in deinem bisherigen Leben verboten waren und geächtet wurden, dann bewohnt auch dein innerer Täter, dein innerer Aggressor eine solche Kammer. Natürlich hast du im Leben auch immer die Wahl, stehen zu bleiben, nicht hinzuschauen, die Tür zur verborgenen Kammer geschlossen zu lassen. Extreme Narzissten haben diese Wahl übrigens erstmal nicht, sie entwickeln sich nicht weiter und lassen die wunderbaren Fähigkeiten ihres Gehirns brachliegen, lebenslang dazuzulernen und sich zu verändern – dies liegt in der Natur der Störung. Wenn du selber einer sein solltest, schmeißt du unser Buch deshalb vermutlich spätestens jetzt verärgert gegen die Wand. Oder schenkst es einem Kollegen, auf den du deinen eigenen Narzissmus projizierst, mit den Worten „Schau mal, die schreiben da über dich!"

Was die Opferrolle anbelangt: Entscheidest du dich dafür, die Kammer verschlossen zu halten, dann wird sich nichts verändern. Was im Kontext dieses Buches bedeutet: du wirst weiter manipuliert, bleibst weiter in dem Ohnmachtsgefühl und lebst weiter das Leben, das ein anderer Mensch für dich vorgesehen hat. Vielleicht fühlst du dich dabei sogar noch gut, denn in der Opferrolle kann man es sich auch durchaus bequem einrichten. Wenn du deine Opferrolle als Überlebensstrategie idealisierst, hast du innerpsychisch keinen Grund mehr, dich hinauszubewegen.

Er fällt dir in den Rücken? Er schreit dich an? Er droht mit Strafen? Er lügt sobald er den Mund aufmacht? Du findest heraus, dass er Drogen nimmt? Er veruntreut Gelder? Und natürlich bist immer – Achtung, hier wird es deftig! – du mieses Stück Scheiße daran schuld, dass der arme Kerl nicht anders kann? Ja, diese heftige Bezeichnung hat zumindest in privaten Beziehungen mehr als nur eine Kundin von uns regelmäßig von ihrem Narzissten an den Kopf gekriegt. In geschäftlichen Beziehungen wird es vielleicht nicht ganz so krass, dafür gibt es dann hinten rum eine Rufmordkampagne gegen dich, du fliegst aus Projekten raus, ohne den Grund dafür zu erfahren, du wirst karrieretechnisch kaltgestellt oder einfach nur für jeden Misserfolg vollumfänglich und allein zur Verantwortung gezogen. Rhetorisch oftmals so geschickt, dass der Narzisst nur dafür sorgt, dass du dich so fühlst, ohne dass er es direkt ausspricht und du irgendetwas in der Hand hättest, um glaubhaft gegen ihn vorzugehen. Wir nennen all diese Erlebnisse einen heilsamen Schock, der dazu dienen soll, dass du zu

Bewusstsein kommst! Manchmal braucht es auch eine Reihe davon, was leider die Tendenz hat, in Trauma auszuarten.

Es geht um das Bewusstsein, dass das Selbstbild, das du von dir hast, genauso wenig real ist wie das, das der Narzisst von sich hat. Zum Bewusstsein, dass es sich lohnt, mal genauer hinzuschauen, tiefer zu gehen und zu sehen, dass es auch in dir möglicherweise abgespaltene aggressive Anteile gibt. Zum Bewusstsein, dass du dich von der Opferrolle distanzieren und nur dadurch auf neue, hilfreiche Gedanken und Ideen kommen kannst. Zum Bewusstsein, dass Veränderung ein gewisses Maß an Aggression braucht.[111]

Deine eigenen inneren Aggressoren haben das Potenzial, den Täter zum Opfer zu machen. Du fürchtest diese Anteile vielleicht in dir, denn sie können große Macht entwickeln und du hast in deinem Leben vielleicht zu oft erlebt, was Schlimmes passiert, wenn Menschen ihre Macht missbrauchen, wenn Machtgefühle überborden. So willst du nicht sein, deshalb wehrst du dich mit Händen und Füßen (unbewusst) gegen deine eigene Macht! Du entfernst dich damit jedoch von dir selbst, du drückst deine Intuition weg, die lauthals ruft „Dreh dich um und renn!“ oder „Unternimm was gegen diesen Menschen und sein Verhalten!“. Du identifizierst dich ausschließlich mit dem Guten, du musst dich möglicherweise selbst als Retter sehen und damit dein eigenes Selbstbild und davon abhängig auch dein eigenes Selbstwertgefühl stabilisieren. Tatsächlich ist der Aufschwung in die Retter-Rolle auch etwas, das zum narzisstischen Lieblings-Verhaltensrepertoire gehört. Denn damit kann man sich selbst wunderbar zum Held stilisieren – und andere Personen womöglich auf Dauer am Opferplatz halten: „Du kleines Träumerlein, ohne mich würdest du doch hier im Büro gar nichts auf die Reihe kriegen. Ist doch richtig, oder, Schätzchen?!“

Doch bleiben wir bei dir als empathischem Menschen: das geschilderte Phänomen – und die Entfernung von deinen Gefühlen und Bedürfnissen! – sind die ersten Schritte in die Opferrolle, denn die Retter-Rolle ist, zumindest im Hinblick auf andere Menschen, eine Illusion. Wer als empathischer Mensch meint, jemand anderen retten zu müssen, verhält sich oft übergriffig und wird dadurch wiederum zum Täter. Derjenige, dem – oft ungefragt – geholfen wurde, fühlt sich entmündigt, er wurde ins Kind-Ich gedrängt, in dem er ja in jungen Jahren tatsächlich beschämende Hilflosigkeit erlebt hat. Dies wiederum kann reaktive narzisstische Wut und Täter-Aggression auslösen.

111 Kast, Verena: *Abschied von der Opferrolle.* Freiburg, 2013. S.122 ff.

Nochmal: Es geht uns keinesfalls darum, den Narzissten zum Opfer zu machen, ihn in Schutz zu nehmen oder sein Verhalten mit seiner schlimmen Kindheit zu entschuldigen! Der Narzisst mag einen armen kleinen Jungen oder ein trauriges kleines Mädchen in sich haben, das einfach nur gemocht werden will. Doch der Narzisst, der dich belastet und missbraucht, ist heute genauso wie du ein erwachsener Mensch, der vollumfänglich für sein Verhalten verantwortlich ist und dessen Job es ist, sich selbst zu erkennen, sich selbst zu heilen und dafür zu sorgen, dass er keine Gefahr für andere Menschen mehr darstellt. Dass extreme Narzissten dies in den allermeisten Fällen nicht wollen und nicht tun, weil Aggressoren selten beschließen, Kontrolle und Status aufzugeben und nicht mehr aggressiv zu sein, ist durch nichts zu entschuldigen.

Vielleicht fragst du dich jetzt, warum denn bitte du an dir arbeiten sollst, dich trifft doch als Opfer gar keine Schuld, dir sind diese schlimmen Dinge doch einfach so passiert?! Der springende Punkt ist: Wenn der Täter nicht aufhört, Täter zu sein, wird sich erst etwas für dich verändern, wenn du aufhörst, Opfer zu sein und dich mit der Opferrolle zu identifizieren. Du allein hast die Sache in der Hand.[112] Es wird niemand von außen kommen und dich befreien, dich retten oder dir die Eigen-Macht zurück in deine Hände legen. Du musst sie dir nehmen! So lange du dir selbst im Weg stehst, dadurch, dass du dich nicht für so wichtig hältst, dass du dich selbst nicht ernst nimmst, dass du dich an willkürliche Regeln anderer Leute hältst, dass du dich für wenig kompetent und wenig selbstwirksam hältst – solange wirst du zu deinem eigenen Angreifer. Aber das machst du richtig gut, da kannst du stolz auf dich sein und ein großartiges Opfer sein – auch daraus kann man etwas für sich ziehen. Du neigst dann vermutlich dazu, anderen Menschen nach dem Mund zu reden, zu machen was sie wollen und was sie für gut und richtig befinden. Du entfremdest dich von dir selbst! Und all das ist dir unbewusst, oder es taucht nur ab und zu mal als Impuls oder als diffuse Angst auf, was du sofort niederdrückst. Erst, wenn du um diese Psychodynamiken weißt, wenn du erkennst, dass auch du Täter-Energie in dir drin hast, und wenn du das friedlich akzeptierst, erst dann kannst du lernen, die volle Verantwortung für dein Denken, Fühlen, Wollen und Handeln zu übernehmen. Du kannst dann dein destruktives Verhalten dir selbst und möglicherweise auch anderen gegenüber ablegen und die dir natürlich inne-

112 Wenn du an dieser Stelle denkst, dass du überhaupt nichts mehr in der Hand hast, können wir dich nur ermutigen, dir einen Therapeuten oder eine entsprechend ausgebildete professionelle Begleitung zu suchen.

wohnende Power konstruktiv, positiv, verantwortungsvoll und hilfreich im Sinne eines schönen Lebens für dich und andere Menschen nutzen.

Du unterliegst dann nicht dem Wiederholungszwang, der dich vermutlich mehr als einmal im Leben in narzisstische Verstrickungen geführt hat, und bei dem du dich immer wieder als Opfer fühlst und verhältst. So, wie der nach Anerkennung süchtige Narzisst sich immer wieder das Gefühl der Kontrolle, den Kick des Täters holt. Indem er empathische, stabile, glückliche Menschen in sein Netz zieht, aussaugt und als leere Hülle fallen lässt. Am liebsten, wenn diese gerade durch eine heftige Erfahrung geschwächt sind.

**Du hast jetzt die Chance …**

… zu lernen, wann anderes Verhalten als Empathie, Mitgefühl, Hilfsbereitschaft, Liebe, Freundlichkeit oder Wertschätzung selbst bei den abstrusesten und schlimmsten Erlebnissen mit deinem Narzissten angesagt ist!

… umzudenken, dass Aggression in jedem Fall etwas Schlimmes sei! Aggression ist zunächst mal das Gegenteil von Destruktivität, denn sie will stets etwas bewirken – zu etwas hinkommen oder von etwas fort – oder sich etwas entgegenstellen. Erst bewusst kalkuliert oder im Affekt – unbewusst, unkontrolliert – wird Aggression zu feindseligem, zerstörerischem Handeln.

… den inneren Täter-Anteil in dir anzuerkennen und zu aktivieren, denn es ist in diesem Fall dein eigener innerer Helfer und Retter. Du darfst dir erlauben, wütend zu sein. Du darfst dir erlauben, „nein" zu sagen, Grenzen zu setzen[113] und dich zu verteidigen.
Du darfst für deine Bedürfnisse und Lebensinteressen einstehen.

Und es geht noch weiter mit dem Drama-Dreieck: Auch der Täter, also der pathologische oder zumindest extreme Narzisst, kann sich selbst zum Opfer oder zum angeblichen Retter stilisieren. Die verdeckt-vulnerablen Narzissten sind dir hier im Buch schon vorgestellt worden. Die nicht dauernd auf der Sonnenseite des Lebens stehen und Erfolg haben. Die permanent am Jammern sind und Leid in ihrem Leben brauchen. Denn jeder aktuelle Schmerz ist nur ein Abklatsch dessen, womit sie als Kind verletzt worden sind. Um diesen ursprünglichen Schmerz nicht zu spüren, schaffen sie sich unbewusst sogenanntes Stellvertreterleid und damit Probleme, bei denen sie sich z. B. als Opfer der

113 Wie du das bei Narzissten machst, beschreiben wir in Kapitel 8 auf Seite 272.

Gesellschaft oder einzelner Personen sehen können. Alles, was gut ist im Leben eines solchen Narzissten, muss von ihm auch wieder zerstört werden. Denn keine Liebe, kein Sieg, keine Beförderung kann nachträglich die frühen Selbstzweifel korrigieren.

Daneben gibt es noch eine Opferrolle, die der Narzisst bewusst einnimmt: Und zwar, wenn es darum geht, dich in der frühen Phase der Beziehung an sich zu binden und dich äußerst charmant um den Finger zu wickeln. Dann erzählt er dir von seiner schlimmen Kindheit, von seiner bösen Ex, von seinem betrügerischen Mitarbeiter. Er appelliert an dein Mitgefühl und weckt dein möglicherweise vorhandenes Helfersyndrom. Unabhängig davon, ob es stimmt oder nicht: Er wurde von seiner Frau verlassen. Ihm wurde auf der Arbeit Unrecht getan. Und so weiter.

Wenn du Opfer von *Gaslighting* wirst, also der Manipulationstechnik, bei der der Narzisst dich Stück für Stück an deiner Wahrnehmungsfähigkeit zweifeln lässt, bis du denkst, du seist die Wahnsinnige von euch beiden, dann spielt sich der Narzisst vor anderen auch gerne mal als dein Retter auf. Du bist die Vergessliche, das kleine Schusselchen, du wirst als psychisch labil geoutet (was du zu diesem Zeitpunkt womöglich auch schon bist) und deine Glaubwürdigkeit wird in Frage gestellt. Möglicherweise erzählt der Narzisst auch offen oder hinter vorgehaltener Hand, dass du alles, was du bist, ihm zu verdanken hast. Dass du den Job nur seinetwegen hast. Dass er dich aus der Gosse geholt hat. Wenn du das mitkriegst und widersprichst, wird er lügen und dich nur noch weiter vorführen. Es ist dir hoffentlich klar, dass diese Retter-Rolle ebenfalls nur eine schlecht getarnte Täter-Rolle ist.

**Wir halten fest: Ob man in einer zwischenmenschlichen Beziehung Opfer oder Täter ist, kann sich ändern. Was kein Grund ist, das Verhalten und die mangelnde Selbstreflexion eines extremen Narzissten bzw. eines Aggressors zu entschuldigen oder ihn in Schutz zu nehmen. Die Retter-Rolle ist eine Illusion, es gibt sie nicht. Du kannst bestenfalls dich selbst retten, indem du den Ausstieg aus dem Drama-Dreieck findest und wieder Verantwortung für dein Denken, Fühlen, Wollen und Handeln übernimmst.**

Das gelingt dir dadurch, dass du als Opfer den Täter-Anteil in dir anerkennst, und als Täter auch den Opfer-Anteil siehst und annimmst. Im Falle des Narzissten bedeutet es, dass er den Schmerz und die Verletzung des ungeliebten, sich wertlos fühlenden Kindes ansehen, annehmen und heilen müsste. Da dies selten passiert, bleibt dem Opfer nur noch, nicht mehr Opfer zu sein. Ärgerphantasien und zugelassene Wut helfen dir dabei, dich aus der Opferrolle heraus zu entwickeln. Und ja, dafür musst und kannst du dich entscheiden. Ohne eine bewusste Entscheidung passiert nichts, es bleibt alles beim Alten oder wird schlimmer.

**Kapitel 3 – das gibt's zu lernen**

Extreme Narzissten haben häufig eine traumatische Vergangenheit.

Gesunde Narzissten werden häufig von extremen Narzissten traumatisiert: Der stete Tropfen an kleinen Gemeinheiten und Manipulationen höhlt den Stein deiner Fähigkeiten. Irgendwann bist du innerlich leer und verschwindest allmählich. Erst, wenn es richtig weh tut, bringst du dich in letzter Sekunde in Sicherheit.

Ein Übel kommt selten allein:
Zu Narzissmus gesellen sich oft psychosomatische Erkrankungen dazu. Im Unterschied zu Empathie und Mitgefühl machst du im Mitleid das Leid des anderen zu deinem eigenen. Narzissten ist das Leid, dass sie verursachen, im Unterschied zu Psychopathen meist nicht bewusst.

Aus ‚Ich' und ‚Du' wird ‚Wir'. Wir brauchen ein klein wenig mehr gemeinsamen Raum statt lauter Einzelzellen.

Die Retter-Rolle ist eine Illusion.

Wenn Täter nicht aufhören, Täter zu sein,
müssen Opfer aufhören, Opfer zu sein.

Das Täter-Retter-Opfer-Dreieck verlässt du am einfachsten, in dem du die Verantwortung für dein Denken, Fühlen und Handeln übernimmst und als Opfer Täter-Energie, z. B. durch zugelassene Wut-Gefühle in dir mobilisierst. Mit dieser Energie und Eigenverantwortung kannst du deine Zukunft selbst gestalten.

# TEIL II NARZISSMUS IM SYSTEM

Im ersten Teil der *Narzissmus-Bilanz* haben wir uns mit den Fragen beschäftigt, welche Rolle Macht im Kontext dieses Buches spielt, was Narzissmus eigentlich ist und wie er sich auch in beruflichen Beziehungen bemerkbar macht. Unser Fokus lag dabei auf dem Individuum und dem, was zwischenmenschlich stört. Du hast die Möglichkeit erhalten, Narzissmus als Skala von 0-10 zu betrachten, auf der sich alle Menschen befinden. Die gesunde Mitte (4-6) gilt dabei als erstrebenswert. Es ist ein bisschen wie in der Politik: Links außen und rechts außen wird es kritisch. Bei 0-3 befindet sich der Mensch im Echoismus, also im Narzissmus-Defizit. Ab Stufe 7 betritt man das Reich des extremen Narzissmus. Er geht ab Stufe 9 fließend in die Psychopathie über. Ihr können wir im Rahmen dieses Buches jenseits dessen, was wir bei Malkins Test oder bei Mythos #2 beschrieben haben, keinen großen Platz einräumen – Psychiater und Profiler sind hierfür die besseren Ansprechpartner. Unser einziger Tipp für dich als Teil eines möglicherweise von Psychopathen geprägten Systems lautet: Bring dich in Sicherheit!

In Teil II gestalten wir den Übergang vom Problemraum in den Lösungsraum. Vom Individuum kommend öffnen wir in **Kapitel 4** den Blick für das System der Organisation. Wir stellen dir verschiedene Systemtheorien vor, die miteinander im Konflikt stehen, wenn wir das Phänomen Narzissmus sinnvoll einordnen wollen. Möglicherweise können wir den Konflikt befrieden. Sieh unsere Gedanken dazu bitte erneut als Arbeitshypothese für die Praxis an, nicht als alleinige Wahrheit. Damit du mit der *Narzissmus-Bilanz* arbeiten und dir neue Sichtweisen und Denkräume eröffnen kannst.

**Kapitel 5** widmet sich toxischen Wechselwirkungen, die entstehen können, wenn Menschen in Systemen aufeinandertreffen. Wenn du dich bereits tief mit Profilen wie DISG oder Insights beschäftigt hast, bietet dir dieses Kapitel eventuell nicht viel Neues. Falls nicht, kann es ein echter Augenöffner sein – dies erleben wir zumindest immer wieder in unseren Seminaren und Workshops.

Unsere provokante These in **Kapitel 6** lautet dann: „Narzissmus ist der Motor der Wirtschaft!“ Wir nehmen das den Organisationen übergeordnete System der Wirtschaft in den Blick und vergleichen den klassischen Wirtschaftskreislauf mit dem Ansatz der *Subsysteme* von Friederich Glasl. Außerdem werfen wir einen Blick in die Vergangenheit: Wie hat sich Narzissmus eigentlich in der Gesellschaft entwickelt? Und welche Rolle spielt Frederick Taylors *Scientific Management* möglicherweise für die narzisstische Entwicklung der Arbeitswelt? Du erfährst, auf welche Risiken und Chancen du achten solltest, wenn es um Narzissmus im Business geht.

Wir hätten Teil II so oder auch ganz anders aufbauen können. In der Tat war das Schwierige nicht der Inhalt, sondern die Struktur, die wir gefühlte 326-mal umgestaltet haben. Ein Buch kann man nur linear schreiben – Kapitel für Kapitel nacheinander. Dennoch hängt alles mit allem zusammen und du wirst etliche Bezüge auf andere Kapitel finden. Durch die Übergänge am Anfang bzw. Ende eines einzelnen Kapitels hoffen wir, dir eine gute Verbindung von Thema zu Thema geschaffen zu haben, die du als nachvollziehbar und sinnvoll empfindest. Auf diese Art und Weise sollte es auch möglich sein, einfach in einzelne Unterkapitel einzutauchen, die dich besonders interessieren.

*Es kommt stets darauf an, den Menschen im System und das System im Menschen zu sehen.*

Helm Stierlin

# 4. Theorien über Organisationen und andere Systeme

Wer über Organisationen schreibt, kommt am Begriff des Systems kaum vorbei. Denn im Allgemeinen wird als Organisation ein arbeitsteiliges soziales System bezeichnet, das über einen gewissen Zeitraum besteht und in dem sich dessen Mitglieder ggf. unter Nutzung von Maschinenkraft Aufgaben widmen. Diese Aufgaben zahlen auf das Ziel bzw. die Ziele der Organisation ein – auf den ersten Blick: Dienstleistungen zu erbringen oder Waren zu produzieren, um die Bedürfnisse einer Umwelt zu stillen. Auf den zweiten Blick: zu überleben, dadurch, dass sie in dem, was sie tun, erfolgreich sind, Gewinne erzielen, die sie dann wieder in sich selbst investieren können, um noch erfolgreicher zu sein, sprich: zu wachsen. Sobald jemand im Organisationskontext „System" sagt, springt in vielen Köpfen derer, die wir kennen, ein „Ah! Niklas Luhmann!" an.[114] Der im Vergleich zu vielen seiner Kollegen recht bekannte Systemtheoretiker gilt als provokant, weil seine Thesen anti-humanistisch sind und er seine **soziologische Systemtheorie** als allgemein und universell gültig umschreibt. Doch weil Organisationen nun mal Systeme sind und weil Luhmann unter Organisationsberatern, die wir zu unserer Leserschaft zählen, so anerkannt ist[115], wollen wir ihn nicht einfach ignorieren. Für unser Vorhaben, die Augen für Narzissmus in der Wirtschaft zu öffnen, ist er zwar nur bedingt hilfreich. Die hoffentlich gut begründete Abgrenzung zu ihm ist es dafür umso mehr. Denn es nicht so, dass es nur diese eine Systemtheorie gäbe. Viele kluge Köpfe und viele verschiedene Forschungszweige haben Systeme untersucht. Nicht nur die Soziologie, sondern auch Biologie, Evolutionstheorie, Astronomie und Psychologie. Wir haben uns zwei von Luhmanns Kollegen, die seine Bedeutsamkeit für Management und Führung kritisch in Frage stellen, herausgesucht. Sie haben andere systemische Konzepte entwickelt, die für unser Thema hilfreicher sind,

114 Niklas Luhmann (1927-1998) war ein deutscher Soziologe und Gesellschaftstheoretiker. Berühmtheit erlangte er vor allem durch seine soziologische Systemtheorie.

115 Beispielsweise beziehen sich die beiden Organisationsberaterinnen Christina Grubendorfer und Christina Ackermann in ihrem sehr lesenswerten *The Real Book of Work* ausschließlich auf Luhmann.

weil sie die Dynamik zwischen Mensch und System in den Mittelpunkt stellen, wo Luhmann den Menschen ausklammert.
Im Versuch, die Unterschiede zwischen den verschiedenen Systemtheorien zu überblicken und hier und da zu überbrücken, spielen die Themen Konflikte, Traumata und Psychosen eine große Rolle. Sie bringen uns unweigerlich von der Organisation über die Unternehmenskultur zurück zum Menschen und damit zur Frage nach Führung. Diese Fragen stellen wir in Teil III in den Kontext der älteren wie modernen Wirtschaftsphilosophie – natürlich blicken wir auch dabei durch die Narzissmus-Brille.

Also, auf ins letzte Drittel des 20. Jahrhunderts und zu Niklas Luhmann, für den die Welt aus sich selbst erschaffenden und sich selbst erhaltenden Systemen bestand, die sich klar von ihrer Umwelt unterscheiden lassen … Wenn es denn so einfach wäre!

## Soziologische, Personenzentrierte und Personale Systemtheorie

Wir beschäftigen uns in der *Narzissmus-Bilanz* stark mit dem Menschen und seinem inneren dysfunktionalen System in der Interaktion mit anderen Menschen. Es geht um deren Auswirkung innerhalb von Gruppen wie Teams, Abteilungen, Organisationen. Nur: Für Luhmann ist der Mensch bzw. das Subjekt keine soziologische Kategorie – nichts, was neue Erkenntnisse über sein größtes Forschungsprojekt, die Gesellschaft, bringt. Deshalb besteht weder eine Gesellschaft noch eine Organisation – nach Luhmann gesprochen – aus Menschen. Sondern aus Kommunikationsprozessen, die aufeinander Bezug nehmen und sich dadurch selbst reproduzieren. Nur soziale Systeme bestehen aus Kommunikation: allen voran die Gesellschaft, deren Teilsysteme Organisationen und Interaktionen sind.

Menschen gelten als bio-psychische Systeme, als ‚Beobachter'. Sie sind damit ein wichtiger Teil der Umwelt von sozialen Systemen. Auch wenn Kommunikation etwas ist, das zwischen Menschen entsteht – und nicht etwa von ihnen gemacht wird – kann eine Organisation bei Luhmann unabhängig von Individuen existieren. Er schließt den Menschen – seinen Körper, seine Psyche und sein Handeln – aus der Definition von sozialen Systemen, also von Gesellschaft und damit von Organisationen und Interaktionen als Teilsystemen von Gesellschaft, aus.

Wir Autorinnen beziehen den Menschen inklusive seines Körpers in Form des Stress tragenden Nervensystems, seiner Psyche und natürlich seines Verhaltens und Handelns ausdrücklich in unsere Hilfestellung für deinen praktischen Berufsalltag ein. Weshalb wir über Luhmann hinausdenken bzw. anderweitig forschen mussten, auch wenn die Theorie faszinierend ist und es bei ihm einiges zu entdecken gibt, was auch für die *Narzissmus-Bilanz* interessant ist. Zum Beispiel:

» Subjekte in ihrer Form von psychischen Systemen werden bei Luhmann zu *Personen*, die eine Rolle innehaben. Mittels derer nehmen sie am System der Organisation teil. Eine Rolle ist dabei eine Erwartung des Systems an den Rolleninhaber über die auszuführenden Prozesse (Operationen) und die dazugehörige operationale Zuverlässigkeit bei der Durchführung. Spannend ist für uns, auf die Herkunft des Wortes ‚Person' zu schauen: Der Begriff kommt aus dem Etruskischen, bedeutet ‚Maske' und wurde für Rollen in Theaterstücken verwendet. Wer Erving Goffman gelesen hat, weiß: Wir alle spielen Theater! Und allzu häufig hört man die Forderung oder den Wunsch, die Kollegen würden damit aufhören, Business-Theater zu spielen. Eine Vision, die sich vermutlich niemals erfüllen wird. Weil Business eine Form von Organisation darstellt und Theaterspielen systemimmanent, also nicht aus der Organisation herauszubekommen ist. Ähnlich unwahrscheinlich ist es, dass Narzissten ihre Masken fallen lassen.
» Dass Menschen zu Personen werden, ja, zu Mitspielern auf einer Bühne, und dass sie als solche austauschbar sind, ist Teil des Rollenspiels namens Organisation von Arbeit. Auch wenn unser humanistisch schlagendes Herz bei dieser Erkenntnis etwas schmerzt, ist es organisations- bzw. systemtheoretisch nicht sinnvoll, an dieser Tatsache etwas zu verändern: Ein Unternehmen wäre ernsthaft gefährdet, wenn Herr Mayer und Frau Müller nach ihrer Kündigung nicht zu ersetzen wären. Personen können die Organisation also jederzeit verlassen, und doch halten sie sie durch ihre Handlungen am Laufen. Tatsächlich wirkt der „Geist" toxischer (und natürlich auch guter!) Führungskräfte häufig noch in Form der Unternehmenskultur nach, nachdem diese längst gegangen und vielleicht sogar, als Gründerväter oder -mütter, längst gestorben sind.

» Zu Luhmanns Ansichten gehört die Meinung: „Um Phänomene zu erfassen, muss man sich vom Menschen als Analyseeinheit verabschieden."[116] Auch wenn es vielleicht so aussieht, als würden wir mit der *Narzissmus-Bilanz* ausschließlich das Gegenteil tun, möchten wir diese Ansicht als weitere Perspektive ergänzen: Es geht auch uns als Organisationsberaterinnen stets darum, den gesamten Kontext zu beachten, wenn in Unternehmen Probleme gelöst oder Veränderungen erreicht werden sollen. Es ist in der Praxis sinnvoll und hilfreich, ein Unternehmen ganzheitlich zu betrachten und bei der Diagnose sowie bei angedachten Interventionen systemisch vorzugehen. Fehlverhalten oder Leistungsprobleme liegen dann nämlich nicht (ausschließlich) in den Defiziten oder Störungen einzelner Personen. Sondern im System, das unerwünschtes oder hinderliches Verhalten ermöglicht oder hervorruft. Die systemische Organisationsentwicklung lehrt uns, dass Menschen Symptomträger von Organisation sind. Zusammengenommen bedeutet dies, dass Veränderungen auf organisationaler Ebene angegangen werden müssen, um die Wurzel der Probleme anzusprechen, anstatt nur die Symptome zu behandeln, die sich in individuellem Verhalten manifestieren. Umgekehrt heißt es, dass Probleme oder Verhaltensweisen von Einzelpersonen oft Symptome für tiefer liegende organisatorische Probleme oder Dynamiken sind. Helm Stierlin, einer der Pioniere der systemischen Beratung und bekannt für seine Arbeiten im Bereich der systemischen Therapie, brachte es auf den Punkt: „Es kommt stets darauf an, den Menschen im System und das System im Menschen zu sehen."[117]
» Individuelles Verhalten oder psychologische Probleme von Mitarbeitern können also als Hinweise auf strukturelle, prozessuale oder kulturelle Probleme innerhalb einer Organisation angesehen werden. Diese Sichtweise unterstützt auch der ehemalige Vorsitzende der Deutschen Psychoanalytischen Vereinigung, Manfred G. Schmidt. Er ermuntert, anhand intelligenter Fragen eine möglichst genaue Beschreibung des Individuums zu erstellen:[118] Welche Art von Kollegen hat eine Leiterin um sich versammelt? Wieviel Verständnis hat sie für ihre Schwächen

116 Berghaus, Margot: *Luhmann leicht gemacht*. Göttingen, 2022. S.31.

117 Wir haben dieses Zitat vor einigen Jahren auf der Tonspur von Rudi Ballreich während unserer Mediationsausbildung erhalten und konnten die exakte Quelle leider bis jetzt nicht ausfindig machen. Helm Stierlin selbst ist 2021 in hohem Alter gestorben.

118 Vgl. https://www.psychoanalyse-aktuell.de/artikel-/detail?tx_news_pi1%5Baction%5D=detail&tx_news_pi1%5Bcontroller%5D=News&tx_news_pi1%5Bnews%5D=142&cHash=8586aa46344e4160de8b6d5d7100d3fe

und Probleme? Wie gut kann sie mit Kritik umgehen? Wie reagiert sie unter Druck? Und so weiter. Selbst wenn die Diagnose oder Arbeitshypothese ‚extremer Narzissmus' korrekt ist, sei eine Phänomenologie für die effektive Zusammenarbeit mit den Führungspersonen besser als eine Pathologisierung.

» Was uns Luhmann sympathisch macht: Er lebte die konstruktivistische Sichtweise, nach der Erkenntnisse keine Abbildungen der Realität sind, sondern lediglich Beobachtungen. Andere Beobachter können dasselbe Wirklichkeitsmaterial anders unterscheiden. Nichts ist der direkten Erkenntnis zugänglich, sondern alles nur aus Sicht eines Beobachters erfassbar. Dabei fällt Luhmann keinerlei moralische Urteile. Er beobachtet also, ohne zu bewerten. Diese Fähigkeit wird dir in Teil III noch als wichtiges Hilfsmittel im Umgang mit extremen Narzissten begegnen.

Zusammengefasst können wir festhalten, dass Niklas Luhmann insgesamt wesentlich dazu beigetragen hat, das Verständnis von Organisationen als komplexe Systeme zu prägen, in denen die Elemente miteinander interagieren und voneinander abhängig sind. Und hier sind wir bereits am Ende der soziologischen Systemtheorie, die, wie Luhmann selbst sagte, für die Praxis nicht zu gebrauchen ist.[119] Wenn auch einige Aspekte seiner Theorien erhellend sind, sind sie für ein Werk nur bedingt zu gebrauchen, das Narzissmus verstehen und auf Organisationsebene nutzbar machen möchte. Ein Werk, das zum Erkennen und Überwinden einer Gefahr den Körper, die Psyche und das Handeln von Individuen benötigt, statt sie auszuklammern. Unser Thema *Narzissmus* impliziert bereits, dass es in diesem System namens Organisation etwas gibt, das stört. So hören wir viele Menschen aufseufzen: „Meine Arbeit könnte so schön sein, wenn ich keine Kunden und Kollegen hätte". Dann heben wir jetzt mal den Blick und schauen über Luhmanns Tellerrand hinaus.

Die **Personenzentrierte Systemtheorie** von Jürgen Kriz[120] liefert Antworten auf die Frage, wie Teams und Organisationen in ihrer Entwicklung gefördert werden können. Kriz bedenkt nicht nur Kultur und Gesellschaft mit, sondern auch körperliche Prozesse. Da der Körper und mit ihm das Nervensystem eine

119 https://intrinsify.de/systemtheorie-wieso-sie-fuer-moderne-unternehmensfuehrung-unverzichtbar-ist/

120 Ballreich, Rudi (Hrsg.): *Systemische Perspektiven*. Stuttgart, 2020. S.82 ff.

große Rolle spielt, wenn es um Traumaheilung geht, interessiert uns dieser Ansatz sehr.

Systeme neigen dazu, überstabil zu sein. Ehemals gute Lösungen – zum Beispiel „Ich Chef, du nix!“[121] – passen nicht mehr zu den Problemen von heute. Dazu gehört der Wunsch der Mitarbeiter nach Partizipation, Augenhöhe und Respekt nicht nur für Leistung, sondern bereits für Existenz. Extremer Narzissmus in der Führung mag früher sinnvoll gewesen sein[122] und ist es in totalitären Systemen aus Sicht der Diktatoren bis heute: Würde sich ein Putin empathisch berühren lassen vom Leid, dass seine Entscheidungen verursacht haben, würde er sein Denken, Fühlen und Wollen mutig selbst reflektieren, würde er andere Menschen nicht entwerten müssen, um sich und sein Land groß und stark zu erleben, wäre der Angriff auf die Ukraine sofort vorbei bzw. gar nicht erst passiert. Kriz' Personenzentrierte Systemtheorie zeigt, wie überstabile Systeme überwunden werden können.

Bei Eckard König und Gerda Vollmer klingt es sehr ähnlich:[123] Sie kritisieren Luhmann als ausgesprochen „esoterisch“ im Ausdruck. Dass Systeme „strukturell gekoppelt“ sind, bedeutet beispielsweise auf gut Deutsch lediglich, dass unser Handeln Einfluss hat – inklusive nicht vorhersehbarer Nebenwirkungen. Doch weil Luhmann die Handlungstheorie ausklammert, sehen ihn auch Vollmer und König als praktisch nicht zu gebrauchen an. Sie haben das humanistische Menschenbild der amerikanischen Psychotherapeutin Virginia Satir mit der Eigendynamik sozialer Systeme verbunden und daraus die **Personale Systemtheorie** erschaffen. Sie bieten damit ein handlungsleitendes Modell für

121 Aufdruck auf dem T-Shirt von Sylvias allererster Chefin bei einem Ferienjob, über das wir Pferdehof-Helfermädels uns damals beömmelt haben.

122 Dies gilt jedoch erst für die Zivilisation nach dem Ende der letzten Eiszeit, wie du in Kapitel 6 erfahren wirst.

123 Vgl. Ballreich, 2020. S.90 ff.

Führung und Organisation und betrachten sechs Faktoren eines sozialen Systems:

» Personen
» deren subjektive Interpretationen
» soziale Regeln
» Verhaltensmuster (die sie Regelkreise nennen)
» Umwelt des Systems
» Entwicklungsgeschichte

Personen sind dabei der absolut entscheidende Faktor in Veränderungsprozessen. Narzissten mögen Veränderung noch weniger als andere Menschen, und so kommt es unweigerlich zu Konflikten. Sie sind eine Systemeigenschaft und können, wenn sie nicht gelöst werden, zur Traumatisierung einer Organisation beitragen. Schauen wir uns dafür zunächst an, was ein Konflikt überhaupt ist – eine weitere Vokabel, über die wir sprechen sollten, damit wir über die gleiche Sache reden.

## Konfliktdynamik

Aus einer Meinungsverschiedenheit kann ein Konflikt zwischen Menschen oder Personengruppen entstehen, und dieser tendiert dazu, sich schnell vom ursprünglichen Thema wegzubewegen. Es entstehen Nebenkriegsschauplätze, neue Themen kommen hinzu und weitere Personen werden in den Konflikt hineingezogen. In Konflikten wirken psychologische und soziale Mechanismen gleichermaßen. Die zentrale Frage einer Konfliktklärung lautet deshalb irgendwann: Worum geht es hier eigentlich wirklich? Im Miteinander wie im Inneren der Beteiligten. Antwort: Es geht immer um unerfüllte Bedürfnisse der einzelnen Parteien. Wegen dieser Dynamik ist es sinnlos bis kontraproduktiv, einen Konflikt mit der Frage nach der Ursache und der Wirkung lösen zu wollen. Die Ursache ist schließlich aus subjektiver Sicht immer das Fehlverhalten des Anderen: „Mir geht's schlecht (Wirkung) und du bist schuld (Ursache)!"
Dies entspricht auch der einfachen Logik extremer Narzissten: auf jeden Fall alle anderen schuldig zu sprechen ist ein Abwehrmechanismus. Gar den Spieß umzudrehen und das eigene Verhalten zu projizieren. Es auf andere draufzuwerfen wie das Licht des Diaprojektors das innere Bild an die Wand wirft: plötzlich bist du selbst der Narzisst, auf keinen Fall er! Und wenn es ganz blöd läuft,

glaubst du das auch noch. Deshalb sollten wir es uns umgekehrt auch in einem Buch über Narzissmus auf keinen Fall so einfach machen, wie es in den diversen Online-Selbsthilfegruppen zu beobachten ist: Deren Mitglieder agieren größtenteils genauso und schieben die ganze Misere ihres Lebens Charakteren in die Schuhe, die sie per Selbst- oder Ferndiagnose als narzisstisch gestört entlarvt haben. Sie bestätigen sich gegenseitig in der Opferrolle, und solltest du dich dort einmal konstruktiv äußern oder eine andere Ansicht haben, schlägt dir Abwertung bis hin zu offenem Hass entgegen.

Tatsächlich besteht die hohe Kunst eines harmonischen, achtsamen und wertschätzenden Umgangs miteinander darin, die Verantwortung für die eigenen Gedanken, Gefühle und Bedürfnisse zu übernehmen. Denn was passiert üblicherweise, worauf sind wir konditioniert? Wir beobachten etwas, nehmen etwas über unsere Sinnesorgane wahr. Und in diesem Moment haben wir es auch schon eingeordnet, bewertet und gegebenenfalls verurteilt. Fürs Überleben war diese Fähigkeit irgendwann mal absolut notwendig: Frühere Generationen mussten in einem Sekundenbruchteil ein Raubtier von einem harmlosen Wesen unterscheiden können, wenn es im Gebüsch geraschelt hat. Viel Zeit für philosophische Diskurse unter Neuronen hatten unsere Vorfahren nicht, wenn sie sich noch erfolgreich reproduzieren wollten.

**Problem:** Heute ist dieses Talent des Kleinhirns zumindest für das Zusammenleben in unseren Breitengraden eher hinderlich. Doch wir tun es immer noch: Im Bruchteil einer Sekunde bewerten. Was wir wahrnehmen, löst Emotionen aus.[124] Erst kurz nach der Ankunft im Emotionszentrum sind die Informationen auch im jüngsten Teil des Gehirns, der Großhirnrinde und damit dem,

124 Siehe Seite 72.

was wir Verstand nennen, angekommen.[125] Nochmal: Erst kommt die Emotion, danach die Ratio! Gedanken produzieren dann das, was wir Gefühle nennen und Gefühle machen Gedanken. Diese beiden Funktionen befeuern sich gegenseitig immer weiter. Was wir denken, ist selten hilfreich, um mit unangenehmen Emotionen und Gefühlen klarzukommen. Und wie du gesehen hast, sind mindestens vier, eher fünf von sechs unserer grundlegenden Emotionen unangenehm. Wenn es so einfach ginge, hätten Menschen, denen man sagt, dass sie keine Angst haben müssen, keine Angst mehr. Wenn wir Probleme mit dem Verstand lösen könnten, hätten wir keine. Und die große Fehlannahme dahinter ist, dass jemand anders Schuld daran hat, wie es dir geht! Was das Beobachtete mit dir macht. Es ist immer nur ein Auslöser. Die Ursache für deine unangenehmen Gefühle liegt in einem unerfüllten Bedürfnis. Und wer sollte für deine Bedürfniserfüllung verantwortlich sein, wenn nicht du selbst?

Wir haben dabei unterschiedliche Methoden, unsere Bedürfnisse zu erfüllen. Und hier liegt das wahre Konfliktpotenzial, der eigentliche Sprengstoff, verborgen: In der Strategie! Denn Bedürfnisse sind stets gleichberechtigt. Glaubst du nicht? Na dann sag mir mal, wer ‚Recht' hat oder wessen Bedürfnis mehr gilt, wichtiger ist? Marions Bedürfnis nach Nahrung oder Sylvias Bedürfnis nach Schlaf? Dein Bedürfnis nach Konzentration oder das Bedürfnis deines Kollegen nach Austausch? Wir streiten stets auf der Strategieebene. Und in dem Moment, in dem wir das erkennen und den anderen Menschen aus der Verantwortung für unser Denken, Fühlen und Brauchen nehmen, können wir wesentlich einfacher eine Lösung finden. Im Idealfall trägt sie dazu bei, dass beide Seiten

125 Gerade mal 60 Millisekunden dauert es, bis die Netzhaut ein Objekt erfasst und die Signale an die primäre Sehrinde weitergeleitet hat. Etwa 80 Millisekunden später erreichen die Signale den Thalamus, das Tor zum Gehirn. Dort werden nun die Neuronen innerhalb von 40 Millisekunden darüber entscheiden, ob die Signale wichtig sind und ob betroffene Abteilungen informiert werden müssen. Wenn die Wichtigkeit als hoch eingestuft wird, schickt der Thalamus die Signale sowohl an die Amygdala, das besonders für Angst zuständige Emotionszentrum, als auch ans Großhirn, in dem das rationale Denken sitzt. Während die Signale noch auf dem Weg zum Großhirn sind, erhält die Amygdala bereits nach weiteren 40 Millisekunden die Botschaft, um sie beurteilen. Lautet ihr Urteil „Angst", wird mit der Hormonausschüttung für das Angstprogramm begonnen. Inzwischen sind weitere 50 Millisekunden vergangen und die Signale erreichen das Großhirn. Dort beginnen die Neuronen sofort damit, die Informationen mit dem gespeicherten Wissen abzugleichen. Doch weil das Angstprogramm bereits gestartet ist, hat sich dein Körper reflexartig in Alarmbereitschaft gesetzt: Fliehen oder Kämpfen – darauf ist der Körper in bis dahin nur 270 Millisekunden vorbereitet. Nach weiteren 60 Millisekunden, ist auch das Großhirn mit dem Wissensabgleich fertig. Erst kommt die Emotion, dann der Verstand. Das ist nicht nur so, wenn du Angst hast, sondern auch, wenn du überlegst, ob du den Bewerber nun einstellst oder nicht, ob du kochen sollst oder lieber essen gehen. Quelle: AFNB.

etwas gewinnen. Du erinnerst dich: die Lieblingsstrategien von extremen Narzissten sind, etwas vereinfacht ausgedrückt, Charme oder Ellenbogen, Zuckerbrot oder Peitsche.

## Das seelische Erleben unter Stress und im Konflikt

Wenn nachhaltige Konfliktklärung rein über den bewussten Verstand nicht geht, müssen wir uns anschauen, was auf unbewusster Ebene mit Menschen im Konflikt passiert. Deshalb stellen wir dir das so genannte *Bewusstheitsrad der seelischen Funktionen* vor. Die seelischen Funktionen stehen alle in Verbindung miteinander. Das innere Erleben ist dabei stets mit den Erlebnissen im Umfeld, also im System, verknüpft. Es lohnt sich, wenn du dir das näher anschaust. Mit diesem Wissen kannst du

- » Konflikte jeglicher Art in ihrer Tiefe besser verstehen,
- » dir deiner Selbst noch stärker bewusst zu werden und
- » Lösungen aus seelischen Verstrickungen wie derjenigen innerhalb einer toxischen zwischenmenschlichen Beziehung finden.

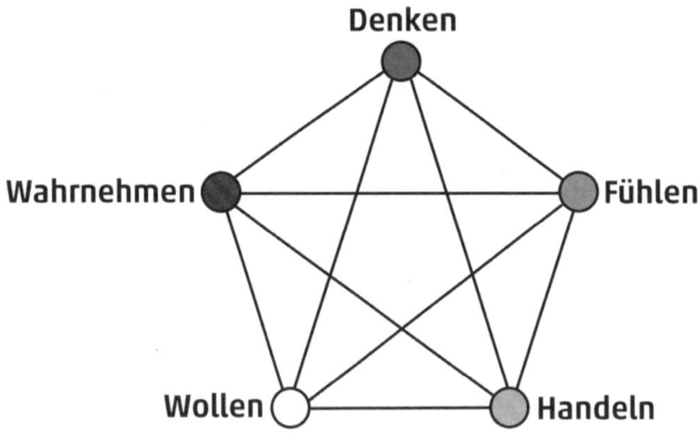


*Abb. 9: Das Bewusstheitsrad der seelischen Funktionen; Ballreich/Glasl (2019) S.104.*

Entwickelt wurde es 1972 von Sherod Miller, um sich in hoch emotionalen therapeutischen Prozessen besser orientieren zu können. Aufgegriffen wurde es von dem ehemaligen Leiter der Trigon Entwicklungsberatung, Rudi Ballreich, und dem international bekannten Konfliktforscher und Organisationsberater Friedrich Glasl, die unsere Lehrer in der Wirtschaftsmediationsausbildung waren. Das Rad zeigt dir, dass du die psychischen Vorgänge in dir – und natürlich auch in anderen Menschen – als ein vernetztes System unterschiedlicher Funktionen begreifen kannst. Diese Funktionen sind alle gleichzeitig aktiv und sie beeinflussen sich gegenseitig.

Lass uns mit der **Wahrnehmung** anfangen: Denn ohne deine Sinneseindrücke wie Hören, Sehen, Tasten würdest du keine Informationen von der Außenwelt bekommen. Sinne wie dein Gleichgewicht oder die innere Körperwahrnehmung gehören jedoch auch dazu. Dann geht es um deine **Gedanken**, auch in Form von Theorien, die du aufgestellt hast, von Erklärungen, die du erhalten hast, es geht um Tagträume, Phantasien, mehr oder weniger bewusste Annahmen oder Vorstellungen. Auch darüber, wie du zu sein hast, oder wie die Welt um dich herum zu sein hat. Dir wird vermutlich sofort klar, dass Wahrnehmungen und Gedanken **Emotionen** und **Gefühle** auslösen. Dazu gehören auch körperliche Empfindungen und wie du so gestimmt bist. Das **Wollen** ist die treibende Kraft hinter deinem Handeln. Sie motiviert dich oder treibt dich an. Triebe, Bedürfnisse, Wünsche, Erwartungen und Ziele gehören dazu. Klar, dass es Erwartungen nicht ohne Gedanken gibt oder Triebe nicht ohne Gefühle. Last but not least, das **Handeln**: Hier geht es um konkretes Tun, um Verhaltensweisen und auch um verbale und körpersprachliche Äußerungen, um Kommunikation.

Du siehst: jede seelische Funktion steht nicht für sich, sondern hängt mit den anderen zusammen. Sie beeinflussen sich gegenseitig, und zwar blitzschnell!

In der Mitte dieses Rades steht dein **Bewusstsein** und deine bewusste Selbststeuerung bzw. Selbstführung. Und je weiter ein Konflikt fortschreitet, desto mehr trübt sich dein Bewusstsein und desto mehr geht deine Selbstführung verloren. Die folgende Tabelle zeigt dir, wie sich die seelischen Funktionen unter Stress bzw. im Konflikt verändern.[126]

| | **konfliktfrei / entspannt / nach gelungener Konfliktlösung** | **im Konflikt / unentspannt** |
|---|---|---|
| Wahrnehmen | Interesse, Neugierde, Staunen | stark gefilterte, eingeengte Wahrnehmung, Tunnelblick |
| Denken | Denkmöglichkeiten, Optionen sehen | Dogmatische Fixierung auf richtig /falsch, wahr / unwahr, Schwarzweiß-Denken |
| Fühlen | Wechsel zwischen sich selbst fühlen und sich in andere einfühlen | Abspaltung von Gefühlen, Kaltherzigkeit, Empathieverlust, Fanatismus |
| Wollen | Flexibles Eingehen auf die Erfordernisse der jeweiligen Situation | Sturheit, Engstirnigkeit, Verbissenheit, sich durchsetzen wollen |
| Handeln | Situationsgemäßes Handeln, Rollenflexibilität | Stereotype Verhaltensmuster, feste Rollenbilder |
| | = bewusste Selbstführung | = Tunnel der Egozentrierung: bewusste Selbstführung geht verloren |

*Tabelle 2: Veränderung der seelischen Funktionen im Konflikt.*

Auffällig ist, dass extreme Narzissten gemäß dieser Tabelle die meiste Zeit ihres Lebens im Dauerkonflikt, im permanenten Tunnel der Egozentrierung sind. All das passiert unbewusst. Solange, bis es nicht durch Selbstreflexion, Spiegelung oder Konfliktmanagement bewusst gemacht wird.

Dem Hirnforscher Gerald Hüther zufolge ist für jede körperliche Stressreaktion, also so etwas wie Herzrasen oder feuchte Hände, die Emotion Angst die Ursache. Sie führt zu den berühmten drei F: Fight, Flight, Freeze, auf Deutsch Angriff, Verteidigung bzw. Flucht, oder Totstellen. Je nach dem was der Stressor ist, kann die Angst vom ursprünglichen Fluchtinstinkt umschlagen in Wut (Angriff bzw. Verteidigung) oder in Ohnmacht (Totstellen). Psychologen, Coa-

126 Vgl. Ballreich, Rudi/Glasl, Friedrich: *Konfliktmanagement und Mediation in Organisationen*. Stuttgart, 2019. S.103 ff.

ches oder Kommunikationsforscher wie Marshall Rosenberg bezeichnen Wut und Ärger auch oft als Ersatzgefühle.[127] Was nicht heißt, dass du Wut und Ärger nicht tatsächlich spüren würdest. Sie sind ganz real. Doch es geht darum, dass in Wahrheit andere Gefühle dahinter verborgen sind: z. B. Angst, Hilflosigkeit oder Traurigkeit. Sie sind jedoch für viele Menschen so unangenehm, dass sie sich nicht erlauben, sie zu spüren. Außerdem sind die genannten Gefühle in unserer Arbeitswelt, in der wir einer immer noch weit verbreiteten Meinung nach bitte sachlich und rational zu sein haben, tabuisiert, verpönt, ein Zeichen von Schwäche. Ärgergefühle sind dann eine willkommene Ablenkung. Interessanterweise gibt es auch das Gegenteil: Vielleicht bist du so sehr darauf konditioniert worden, dass du als Mädchen und Frau nicht ärgerlich sein und nicht wütend werden darfst, dass dein Emotionszentrum stellvertretend Ersatzgefühle wie Mutlosigkeit oder Trostlosigkeit produziert. Jungs und Männer dürfen dafür traditionell nicht weinen und keine Schwäche fühlen. Ersatzgefühle erweisen dir jedoch einen Bärendienst, sie führen dich auf eine falsche Fährte und auch gerne mal in eine Depression. Nur die wahrhaftig zugrunde liegenden Gefühle sind dazu da, dir zu zeigen, was du wirklich brauchst.

## Konflikte mit Narzissten

Gefühlsmäßig bist du im Konflikt mit einem extremen Narzissten vielleicht hin- und hergerissen zwischen Verstehen und Ablehnen, Sympathie und Antipathie. Deine Angst, deine Ohnmacht und – durch das manipulative Geschick des Narzissten – auch deine Selbstzweifel setzen sich immer mehr fest. Sie werden immer stärker und gewinnen ein fatales Eigenleben. Es ist ein Unterschied, ob du Gefühle hast oder ob die Gefühle dich haben: Wenn sie dich beherrschen, beeinflussen sie unbewusst alles, was du wahrnimmst, denkst und willst. Sie rauben sie dir deinen Seelenfrieden, deine Bewusst- und Besonnenheit, was sich natürlich auch auf dein Verhalten auswirkt. Das dann oft nicht wirklich hilfreich ist, um eine Situation entsprechend deiner wahren Bedürfnisse für dich zum Besseren zu wenden. Es geht also darum, den Gefühlen ihre blockierende Macht zu nehmen. Das führt über die bewusste Wahrnehmung und das mutige Zulassen und Aussprechen. Dann geben Gefühle dir Energie statt dir welche zu rauben, und zeigen dir einen guten Weg.

127 Vgl. unsere Erklärung zu den Ersatzbedürfnissen in Kapitel 1.

Sämtliche unangenehmen Emotionen sowie Stressgefühle wirken auch auf deine Wahrnehmung: sie lassen dich Dinge verzerrt oder einseitig sehen, sie produzieren einen Tunnelblick. Achtung: Normalerweise richtet sich diese veränderte Wahrnehmung auf die andere Konfliktpartei: Die wird dann schon mal verteufelt, während man sich selbst ausschließlich als Engel sieht. Im Konflikt mit einem Narzissten kommt jedoch eine Sache erschwerend dazu: Die andere Seite möchte, dass sich deine Wahrnehmung verändert, und dreht die Sache durch Manipulation und schwarze Rhetorik um! Du bist dir dann nicht mehr sicher, ob du deiner Wahrnehmung trauen kannst und ob nicht vielleicht **du** die Person bist, die Schuld am Konflikt ist, die das eigentliche Problem ist, die nicht mehr Herr über die eigenen Sinne ist. Du führst dann einen Zwei-Fronten-Krieg: gegen den Schaden, den der Narzisst an dir anrichtet, und gegen deine eigenen Selbstzweifel, die er dir einpflanzt. Was ja nur die andere Seite der gleichen dunklen Medaille ist. Ein Narzisst würde natürlich auch niemals zugeben, dass er Angst hat oder sich schämt – obwohl diese beiden Gefühle doch die Triebfeder all seiner Bemühungen nach Anerkennung sind. Ihm bleibt nur die reaktive Abwehr der objektiv selten vorhandenen, jedoch subjektiv andauernd wahrgenommenen Angriffe auf sein Selbstwertgefühl durch Wut und (verbale) Aggression. Es sind vor allem die Männer, die es perfektioniert haben, ihre Ängste nicht wahrzunehmen.[128]

Durch den Stress trübt sich nicht nur der Blick, sondern auch das Denken. Du bist dann nicht mehr in der Lage, neue, andere Wahrnehmungen einzubauen. Dein Denken fährt wie auf einer Autobahn, die nur Spuren in eine Richtung hat, aber davon ganz schön viele. So prallen verschiedene Ansichten als jeweils absolute Wahrheit aufeinander, die Konfliktparteien bezeichnen sich jeweils als einseitig oder sogar als geistig beschränkt. Im Konflikt mit dem Narzissten greift das, was wir schon bei der Wahrnehmung beschrieben und bei Niklas Luhmann kurz angerissen haben: Andere Beobachter nehmen andere Dinge wahr bzw. Dinge anders wahr und kommen zu anderen Ergebnissen. Wahrnehmen und Denken sind bei uns Menschen ja fast eins, was uns regelmäßig in Schwierigkeiten bringt, allerdings verständlich ist: Denn wir müssen ja irgendwie permanent unsere Wahrnehmungen deuten und ordnen.

Dein Wollen verändert sich ebenfalls, und auch hier kann es im Konflikt mit einem Narzissten einen Unterschied zu anderen Konflikten geben. In denen wird dein Wollen unflexibel, du versteifst dich auf deine eigenen Interessen und stellst Forderungen, von denen du nicht mehr abweichst. In der narzisstischen

128 Hüther, Gerald: *Biologie der Angst*. Göttingen, 2013. S.44.

Co-Abhängigkeit, die es nicht nur in privaten Beziehungen, sondern auch im Berufsleben geben kann, versuchst du auch im fortgeschrittenen Konflikt zunächst, es dem Narzissten recht zu machen. Um dein Harmoniebedürfnis zu stillen und um dich nicht egoistisch und als schlechter Mensch zu fühlen. Durch zu viel Empathie rechtfertigst du sein Handeln noch, wenn alle anderen dir längst zurufen „dreh dich um und renn!". Es fällt dir schwer, dich abzugrenzen und deine eigenen Interessen zu vertreten. Möglicherweise verortest du dich im Echo-Bereich auf der Narzissmus-Skala.

Es kommt allerdings irgendwann der Punkt, an dem der Narzisst deine Grenze überschreitet – und du hast eine, auch wenn sie weit gesteckt sein mag! – und eine echte Wut hervorruft, wo dich vorher Angst, Lähmung und Traurigkeit als Ersatzgefühle beherrschten. Mit dieser echten, angemessenen Wut kann es passieren, dass du nur noch eins willst, nämlich weg! Dein Selbstschutz funktioniert dann wieder und du schaffst es, dich aus deiner Starre zu lösen. An dieser Stelle brechen Menschen den Kontakt ab, kündigen Arbeitsverträge, Geschäftspartner trennen sich, und es endet das, was du für Freundschaft gehalten hast: Du kannst mit einem extremen Narzissten nicht wirklich befreundet sein, weil er gar nicht weiß, was das ist und sich auch selbst kein Freund ist.

Der Job von Mediatoren ist, dabei zu unterstützen, dass genau dieser Abbruch in einem Konflikt nicht passiert. Dass es eine friedliche, verbindende, konstruktive Lösung gibt, die die Bedürfnisse aller Beteiligten so weit wie eben möglich berücksichtigt und neue kreative Handlungsoptionen hervorbringt. Die von den Konfliktparteien entwickelte Lösung führt zwar mitunter auch zu einer Trennung, jedoch zu einer Trennung ohne verbranntes Land, bei der man sich wieder in die Augen schauen kann, sich vielleicht wieder mag, den Kontakt hinterher nicht zu scheuen braucht und wer weiß, vielleicht sieht man sich beim nächsten Arbeitgeber ja sogar wieder.

Du brauchst deine volle Aufmerksamkeit für dich, deinen Geist, deine Seele und deinen Körper, um diese Funktionen in dir drin zu spüren und unterscheiden zu lernen. Dies ist eine wichtige Lektion zum Thema Selbstreflexion, aber auch zur Selbstführung und Selbstfürsorge.

Stell dir folgende Fragen, wenn du eine Situation reflektierst oder – das ist die Profiversion – sogar, wenn du mittendrin steckst.

- » Was hast du beobachtet bzw. wahrgenommen?
  Eine gute, neutrale Beobachtung könnte übrigens von einem neutralen anderen Menschen ebenso geschildert werden.
- » Was denkst du darüber, wie interpretierst du die Wahrnehmung?
- » Welche Gefühle löst das in dir aus?
- » Was sind die wahren Gefühle hinter deinen Ersatzgefühlen?
- » Verbietest du es dir, wütend zu sein?
- » Oder kaschierst du deine echte Angst hinter einer künstlichen Wut?
- » Welche Bedürfnisse spielen eine Rolle und haben einen Einfluss auf das Fühlen und das Denken?
- » Welches Verhalten hat sich daraus ergeben?

Erinnere dich an die Frage, die über all dem schwebt und die du dir immer stellen kannst. Sie lautet: Um was geht es hier gerade wirklich?

Du kannst dir sicher vorstellen, dass ein Narzisst absolut kein Interesse daran hat, sich mit diesen Fragestellungen zu seiner Person zu beschäftigen. Doch du gewinnst einen erheblichen Vorsprung in eurem wie auch immer gearteten Konflikt durch diese Schärfung deines Bewusstseins und die erst dadurch mögliche Übernahme der Kontrolle über deine seelischen Funktionen. Natürlich kannst du dieses Wissen auch in der emphatischen Kommunikation mit anderen Menschen nutzen. Du könntest, wenn sich zum Beispiel jemand ‚beleidigt' verschließt, einfühlsam nachfragen, was die Person gerade braucht. Wir schreiben ‚beleidigt' in Anführungszeichen, weil das ja immer nur eine Interpretation oder Bewertung einer Beobachtung ist und wir nicht wissen können, wie sich der Mensch wirklich fühlt, bis wir nachgefragt und eine Antwort bekommen haben.

Im Kontakt mit einem Narzissten ist hier allerdings Obacht geboten: Die Gefahr, erneut in die Empathiefalle zu tappen, ist sehr hoch und bei einer Frage wie der von uns vorgeschlagenen beißt dir der Narzisst die Hand ab, wenn du nur den kleinen Finger geben wolltest. Besonders, wenn du dich in co-narzisstischer Abhängigkeit wiederfindest, hilft nur eins: der geordnete Rückzug, das Loslassen, wenn es sein muss: die Flucht! Dies gelingt dir, wenn du willst, durch die innere Arbeit, die du für dich selbst leistest. Denn wenn sich deine eigenen

Muster im Innern verändern, wirkt sich das gemäß dem systemischen Prinzip – verändert sich ein Wesen oder eine Sache, verändert sich das Umfeld mit – auch nach außen hin aus. Möglicherweise verliert die Beziehung, die dir vorher das Wichtigste war, komplett ihren Reiz, weil du den Schaden erkennst, den das gegenseitige Ziehen angerichtet hat.

In seltenen Fällen kommt es tatsächlich vor, dass sich der psychisch Erkrankte professionelle Hilfe holt. Sodass es in eurem Miteinander und damit auch im System eurer seelischen Funktionen neue, gesündere Dynamiken gibt, als im dysfunktionalen Modus seiner permanenten Selbstinszenierung bei totaler Missachtung deiner Gefühle und Bedürfnisse. Um keine Hoffnungen zu wecken, dass der Narzisst sich ändern wird: bereits die Idee anzusprechen, dass er Hilfe braucht, ist ja in seiner Wahrnehmung eine tödliche Beleidigung!

Ob und in wie weit eine Mediation, also Vermittlung im Konflikt durch einen neutralen Dritten, mit Narzissten überhaupt möglich ist, lernst du im Lösungsraum in Kapitel 8.

## Selbstwert und Selbstzweifel im System – die traumatisierte Organisation

Konflikte sind Stress, und in einer wie auch immer gearteten Beziehung mit einem Narzissten bist du im Dauerstress! Dauerstress kann zu einem Komplextrauma ausarten, aus dem du keinen Ausweg findest. Über menschliches Trauma haben wir bereits in Kapitel 3 geschrieben. In der Vorbereitung zu unserem Buch haben wir überlegt, das Konzept des Traumas auch auf Organisationen anzuwenden. Niklas Luhmann würde das vermutlich nicht gefallen. Und doch gibt es verschiedene Metaphern, um die Struktur, Funktion und Dynamik von Organisationen zu erklären und den trockenen Stoff leichter zugänglich zu machen. So werden Organisationen beispielsweise als lebende Organismen betrachtet: Sie streben nach Wachstum, durchlaufen verschiedene Reifephasen, passen sich an ihre Umwelt an, um zu überleben, sie haben Selbstheilungskräfte oder brauchen einen ‚Arzt' aka Organisationsberater, und sie können auch sterben. So gesehen können Organisationen als soziale Systeme auch traumatisiert sein.

Wir rufen uns nochmal in Erinnerung: Kennzeichnend für Trauma ist ein Ereignis oder eine Kette von Erlebnissen, die so heftig waren, dass unser psychisches System als Schutzmechanismus das Abspeichern im Gehirn fragmentiert. Dadurch wird zwar die Wucht des ‚Aufpralls' vermindert, jedoch eine gesunde Verarbeitung verhindert. Die einzelnen erlebten Bestandteile des Ereignisses konnten nicht abkühlen, konnten nicht zu einem kohärenten Bild zusammengesetzt werden und fliegen in losen Einzelteilen in uns herum. Deshalb finden wir keinen Abschluss mit dem Geschehenen, sind leicht zu triggern oder werden von Flashbacks überrollt. Wir erleben das Trauma immer wieder, leiden darunter und entwickeln möglicherweise Folgestörungen.

Zurück zu Herrn Mayer und Frau Müller, die als Individuen bei Luhmann keine Rolle spielen und folglich einfach so ersetzt werden können. Selbst wenn wir den Gedanken ihrer Austauschbarkeit annehmen, bedeutet es möglicherweise Stress für die Organisation, wenn sie gehen. Weil ihr Weggang Einfluss auf Gruppendynamik, Kommunikationsstrukturen und vieles mehr hat. Stressoren, die das Potenzial haben, auf Dauer eine Organisation zu traumatisieren, können sein:

- » innere wie äußere Konflikte
- » sinkende Leistung oder Produktivität
- » eine hohe Fluktuation
- » die systemimmanente Ungewissheit über die Zukunft
- » eine geringe Anpassungsfähigkeit an Veränderung

Stressoren dieser Art treten meist gebündelt auf. Wäre die Organisation ein Gehirn, so würde sie jetzt melden: Lebensgefahr! Und daraufhin die Stressreaktionen Fight, Flight oder Freeze einleiten. Fehlt der Organisation die Fähigkeit, diesen Stress schnell regulieren zu können, kann es passieren, dass sie in der *traumatischen Zange* (siehe Abb. 10) landet, in der die Selbstwirksamkeit abhandenkommt und die Stressreaktionen zur ungesunden Dauereinrichtung werden. Auch ein so entstehender *Traumastrudel*[129] ist eine Abwärtsspirale, die beeinflusst, wie Kommunikation innerhalb der Organisation entsteht und läuft, wie Entscheidungen getroffen werden und wie das System als Ganzes funktioniert.

129 Ein von Verena König geprägter Begriff, der überwältigende Gefühle und Reaktionen beschreibt, in denen man wie gefangen ist und schwer wieder herauskommt.

### Das Stresstoleranzfenster und die traumatische Zange

Das von Psychiater Daniel Siegel beschriebene ***Stresstoleranzfenster*** beschreibt unterschiedliche Niveaus nervöser Erregung eines Menschen inklusive seiner Stressreaktionen. Innerhalb des Fensters erleben wir den ganz normalen Alltagsstress, mit dem unser Gehirn gut fertig wird. Situationen, die zu extremer Über- oder auch Untererregung führen, können ebenfalls gut be- und verarbeitet werden. Sofern die Stressreaktionen Fight, Flight (Übererregung, oberer ‚Fensterrahmen') oder Freeze (Untererregung, unterer ‚Fensterrahmen') die Gefahr bannen und wir alleine oder durch Regulation oder anderweitige Hilfe von außen ein Problem lösen können. Der Stress-Expertin Michaela Huber verdanken wir den Begriff ***Traumatische Zange***. Er beschreibt, was passiert, wenn die Stressregulation nicht gelingt und uns in die Zange nimmt – so fest, dass es keinen Ausweg zu geben scheint.

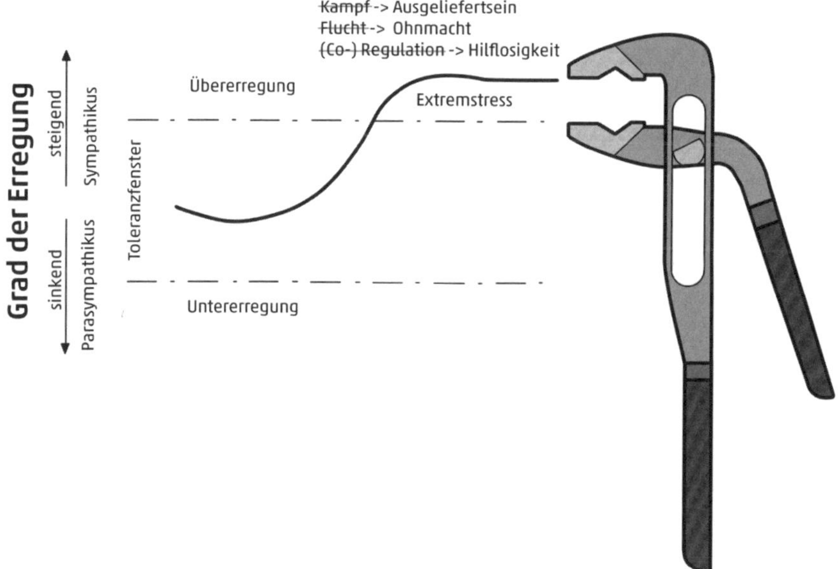


*Abb. 10: Das Stresstoleranzfenster mit der traumatischen Zange. Vgl. König, 2021. S.49.*

Ähnlich wie mit dem Trauma verhält es sich mit dem Selbstwert und den Selbstzweifeln – zentralen Themen, wenn es um Narzissmus geht. Ungesunder Narzissmus schwankt zwischen grandioser Selbstüberhöhung und beschämendem Selbstzweifel. Wenn wir der Metapher der Organisation als lebendem Organismus treu bleiben, können wir auch in sozialen Systemen Selbstwertprobleme oder Selbstzweifel finden. Natürlich nicht im buchstäblichen Sinne. Doch in den Systemtheorien lassen sich Konzepte finden, die ähnliche Phänomene auf organisationaler Ebene beschreiben. Indem sie untersuchen, wie Organisationen auf interne und externe Herausforderungen reagieren und wie dies ihre Funktionsweise beeinflusst.

Schauen wir uns beispielsweise die Identität einer Organisation an: Die Identität beschreibt ein Selbstverständnis, das sie von sich selbst als Einheit sowie von ihrer Position im Markt oder in der Gesellschaft hat. Wenn es hier Inkohärenzen, also logische Brüche oder fehlende Zusammenhänge zwischen diesem Selbstverständnis und den Zielen, Werten, dem tatsächlichen Verhalten und den daraus resultierenden Ergebnissen gibt, können interne wie externe Konflikte zu Unsicherheit führen. Eine Kultur der Angst und des Misstrauens kann die Organisation in Selbstzweifel stürzen.

Umgang mit Feedback, Anpassungsfähigkeit und Lernbereitschaft sind weitere Themenfelder, die zeigen, wie es um den Selbstwert einer Organisation steht: Ist es schwierig für sie, kritisches oder negatives Feedback anzunehmen? Reagiert sie abwehrend auf Veränderungen oder ignoriert sie Change-Impulse? Wenn eine Organisation sich nicht an neue Umstände anpassen kann und nicht bereit ist, aus Erfahrungen zu lernen … du weißt, wie das endet! All dies kann in einem übertragenen Sinne als Selbstwertproblem oder Mangel an Selbstvertrauen interpretiert werden. Solche Dynamiken haben die Kraft, die gesamte Organisation zu erschüttern. Als Phänomene finden wir den Vergleich deshalb nicht zu weit hergeholt.

Trauma, Selbstwertprobleme – da ist es zur Psychose nicht weit. Hier kommt Burkard Sievers ins Spiel, der in unserem Sinne die verschiedenen Organisationstheorien vereint und, wie wir finden, befriedet. Burkard Sievers ist Organisationspsychologe und emeritierter Professor für Wirtschaftswissenschaften an der Universität Wuppertal. Er spricht nicht nur von der traumatisierten, sondern sogar von der *psychotischen* Organisation, wenn er seinen Forschungsschwerpunkt, das Unbewusste in Organisationen, beschreibt.[130]

Der Schlüssel zu deiner persönlichen Stressreduktion und zur immer größeren Selbststeuerung deiner seelischen Funktionen ist, deine Gefühle zu erkennen und deine Bedürfnisse wahrzunehmen. Wieder zu *Bewusstsein* zu kommen. Rudi Ballreich prägte den Satz: „Im Kern bedeutet Mediation, das gefangene Bewusstsein von Menschen zu befreien."[131] Unbewusste Menschen bzw. Menschen mit einem gefangenen Bewusstsein – die müssen gar nicht unbedingt extrem narzisstisch sein, sind es jedoch häufig –, führen systemisch gesehen zu unbewussten Organisationen. Soll heißen: Wenn du in deiner Unternehmung wirklich etwas verändern willst, dann beziehe unbewusste Dynamiken von Personen und der Organisation als solcher mit ein, denn sie haben eine enorme Kraft. Dies ist eine zentrale Aufgabe von dir, wenn du ein Leader bist – und von uns als Organisationsberaterinnen.

Das Wort *Psychose* ist dabei allerdings schwierig, weil es unscharf definiert ist. Früher war es ein Sammelbegriff für sämtliche psychischen Erkrankungen. Heute bezeichnet es Symptome wie Wahnvorstellungen, Realitätsverlust, schwere Depressionen, Schizophrenie, die bipolare und die Borderline-Störung – einiges davon begleitet auch extremen Narzissmus, wie du im Kapitel über die Komorbiditäten gelesen hast. Schauen wir uns mal an, was Sievers unter Psychose versteht: Die Psychoanalyse sieht er im Geiste Sigmund Freuds nicht nur als klinische Wissenschaft und als therapeutische Methode, sondern als Denk- und Wissenschaftsinstrument. Mit ihrer Hilfe möchte er den Menschen und seine kollektiven kulturellen Schöpfungen verstehen. Zu so einer kulturellen Kreation gehören auch Organisationen jeglicher Art: Sie sind der Ort, an dem sich das individuelle und das kollektive Unbewusste austauschen. Seine Arbeitshypothese: Gruppen werden generell von ‚primitiven' unbewussten Phantasien als Ausdruck psychotischer Ängste gesteuert. Sievers untersucht also die organisatorische Psychodynamik. Er bevorzugt dafür jedoch den Begriff Soziodynamik, um zu verdeutlichen, dass nicht das Individuum allein im Fokus steht. Sondern soziale Systeme wie Gruppen, Gesellschaften oder eben Organisationen beleuchtet werden sollen, weil sie mit dem Menschen inter-

130 Vgl. Sievers, Burkhard: Die psychotische Organisation. Stuttgart, 2008.

131 Das hat er sicherlich auch irgendwo geschrieben. Wir haben es auf der Tonspur bei unserer Mediationsausbildung gehört und handschriftlich notiert, lange vor der Idee zu diesem Buch.

agieren. Auch das psychoanalytische Denken wird hier um eine systemische Sicht bereichert.

Was in Organisationen passiert, soll nicht als das Produkt von Einzelpersonen verstanden, sondern durch die systemische Brille als sozial induziert gesehen werden. „Sozial induziert“ bedeutet, dass beobachtbare Prozesse, Ergebnisse oder Zustände durch die soziale Umgebung oder durch zwischenmenschliches Zusammenwirken entstehen bzw. dass sie beeinflusst oder ihre Dynamiken verstärkt werden. Unbewusste Phantasien und Ängste beim Management und anderen Mitarbeitern werden also nicht nur durch deren Charakter und Verhaltenspräferenzen erklärt. Sondern Emotionen, Phänomene und Verhalten entstehen vorrangig aus der Organisation heraus. Sie werden jedoch von Personen – als Maskenträger, also Rolleninhabern – übernommen bzw. introjiziert. Introjiziert ist das Gegenteil von projiziert – du holst etwas von außen, z. B. eine Meinung, einen Glaubenssatz, ein Verhalten in dich hinein.

Menschen verhalten sich stets systemintelligent und passen sich entsprechend des Systems an. Hier wird deutlich, wie das gemeint ist: Wenn Ängste – zum Beispiel die Angst, von der Konkurrenz überholt zu werden oder Konkurs anmelden zu müssen – von Organisationen psychotisch abgewehrt werden, machen deren Mitglieder unbewusst ihre eigenen psychotischen Anteile mobil. Es kommt zu einer Wechselwirkung zwischen Organisation und Individuum. Die Dynamik innerhalb eines Teams oder die Interaktionen zwischen Mitarbeitern fördert bestimmte Einstellungen oder Verhaltensmuster. Das Ergebnis nennen wir dann Unternehmenskultur. Die Theorie der frühkindlichen Entwicklung wurde hier im Zusammenhang mit sozialen Abwehrmechanismen wie Regression[132], Projektion, Verdrängung, Abwertung aber auch Rationalisierung und Idealisierung auf den Bereich von Organisationen übertragen. Besondere Bedeutung haben hier nach Sievers die paranoid-schizoide und die depressive Störung, weil sie in Form ihrer Ängste und Abwehrformen entsprechende organisatorische Denkweisen und Dynamiken prägen, die dann wiederum bei den Rollenträgern unbewusste Ängste und Abwehrmuster aus früheren Erlebnissen aktivieren. Wir möchten dies um die Facette des Narzissmus bereichern, der von Sievers zwar auch erwähnt, jedoch eher stiefkindlich behandelt wird.

132 Rückfall in frühkindliche Überlebensmuster bzw. als Organisation in veraltete Strukturen und vertraute Methoden, die Lernen, Innovation und Veränderung blockieren.

Laut Sievers sind organisationale Dynamiken durch zwei Aspekte gekennzeichnet: Durch die Angst, verrückt zu werden und durch den Wunsch, andere verrückt zu machen. Durch die Narzissmus-Brille betrachtet, vereinen sich in dieser These zwei Phänomene, die sich unserer Erfahrung nach sonst in Narzisst und dessen Opfer aufteilen und sich im Fachbegriff *Gaslighting* vereinen: Es handelt sich um eine bei Narzissten beliebte toxische Strategie zur Manipulation (andere verrückt zu machen), die Menschen an ihrer eigenen Wahrnehmung zweifeln lässt (Angst, verrückt zu werden). In Kapitel 3 haben wir dir *Gaslighting* schon genau beschrieben. Erleben Menschen sowas öfter und suchen sie die ‚Schuld' dafür konstant bei sich, wächst wirklich die Angst, verrückt zu werden. Wir haben es erlebt, am eigenen Leib und fast täglich bei unseren Klienten.

Es gilt laut Sievers für Organisationen etwas ähnliches, was Ballreich über Mediation bzw. Menschen gesagt hat: die Phantasien bewusst zu machen, das psychotische Denken zu reflektieren und beides mit der Realität abzugleichen. Es geht darum, extremen Narzissmus als verpasste Chance zu betrachten, den eigenen Wert qua Geburtsrecht als gesetzt zu sehen und das eigene Selbstgefühl durch die Auseinandersetzung mit der Welt zu stabilisieren.

Mit Helm Stierlins oben gestellter Frage nach dem Menschen im System und dem System im Menschen stellt sich auch die Frage nach der Führung innerhalb der Organisation.

## Führung und psychologische Sicherheit

„Menschen (Individuen) kommen zu Unternehmen (Systeme), aber sie verlassen Vorgesetzte (Individuen)" – Wir haben zu viel in diesem Bereich erlebt und gesehen, um den Realitätsgehalt dieses Zitats von Reinhard Sprenger[133] auch nur eine Sekunde anzuzweifeln. Außerdem gibt es eine Studienlage, die es untermauert und die wir uns später ansehen werden.

Ein Buch über Narzissmus in der Wirtschaft kommt ohne ein Kapitel über Führung, Führungskräfte und Manager nicht aus. Im Sinne unserer gemeinsam konstruierten Wirklichkeit und des damit verbundenen gemeinsamen Vokabulars möchten wir auch hier erstmal wieder damit beginnen, über Begriffe zu sprechen: Führungskraft und Manager sind zwei Rollen, die häufig synonym gesetzt werden, weil sie oft in einer Person auftreten. Einerseits sehen wir das etwas anders, andererseits ist es für unser Buch nicht so wichtig, weshalb wir uns und dir den philosophischen Exkurs über die Unterschiede ersparen wollen. Wenn wir über Führungskräfte schreiben, sind Manager sozusagen mitgemeint. Und umgekehrt. Die Anzahl an Führungs- und Managementtheorien ist eh nur noch schwer überschaubar. Doch egal, wohin wir blicken, wir stellen mindestens fünf Gemeinsamkeiten bei der Frage „Was ist Führung?" fest:

1. Führung entsteht dadurch, dass es jemanden gibt, der sich führen lässt. Der Führung akzeptiert – wenn wir Diktaturen, in denen man keine Wahl hat sofern man am Leben bleiben will, mal außen vorlassen.
2. Führung verfolgt ein Ziel oder auch mehrere.
3. Führung – und sei sie noch so modern und agil – hat etwas mit Macht im Sinne eines Ungleichverhältnisses zu tun. Macht kann sich wie folgt ausdrücken:
    a. höhere Position
    b. Belohnung, z. B. im Sinne von Lohnzahlung
    c. Sanktionierung / Bestrafung
    d. Expertise
    e. Überzeugung
    f. Charisma[134]

133 Sprenger, Reinhard: *Radikal führen*. Frankfurt am Main, 2015. S.122.

134 Warum Narzissten nicht wirklich charismatisch sind, erklärt dir Mythos #10.

4. Mitarbeiter verlassen nicht die Firma, sie verlassen Führungskräfte, wie wir oben schon festgestellt haben. Ein Grund dafür ist, Macht rücksichtslos zu missbrauchen, statt sie verantwortungsvoll zu gebrauchen.
5. Führung hat einen ziemlich schlechten Ruf und gerät mehr und mehr in Misskredit.

Dabei würden vermutlich die meisten Menschen abnicken, dass kompetente Führung wichtig ist, wenn es die Organisation auch morgen noch geben soll. Und obwohl das alles keine Geheimnisse sind, gibt es dummerweise – ja, das meinen wir wörtlich! – besonders unter den kleineren Firmen nur wenige, die ihren Nachwuchs-Führungskräften eine gescheite Ausbildung angedeihen lassen.

Vielleicht warst du ein guter Facharbeiter und wurdest zur Belohnung zur Führungskraft befördert. Vielleicht bist du durch Vitamin B in deine neue Rolle gekommen. Vielleicht bist du schon so lange mit dabei, dass es jetzt einfach mal an der Zeit war, dich zum Manager zu machen und dir offiziell mehr Verantwortung zu übertragen: für Budgets, Strategien, Menschen. Und vielleicht hast du keine Ahnung, wie du der neuen Situation gerecht werden sollst. Aber wie selbstverständlich werden dir die neuen Führungsaufgaben auf den Berg deiner ganz normalen operativen Arbeit obendrauf geladen. Deine Chefs sind nämlich der Meinung, Führung kann man mal eben so mitmachen. Passiert doch nebenbei. Schaffen sie doch auch. Ähm: nein! Deine Überforderung ist auf diese Art und Weise vorprogrammiert. Ganz ehrlich – wen wundern da noch die Punkte 4 und 5 aus der obenstehenden Aufzählung, die Punkt 1 ausradieren und damit Punkt 2 vereiteln oder zumindest erschweren? Was wiederum dazu führt, dass es mehr von Punkt 3 braucht – und meistens geschieht dies eher ungünstig, was die Punkte 4 und 5 nur noch mehr befeuert. Ein ziemlich anstrengender und teurer Teufelskreis.

## Schlechte Führung ist teuer

All das lässt sich sogar in Zahlen fassen – wir haben uns dazu eine Art Meta-Studie bei Harbinger Consulting[135] angesehen, die regelmäßig mit frischen Daten von Hays, Gallup, Deloitte und Co bestückt wird. Achtung: Die Werte

135 https://www.harbinger-consulting.com/blog/warum-kuendigen-mitarbeiter/

stammen aus verschiedenen Studien und beziehen sich zum Teil auf unterschiedliche Gruppengrößen. Dennoch denken wir, dass das Bild plakativ genug sein sollte. Die Zahlen stammen aus dem ersten Quartal 2024:

» Jeder sechste Arbeitnehmer in Deutschland hat bereits innerlich gekündigt.
» Nur 16 % aller Beschäftigten fühlen sich mit ihrem Arbeitgeber verbunden.
» 44 % der Arbeitnehmer klagen über zu viel Stress.
» Mehr Empathie des Vorgesetzten würde 92% aller Mitarbeiter dazu veranlassen, bei ihrem Arbeitgeber zu bleiben.
» 43 % geben die Unternehmenskultur als Hauptgrund dafür an, warum sie einen Jobwechsel anstreben.
» 70 % würden ihren Job und Arbeitgeber verlassen, wenn es an leistungsstarker und schneller Kommunikation mangelt.
» 71 % der Beschäftigten würden eine Lohnkürzung akzeptieren, um einen besseren Job zu bekommen.
» Nur 12 % aller Mitarbeiter kündigen ihren Arbeitsvertrag, weil sie mehr verdienen wollen.
» 89 % der Chefs wiederum glauben irrtümlicherweise, dass ihre Ex-Mitarbeiter wegen des Geldes gekündigt haben.

Doch emotionale Bindung – die aktuell in 84 Prozent[136] aller Fälle nicht vorhanden ist – entsteht durch eine gute Führungskraft sowie ein gutes Betriebsklima. Sie lässt sich nicht kaufen. Auch in unserem direkten Umfeld wird das Gehalt immer öfter als Schmerzensgeld angesehen. „Es gibt drei Hauptgründe [für Kündigungen], das sind fehlende Karrierechancen, zu viel Stress und ganz entscheidend schlechte Führungskräfte“, zählt Emil Mahr von der HR-Softwarefirma Personio in einer Studie aus dem Jahr 2022 auf.[137] „Die ersten beiden hätten auch mit der Pandemie zu tun, weil sie die Karrierechancen eingedämmt und das Stressniveau vielfach erhöht habe. Der dritte Punkt liege in direkter Verantwortung von Vorgesetzten“, schreibt das Redaktions-Netzwerk Deutschland und ergänzt: „Fast jeder zweite 18- bis 44-jährige hat gegenüber Personio über

136 Ebd.
137 https://www.rnd.de/wirtschaft/studien-zeigen-grosser-frust-in-deutschlands-belegschaften-NCRDX55DKBG5VNPJ6GLWLZY67Q.html

mangelnde Wertschätzung und Anerkennung geklagt."[138] Dauerhaft fehlende Anerkennung ist eine der Hauptursachen für Burnout – nicht nur bei extremen Narzissten. Und sieben von zehn Beschäftigten sind der Ansicht, einen schlechten Vorgesetzten zu haben.

Das statistische Bundesamt „beziffert die volkswirtschaftlichen Kosten durch Produktivitätseinbußen von Mitarbeitenden, die sich innerlich verabschiedet haben, auf bundesweit jährlich 93 bis 115 Milliarden Euro."[139] Das Meinungsforschungsinstitut Gallup schätzt die volkswirtschaftlichen Kosten durch Mitarbeiterfluktuation in Deutschland auf bis zu 118,4 Milliarden Euro jährlich. Runtergebrochen auf einzelne Organisationen heißt das: „Unternehmen dürfen pro Kündigung zwischen 90 und 200 Prozent des Jahresgehaltes des geschiedenen Mitarbeiters an unternehmerischen Kosten und anschließender Personalgewinnung anrechnen."[140]

Fluktuation ist teuer. Sehr teuer. Bleibt die Frage, was mehr kostet: Wenn Leute gehen oder wenn sie bleiben, obwohl sie innerlich längst woanders sind? Wir sind keine Wirtschaftsanalytiker und können diese Frage nicht beantworten, aber vielleicht kannst du sie dir als Führungskraft einfach mal für dich und dein Unternehmen stellen oder sogar die Antwort berechnen? Schlechte Führung ist wirklich ein riesiges Problem. Für das wir natürlich nicht allein extremen Narzissmus verantwortlich machen können, der jedoch zusammen mit seinen Kollegen Machiavellismus und Psychopathie eine große Rolle spielt.[141] Die Frage, ob es bereits extremer Narzissmus bis hin zur Persönlichkeitsstörung oder nur ein extravaganter Führungsstil ist, spielt eine untergeordnete Rolle: Wie du in Kapitel 2 gesehen hast, reicht es völlig aus, dass du diagnosefrei Verhalten beobachtest, das stört und das sich nicht mit den Werten deckt, die die Organisation predigt, die das Team zusammen ausgearbeitet hat oder die du persönlich leben und erleben möchtest.

138 https://www.rnd.de/wirtschaft/studien-zeigen-grosser-frust-in-deutschlands-belegschaften-NCRDX55DKBG5VNPJ6GLWLZY67Q.html

139 Ebd.

140 Ebd.

141 Vgl. Kuhn, Thomas/Weibler, Jürgen: *Bad Leadership.* München 2020: Narzissmus, Machiavellismus (ausbeuterische Führung, Opportunismus, Machtstreben) und Psychopathie gelten als die Dunkle Triade und sorgen für scharfe Kritik an Führungskräften. Machiavellismus und Psychopathie haben extremen Narzissmus als Grundlage – doch nicht jeder Narzisst ist auch ein Machiavellist bzw. Psychopath.

## Werte und Führungsstile

Werte sind relativ stabile, bewusst oder unbewusst wahrgenommene Vorstellungen von Erwünschtem.[142] Zuverlässigkeit, Harmonie oder Tapferkeit sind Beispiele dafür. Unser inneres Wertesystem entwickelt sich im Laufe unserer Sozialisation durch wichtige Menschen und Personengruppen wie die Familie, die Schulklasse mitsamt den Lehrern, den Freizeitclub und, vor allem als Teenager, den Freundeskreis. Auch die Kultur, in die wir hineingeboren werden bzw. in der wir aufwachsen, hat einen Einfluss auf die Überzeugungen, die wir ausprägen, die zu Werten und damit zu einem wichtigen Teil unserer Persönlichkeit werden. Diese Werte sind so stark, dass sie in der Lage sind, Temperament, Reaktionen oder Neigungen und damit auch menschliche Erwartungen einerseits, Verhaltenspräferenzen andererseits zu steuern.

Dazu möchten wir eine weitere Studie zu Rate ziehen: Die Ergebnisse aus 40 Jahren Werteforschung in Deutschland, im Juni 2023 veröffentlicht von der Gesellschaft für Wirtschafts- und Sozialkybernetik e.V. (GWS).[143] Hier geht es unter anderem um den Einfluss von Werten auf Führungskräfte sowie den konkreten Nutzen der Werteforschung für Führung. Schuld an schlechter Führung sind nämlich nicht nur egozentrische Typen allein. Wir sollten mal wieder auf das System schauen. Hier in Form von veralteten Konzepten zu Führungsstilen. Die Studie weist empirisch nach, dass klassische Führungskonzepte versagen, wenn es um die Erwartungshaltung der Mitarbeiter geht. So ziemlich alle Führungskräftetrainings in Deutschland beziehen sich jedoch darauf. Besonders beliebt scheint dabei die *situative Führung* zu sein, die im Beitrag der GWS nicht gut wegkommt: „Wenn es sich Führungskräfte nach eigener Einschätzung herausnehmen können situativ z. B. zwischen autoritärem und kooperativem Führungsstil zu wechseln, dann instrumentalisieren sie Mitarbeitende. Wer sich in unterschiedlichen Situationen wie ein ‚Spielball' erlebt, fühlt sich nicht wertgeschätzt, sondern als ‚Mittel', das durch Führungskräfte nach Belieben behandelt wird. Von ‚Führung auf Augenhöhe' kann nicht die Rede sein."[144] Der Studie zufolge geht es bei sämtlichen Führungsstil-Theorien nicht um Werte:

142 Definition nach Clyde Kluckhohn und Milton Rokeach.

143 https://gws-kybernetik.org/zur-rolle-von-werten-drei-perspektiven-1-wie-werte-als-verhaltensgrundlage-wirken-ergebnisse-aus-40-jahren-werteforschung-in-deutschland

144 https://gws-kybernetik.org/zur-rolle-von-werten-drei-perspektiven-1-wie-werte-als-verhaltensgrundlage-wirken-ergebnisse-aus-40-jahren-werteforschung-in-deutschland

weder beim Verhalten der Führungskräfte noch bei der Belegschaft. Die Studienergebnisse zeigen, dass

» die Wertschätzung durch Führungskräfte als niedrig beurteilt wird,
» die Ehrlichkeit von Führungskräften in Frage gestellt wird,
» Vertrauen in Führungskräfte nicht aufgebaut werden kann und
» ein überholtes Verständnis der Rolle einer Führungskraft konserviert wird.

Werte sollten deshalb als Verhaltensgrundlage berücksichtigt werden. „Grundlage von Führung ist respektvolles Verhalten, um das Selbstwertgefühl der Mitarbeitenden aber auch der Führungskraft aufrecht zu erhalten. Das ist keine wählbare Verhaltensalternative. Es ist nahezu unmöglich einer Führungskraft zu vertrauen, die ihr Verhalten situationsabhängig wechselt. Unberechenbare Führungskräfte verursachen erheblichen Stress bei Mitarbeitenden.“[145]
Selbstwertgefühl. Da ist es wieder, das große Lebensthema von Menschen, die zu wenig oder zu viel an Narzissmus haben. Analysen der GWS haben ergeben, dass Selbstachtung bzw. Respekt vor sich selbst seit 40 Jahren einer der wichtigsten individuellen Werte in Deutschland ist und dass das Selbstwertgefühl auch in der Gesellschaft eine wichtige Rolle spielt. Dieser Wert wird laut GWS durch klassische Führungskonzepte nicht nur nicht berücksichtigt, sondern sogar verletzt. Wenn nun noch Menschen, die eine narzisstische Selbstwertverletzung in sich tragen, in Führungspositionen gelangen, dann solltest du hellwach werden. Auch extreme Narzissten haben Werte – es sind nur vielleicht nicht deine. Und für deine Werte interessieren sich Narzissten nicht. Wir könnten den Gedanken jetzt weiterspinnen, dass extremer Narzissmus bei den Personen, die sich mit Führungsstilen beschäftigt haben, vorhanden war, und dass Werte aus diesem Grund keine Rolle spielen:

» Die Werte der Führungskräfte nicht, weil sie an der schmerzhaften Selbstwertverletzung kratzen.
» Die Werte der Mitarbeiter nicht, weil sie für Führung aus narzisstischer Sicht nicht relevant sind.

145 https://gws-kybernetik.org/zur-rolle-von-werten-drei-perspektiven-1-wie-werte-als-verhaltensgrundlage-wirken-ergebnisse-aus-40-jahren-werteforschung-in-deutschland

Ein Minenfeld namens Organisation, auf dem schlechte Führung zulässt, dass grundlegende Werte des menschlichen Miteinanders wie Respekt, Vertrauen, Ehrlichkeit, Verantwortungsbewusstsein, Wertschätzung oder Partizipation systematisch, chronisch mit Füßen getreten werden, bietet keine psychologische Sicherheit. Hier kannst du dich nicht gefahrlos einbringen, dich nicht so zeigen, wie du bist. Um psychologische Sicherheit und ihre Relevanz für Organisationen soll es nun gehen.

## Wie psychologische Sicherheit wirkt

Wir leben in einer Zeit der sogenannten Wissensarbeiter. Methoden, die aus einer Zeit stammen, in der die ‚da oben' dachten und die ‚da unten' arbeiteten – zum Beispiel, acht Stunden pro Schicht am Fließband baugleiche Teile zusammenzufügen und das bitte fehlerfrei und möglichst flott! – funktionieren bei intrinsisch hoch motivierten Wissensarbeitern naturgemäß nicht. Um mit VUCA und BANI zurecht zu kommen – schau dir den Infokasten auf der nächsten Seite an, wenn dir diese Akronyme nichts sagen –, brauchen wir Kreativität, Erfindergeist, Fachwissen, Begeisterung, gute Prozesse, effektive Zusammenarbeit und permanentes Lernen. Wir müssen angstfrei Entscheidungen treffen dürfen, um herausfordernde Ziele zu erreichen. Kurz: Wir brauchen eine psychologisch sichere Umgebung.

Bereits 1965 schrieben die Gründer der Organisationsentwicklung, Edgar Schein und sein Kollege am Massachusetts Institute of Technology (MIT) „über die Notwendigkeit von psychologischer Sicherheit, um die Mitarbeiter darin zu unterstützen, in Veränderungsprozessen von Organisationen mit Unsicherheit und Angst umzugehen."[146]

Psychologische Sicherheit hat etwas damit zu tun, was du unmittelbar zu erwarten hast, wenn du mit anderen Menschen kommunizierst und interagierst. Sie bedeutet nicht, dass man ständig über alles spricht oder Themen immer wieder durcharbeitet. Es geht eher darum, Arbeitsplätze so zu gestalten, dass das Beste im Menschen ans Licht kommen kann. Ob dies gelingt, hängt stark mit der Atmosphäre im Team, in der Abteilung oder der gesamten Organisation zusammen,

146 Edmondson, Amy: *Die angstfreie Organisation*. München, 2020. S.11.

### Schnell erklärt: VUCA und BANI

**VUCA** ist kein neuer Begriff. Er stammt aus den 1990er Jahren. Doch aktuell scheint es kaum ein Seminar rund um Organisationen zu geben, in dem er nicht vorkommt. Dennoch gibt es viele Menschen, denen VUCA noch nichts sagt. Die vier Lettern stehen für **V**olatilität, **U**nsicherheit, **K**omplexität und **A**mbiguiät: Im Unterschied zur Zeit des Taylorismus haben wir es mit stärkeren Schwankungen (V) zu tun. Der Markt verändert sich schnell und andauernd. Das Umfeld von Systemen besteht aus mehr Komponenten als früher. Immer mehr Dinge müssen zur gleichen Zeit beachtet, betrachtet, bedacht und getan werden (C/K). Was früher eindeutig war, zum Beispiel die Ansicht „niedrige Preise sind gut", ist jetzt mehrdeutig (A) – zum Beispiel legen mehr und mehr Menschen gesteigerten Wert auf Nachhaltigkeit und sind bereit, dafür freiwillig höhere Preise zu zahlen. Aus all diesen Faktoren ergibt sich eine höhere Ungewissheit (U). Die Zukunft ist nicht mehr vorhersehbar und deshalb auch nicht mehr planbar, was speziell die etwas älteren Generationen, die Konzerne leiten und andere wichtige Positionen in Organisationen bekleiden, häufig verunsichert. Ungewissheit und Unsicherheit führen zu Angst. Fatal, wenn es darum geht, Neues zu lernen oder sich zu verändern. Genau dieser Dinge bedarf es jedoch, um mit VUCA umzugehen.

**BANI** beschreibt, was VUCA in Menschen auslöst: Dieses Akronym steht für **B**rittle (porös, brüchig), **A**nxious (nervös, ängstlich), **N**on-Linear, **I**ncomprehensible (unbegreiflich, unverständlich). BANI hätte VUCA im Jahre 2020 abgelöst, so der Zukunftsforscher Jamais Cascio.[147] Brittle (B) steht dabei für eine Stärke, die es nicht mehr gibt: Was vielleicht noch fest und stark wirkt, ist in Wahrheit bereits spröde und schwach: zum Beispiel die Führungskraft kurz vorm Burnout. Die Nervosität oder Angst (A) bezieht sich auf die Zukunft, doch auch auf das Treffen von Entscheidungen unter Unsicherheit. Nichtlinear (N) bedeutet, dass Ursache und Wirkung nicht mehr unbedingt zusammenpassen. Die Unfassbarkeit (I) schließlich bezieht sich auf die zum Chaos gewordene Komplexität, welche der Mensch in zunehmendem Maße erlebt. Eine nie dagewesene Informationsflut sorgt beispielsweise nicht für ein besseres Verständnis, sondern für größere Verwirrung.

Bei Licht betrachtet sorgen auch extreme Narzissten für BANI pur.

147 https://fh-hwz.ch/news/was-bedeutet-bani

und hat rein gar nichts damit zu tun, ob es dir leichtfällt, auf Menschen zuzugehen oder ob du eher etwas zurückhaltend veranlagt bist. Psychologische Sicherheit ist also eher ein Merkmal des Arbeitsplatzes als ein Merkmal der Persönlichkeit. Hier kommt wieder stark das System zum Tragen. Amy C. Edmondson, Autorin des Buches *Die angstfreie Organisation*, macht Vorkommnisse wie den Dieselskandal bei VW 2015 nicht am Führungsstil oder dem Charakter einzelner Personen fest. Sie vermutet, dass es sich um ein veraltetes Bild von Führung und Motivation handelt. Und das in Systemen, die so herausfordernde – um nicht zu sagen: unmögliche oder unmenschliche – Ziele haben, dass sie nur durch Betrug erreicht werden können. Auch hier gilt: Wir alle wissen es nicht! Wurde bewusst gelogen? Oder war es eine mehr oder weniger ‚natürliche' Anpassung an die vorherrschende Kultur eines toxischen Systems? Wir alle unterliegen in vielen Lebenssituationen Handlungszwängen, und genau das macht es so schwierig, sich gegen ein toxisches System abzugrenzen. Deshalb ist es klug, stets zu beobachten, wie sich System und Mensch wechselseitig bedingen.

Allerdings sind Führungskräfte in der Verantwortung, die Bedingungen für psychologische Sicherheit zu schaffen. Dazu müssen sie deren Wichtigkeit erkannt haben – und es wollen. Hier greift wieder das Prinzip Persönlichkeit. Psychologische Sicherheit bedeutet weder Kuschelkurs noch Faulenzertum. Im Gegenteil: Bestleistung und hohe Qualitätsstandards zum Maß der Dinge zu machen, bleibt eine sehr wichtige Aufgabe für Manager. Damit die Leute diesen Weg mitgehen, gilt es, den Sinn und Zweck[148] der gesetzten Ziele und Aufgaben verständlich zu machen und ständig hochzuhalten – und nicht nur das eigene Ego zu pampern.

Hast du jedoch extreme Narzissten in der Leitung und eingeschüchterte Manager auf den mittleren Hierarchieebenen, schaffst du dir eine Kultur der Angst. Häufig fragen sich Führungskräfte in solchen Situationen, was sie tun müssen, um ihre Mitarbeiter zu motivieren. Diese Frage ist aus unserer Sicht fatal. Denn sie impliziert, dass du Leute eingestellt hast, die nicht intrinsisch motiviert sind, in deiner Organisation oder in deinem Team zu arbeiten und ihr Bestes zu geben. Oder es bedeutet, dass schon verdammt viel schiefgelaufen ist in deiner Firma und deine Belegschaft aus ängstlichen, frustrierten, zynischen Leuten besteht. Für einzig relevant halten wir deshalb die Frage: „Was können

148 Vgl. Edmondson, 2020. S.145: „Zahlreiche psychologische Studien haben aufgezeigt, dass es für uns ein Grundbedürfnis ist, in unserem Leben und unserer Arbeit Sinn und Bedeutung zu erfahren."

wir tun, um motivierte Leute nicht zu demotivieren?“[149] Und zwischenmenschliche Angst – davor, eine Idee zu äußern, eine Frage zu stellen, einen Fehler zu melden oder sich kritisch zu äußern – demotiviert Menschen stark. Sie ist ein großer Risikofaktor für jedes Unternehmen, dass sich mit der VUCA- bzw. BANI-Welt auseinandersetzen muss und ihn ihr bestehen will. Die moderne Hirnforschung hat gezeigt, dass Angst diejenigen Teile des Gehirns schwächt, die für den ‚Arbeitsspeicher‘ zuständig sind. Neue Informationen werden schlechter verarbeitet, das analytische Denken, Kreativität und die Fähigkeit, Probleme und Konflikte zu lösen, nehmen ab. Psychologische Sicherheit schenkt umgekehrt bessere Lernergebnisse und bessere Leistungen. So „stellen wir sicher, dass die Talente in einer Organisation optimal genutzt werden können, um zu lernen, zu wachsen und Innovation voranzubringen.“[150]

Psychologische Sicherheit müsste für extreme Narzissten eigentlich super attraktiv sein, da sie „die Bremsen löst, die Menschen davon abhalten, das für sie Mögliche zu erreichen.“[151] Doch Narziss und auch Echo finden sich beide eher in einer schweigenden Welt ohne psychologische Sicherheit wieder: Echo traut sich nicht, den Mund aufzumachen, um niemanden zu beschämen oder zu verärgern – gar die wichtigen Menschen ganz oben im Organigramm – und damit die Beziehung zu gefährden. Narziss, dem es nur um sich selbst und nicht um Beziehungen geht, um nicht beschämt zu werden oder sich über Kritik ärgern „zu müssen“. Echo wie Narziss fürchten sich außerdem vor Rache: nicht ganz ohne Grund, wie dir Kapitel 1 zum Thema Macht gezeigt hat. Dann haben wir noch die gesunde Mitte: sie schweigt häufig, weil sie zu oft erfahren hat, dass sie nicht gehört wird, dass es eh nichts bringt, auf Missstände hinzuweisen. Und mangelnde Kommunikation ist der Grund, warum 70 Prozent der in der oben genannten Studie befragten Mitarbeiter kündigen.

„Ein Mangel an psychologischer Sicherheit kann eine Illusion von Erfolg schaffen, die schließlich zu schwerwiegendem wirtschaftlichen Scheitern führt.“[152] Wir möchten ergänzend daran erinnern, dass diese Illusion, das Blenden, das Bauen und Aufrechterhalten potemkinscher Dörfer, eine Spezialität extremer Narzissten ist. Um Organisationen zu gestalten, in denen psychologische Sicherheit dazu beiträgt, dass Menschen Höchstleistungen bringen können, müs-

149 Pfläging, Niels: *Organisation für Komplexität*. Norderstedt, 2013. S.24.

150 Edmondson, 2020. S.126.

151 Ebd. S.19.

152 Edmondson, 2020. S.63.

sen extreme Narzissten erkannt, passend geführt und gegebenenfalls verbannt werden, was wir in Teil III vertiefen. Alle Menschen – nicht nur extreme Narzissten – möchten es gerne vermeiden, vor Vorgesetzten und Kollegen schlecht dazustehen. Damit sich Scham und Angst nicht weiter ausbreiten wie eine Seuche, ist es eine der wichtigsten Verantwortlichkeiten von Führungskräften im 21. Jahrhundert, die Arbeitsumgebung psychologisch sicher zu machen.[153] Eine angstfreie Organisation als Wettbewerbsvorteil ist ein fortdauernder Prozess – der Weg ist hier vielleicht tatsächlich das Ziel. Es gibt keinen Schalter, den man umlegen kann, um eine positive Bilanz zu ziehen.

**Anzeichen, dass du in einem psychologisch sicheren Biotop arbeitest – oder auch nicht:**

| | Mit psychologischer Sicherheit | Ohne psychologische Sicherheit | |
|---|---|---|---|
| | Kultur des Vertrauens innerhalb einer Gruppe. | Kultur der Angst innerhalb einer Gruppe. | |
| | Vertrauen, respektieren, aufrichtig sein. | Man traut sich nicht, die eigene Stimme zu erheben, etwas zu sagen, die eigene Ansicht oder Bedenken auszusprechen. | |
| | Es herrscht eine Atmosphäre der Offenheit. | Es wird befürchtet, für Ablehnung, Spott oder Verärgerung zu sorgen, wenn man spricht. | |
| | Die Situation wird ernst genommen und nach der besten Lösung gesucht. Nicht nach der besten Möglichkeit, um zu glänzen. | Es ist wichtiger, was andere denken, als das für eine Situation Angemessene oder „Richtige" zu tun. | |
| | Individuelle Erfahrung und Wissen werden gewertschätzt und können einen Unterschied machen. | Die Meinung von Einzelpersonen ist nicht wichtig und die eigene Stimme wird nicht wertgeschätzt. | |
| | Es gibt keine Elefanten im Raum. Es wird mutig angesprochen, wenn etwas nicht stimmt oder schwierig ist. | Es ist üblich, dass nur gesehen wird, was man sehen will. Unliebsames wird ausgeblendet. | |

153 Ebd. S.19.

| | **Mit psychologischer Sicherheit** | **Ohne psychologische Sicherheit** | |
|---|---|---|---|
| | Es ist selbstverständlich, Fehler zu machen, sie zuzugeben und daraus zu lernen; Fehler werden gefeiert. | Fehler werden bestraft; du musst dich schämen, wenn du etwas falsch gemacht hast. | |
| | Lebenslanges Lernen, lernende Haltung, Wissen, dass man ein Nichtwissender ist. | Lernen gilt als langweilig, für Lernen ist keine Zeit, der Wert von Lernen wird nicht erkannt, Lernen ist angstbesetzt. | |
| | Es geht eher um das gemeinsame Erreichen von Zielen. | Es geht eher darum, sich selbst zu schützen, die eigene Haut zu retten, persönlich gut dazustehen. | |
| | Ständige Verbesserung, Veränderung wird als etwas Natürliches angesehen. | Abwehrhaltung gegen Veränderung. | |
| | Menschen sind eher aktiv und suchen sich engagiert ein sinnvolles Wirkungsfeld. | Menschen sind eher passiv und warten darauf, dass man ihnen Arbeit gibt. | |
| | Menschen geben anderen einen Vertrauensvorschuss. | Anderen Menschen wird erstmal mit Misstrauen begegnet. | |
| | Um Hilfe zu bitten und sich verletzlich zu zeigen, sind Zeichen von Klugheit und Stärke. | Um Hilfe zu bitten ist ein Zeichen von Schwäche. Wer sich verletzlich zeigt, fliegt raus oder wird anderweitig kritisiert und beschämt. | |
| | Machtgebrauch | Machtmissbrauch | |
| | Verantwortungs- und Selbstbewusstsein sind spürbar. | Schuld und Scham sind spürbar. | |
| | Menschen sind intrinsisch motiviert. | Einschüchterung und Druck werden eingesetzt, „um zu motivieren". | |
| | Glaube an das Beste im Menschen und dass zumindest meistens jeder aus eigenem Antrieb heraus sein Bestes gibt. | Glaube des Managements, dass sich Mitarbeiter nicht von selbst anstrengen werden, um Ziele zu erreichen. | |
| | Augenhöhe, flache Hierarchien; Eigenverantwortung und Selbstführung werden gefördert und gewünscht. | Hierarchie mit Befehl und Kontrolle. | |

| | Mit psychologischer Sicherheit | Ohne psychologische Sicherheit | |
|---|---|---|---|
| | Menschen wissen um ihren Wert. | Menschen befürchten, ihren Job zu verlieren. | |
| | Wertschätzung | Demütigung | |
| | Ziele werden agil angepasst | Unerreichbare Zielvorgaben | |
| | Fokus auf Zusammenarbeit mit Führung | Fokus auf Berichterstattung an Führung | |
| | Der ehrbare Kaufmann ist das Vorbild, Aufrichtigkeit und Ehrlichkeit werden gelebt und erwartet. | Kunden belügen ist im System stillschweigend oder sogar offen akzeptiert. | |
| | Wahrhaftige Orientierung an dem, was ist; Realitätsabgleiche z. B. durch Reviews. | Zwanghaft gute Nachrichten statt Realitätscheck. | |
| | Respekt | Mobbing | |
| | Selber denken, Eigenverantwortung | Blinder Gehorsam, unbedingte Gefolgschaft | |
| | Vertrauen in Führung / Machthaber und die Möglichkeit, Kritik und Bedenken sanktionsfrei zu äußern. | Übertriebenes Vertrauen in Führung / Machthaber. | |
| | Es wird aktiv zugehört. | Es wird nicht zugehört. | |
| | Konstruktives Feedback ist erwünscht. | Gewisse Personen dürfen nicht kritisiert werden (Führung, Leistungsträger, Lieblinge). | |
| | Anderen bewusst zu schaden wird nicht toleriert bzw. wird gar nicht erst versucht. Der Zweck heiligt nicht die Mittel. | Anderen zu schaden, um sein Ziel zu erreichen, ist erlaubt. | |
| | Konflikte werden als Chance gesehen, hohe Konfliktlösungskompetenz. | Konflikte werden vermieden oder als schlecht angesehen. | |
| | Risiken werden mit Augenmaß, gesundem Menschenverstand und in Absprache eingegangen. | Auch große Risiken werden blind, im Alleingang und ohne vorherige Beratung oder Absprache in Kauf genommen, wenn die Belohnung stimmt. | |

| | Mit psychologischer Sicherheit | Ohne psychologische Sicherheit | |
|---|---|---|---|
| | Zusammenarbeit ist wichtig – narzisstische und nicht narzisstische Anteile wirken dabei zusammen. | Narzisstische Einzelgänger spielen sich und ihre Arbeitsergebnisse in den Mittelpunkt bzw. stellen die Leistung des Teams als alleinige Leistung dar. | |
| | Eine gelingende Kommunikation und ein laufender Informationsfluss sind Kernprinzipien der funktionierenden Zusammenarbeit. | Es wird eher über Menschen statt mit Menschen geredet; Informationen werden bewusst nicht weitergegeben, um einen Wissensvorsprung zu haben. | |
| | Niedriger Krankenstand, doch wem es nicht gut geht, der weiß, dass er sich krankmelden darf, ohne blöde Sprüche oder negative Konsequenzen befürchten zu müssen. | Hoher Krankenstand, u.a. durch Burnout; krank sein wird mit Faulheit, blau machen oder mangelnder Belastbarkeit stigmatisiert. | |
| | Geringe Fluktuation | Hohe Fluktuation | |
| | **< Summe** | **Summe >** | |

*Tabelle 3 zur psychologischen Sicherheit ohne Anspruch auf Vollständigkeit: Kreuze in den äußeren Spalten an, was auf dein Arbeitsumfeld zutrifft und zähle, wie viele Kreuzchen du im sicheren oder unsicheren Bereich gemacht hast. Überwiegt die rechte Tabellenspalte? Dann gibt es vermutlich Arbeit für deine Organisation … Uns ist klar, dass es Graustufen gibt. Wir bieten hier bewusst nur die Auswahl zwischen schwarz und weiß an. Außerdem ist es meist ein Unterschied, ob du an dein Team, deine Abteilung oder die gesamte Organisation denkst.*

**Lass uns das sehr dichte vierte Kapitel kurz zusammenfassen:** Mensch und Organisation sind zwar theoretisch getrennt voneinander zu denken, wie Niklas Luhmann es postuliert, jedoch ergibt diese Trennung für unser Buch praktisch wenig Sinn. Passend ist vielmehr, beides zu beleuchten und mit zu bedenken: Das System **und** den Menschen als Individuum. Alles ist vom Menschen gemacht, ohne ihn würde es gar keine Systeme wie Organisationen geben. Zumindest keine, die wir beobachten könnten, weil es kein ‚wir', keine Gestalter und Beobachter, gäbe. Es ist ein bisschen wie mit der Frage, ob es ein Geräusch gibt, wenn im Urwald ein Baum umfällt, aber niemand da ist, um das Geräusch zu hören …

Auch Organisationen können Trauma tragen. Verena König drückt es ähnlich wie Helm Stierlin aus, jedoch etwas bodenständiger: „Nichts, was in uns geschieht, bleibt ohne Wirkung im Außen. Nichts, was im Außen geschieht, bleibt ohne Wirkung auf uns.“[154] Krankt ein Mensch oder eine Organisation auch nur an einer Stelle, hat dies stets Auswirkungen auf das restliche System. So wie ein Mobile, bei dem ein Element in Schieflage geraten ist und sich verheddert hat, und dessen andere Elemente nun nicht mehr unbehelligt schwingen können.

**Im Buch werden wir weiterhin beide Ansätze verfolgen:**

» den systemischen
» den persönlichen – sowohl der Führungskraft als auch der Geführten

Dem Menschen und seinem Zusammenwirken mit anderen Menschen wollen wir nun wieder ganz besondere Aufmerksamkeit widmen: Es geht im nächsten Kapitel um toxische Wechselwirkungen von unterschiedlichen Persönlichkeiten. Manfred G. Schmidt erklärt dir den Sinn: „Viele psychoanalytische Organisationsberater betonen die Bedeutung der Kenntnis der Persönlichkeit des Leiters eines Unternehmens, da dieser explizit und implizit das Gesamtklima, die Motivation und den Stil der Kooperation der ganzen Institution bestimmt.“[155]

154 König, Verena: Ausbildungsunterlagen Traumasensibles Coaching.

155 https://www.psychoanalyse-aktuell.de/artikel-/detail?tx_news_pi1%5Baction%5D=detail&tx_news_pi1%5Bcontroller%5D=News&tx_news_pi1%5Bnews%5D=142&cHash=8586aa46344e4160de8b6d5d7100d3fe

**Kapitel 4 – das gibt's zu lernen**

Organisationen sind komplexe Systeme, in denen der Mensch als System von Körper, Geist und Seele wirkt. Systeme mit Menschen sind immer nicht triviale Systeme. Rational sind sie eher weniger zu lenken. Systeme können unterschiedlich stabil sein.

Organisationen sind soziale Systeme, in denen weniger soziale Verhaltensweisen wie Narzissmus Konflikte bewirken. Konstruktiv gelöste Konflikte sind wertvolle Entwicklungsgeschenke.

Unser seelisches Erleben verändert sich unter Stress und im Konflikt. Das Lösen aus seelischen Verstrickungen aus zwischenmenschlichen (Geschäfts-)Beziehungen kann herausfordernd sein. Mach dir bewusst, um was es in Konfliktmomenten oder Spannungsfeldern wirklich geht. Selten sind es wirklich sachliche Themen. In Konflikten geraten Menschen und Systeme in den Tunnel der Egozentrierung.

Organisationen können auch als soziales System traumatisiert sein. Ein Organisationsberater kann als ‚Arzt' die Heilung oder den Todesstoß bringen.

Ängste und empfundene Handlungszwänge beeinflussen die Soziodynamik in Organisationen. Narzissten sorgen eher für Ängste und Zwänge.

Soziodynamiken können auch unbewusst wirken. Organisation können auch psychotisch sein: Dann haben sie Angst davor, verrückt zu werden. Oder den Wunsch, andere verrückt zu machen. Gaslighting vereint Angst und Wunsch in einer toxischen Strategie.

Schlechte Führung ist sehr teuer und schadet nachhaltig. In unsicheren Zeiten braucht es psychologisch sichere Führungspersönlichkeiten.

*Missachte die Meinung der toxischen Menschen. Befreie dich von Kritiken und du wirst von ihren Worten und Taten befreit werden. Idealisiere nicht. Erwarte nichts von niemandem.*

Bernardo Stamateas

# 5. Toxische Wechselwirkungen

Google liefert zum Begriff *toxische Beziehung* heute (April 2024) mehr als 1,5 Millionen Suchtreffer. Auch wenn sich geschätzte 99 Prozent davon um private Verbindungen drehen dürften – so ähnlich verhält es sich aktuell noch auf dem Buchmarkt! –, so handelt es sich auch beim Miteinander der arbeitenden Bevölkerung um Beziehungen. Und auch die können toxisch sein. *Toxisch*, also *giftig*, dient als Metapher dafür, dass jemand einem anderen Menschen auf Dauer nicht guttut. Auf Platz 5 der artverwandten Suchbegriffe finden wir ihn dann auch schon: Den Narzissten, der häufig gemeint ist – ob männlich, ob weiblich – wenn das Wort *toxisch* im Zusammenhang mit Verhalten fällt. Giftiges Verhalten einer oder gar mehrerer Personen fördert ein ungesundes Umfeld, und dieses schädigt auch dich im Laufe der Zeit. Ein Narzisst würde dich dabei niemals sofort komplett vergiften, denn er braucht dich ja dauerhaft als narzisstische Quelle. Er tut es langsam, oft über Jahre hinweg, ganz subtil. Bis dir das aufgeht, ist meistens leider schon so viel im gemeinsamen Erleben passiert, dass es nicht mehr leicht für dich ist, dich aus der ungesunden Verbindung zu lösen. Du bist abhängig und wartest auf den nächsten Schuss der Droge, in Form von einem Brocken Freundlichkeit, Zuwendung oder Lob.[156] Das gilt für Eltern und Kinder – die meist mindestens 18 Jahre lang nicht gehen können! – gleichermaßen wie für Liebesbeziehungen, Freundschaften oder eben unseren Themenschwerpunkt, die zwischenmenschlichen Beziehungen im Job und in der Wirtschaft. In einem Team oder einer Gruppe bringt jedes Mitglied seine eigene Persönlichkeit mit ein. Sowohl in als auch zwischen Teams oder Gruppen kommt es dabei nicht selten zu toxischen Wechselwirkungen. Doch wie erkennst du solch gefährliches Verhalten? Und was ist überhaupt eine Persönlichkeit? Fangen wir mit der zweiten Frage an …

156 Studien haben gezeigt, dass sich in Gehirnen von Menschen, die lange Zeit extrem narzisstischem Verhalten ausgesetzt sind, die gleichen Veränderungen zeigen, wie in Gehirnen von Drogensüchtigen.

## Definitionsproblem Persönlichkeit

Der Persönlichkeitspsychologe Jens Asendorpf definiert *Persönlichkeit* in seinem Interview mit der GEO[157] gewissermaßen als Essenz einer Person. Als die Summe all dessen, was sie von ihren Mitmenschen unterscheidet. Wir vergleichen uns ja ständig miteinander und stellen dabei Differenzen fest. Manche Menschen nehmen wir als besonders wagemutig wahr, andere als verschlossen, interessiert oder kreativ. Anhand solcher Unterschiede charakterisieren wir andere – und definieren so auch uns.[158]

Der 2023 verstorbene deutsche Hirnforscher und Philosoph, Gerhard Roth, hat bewiesen: Menschen zeigen in dem, was sie tun, ein zeitlich überdauerndes Muster. Dies nennen wir ihre Persönlichkeit. Sie ist eine Kombination von Merkmalen des Temperaments, des Gefühlslebens, des Intellekts und der Art zu handeln, zu kommunizieren und sich zu bewegen. Personen unterscheiden sich gewöhnlich untereinander in der Art dieser Kombination. Zur Persönlichkeit gehören insbesondere die Gewohnheiten, d.h. die Art und Weise, wie sich eine Person normalerweise verhält.[159] Lange war unbekannt, dass sich die Persönlichkeit das ganze Leben über weiterentwickeln kann. Roth stellt jedoch das sogenannte *Big-Five-Modell* der Psychologie – Extraversion, Verträglichkeit, Gewissenhaftigkeit, Neurotizismus und Offenheit/Intellekt, die jeweils stark oder schwach ausgeprägt sein können – sowie andere Modelle in Frage. Keines davon klärt nämlich die Frage, **warum** es genau diese Grundfaktoren sind, die ganz individuelle Persönlichkeiten entstehen lassen, und **wieso** der eine Mensch ruhig und verträglich, sein Bruder aber impulsiv und streitlustig ist. Die Wissenschaftler früherer Jahre sind entschuldigt: Die Hirnforschung und mit ihr die dazugehörige Technik waren einfach noch nicht soweit.

Roth war dank der rasanten Fortschritte in den Neurowissenschaften seit den 1990er Jahren in der Lage, die neurobiologischen Grundlagen der Persönlichkeit zu erforschen. Bei denen spielen nicht nur, wie bis dato angenommen, die Neuromodulatoren Dopamin und Serotonin eine Rolle[160], sondern vor allem

157 https://www.geo.de/magazine/geo-wissen/1001-rtkl-persoenlichkeit-psychologie-wie-wir-unsere-staerken-entfalten.

158 Ebd.

159 Roth, Gerhard/Strüber, Nicole: *Wie das Gehirn die Seele macht.* Stuttgart, 2018. S.19.

160 Dopamin und Serotonin werden auch als Botenstoffe, Neurotransmitter oder alltagssprachlich als Glückshormone bezeichnet, weil sie positive Gefühle hervorrufen können.

das Stressverarbeitungssystem, das die Funktion der anderen neuromodulatorischen Systeme stark beeinflusst.
Was er herausfand, ist heute als *psychoneuronale Grundsysteme* bekannt. Davon gibt es sechs Stück, und zwar:

- » Stressverarbeitung
- » Selbstberuhigung
- » Motivation (Belohnung und Belohnungserwartung)
- » Bindungsverhalten
- » Impulskontrolle
- » Realitätssinn-Risikowahrnehmung

Klingt komplex? Ist es auch. Du erinnerst dich? Der Mensch ist ein komplexes System. Erschwerend kommt hinzu, dass diese sechs sich gegenseitig beeinflussen – mal negativ, mal positiv. Und die *Big Five*, die lassen sich dort keinesfalls eindeutig und ausschließlich zuordnen. „Stattdessen finden sich mehrere der Persönlichkeitsmerkmale gleich in mehreren Systemen wieder", erläutert Roth.[161]
Diese sechs Grundsysteme werden wiederum beeinflusst von hohen oder niedrigen Werten folgender Hormone, deren Systeme sich zum Teil bereits vorgeburtlich entwickeln und die später situativ ausgeschüttet werden und, je nach Mischung des Hormoncocktails, unser Verhalten beeinflussen. Ohne Anspruch auf Vollständigkeit handelt es sich um:

- » Die Stresshormone Cortisol und Adrenalin / Noradrenalin:
  Cortisol bestimmt, wie gut ein Mensch später mit Enttäuschungen, Niederlagen, Beschämung oder Bedrohung umgehen kann, die Adrenaline sorgen für Alarmstimmung im Körper
- » Die Glückshormone Serotonin und Dopamin: Serotonin reguliert die Stimmung und hemmt impulsives Verhalten. Dopamin sorgt für Freude bis hin zur Euphorie, verstärkt impulsives Verhalten und ist zuständig für die Belohnungserwartung. Und hier müssen wir kurz etwas weiter ausholen: Wenn wir oben geschrieben haben, dass das von extremen Narzissten manipulierte Umfeld quasi drogenabhängig ist, haben wir hier die körpereigene Droge benannt: Es handelt sich um Dopamin. Am Anfang war ja alles toll mit dem extremen Narzissten. Und der abhängige Mensch versucht, diesen Idealzustand durch angepasstes Verhalten

161 Roth/Strüber, 2018. S.223.

(z. B. der Kollegin nach dem Mund zu reden, besonders fleißig zu sein etc.) wiederzubekommen. Die Hoffnung stirbt bekanntlich zuletzt, und eben diese Hoffnung treibt den Menschen dazu, es wieder und wieder zu versuchen. Wenn Selbstwirksamkeit jedoch nicht erfolgreich ist, führt der Versuch über kurz oder lang in die Ohnmacht, in die Unterwerfung und die Hilflosigkeit. Unreflektiert oder tatsächlich abhängig macht der Mensch dann einfach immer wieder mehr vom Gleichen und vertieft seine Abwärtsspirale. Hier entsteht Trauma durch traumatisierte Menschen – siehe Kapitel 3.
» Oxytocin und Vasopressin wirken bindungsverstärkend.

Unter *Persönlichkeit* verstehen wir zusammengefasst die charakteristischen Muster des Denkens, Fühlens und Handelns eines Individuums. Diese Muster sind geprägt durch dessen Blick auf sich selbst und die Welt. Die Persönlichkeit des Menschen ist keine Konstante, sondern ein stetig fortlaufender Entwicklungsprozess. Dieser Prozess orientiert sich am individuellen und bestenfalls bewussten Wollen der Person und ist geprägt durch die Art, wie wir Erfahrungen verarbeiten. Besonders diejenigen, die wir mit anderen Menschen machen. Denken, Fühlen, Wollen, Handeln: Erkennst du die seelischen Funktionen aus dem Kapitel über Konflikte wieder?

## Wechselwirkungen der Persönlichkeitsprofile

Extreme Narzissten sind nicht 24/7 nur toxisch. Sie können auch ausgesprochen höflich, freundlich, fördernd, hilfsbereit, amüsant und faszinierend sein. Und dich damit hervorragend blenden, beispielsweise im Einstellungs- oder Jahresmitarbeitergespräch.[162] Ihr wahres Gesicht zeigen sie oft erst nach der Probezeit, möglicherweise sogar erst nach Jahren. Manchmal erst, wenn sie die Machtkarte in den Händen haben, die sie missbrauchen können – und werden. Nur Menschen mit einem hohen Reifegrad sowie einem hohen Maß an Selbstreflexion sollten unserer Ansicht nach deshalb höchste Positionen in Organisationen einnehmen dürfen.

Wäre es da nicht gut, ein Instrument zur Früherkennung toxischer Charaktere und zum Auflösen ungünstiger Wechselwirkungen zwischen Menschen zu ha-

162 Von dem wir nur abraten können. Als Führungskraft solltest du täglich oder zumindest regelmäßig mit deinen Leuten sprechen.

ben? Ein Werkzeug, das im Berufsleben bereits weit verbreitet ist und von vielen Menschen akzeptiert und anerkannt wird? Den Malkin'schen Narzisstentest kannst du deinen Leuten in einem Assessment-Center oder bei einem Teambuilding schlecht unterschieben. Anders sieht es mit Persönlichkeitsprofilen aus: Besonders bekannt sind hier Insights Discovery, mit dessen Grundlagen Sylvia seit vielen Jahren auf eine spielerische Art und Weise arbeitet[163], und das DISG-Modell, in dessen Anwendung Marion offiziell zertifiziert ist.

**Wichtig:** Egal welches der vielen Analysetools für das eigene Sein genutzt wird – es bleibt ein Modell, eine Karte ähnlich einer Landkarte zur Orientierung, die nie die exakte Realität wiedergibt. Eine Karte zu benutzen, bewahrt dich in der echten Welt nicht davor, über Hindernisse zu stolpern. Sie hilft dir jedoch, den richtigen Weg zu finden. Außerdem handelt es sich jedes Mal, dass du einen solchen Test deiner persönlichen Präferenzen machst oder ihn jemand anderen machen lässt, um eine Momentaufnahme. Wenn du in einigen Jahren den Test erneut machst, bekommst du möglicherweise ein identisches Ergebnis, sofern in der Zwischenzeit nicht viel bei dir passiert ist. Sollten dich jedoch Krisen und Chancen gleichermaßen stark in deiner persönlichen Entwicklung vorangebracht oder dich einschneidende Lebensereignisse geprägt haben, kannst du auch größere Abweichungen entdecken. Um bei der Karten-Analogie zu bleiben, haben in so einem Fall tektonische Verschiebungen, Sturmfluten oder Vulkanausbrüche ordentlich Terraforming betrieben … Die Tests zeigen dir jedoch auch dein Entwicklungspotenzial auf.

Sylvia erzählt: Ich kam beim Blau des Insights-Profils, das für den eher rational-introvertierten Typen steht, maximal auf einen von acht theoretisch möglichen Punkten für mein Personality-Profilkärtchen. Zahlen, Daten, Fakten? Wiederkehrende Routinearbeiten, bei denen allergrößte Sorgfalt gefragt ist? Nicht mein Ding! Das Ergebnis: über Jahre hinweg Chaos in der Buchhaltung (Danke an Annett und Kristin für die Geduld!) und bei anderem Papierkram, übersehene Details in Verträgen und ein gewisser Anarchismus bei allem, was mit Finanzen, Versicherungen und sonstiger Bürokratie zu tun hat. Als Selbstständige stellt dich eine wenig ausgeprägte blaue Präferenz regelmäßig vor dieselben Probleme. Da kriegst du die Lek-

163 Hier findest du das von Sylvia seit vielen Jahren erfolgreich eingesetzte Kartenset, mit dem du die persönlichen Präferenzen von bis zu zehn Teilnehmern spielerisch ermitteln kannst: https://shop.ludoki.com/?sPartner=sp
Es handelt sich um einen Affiliate-Link.

tion solange vorgesetzt, bis du sie gelernt hast … Auf eine zwei zu kommen, war da schon ein echter Fortschritt, als das Leben mich 2023 zu mehr Verantwortung in diesen Dingen zwang.

Persönlichkeitsprofile kannst du einsetzen, um leichter bevorzugtes Verhalten, Bedürfnisse, große und kleine Stärken von Menschen erkennen zu können. Und auch, um die möglichen toxischen Wechselwirkungen des Verhaltens im beruflichen Umfeld aufzuzeigen. Hier können sich Hinweise auf narzisstische Wesensanteile oder Phasen finden. Das Verhalten eines Menschen kann für eine Situation förderlich oder hinderlich sein, und was für einen Menschen hilfreich ist, kann für einen anderen schädlich sein.

Keinesfalls darf so ein Profil dazu missbraucht werden, Menschen in Schubladen zu stecken oder ihnen einen Stempel zu verpassen. Oder sich auf seinem Profil auszuruhen: Zitat eines extrem narzisstischen Kunden von Sylvia, wenn er mal wieder über alle Stränge schlug und sich um jeden Preis in den Mittelpunkt des Geschehens drängen musste: „Ich hab ein rotes Insights-Profil, ich kann nichts dafür!“ Große, verantwortungslose Fehlannahme! Ein solcher Präferenztest ist und bleibt ein Test und ist weder die alleinige Wahrheit noch ein Allheilmittel für jedes innerpsychische oder zwischenmenschliche Problem. Doch an Präferenzprofilen können mit ein wenig Erfahrung und menschlicher Tiefe Störfelder und Neigungen identifiziert werden. Es ist hier zwingend notwendig, sehr achtsam, verantwortungsvoll und differenziert mit sich selbst und anderen Menschen umzugehen. Immer im Bewusstsein der Modell-Landschaft, die nur einen Teil der Realität abbildet. Wichtig ist, dass die Profile intuitiv und nicht strategisch ausgefüllt werden – weshalb eine spielerische Herangehensweise, bei der zuerst das Profil erstellt und dann die Farben oder Buchstaben erklärt werden, sinnvoll ist.

**Ebenfalls wichtig: Die Toxizität liegt selten ausschließlich in der Typologie!** Unterschiedliche Wertesysteme, anstehende große organisationale Veränderungsprozesse und tiefe unbewusste Verletzungen der einzelnen Akteure erzeugen zusammengemischt einen giftigen Cocktail. Dieses Gift ist wie Arsen: In homöopathische Dosen eingeteilt, kann es sehr fruchtbar für den Unternehmenserfolg sein. Im Falle einer Überdosis findest du unsere Apotheke an Gegengiften in Kapitel 8. Für die weiteren Ausführungen der toxischen Wechselwirkungen entscheiden wir uns für das DISG-Modell.

## Das DISG-Modell und seine Funktionsweise

Das Persönlichkeitsmodell DISG basiert auf der Arbeit zweier Psychologen. Der dank seiner *Archetypen*-Beschreibungen Bekanntere unter ihnen dürfte der Schweizer Carl Gustav Jung sein. Der andere ist ein US-Amerikaner namens William Moulton Marston. Der Zeitgenosse C.G. Jungs schrieb 1928 das Buch *Emotions of Normal People*. Es ist bis heute immer wieder neu aufgelegt worden, zuletzt 2014. Im Jahr 2008 publizierte eine Firma namens *Inscape Publishing* die erste Version des aktuellen Testsystems[164] und machte daraus sehr geschäftstüchtig gleich mal ein Lizenzprogramm. Doch kommen wir zurück zur Psychologie hinter dem Test und damit zum Autor Marston. Der begann in seiner Forschung Muster zu erkennen, die Verhaltensdimensionen vermuten lassen. Er orientierte sich dabei an zwei Wahrnehmungen:

» die Umwelt (das System) ist günstig oder ungünstig
» die Person ist stärker oder schwächer als ihre Umwelt (das System)

Die Persönlichkeit eines Menschen kann man an seinem typischen Verhalten erkennen, das davon abhängt, wie er die Welt sieht und wie stark er sich selbst dieser Welt gegenüber fühlt. Es gibt die für den Test namensgebenden Verhaltenstendenzen

**D**ominanz
**I**nitiative
**S**tetigkeit
**G**ewissenhaftigkeit

Anhand von 24 gruppierten Selbstbeschreibungen (z. B. „Ich teile gerne", „Ich bin umgänglich", „Ich will gewinnen", „Ich lache viel") wird das äußere Selbstbild von denjenigen Gruppen beschrieben, die am ehestens zutreffen. Dazu gibt es 24 Adjektiv-Gruppen (z.B: diplomatisch, zufrieden, waghalsig, gewandt), die auf das innere Selbstbild am wenigsten zutreffen. Von den je 24 Wortgruppen muss der Akteur jeweils einen von vier Begriffen auswählen. Die Differenz der Zahlen aus äußerem und innerem Selbstbild ergibt das integrierte Selbstbild.[165]

164 https://de.wikipedia.org/wiki/DISG

165 Die Messqualität der DISG-Items wurde in regelmäßigen Untersuchungen von Dr. Christine Altsätter-Gleich, Universität Koblenz-Landaus geprüft. Die erste Studie in Deutschland fand 1994, die letzte große Überarbeitung 2020 statt. Quelle: Persolog, 2008 und 2024 – Auskunft per Mail

Grundlage des DISG-Persönlichkeitsprofils ist die Frage nach der Wahrnehmung des Umfeldes sowie der Reaktion auf das Umfeld: angenehm, anstrengend, bestimmt oder zurückhaltend.[166]

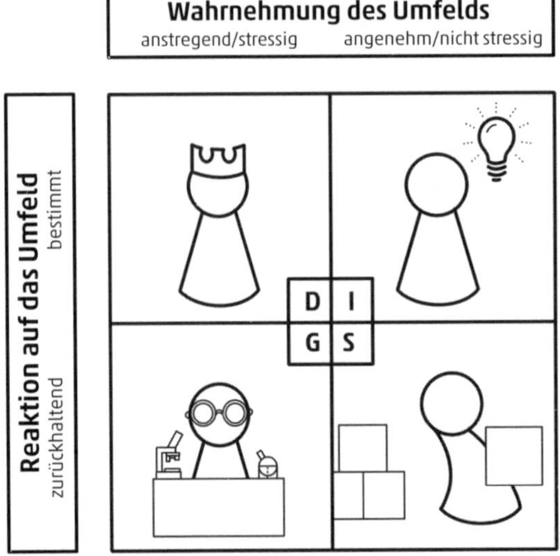


*Abb. 11: Die vier DISG-Verhaltensdimensionen*[167]

Wenn du dich bewusst von deiner besten Seite zeigen willst, beschreiben die DISG-Werte dein äußeres Selbstbild mit deinen Verhaltenstendenzen. Unter Stress und Druck treten jedoch die unbewussten oder unfreiwilligen persönlichen Merkmale deines Charakters ans Licht – schau dir nochmal die Tabelle zum Bewusstheitsrad der seelischen Funktionen auf Seite 154 an. Umgekehrt: Kennst du die Reaktionen eines Menschen im Konfliktfall oder im Stress, erlaubt dir das einen Blick in seine unfreiwilligen persönlichen Merkmale. All dies lässt sich mit diesem Persönlichkeitsprofil feststellen. Die Schnittstelle zwischen innerem und äußerem Selbstbild nennt sich integriertes Selbstbild. Einzig das integrierte Selbstbild ist, was die Mitmenschen in deinem Umfeld von dir wahrnehmen können.

Die DISG-Werte werden in Prozent ausgegeben: Je höher die Prozentzahlen in den einzelnen Verhaltenstendenzen, desto ausgeprägter sind die Ängste und Grundbedürfnisse eines Menschen erkennbar.

166 Gay, Friedbert: *Das DISG-Persönlichkeitsprofil.* Remchingen, 2006. S.21.
167 vgl. Gay, 2006. S.46.

Menschen mit einer **ausgeprägten Dominanz (D)** brauchen Unabhängigkeit und haben Angst, bezwungen zu werden. Sie wollen frei sein ohne Kompromisse. Sie stellen sich jedem Kampf, der sich lohnt, und tun sehr viel dafür, zu gewinnen und bestimmen zu können. Menschen mit einer **hohen initiativen Prägung (I)** haben das Bedürfnis nach Anerkennung und Angst vor Benachteiligung. Menschen mit einer **hohen stetigen Prägung (S)** haben ein intensives Bedürfnis nach Sicherheit und mehr Angst vor nicht selbst mitgestalteter Veränderung als andere. Ihre größte Angst ist es, alleine zu sein. Sie brauchen das ‚Wir' mehr als das ‚Ich' und sind dadurch im Zwischenmenschlichen sehr leidensfähig.Menschen mit einer **hohen gewissenhaften Prägung (G)** haben eine ausgeprägte Angst vor Kritik, weil sie das Bedürfnis haben, die Dinge richtig zu machen.

## Das situative Zusammenwirken der DISG-Profile

Die diametral gegenüberliegenden Paare – also D und S sowie I und G sind miteinander wie Hund und Katz'. Dennoch ergänzen sich diese Menschen besonders gut und finden sich spannend. Von *spannend* ist es nur ein kleiner Schritt zur *Spannung*: Treffen Menschen mit diametralen Verhaltenspräferenzen im beruflichen Wirken aufeinander, entstehen leicht Spannungsfelder. Die Mechanismen wirken im täglichen Miteinander und nur selten sind die Wechselwirkungen bekannt. Wenn du das Verhalten eines Kollegen durch Unkenntnis oder fehlende Differenzierung[168] beispielsweise als bewusst kränkend interpretierst, beginnt ein Konflikt. Der kann sich blitzschnell vertiefen, und wie du im Kapitel über Menschen im Konflikt gelesen hat, sinkt die Bereitschaft, andere Meinungen, Bedürfnisse oder Handlungen gelten zu lassen. Verhalten, das im friedlichen Zustand stimmig ist und sehr fruchtbar wirkt, kann im Konflikt zerstörende Wirkungen erzielen. Hier wirkt die Kernpersönlichkeit, das innere Begründungssystem der Konfliktparteien. Sehr wahrscheinlich sind sie in diesem Zustand nicht in der Lage, ihren Konflikt aus eigener Kraft

168 Unter *Differenzierung* verstehen wir die Fähigkeit, Feinheiten oder unterschiedliche Aspekte des Verhaltens zu berücksichtigen. Es geht um die Kunst, die wahrgenommene Andersartigkeit nicht zu bewerten, und verschiedene Gründe oder Hintergründe mit zu bedenken, ohne die erstbeste Erklärung für menschliches Verhalten als die einzig Richtige anzusehen. Unsere seelischen Funktionen haben immer etwas mit unserer inneren Welt zu tun. Wenn jemand etwas in uns auslöst, sollten wir lernen, die Verantwortung dafür bei uns zu lassen. Unterm Strich geht es deshalb bei Differenzierung vor allem darum, den anderen so zu lassen, wie er ist.

zu befrieden und ihre Verletzungen selbst zu heilen. Doch mit dem Wissen um die Verhaltenspräferenzen sowie die damit verbundenen Ängste und Bedürfnisse kannst du Abstoßungsreaktionen im Konfliktfall mildern. Gegebenenfalls durch Vermittlung durch eine neutrale Instanz wie einen Mediator. So der Normalfall ohne Störung. Die nachfolgende Tabelle stellt die Verhaltenstendenzen Dominanz, Initiative, Stetigkeit und Gewissenhaftigkeit in ihren verschiedenen Dimensionen und Ausprägungen gegenüber.

| Verhaltens-dimensionen | **D** | **I** | **S** | **G** |
|---|---|---|---|---|
| **Bedürfnis** | Unabhängigkeit | Akzeptanz | Sicherheit | Dinge richtig machen |
| **Angst** | bezwungen werden | benachteiligt werden | alleine sein | kritisiert zu werden |
| **Beeinflusst durch** | Direktheit | Optimismus | Kooperation | Präzision |
| **Verbesserung der Effektivität** | mehr Einfühlungsvermögen | mehr Konsequenz | ‚Nein' sagen lernen | Entscheidungen treffen |
| **Fragt** | Welches Ergebnis …? | Wer … stimmt mir zu? | Wie … geht das? | Warum … ist das die Lösung? |
| **Führt mit** | Entschlossenheit: „Sofort handeln!" | Inspiration: „Wir schaffen es!" | Beispiel geben: „Mach es mal so …" | Problemlösung: „Schritt für Schritt" |
| **Legt Wert auf** | Macht und Wettbewerb | Anerkennung und Kontakt zu anderen | Freundschaft und Stabilität | Wertschätzung der Arbeit und Wissen |
| **Arbeitsgeschwindigkeit** | hoch, sofern siegessicher; neigt dazu, zu viel von sich zu erwarten | hoch; neigt dazu, sich zu verzetteln | stabil, kontinuierlich | schnell, meist fehlerfrei bei Routine; braucht Zeit, Neues zu systematisieren |
| **Lässt sich von anderen überzeugen, die …** | Effizient und ergebnisorientiert sind | Ausdrucksstark sind und Anerkennung schenken | Aufmerksam sind und Beziehungen aufbauen | Berechnungen liefern und Systeme entwickeln |

*Tabelle 4: DISG-Vergleichstabelle*[169]

169 Vgl. Gay, 2006. S.48 ff.

Wie bereits erwähnt, erschließt sich daraus, dass Menschen je nach Präferenz komplett gegensätzliche Bedürfnisse und Verhaltensweisen als andere Leute haben. Dies kann sich beißen: Menschen mit initiativen oder dominanten Verhaltensweisen füllen ihre Energien tendenziell eher mit Extraversion auf. Menschen mit der Präferenz für stetig oder gewissenhaft gewinnen Kraft aus der Introversion: Verbringt I mit G die Mittagspause, sind beide hinterher meist nicht erholt. Die Gegensätze können sich jedoch auch gegenseitig in positivem Sinne befeuern. Bei genauer Betrachtung fällt auf, dass G und I genau das Gegenteil vom jeweils anderen brauchen und sich im guten Miteinander wunderbar ergänzen. Auch zwischen S und D finden wir Verhaltensweisen, die sich ergänzen und Synergien ermöglichen. Sollte es zu Konflikten kommen, muss S sich bitte mindestens einmal durchsetzen, um den Respekt von D zu erlangen.
Je weiter die Verhaltenstendenzen auseinanderdriften und je weniger Menschen fähig sind, mit Andersartigkeit umzugehen, desto höher ist die empfundene Toxizität. Unsere Energie folgt der Aufmerksamkeit. Manchmal nehmen wir freiwillig oder zumindest eigenverantwortlich Gift zu uns, weil wir das Gift im anderen sehen. Im Klartext: Wenn du dich auf das von dir negativ bewertete Andere in deinem Gegenüber fokussierst, wirst du dich wahrscheinlich entsprechen verhalten und genau das erleben, was du erwartet hast: etwas Negatives. Fokussierst du dich dagegen auf die positiven Aspekte, wirst du dich eher wohlwollend verhalten und dürftest entsprechend auch wohlwollendes, positives Verhalten erleben. Das gute alte Sprichwort ‚Wie man in den Wald hineinruft, schallt es heraus' hat nicht an Gültigkeit verloren.

**Gesund-narzisstische Menschen:** In alltäglichen Situationen bewundern und beneiden wir die Fähigkeiten der Menschen, die so ganz anders sind als wir. „Gegensätze ziehen sich an", spricht der Volksmund. Wenn wir zusammenarbeiten, bemühen wir uns, unser Verhalten intelligent aufeinander abzustimmen und dabei positiv wahrgenommen zu werden. In Harmonie können wir unsere eigenen Ziele oder Aufgaben effektiver verfolgen als im Konflikt. Wir sind deshalb bestrebt, Missverständnisse empathisch zu klären und auch häufig bereit, unser Handeln entsprechend an die Präferenzen der anderen anzupassen oder zumindest Kompromisse zu finden. Für ein gesundes Miteinander verhalten wir uns respektvoll: Sowohl, was die Grenzen anderer Leute anbelangt, als auch, wenn wir eigene Grenzen setzen. Wir haben das gemeinsame Wohlbefinden im Blick, wir unterstützen uns gegenseitig und möchten zufrieden zusammenleben bzw. -arbeiten.

**Günstige Wechselwirkung:** Mit Menschen zusammenzuarbeiten, die einen diagonal gegenüberliegenden Präferenz-Schwerpunkt haben, kann auf die oben beschriebene Weise sehr bereichernd sein und gute Früchte tragen: Wenn du eine hohe gewissenhafte Verhaltenstendenz hast (G) und deshalb zum Perfektionismus neigst, kann dir das sonnige Gemüt des initiativen Kollegen (I), der die Dinge leichter nimmt, gerne schnell mit seiner Arbeit fertig wird und „done is better than perfect" denkt, guttun. Er kann dafür von und mit dir lernen, sein – bei I-Präferenzen häufig zu findendes – Chaos besser in den Griff zu kriegen. Tut ihr euch zusammen, wird es nicht nur qualitativ gut, sondern ihr haltet auch die Deadline ein und habt Spaß dabei. Da sind ja schon drei Wünsche auf einmal erfüllt! Das beste Beispiel dafür sind wir selbst: Sylvia ist primär DI, Marion SG. Wenn wir nicht ausgebildete Mediatorinnen wären und so manches Mal aufkommenden Stress besprochen oder weggeatmet hätten, hätte sich das Konfliktpotenzial zwischen uns in den sechs Monaten des Schreibprozesses sicherlich entladen.
Kluge Führung bedeutet deshalb auch, Arbeitsgruppen oder Teams so zusammenzustellen, dass die gezeigten Verhaltenstendenzen günstig zusammenwirken und so zu einer für alle angenehmen Arbeitsatmosphäre und natürlich zu guten Ergebnissen beitragen. Ein allzu homogenes Teamgefüge verspricht dabei nicht etwa besondere Harmonie, sondern kann für den Zweck der Organisation, Leistung für Kunden zu erbringen, sogar schädlich sein. Schauen wir uns das doch einmal genauer an:

**Ein Team mit Verhaltenstendenz-Schwerpunkt rot (D):** Hier herrscht Krieg! Die sind so sehr damit beschäftigt, sich gegenseitig zu übertrumpfen, dass der Kunde eigentlich gar nicht mehr vorkommt (außer, er ist auch D, dann wird er sich durchsetzen können).

**Ein Team mit Verhaltenstendenz-Schwerpunkt grün (S):** Hier haben sich alle lieb! Die sind so sehr auf Kuschelkurs, dass schwierige Entscheidungen einfach nicht getroffen werden. Und was das Arbeitstempo anbelangt, ist der Kunde schon lange genervt eine Tür weitergezogen (außer, er ist auch S, dann versteht er das).

**Ein Team mit Verhaltenstendenz-Schwerpunkt blau (G):** Hier herrschen Details! Die sind so sehr damit beschäftigt, alles zu hundert Prozent genau zu machen, dass der Kunde ewig auf sein Produkt warten muss. Oder vor lauter Erklärungen schon vor dem Kauf zu Tode gelangweilt wurde und keine Lust mehr hat (Außer, er ist auch G, dann interessiert ihn das).

**Ein Team mit Verhaltenstendenz-Schwerpunkt gelb (I):** Hier haben alle Spaß! Die sind so sehr damit beschäftigt, Party zu feiern, dass die Arbeit mit viel Mut zur Lücke erledigt wird und der Kunde reklamiert (außer, er ist auch I, dann feiert er mit und lässt Fünfe gerade sein).

Ja, wir überspitzen es bewusst ein wenig, aber so wird es anschaulicher.

**Wichtig:** Führen kann man aus allen vier Farbenergien heraus. Die Annahme, dass nur die ‚Roten' (hier: D) die geborenen Anführer seien und ihren Job dabei besonders gut machen würden, ist ein Trugschluss. Narzissmus findet sich ebenfalls überall: Bei D und I gerne in der offen-grandiosen Form. Bei S und G eher in der verdeckt-vulnerablen.

**Extrem-narzisstische Menschen:** All das, was wir über das Erleben mit gesund-narzisstischen Menschen und gesunden Wechselwirkungen geschrieben haben, gilt nur, solange es sich dabei nicht um extrem narzisstische Charaktere handelt. Denn Narzissten ist es egal, was die anderen fühlen. Und egal was sie getan haben, sie erwarten in jedem Fall wohlwollende Resonanz, Zustimmung und Gehorsam. Es sei denn, sie bewundern dich, wollen was von dir oder müssen sich dir unterordnen wie ein Kind seiner Mutter oder seinem Vater. Wenn der andere als Konkurrent oder Gegner wahrgenommen wird, werden die Ellenbogen geschickt – oder manchmal auch plump, je nach Intellekt – ausgepackt. Verhaltensmuster werden dann gemäß unserer oben beschriebenen Gift-Analogie chronisch negativ entschlüsselt, was zu ebenso negativen Wechselwirkungen führt. Letztere setzt der extreme Narzisst an der Grenze zur Psychopathie gerne bewusst ein, um seine Interessen durchzusetzen.

Die beschriebenen Mechanismen wirken nicht nur auf der Mikroebene, sondern strahlen ihre Wirkung auf der Meso- und schlimmstenfalls auf der Makroebene ab.[170]

Eine anerkannte internationale Gesellschaft hat überwiegend Menschen mit hohen gewissenhaften (G) und stetigen (S) Verhaltensweisen beschäftigt. Die dortigen Berufsbilder bringen diese Anforderungen

170 In den Sozialwissenschaften wird üblicherweise zwischen drei Analyseebenen unterschieden: Mikro, Meso und Makro. Auf der Makroebene werden übergeordnete Systeme untersucht (z. B. ein Wirtschaftsunternehmen). Auf der Mesoebene stehen die Teile dieser Systeme im Fokus (z. B. einzelne Abteilungen). Auf der Mikroebene interessieren dann beispielsweise die Handlungen und Entscheidungen der Akteure bzw. die Beziehungen.

mit sich. Initiative (I) und dominante (D) Verhaltensweisen fallen unangenehm im friedhöflich-friedlichen Miteinander auf. Konflikte werden totgeschwiegen und unter den Teppich gekehrt. Manchmal ist der Umgang untereinander so freundlich-frostig, dass einem das Blut in den Adern gefriert. Passive Aggressivität[171] ist spürbar, offene Worte sind unerwünscht oder werden abgestritten. Wer es trotzdem wagt, offen zu sprechen, erlebt, wie sein Gegenüber den Redner für die unangenehmen Gefühle, die er in ihm auslöst, verantwortlich macht. Tradierte Haltungen schleichen sich nur langsam und unter viel Druck von Außen aus – wenn überhaupt. Gerät nun ein Mensch mit dominant-initiativen Verhaltensweisen in diese Organisation, wird das toxische Miteinander sichtbar. Der Mensch wird zum Symptomträger erklärt. Somit brauchen die anderen Akteure die eigenen Verhaltensweisen nicht anzusehen – typisch für extremen Narzissmus! Klare, direkte Sprache, Arbeits- und Umsetzungsgeschwindigkeit, Wissen und Können werden als eine Bedrohung im Unternehmen wahrgenommen. Die Gesellschaft steht zudem noch vor einem Generationenwechsel. Die Nerven der Beteiligten liegen blank. Besonders die einzelnen Entscheider und diejenigen, die die beschriebenen Verhaltensweisen als bedrohlich wahrnehmen, geraten an ihre Grenzen. Aus der eigenen eher unbewussten Wahrnehmung und den eigenen seelischen Verletzungen heraus.

Der Ursprung dieses Konfliktes begann auf der Mikroebene zwischen zwei Menschen aufgrund einer fachlichen Differenz, die ungünstig entschieden wurde. Dieser Konflikt entwickelte sich auf der Mesoebene abteilungsübergreifend mit weitreichenden Folgen. Deren Tragweite wusste der andersartige Neuling im Unternehmen (Makroebene) durch seine Fachkompetenz im Sinne der Interessen des Kunden zu lösen. Dies wiederum sorgte dann intern für Neid und Missgunst dem neuen Mitarbeiter gegenüber.

Persönlichkeitstypologien können ebenfalls hilfreich sein, um giftige Wechselwirkungen auf Organisationsebene sichtbar zu machen. So ist es in der Forschungs- und Entwicklungsabteilung oder in der Buchhaltung günstig, wenn die dortigen Mitarbeiter hohe gewissenhafte Anteile in ihrer Persönlichkeit haben. Im Vertrieb ist es dagegen vorteilhaft, wenn die Verkäufer primär initiative und sekundär dominante Verhaltensweisen zeigen. Dann fällt es ihnen leicht, Kontakte zu knüpfen, zu überzeugen und Abschlüsse zu machen. Dass die gewissenhafte Produktentwicklung ihr Werk gerne perfekt macht, kann

171 Siehe Seite 53.

dem Vertrieb jedoch mächtig auf die Nerven gehen und als lästiges Hindernis wahrgenommen werden. Längst haben die Sales-Kollegen schon Eigenschaften zugesagt, die nicht existieren, oder Versprechungen gemacht, die niemand halten kann. Der Blick der Produktentwicklung auf den Vertrieb? „Hört bitte auf, halbfertige Sachen zu verkaufen!“ Nur im guten, vertrauensvollen Austausch kann durch ein konstruktives Ringen um den idealen Zeitpunkt der Markteinführung ein neuer Produkt-Star entstehen. Es gilt also, die möglichst günstigen Kombinationen für ein erfolgreiches Miteinander zu finden.

## Verhaltensänderung der Persönlichkeiten in Drucksituationen

Sobald wir unter Druck geraten und unsere Bedürfnisse bedroht sehen, verändert sich unser Verhalten. Die Verhaltenstendenzen der Persönlichkeit verstärken sich: Wer beispielsweise dominant ist, wird sehr fordernd oder sogar übergriffig. Jeder Mensch hat unterschiedliche Strategien, um sich wieder zu stabilisieren. Gelingt dies nicht und spüren wir noch stärkeren Druck, wechselt die Eskalationsstufe und unser Verhalten verändert sich erneut. In inneren wie äußeren Konflikten verlieren wir wortwörtlich das Bewusstsein. Wir werden ohnmächtig, sind ohne Macht, ohne ein sich seiner Selbst bewusst sein. Wir reagieren nur noch, geraten in den Tunnel der Egozentrierung und treffen Entscheidungen im Affekt.

Wir machen uns im täglichen Miteinander selten Gedanken, wieso wir uns verhalten, wie wir uns verhalten. Das gilt für uns wie für die anderen. Deshalb verstehen wir uns oft nicht und urteilen unbewusst. Andere, für uns ungewohnte oder aus unserer Sicht unangemessene Verhaltensweisen bereiten uns Unbehagen. Dann neigen wir zu Schuldzuweisungen, die besonders gerne mit dem Satzanfang „Weil **du** …“ beginnen. Oder anders: „Mir geht’s schlecht und du bist schuld!“ In dieser Angelegenheit zeigen die allermeisten Menschen egozentrierte und damit narzisstische Verhaltensweisen.

Besonders spannend wird es jedoch, wenn wir denken, dass wir den Druck nicht loswerden, das Problem nicht beseitigen können. Denn dann ändern sich die Verhaltensweisen wirklich gravierend, wie die folgende Tabelle zeigt:

| | **In Alltags-situationen** | **In Druck-situationen** | **Wenn Druck nicht beseitigt werden kann** |
|---|---|---|---|
| **D** | verantwortlich, entschlusskräftig | übt Macht aus, ist fordernd | verliert das Interesse, zieht sich zurück |
| **I** | überzeugend, enthusiastisch | will Probleme vermeiden / niemanden verletzen, nutzt einflussreiche Kontakte | gibt nach / auf, schmollt |
| **S** | Unterstützung geben, freundlich sein | gibt nach / wartet ab, sucht Weg für Stabilität | fühlt sich verletzt, angreifend |
| **G** | sorgfältig und präzise, ruhige Art, analytisch | wird gewissenhafter und vorsichtiger; will sich aus Problemen raushalten | fordernd, greift an, wird unter Umständen emotional |

*Tabelle 5: Verhalten in Drucksituationen*[172]

Je nach Art des empfundenen Drucks zeigen sich die persönlichen Verhaltenspräferenzen auf andere Art und Weise:

» D und I beseitigen den Druck vorzugsweise mit Ellenbogen oder mit Gegendruck.
» S und G bevorzugen es, dem Druck mit Rückzug, Verhandlung oder passiv-aggressivem Verhalten zu begegnen, gerne mit dem Finger auf das Böse (da oben) zeigend.

**D:** Zeigt ein normalerweise entschlusskräftiger Mensch sich desinteressiert an Lösungen und blockt ab, wenn es um ein klärendes Gespräch geht, können wir von einer hohen Prozentzahl bei D ausgehen. Menschen mit dominanten Verhaltensweisen kämpfen nur den Kampf, den sie gewinnen können. Sonst ziehen sie lieber weiter und setzen ihre Lebensenergie in anderen Schlachten gewinnbringend ein. Nach außen mag so ein Mensch eher ruhig und überlegen wirken, nach innen zeigt sich meist eine tiefe Verletzung, die nicht selten zum Erstarren oder zu abgespaltenen Gefühlen wird. Solange sie jedoch den Eindruck haben, den Kampf gewinnen zu können, wird gekämpft.

172 Geier, John/Downey, Dorothy: *Persönlichkeit entwickeln*. Remchingen, 2015. S.25.

**I:** Menschen mit initiativen Verhaltenstendenzen ziehen sich schmollend zurück, wenn der Druck nicht beseitigt werden kann. Oder sie reagieren giftig und mit Schuldzuweisungen. Sie nerven dich, bis sie doch bekommen, was sie wollen. Wenn sie gekränkt sind, verlieren initiativ geprägte Menschen die Fähigkeit, sich anzupassen. Insbesondere gilt das, wenn sie an einer narzisstischen Selbstwertverletzung zu tragen haben.

**S & G:** Spannend wird es auch bei Menschen mit stetigen oder gewissenhaften Verhaltenstendenzen. Metaphorisch ähneln introvertierte Menschen einem Fernseher, der implodiert. Sie schlucken viel hinunter, können lange Druck standhalten und brauchen ihn sogar, um Höchstleistung vollbringen zu können. Doch wenn es nach innen keinen Raum mehr gibt, wenn sie mit dem Rücken zur Wand stehen, dann entlädt sich der hohe Druck und dir fliegt alles um die Ohren. Stetige Menschen neigen eher zu passiv-aggressivem Verhalten. Das solltest du mitbekommen, damit der innere Druck dosiert abgegeben werden kann, zum Beispiel durch einlenkende Gespräche in Ruhe. Der Mensch mit gewissenhaften Verhaltenstendenzen bricht eher aus wie ein Vulkan – lang, extrem und heiß. Diese Verhaltensweisen sind besonders im beruflichen Umfeld schlecht erkennbar. Denn im Normalfall sind Menschen mit stetigen oder gewissenhaften Verhaltenstendenzen ja so nett, angepasst-herzlich oder ruhig und analytisch-sachlich. Sie tendieren eher zum Aushalten als zum Explodieren. Wenn wir all diese Dynamiken erkennen, können wir leichter Rückschlüsse auf die verletzten Bedürfnisse der Beteiligten ziehen. Mit diesem Wissen oder dieser Ahnung können wir eher angemessen bzw. hilfreich agieren oder reagieren. Persönlichkeitstypologien sind wie ein Kompass im beruflichen Miteinander. Wir empfehlen dir, dich intensiv damit zu beschäftigen. Erinnere dich bitte immer daran, dass wir stets alle mindestens drei, oft alle vier DISG-Verhaltenstendenzen in uns tragen. Je nach Persönlichkeit und erlernten Strategien bevorzugen wir zwei bis drei dieser Varianten und verhalten uns entsprechend. Nie solltest du die Wechselwirkung unterschätzen, wenn ein Mensch mit initiativ-stetig-gewissenhaftem Verhalten auf eine Person trifft, die dominant-initiativ-gewissenhaftes Verhalten zeigt. Wenn beide Personen drei Verhaltenstendenzen über 50 Prozent zeigen, dann wird es schwierig, diese überhaupt noch auseinanderzuhalten und die Kombination zu überblicken. Aus insgesamt sechs Tendenzen, die allesamt in einer ungünstigen Wechselwirkung zueinanderstehen, entsteht ein giftiger Cocktail: Zusammen sind diese Menschen entsprechend nicht zu genießen. Die Lage entspricht dann einer Mediation mit sechs Personen gleichzeitig: Mit entsprechender Übung kriegt man das hin, doch es ist außerordentlich anspruchsvoll.

## Wie lässt sich eine toxische Wechselwirkung erkennen?

Extreme sind meist ungünstig für ein gutes soziales Miteinander. Treffen extreme Verhaltensdimensionen auf ihr Gegenüber, sind Konflikte vorprogrammiert, solange sich die Parteien dessen nicht bewusst sind. Ob und wie sehr wir Toxizität in Beziehungen oder bei Begegnungen wahrnehmen, hängt von verschiedenen sich ergänzenden Faktoren ab:

» von den sich treffenden Verhaltensweisen im Augenblick
» vom Charakter und vom Willen
» vom Grad der Differenzierung
» von den Rollen
» von den wahrgenommenen Reaktionsmöglichkeiten
» vom subjektiven Fokus der betreffenden Menschen
» und von der Dynamik der Begegnung oder der Organisation

Die folgende Tabelle 6 ergänzt die Tabelle 5. Sie zeigt ein Ampelsystem, um deutlich zu machen, wie die einzelnen Verhaltenspräferenzen zusammenpassen und interagieren.

**Im weißen Bereich:**
Wo Häkchen sind, gibt's ein Match: das funktioniert wunderbar. Ohne Haken sind die Charaktere diametral verschieden und es wird rumpeln. Narzissten bleiben sehr lange im grünen Bereich, weil sie Angst vor Veränderung haben und von ihrer Energiequelle abhängig sind. Doch sie schießen dich ab, wenn du ausgelutscht oder anderweitig nicht mehr nützlich bist. Loyalität kennen Narzissten nicht.

**Im helleren Grau-Bereich:**
Hier gibt's Stress, und du kannst sehen, wer wie darauf reagiert. Ein dominanter Mensch kämpft beispielsweise mit einem Initiativen, der das alles jedoch nur als Spiel ansieht. Der Stetige fängt mit dem Kämpfer an zu debattieren, der Gewissenhafte will verhandeln. Und ein extremer Narzisst jeglicher Couleur überspringt die hellgraue Stufe: Erinnerst du dich? Für ihn gibt es nur schwarz oder weiß, er kennt keine Graustufen! Er ist direkt so gereizt, dass er dich vernichten will.

**Im dunkleren Grau-Bereich:**
Hier siehst du die Interaktion, wenn der Druck nicht abgelassen werden kann.

| normale Situation | D | I | S | G |
|---|---|---|---|---|
| D | ✓ | ✓ | | ✓ |
| I | ✓ | ✓ | ✓ | |
| S | | ✓ | ✓ | ✓ |
| G | ✓ | | ✓ | ✓ |
| Druck / Stress | | | | |
| D | Kampf | Kampf / Spiel | Kampf / Debatte | Kampf / Verhandlung |
| I | Spiel / Kampf | Spiel | Spiel / Debatte | Spiel / Verhandlung |
| S | Debatte / Kampf | Debatte / Spiel | Debatte | Debatte / Verhandlung |
| G | Verhandlung / Kampf | Verhandlung / Spiel | Verhandlung / Debatte | Verhandlung |
| Druck/Stress kann nicht beseitigt werden | | | | |
| D | Rückzug des Schwächeren (wissen die meisten nicht) | Rückzug (konsequent Brücken abbrechen) / abwendend-Schmollen | Rückzug / Angriff auch unter der Gürtellinie | Rückzug / machtvoller Angriff |
| I | abwendend Schmollen / Rückzug | abwendend Schmollen (hinterlässt Gift, ist angepisst) | abwendend Schmollen / Angriff ggf. unter der Gürtellinie | abwendend Schmollen / machtvoller Angriff |
| S | Angriff / Rückzug | Angriff / Schmollen | Angriff, emotional verletzend, nachtragend | Angriff / Machtvoller Angriff (Wut) |
| G | machtvoller Angriff / Rückzug | machtvoller Angriff / Schmollen | machtvoller Angriff / emotionaler Angriff | machtvoller Kampf um das richtige Richtig |

*Tabelle 6: Die Interaktion der einzelnen Verhaltenspräferenzen.*

Persönlichkeitsprofile wie DISG oder Insights können Menschen helfen, sich und andere besser zu verstehen. Daraus ergeben sich Chancen für ein besseres Miteinander. Selbstverständlich sind diese Profile nicht dazu da, um Menschen zu bewerten und zu katalogisieren. Wann immer sie dogmatisch und ausschließlich betrachtet werden, schaden sie mehr, als dass sie nützen. Sie sind nur ein Hilfsmittel, um herauszufinden: „Wie ticke ich, wie tickt mein Gegenüber?" Mit dem Wissen darum und einem Gespür für Menschen ist es möglich, sich selbst und anderen gegenüber empathischer zu sein. Die Lieblingspräferenz eines Menschen kannst du mit ein bisschen Übung häufig bereits nach ein paar Minuten der Bekanntschaft erkennen: Wie ist die Person gekleidet? Wie spricht sie? Welche Wortwahl bevorzugt sie? Wie ist ihr Händedruck, ihre Gestik und Körpersprache? Wenn du möchtest, kannst du dich dann auf sie und ihre Bedürfnisse einstimmen: Ein gewissenhafter oder ‚blauer' Mensch möchte beispielsweise bei einem Autokauf eher Zahlen, Daten, Fakten zum Fahrzeug hören und keinen Roman erzählt bekommen. Ein gutes und gerne auch längeres Storytelling rund um das Fahrvergnügen weiß dagegen ein initiativer oder ‚gelber' Mensch zu schätzen, der bei Zahlen keine Bilder in den Kopf bekommt und deshalb emotional nicht angesprochen wird. Der initiative Mensch langweilt sich dann, fühlt sich vielleicht sogar unhöflich behandelt und wird hier eher nicht kaufen, wenn er kurz und knapp abgefertigt wird. Der gewissenhafte Mensch fühlt sich jedoch sicher, weil er die Informationen bekommt, die er braucht, und das erhöht möglicherweise seine Kaufbereitschaft. Wenn er vollgetextet werden würde, würde er vom Verhalten des Verkäufers eher abgestoßen sein.

Wir sind **alle** primär emotional gesteuert, auch wenn einige Menschen das nicht so gerne hören. Stell dir vor, was für einen Unterschied diese Erkenntnis für dich nicht nur im Verkauf, sondern auch in der Führung, im Dialog mit deiner Kollegin und in unzähligen weiteren Situationen machen könnte! Im Sinne eines besseren empathischen Miteinanders, bei dem du Win-Win-Situationen schaffen kannst. Ideal ist es übrigens, wenn du alle vier Buchstaben, Farben oder Antriebsenergien in dir ausgeglichen hast. Menschen, die im DISG-Modell in allen drei Diagrammen – äußeres Selbstbild, inneres Selbstbild, integriertes Selbstbild, siehe oben – eine hohe Übereinstimmung haben, nehmen wir als in sich ausgeglichene, wahrhaftige Menschen wahr. Auch Gerhard Roth schildert eine ausgeglichene Persönlichkeit als wünschenswert:

- » Sie besitzt die Fähigkeit, Situationen angemessen wahrzunehmen
- » Sie ist ausbalanciert zwischen Optimismus und Pessimismus, Gutgläubigkeit und Misstrauen, Eigenständigkeit und Bindung.[173]
- » „Hinzu kommt die Fähigkeit, die kurz- und langfristigen Konsequenzen des eigenen Tuns richtig zu bewerten, die eigenen Kräfte nicht zu über- und nicht zu unterschätzen, Absichten der anderen richtig zu erfassen, Chancen und Risiken zu erkennen und sie im eigenen Handeln zu berücksichtigen."[174]

Du vereinst dann die Stärken aller Bereiche und kannst dich gut auf viele verschiedene Menschen einstellen. Ein extremer Narzisst wird dieses Wissen natürlich zur Manipulation missbrauchen. Es ist wie mit dem Beispiel von dem Hammer aus Kapitel 1 – Persönlichkeitsprofile an sich sind neutral. Es kommt drauf an, was du damit machst. All deine ‚bunten' Stärken wirst du jedenfalls nicht entfalten können, wenn du in einer Umgebung bist, in der Narzissten das Sagen haben oder sich profilieren wollen.

173 Roth/Ryba, 2016. S.136.

174 Roth/Strüber, 2018. S.229.

**Kapitel 5 – das gibt's zu lernen**

Persönlichkeitsprofile dienen der Selbstreflexion und persönlichen Weiterentwicklung. Sie sollten nicht als Schublade benutzt werden.

Unsere Persönlichkeit umfasst nach dem DISG-Modell dominante, initiative, stetige oder gewissenhafte Anteile. Je nach Situation und Wechselwirkung mit unseren Mitmenschen passen wir sie bewusst oder unbewusst an.

Menschen sind verschieden und passen nicht immer zusammen, um gute Arbeitsergebnisse zu erzielen.

Verhalten ist situativ und mit der Wechselwirkung von dem Verhalten der anderen Menschen zu betrachten.

Das Wissen über menschliche Verhaltensweisen kann hilfreich oder missbräuchlich eingesetzt werden. Menschen merken den Unterschied meist sehr schnell

In Organisationen sollten die Dynamiken unter Berücksichtigung vieler Faktoren, wie der Differenzierung, dem Willen oder der Rolle betrachtet werden.

Je größer Stress und Druck, je offener zeigt sich die unfreiwillige Verhaltensprägung des Menschen, die toxisch sein kann.

Der Hormoncocktail in unserem Gehirn wirkt sich auf unser Fühlen und Verhalten aus.

Unsere Kernpersönlichkeit ist schon mit 3 Jahren fertig. Dann kommt lebenslang Erfahrung dazu, die unsere Persönlichkeit verändern kann. Sofern wir das wollen und zulassen.

Giftige Umgebungen schädigen dich nachhaltig. Du solltest ein Interesse daran haben, dein Umfeld selbst zu gestalten und notfalls gehen.

*What got you here won't get you there.*

Marshall Goldsmith – Unternehmensberater

## 6. Ohne Narzissmus keine Wirtschaft...

Wir wissen jetzt also, dass sich Menschen untereinander sowie auch Individuum und System wechselseitig beeinflussen. Der systemische Blick bewahrt dich davor, Menschen im Falle eines ‚zu viel' oder ‚zu wenig' an narzisstischen Eigenschaften zu pathologisieren und zu stigmatisieren. Die Gefahr ist andernfalls vorhanden, die Chancen narzisstischer Antriebskräfte zu übersehen, Menschen schlicht unrecht zu tun oder Narzissten die Möglichkeit zu nehmen, sich zu verändern und den Stempel wieder loszuwerden. Systeme beeinflussen durch ihre Strukturen, ob bestimmtes menschliches Verhalten wahrscheinlicher oder unwahrscheinlicher wird.[175] Doch Narzissmus kann Systeme prägen und ihnen seinen Stempel aufdrücken. Wenn Strukturen allzu hierarchisch und rigide sind, wird eine toxische Führungskultur eher gedeihen. Umgekehrt können Strukturen auch so gestaltet sein, dass sich toxische Charaktere darin nicht austoben können. Weil sie keinen Nährboden finden. Viele Unternehmen bilden zusammen mit den Nutzern ihrer Produkte oder Dienstleistungen das System der Wirtschaft. Der Mensch wird jedoch nicht nur in der Systemtheorie Luhmanns in Organisationen ausgeblendet. Er wird auch im Wirtschaftskreislauf vergessen, wie du in Abbildung 12 sehen wirst. Unserer Ansicht nach hat das fatale Folgen, die wir in Kapitel 4 bereits ansatzweise beleuchtet haben. Bevor wir das vertiefen und uns später in Teil III möglichen Lösungen für das Dilemma widmen, gilt es noch, das System der Wirtschaft kritisch unter die Lupe zu nehmen.

Wer Aufmerksamkeit will, der sollte provozieren. Dass wir mit der steilen These „Ohne Narzissmus keine Wirtschaft!" antreten wollen, war uns bei den ersten Überlegungen zum Buch sofort klar. Zumindest keine Wachstumswirtschaft, wie wir sie heute kennen. Das meinen wir überhaupt nicht negativ: Wir würden ohne narzisstische Eigenschaften alle nur faul auf unserem schicken Designer-Sofa liegen und netflixen. Doch halt, es hätte ja niemand je einen Streaming-Dienst erfunden! Es würde auch keine kreativen Regisseure geben und keine Schauspieler, die uns so wunderbar unterhalten. Und wir würden auf dem har-

175 Vgl. Sprenger, 2015. S.39.

ten Boden sitzen. Denn es wäre keiner da, der ein gemütliches Sofa entworfen, geschweige denn gebaut, zu einem Meisterstück der Handwerkskunst gemacht und dann zu einem bezahlbaren Preis in Massenproduktion gefertigt hätte.

Natürlich, wir haben mit unserem Beispiel gerade bewusst ein bisschen übertrieben. Doch was bedeutet Narzissmus wirklich für die Wirtschaft? Was wären die Konsequenzen, wenn es ihn nicht mehr gäbe? Oder wenn wir das ausführlich geschilderte Extrem auch in Zukunft beibehalten? Und können wir jetzt einfach weitermachen wie bisher? Du ahnst vielleicht auch, dass das nicht gut funktionieren wird. What got you here won't get you there!

## ... ohne wirtschaftliche Bewertung kein Narzissmus

Doch lass uns zum Beweis unserer These einen kleinen Ausflug in die Menschheitsgeschichte machen. Tatsächlich hat die Forschung inzwischen herausgefunden, dass unsere Vorfahren aus der Zeit der Jäger und Sammler kein brutal hartes, sondern ein ziemlich gechilltes Leben führten. Mit einer hervorragenden Work-Life-Balance, weil sie wöchentlich nur 20-30 Stunden arbeiteten und genug Zeit für Entspannung und soziale Kontakte hatten.[176] Es war höchstwahrscheinlich ein wesentlich gesünderes, bescheideneres und auch friedlicheres Leben als das, was nach der Sesshaftigkeit und der Erfindung der Landwirtschaft mit all den Seuchen und Kriegen auf uns wartete. Unsere Vorfahren haben gearbeitet, um zu leben. Wir heute leben, um zu arbeiten. Auch wenn eine Theorie besagt, dass Narzissmus – im Sinne von Egozentrik und Ellenbogenmentalität – unter den frühen Menschen sinnvoll gewesen sein mag, um für seinen Stamm das größte Stück vom gemeinsam erlegten Mammut zu sichern, sind die Wissenschaftler inzwischen etwas schlauer: Jäger und Sammler teilten meist miteinander und mochten keine Ungleichheit. Führung wechselte gemäß der Situation und der Inhalte. Wer führen wollte, musste es draufhaben: mehr Wissen, mehr Können, mehr Charisma.[177] Doch wer überheblich, egozentrisch, habgierig, eitel und aggressiv war oder sich anderweitig nicht tolerierbar verhielt, wurde verbannt oder in absoluten Härtefällen ausnahmsweise mal getötet. Wobei Verbannung zur Zeit der Höhlenmenschen ebenfalls ein Todesurteil gewesen sein dürfte. Zwar sind all die erwähnten unangenehmen

176 Bregman, Rutger: *Im Grunde gut*. Hamburg, 2023. S.127.

177 Vgl. Mythos #10.

Eigenschaften auch im Frühmenschen angelegt gewesen, doch wir haben „jahrtausendelang alles dafür getan, solche Neigungen zu unterdrücken“[178], erklärt uns Rutger Bregman in seinem faszinierenden Buch *Im Grunde gut*. Der frühe Mensch zähmte sich selbst, und wem das nicht gelang, der hatte weniger Chancen, seine Gene weiterzugeben. Denn es herrschte weitestgehend Damenwahl, wie das auch bei Tieren der Fall ist. Der etwas unfeine Spruch „Wer ficken will, muss freundlich sein“[179] ist dir vielleicht schon mal zu Ohren gekommen. Da ist was dran: Das Darwin'sche ‚Survival of the fittest‘ wurde inzwischen dank Studien an sibirischen Silberfüchsen durch ein ‚Survival of the friendliest‘ ersetzt. Die Urmenschen dürften wesentlich freundlicher, intelligenter und feministischer gewesen sein, als wir es lange vermutet haben.

Wenn du mehr darüber erfahren möchtest, dann besuch das ‚MONREPOS‘, ein archäologisches Forschungszentrum und Museum für menschliche Verhaltensevolution in Neuwied. Marion sprach mit den dortigen Forschern, die ihr bestätigten: Unsere Ahnen aus grauer Vorzeit stellten einzelne Charaktere nicht auf ein Podest. Aus evolutionärer Perspektive ist das, was uns Menschen ausmacht, die Farbe Grau. Kurzfristig sehen wir zwar schwarz-weiß. Aber wir brauchen die Grautöne. Wir sind Grautöne. Narzisstische Exzesse sind temporär sicherlich ein Spaß, funktionieren aber auf Dauer nicht. Und so sehnten sich unsere Vorfahren nach Gemeinschaft, setzten auf Kooperation, arbeiteten erfolgreich in Teams und brauchten einander auch schlicht und ergreifend zum Überleben. Sie glaubten, dass wir alle miteinander verbunden sind. Selbst Richard Dawkins hat seine in den 1970er Jahren aufgestellten Behauptungen vom egoistischen Gen, das uns von Geburt an zu selbstsüchtigen Wesen macht, inzwischen revidiert. Das Gegenteil ist der Fall: Wir sind „supersoziale Lernmaschinen“[180] und können bis an unser Lebensende durch neue Erfahrungen neue neuronale Pfade in unserem Gehirn bahnen, dazulernen und uns verändern. Am effektivsten geschieht Veränderung übrigens nicht unter Angst, Stress und Druck, sondern entspannt und mit viel Spaß.

Anthropologen, Historiker und Archäologen haben in den letzten Jahrzehnten außerdem bestätigt, was Jean-Jacques Rousseau – ein französischer Musiker,

178 Bregman, 2023. S.119.

179 Dieser Titel eines Liedes der deutschen Pop-Band SDP von 2014 hat es sogar in die Schlagzeilen geschafft: https://www.spiegel.de/gesundheit/sex/nette-leute-haben-mehr-sex-a-00000000-0003-0001-0000-000000768475

180 Bregman, 2023. S.90.

der zu einem der bedeutendsten Philosophen seiner Zeit wurde – bereits im 18. Jahrhundert erkannt hatte: Die Zivilisation hat sich als großer Irrtum erwiesen und uns zu toxischen Narzissten gemacht. Nach der letzten Eiszeit ging es zwar mit dem, was wir heute Kultur nennen, bergauf. Mit unserer Humanität und Sozialverträglichkeit ging es jedoch steil bergab. So fragt sich Historiker Bregman dann auch: „Warum waren Jäger und Sammler in der Lage, mit arroganten Führern kurzen Prozess zu machen, während wir sie heute einfach nicht loswerden können? [...] Zehntausende Jahre hatten wir ausgezeichnete Systeme, um die eingebildetsten Typen zu Fall zu bringen: Humor. Spott. Klatsch und Tratsch. Und im schlimmsten Fall: ein Tritt in den Allerwertesten.

Aber plötzlich funktionierte dieses System nicht mehr."[181] Dies haben wir der Tatsache zu verdanken, dass vor ungefähr acht- bis zehntausend Jahren ein Mensch ein Grundstück eingezäunt, ein Haus darauf gebaut, einen Acker angelegt und das Konglomerat als sein Eigentum deklariert hat. Mit der Sesshaftigkeit ging Besitz erst los. Es gab viel zu gewinnen und viel zu verlieren – geht die Saat auf, die ich heute in den Boden gebe? Reicht die Ernte nur für mich oder kann ich Gewinn daraus erzielen? Es wurde nicht mehr geteilt und getauscht, es wurde verkauft. Ein Monopol zu haben, der Einzige zu sein, er etwas kann oder hat, förderte die Gier, die Egozentrik und den Wunsch nach Status und Kontrolle. Begehrlichkeiten wurden geweckt beim Blick auf den Besitz des Nachbarn auf der anderen Seite des Flusses. Im Schutz der eigenen vier Wände konnte sich der Mensch erstmalig abgrenzen. Man musste nicht mehr zwingend zusammen rumhängen, um sich sicher fühlen zu können. Übersteigerten Narzissmus kannst du dir nur erlauben, wenn du eine gewisse Freiheit hast und nicht mehr von der Gruppe abhängig bist.

Die Sesshaftigkeit dürfte auch die Geburtsstunde des Patriarchats gewesen sein, das extremen Narzissmus ebenfalls hat gedeihen lassen. Kurz darauf brachen die ersten Kriege aus, die den Bedarf an militärischen Führern mit sich brachten. Mit jedem Sieg bekamen diese Führer mehr Kontrolle, Einfluss, Besitz und später auch Geld. Sie scharten ein immer größeres Gefolge um sich, das ihnen half, die Führung zu behalten. Die ersten Staaten waren allesamt Sklavenstaaten und die letzten freien Menschen waren vor ihnen auf der Flucht. Um ihren Status nicht wieder zu verlieren, brauchten die Führer: mehr Durchsetzungskraft, mehr Egozentrik, weniger Empathie, mehr Kriege! Krieg kommt von kriegen. Apropos kriegen: Geld wurde nicht erfunden, um damit zu tauschen, sondern

181 Bregman, 2023. S.122 f.

um damit Menschen unterdrücken zu können. In Form von Steuerzahlungen. Check, nächster Meilenstein der Zivilisation erreicht!

Rousseaus philosophisches Gegenstück ist der mehr als ein Jahrhundert früher geborene Brite Thomas Hobbes. Der war im Jahr 1651 der Ansicht, die Zivilisation hätte uns aus einem von Angst, Konkurrenzkampf und Anarchie bestimmten, einsamen und schrecklichen Leben gerettet, in dem jeder gegen jeden Krieg führte. Der einzige Ausweg aus der Misere wäre ein mächtiger Alleinherrscher, den er Leviathan nannte. Die Idee mit dem mächtigen Herrscher war keinesfalls neu: Schon 1532 riet Niccolo Machiavelli[182] den Fürsten seiner Zeit, Gefühle niemals preiszugeben, manipulativ und „moralisch flexibel"[183] zu sein, wenn sie auch zukünftig herrschen wollten. Soll heißen: Es bestand für Machiavelli kein Grund, sich für unethisches oder opportunistisches Verhalten zu schämen. Gewinnen um jeden Preis war völlig ok, denn das einzige Ziel war, an der Macht zu bleiben. Das Gedankengut von Hobbes und Machiavelli wurde im Laufe der Jahrhunderte von sämtlichen Herrschern und Diktatoren sowie unzähligen Führungskräften begeistert aufgegriffen. Machiavellismus ist ein feststehender Begriff für Erfolg mit unlauteren Mitteln geworden und gilt neben Narzissmus und Psychopathie als Bestandteil der sogenannten *Dunklen Triade.*[184] Narzissmus gilt übrigens als deren harmlosester Bestandteil.

Auch Hobbes Theorie hat sich bis heute gehalten. Sie hat sich so sehr in den Köpfen festgesetzt, dass sie kaum herauszukriegen ist, obwohl die Sozialpsychologie, die Neurowissenschaften und viele andere Forschungszweige heute wesentlich klüger sind und wir es eigentlich besser wissen: Gewalt und Krieg liegen nicht in der Natur des Menschen. Hobbes, Darwin, Dawkins, sie haben sich diesbezüglich alle geirrt. Das pessimistische Menschen- und damit auch Weltbild des Thomas Hobbes und seiner Jünger ist empirisch gesehen falsch.[185] Die von den Machthungrigen dieser Welt – Staat, Kirche, Adel, Patriarchat – so gern erzählte Geschichte, dass der Mensch sich nach einem starken Führer sehne und nicht in der Lage sei, sich selbst zu führen, ist weniger von Psychologen und Soziologen als von Historikern, Archäologen und Anthropologen widerlegt worden. Und doch prägte dieses Menschen- und Weltbild die Wirt-

182 Hobbes und Machiavelli sind dir in Kapitel 1 schon begegnet, Rousseau in Mythos #6.

183 Kuhn/Weibler, 2020. S.58.

184 Siehe Kapitel 4.

185 Bregman, 2023. S.107.

schaftswissenschaft von Beginn an und tut es bis heute. Vielleicht liegt es daran, dass (Land-)Wirtschaft Narzissten gemacht hat. Und nun machen Narzissten Wirtschaft und da haben wir den Salat.

## Taylorismus als inhumane Ökonomie

So wie wir kaum über Systemtheorien sprechen können, ohne bei Luhmann anzufangen, können wir nicht über die heutige Wirtschaft sprechen, ohne bei Taylor anzufangen: Frederick Winslow Taylor, Ingenieur und Betriebsberater, begründete 1911 das Prinzip einer Prozesssteuerung von Arbeitsabläufen, die von einem auf Arbeitsstudien gestützten und arbeitsvorbereitenden Management detailliert vorgeschrieben werden. Ihm verdanken wir den Begriff *Scientific Management* (wissenschaftliche Betriebsführung), der häufig und meist leicht abfällig als Taylorismus bezeichnet wird.

Das Ziel dahinter sollte sein, menschliche Arbeit effizienter zu machen. Einerseits durch die strikte Trennung von Denken und Handeln: Die Führung denkt und lenkt, der Arbeiter gehorcht und führt aus. Andererseits dadurch, Arbeit in kleinste Einheiten, die sich schnell und simpel wiederholen lassen, funktional aufzuteilen – die Geburtsstunde der *Abteilung*. Niels Pfläging beschreibt Taylors Idee als „DNA der Sozialtechnologie Management“[186] – denn dies wurde sie und ist es weitestgehend bis heute.

**Klassisches Management wird verstanden als:**

» Hierarchische Teilung
» Top-Down-Kontrolle
» Management by Numbers
» Führung durch Druck und Angst, Command und Control (siehe Kapitel 4)
» Funktionale Trennung
» Reduktion von Verantwortung auf Teilaufgaben
» Fremdsteuerung

186 Pfläging, 2013. S.12.

Taylor haben wir es zu verdanken, dass menschliche Beziehungen strikt von der Arbeitswelt getrennt worden sind. Der Mensch wurde bei ihm lediglich als Produktionsfaktor gesehen, den es optimal zu nutzen gilt. Lohn für Leistung sollte die Menschen antreiben, euphemistisch gesagt: motivieren. Wer schneller im Hamsterrad lief, bekam mehr Kohle. Taylor ging darüber hinaus davon aus, dass eine geregelte Tätigkeit Menschen befriedige. Heute wissen wir, dass dies bestenfalls für die stetigen Typen gilt, doch keinesfalls für alle. Diese Verallgemeinerung war nur einer von Taylors Fehlern. Zufriedenheit entsteht weniger durch Routinen als durch soziale Beziehungen, wie Psychiater Joachim Bauer uns wissen lässt. Die Forschung hat seit den 1990er Jahren mehr und mehr Belege dafür gefunden, dass die Motivation eines jeden gesunden Menschen auf „Zuwendung und gelingende menschliche Beziehungen“[187] ausgelegt ist.

In Gablers BWL-Lehrbuch[188] steht, dass Taylor das Maximalprinzip eingeführt hätte, auf das wir uns in diesem Buch gelegentlich beziehen. Wir sagen: ja und nein. Ja, das Taylorprinzip hat das Maximale rausgeholt – und die ‚Ressource‘ Mensch verbraucht. Ausgepresst wie eine Zitrone. Und wenn der Mensch dann alle ist, ausgelutscht, schmeißt man ihn weg und holt sich den nächsten. Nein, das ist kein Maximalprinzip, wie wir es empfehlen, das ist aus unserer Sicht schlicht und ergreifend Dummheit! Außerdem ist es hoch narzisstisches Verhalten: Narzissten machen das mit ihren Opfern genauso!

Auch wenn Taylor schon früh Kritik entgegenwehte – seine Prinzipien seien inhuman, ineffektiv und unwissenschaftlich – wurde sein *Scientific Management* zu einem Standard der Arbeitswelt. Für die knapp 70 Jahre des Industriezeitalters, in denen sich die Märkte erweiterten, in denen Wertschöpfung durch Maschinen funktionierte und es wenig Konkurrenz sowie geringe Komplexität gab, hat das auch prima funktioniert. Vielleicht nicht unbedingt für das Individuum, das sich in den unteren Reihen der patriarchalisch aufgestellten Organigramme wiederfand. Doch für das Wirtschaftswachstum schon. 70 erfolgreiche Jahre für die grandiosen Ideen und den ausbeuterischen, unmenschlichen Führungsstil extremer Narzissten und allen, die es werden wollten. Wir wollen damit nicht sagen, dass im Management nur Narzissten saßen. Sondern, dass der Taylorismus Narzissten alle Chancen bot, sich auszutoben. Denen, die im Organigramm oben saßen, ermöglichte er Narrenfreiheit und Machtmiss-

187 Bauer, Joachim: *Prinzip Menschlichkeit*. Hamburg, 2006. S.7.

188 Thommen, Jean-Paul/Achleitner, Ann-Kristin: *Allgemeine Betriebswirtschaftslehre*. Wiesbaden, 2006. S.666 – die Zahl des Teufels! ;-).

brauch. Denen, die unten saßen und hochwollten, die Möglichkeit, sich mit Ellenbogenmentalität hoch zu kämpfen. Auch hier gilt: Wir wollen und können nicht behaupten, dass es immer und überall so war, doch es war und ist definitiv zu beobachten! Nun hat sich die Welt ab den 1970er Jahren zu verändern begonnen und tut es heute immer mehr und immer schneller. Wir leben im Zeitalter hoher Komplexität, globaler Märkte und eines nie zuvor gekannten Marktdrucks. Unternehmen, bei denen der ‚Mensch im Mittelpunkt' lediglich eine an Zynismus nicht mehr zu übertreffende Floskel ist, bezahlen dafür aktuell einen hohen Preis: Niemand will mehr zu ihnen kommen! Deutschland hat sich vom Arbeitgeber- zum Arbeitnehmermarkt entwickelt. Vielleicht bewerben sich noch die Verzweifelten, die aus Gründen sonst nichts finden: ‚Rudis Resterampe' meets Jobbörse. Und doch sind viele Organisationen den nun veralteten, mechanistischen und in komplexen Umgebungen kontraproduktiven Managementmethoden Taylors treu geblieben. Jahresmitarbeitergespräch? Zielvereinbarungen? Boni? Das haben wir halt schon immer so gemacht! Regeln, Linienstrukturen und 90 Prozent der Management-Praktiken[189] können keine komplexen Probleme lösen. Die Quote an Narzissten im Management bleibt hoch. Doch (Führungs-)Methoden des Industriezeitalters weiter anzuwenden, heißt unintelligentes Scheitern[190] in Kauf zu nehmen.

Es ist Zeit für ehrliche Selbstreflexion und den Weg zurück[191] in eine humane Wirtschaft, die nach ethischen Prinzipien strebt. Die bereits vorgestellten Zahlen zu psychischen Erkrankungen, inneren Kündigungen und Fluktuationskosten sprechen für sich!

189 Pfläging, 2013. S.25

190 Amy C. Edmondson unterscheidet in *Die angstfreie Organisation* intelligentes Scheitern, aus dem Menschen lernen können, von vermeidbarem und damit unintelligentem Scheitern. Intelligentes Scheitern wäre beispielsweise, einen neuen, in der Kundenkommunikation noch nie dagewesenen Weg auszuprobieren und frühzeitig zu merken, dass es ein Holzweg ist.

191 Ja, es war alles schon mal da, bevor der Mensch falsch abgebogen ist!
Warte auf Kapitel 9.

## Wirtschaftskreislauf vs. Subsysteme

Wenn wir im wirtschaftlichen Sinne agieren, Führungstheorien aufstellen und vieles mehr, dann haben wir fast überwiegend den Wirtschaftskreislauf im Sinn. Schauen wir uns den vollständigen Wirtschaftskreislauf an (Abb. 12), wird schnell klar: Der Mensch kommt da explizit nicht vor – nur implizit als Produktionsfaktor! Luhmann lässt grüßen. Und doch ist der Mensch überall dabei.

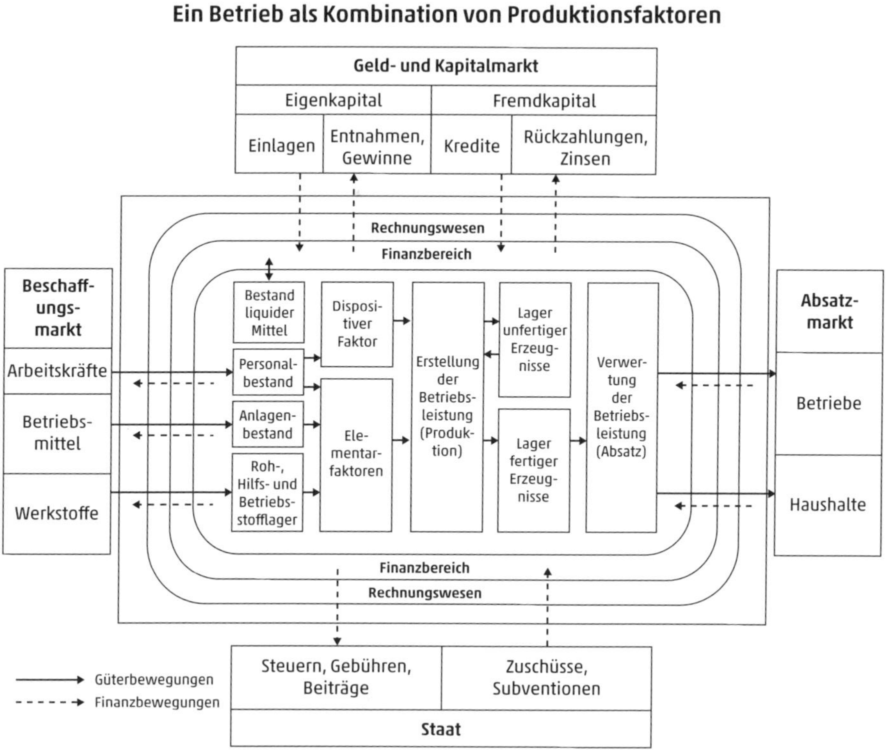

**Ein Betrieb als Kombination von Produktionsfaktoren**

Geld- und Kapitalmarkt
Eigenkapital
Fremdkapital
Einlagen
Entnahmen, Gewinne
Kredite
Rückzahlungen, Zinsen
Rechnungswesen
Finanzbereich
Beschaffungsmarkt
Arbeitskräfte
Betriebsmittel
Werkstoffe
Bestand liquider Mittel
Personalbestand
Anlagenbestand
Roh-, Hilfs- und Betriebsstofflager
Dispositiver Faktor
Elementarfaktoren
Erstellung der Betriebsleistung (Produktion)
Lager unfertiger Erzeugnisse
Lager fertiger Erzeugnisse
Verwertung der Betriebsleistung (Absatz)
Absatzmarkt
Betriebe
Haushalte
Finanzbereich
Rechnungswesen
Steuern, Gebühren, Beiträge
Zuschüsse, Subventionen
Staat
Güterbewegungen
Finanzbewegungen

*Abb. 12: Der Wirtschaftskreislauf von Heinz Kußmaul bedenkt den Menschen mit, zumindest in einem Betrieb als Kombination von Produktionsfaktoren; Entnommen aus Kußmaul, Heinz: Betriebswirtschaftslehre. Eine Einführung für Einsteiger und Existenzgründer, 9. Aufl., Berlin/Boston 2022, S. 8; dort modifiziert entnommen aus Wöhe, Günter: Einführung in die Allgemeine Betriebswirtschaftslehre, 21. Aufl., München 2002, S. 11, aktuell nicht mehr enthalten.*

Wir vereinfachen das Wirtschaften auf diese Weise und tun so, als ob es den Menschen mitsamt seinen Gefühlen, Bedürfnissen und Empfindungen nicht geben würde. Der Mensch inklusive seines vorhandenen Nichtwissens, seinen Leerstellen, scheint zu verunsichern. Er ist unberechenbar. Was nicht berechenbar ist, scheint in der BWL nicht vorkommen zu dürfen. Wir versuchen damit, sehr linkshirnig[192] getrieben, das Wesen Mensch in seiner Komplexität zu reduzieren. Es ist natürlich einfacher und angenehmer, sich mit etwas Kompliziertem wie dem Wirtschaftskreislauf auseinanderzusetzen, als mit etwas Komplexem. Das ebenso komplexe Wesen Organisation kommt in Abbildung 12 zwar vor, wird jedoch stark vereinfacht dargestellt. Doch es wird unternehmerischem Handeln nicht gerecht: Der gesamte Wirtschaftskreislauf besteht aus menschlichen Interaktionen. Was Schaubilder und Theorien anbelangt, gibt es nichts, was einzig und allein Anspruch auf Wahrhaftigkeit hätte. Wir haben es ausprobiert, den Menschen á la Luhmann auszuklammern. In unserer Arbeit mit Führungskräften und Organisationen hat es sich nicht als sinnvoll und praktikabel erwiesen.

Im Gabler-Lehrbuch für allgemeine Betriebswirtschaft, das schon auf dem Umschlag explizit auf seine Bachelor-Tauglichkeit hinweist, werden dem Menschen und seiner Menschlichkeit ungefähr 12 Seiten gewidmet.[193] Der reine Inhaltsteil des Lehrbuchs beläuft sich insgesamt auf 1057 Seiten. Wir rechnen das jetzt nicht in Prozent aus. Klar, ein BWL-Buch ist kein Psychologiebuch. Doch es illustriert sehr schön unsere oben schon geschilderte Beobachtung: der Mensch kommt in der Wirtschaftslehre nicht vor, höchstens als objektifiziertes Produktionsmittel oder als lästiges Beiwerk. Die Welt dort draußen, wie wir sie kennengelernt haben, bestätigt unsere Wahrnehmung: Die 12 Seiten über die Eigenarten des Individuums sind im Wirtschaftsstudium wohl irgendwie unter den Tisch gefallen. Spätestens aber, sobald der frisch beurkundete Absolvent den Fuß in ein Unternehmen gesetzt und seinen ersten Arbeitsvertrag unterschrieben hat, scheint dieses Wissen, beispielsweise um die Relevanz informeller Strukturen, verpufft zu sein. Dabei könnte man im *Gabler* so schön nachlesen, weshalb Taylors Ideen damals erfolgreich, aber schon immer entwürdigend wa-

192 Siehe Infobox auf Seite 220.

193 Thommen/Achleitner, S. 661-672.

ren. Und weshalb es keine X-Menschen, sondern nur X-Verhalten[194] gibt. Doch Douglas McGregors schon 1970 entworfenes XY-Menschenbild sorgt bei 9 von 10 Führungskräften mit BWL-Abschluss für großes Erstaunen. Egal, ob sie 35 oder 65 Jahre alt sind, wenn sie bei uns in Workshops das erste Mal in ihrem Leben davon hören, dass man Menschen nicht motivieren, jedoch demotivieren kann und dass X-Verhalten hausgemacht ist, aber nicht dem Menschen von Natur aus innewohnt.

Lass uns Organisationen deshalb ganzheitlich betrachten und zu Friedrich Glasls Systemkonzept übergehen. Der österreichische Organisationsberater hat anstelle eines total versachlichten Kreislaufs ein Modell mit drei Subsystemen gebaut, dass er als lebendigen Körper ohne Anspruch auf Vollständigkeit versteht. Jedes Subsystem besteht aus drei so genannten Wesenselementen, die sich auch als zwei Dreiecke darstellen lassen, wenn es darum geht, etwas zu stabilisieren oder es zu verändern. In deren Mitte steht der Mensch bzw. die Gruppe oder das Betriebsklima als zentraler Faktor. In jedem Fall wird der Mensch immer mitgedacht und mitgenommen. In jedem Subsystem ist er dabei. Dieses Modell wird dem Menschen und seiner Subjektivität eher gerecht und adressiert neben unserer linken, sachlich-logischen auch unsere rechte, kreativ-emotionale Gehirnhälfte (siehe Infokasten).

Die Organisationsberatung Trigon, zu der Glasl gehört, formuliert es wie folgt: „Die große Polarität besteht zwischen dem kulturellen Subsystem – dem geistigen Pol einer Organisation – und dem technisch-instrumentellen Subsystem, dem physisch-materiellen Pol. Dazwischen wirkt das soziale Subsystem – gleichsam die seelische Dimension einer Organisation – als aktive Mitte: Rollen, Beziehungen, Einzelfunktionen und Gesamtstrukturen werden untereinander ausgehandelt und entstehen so in einer Mischung von bewusstem und intendiertem Handeln und aus einer spontanen, eigendynamisch und oftmals unbewussten bestimmten Gestaltung.“[195] Die Subsysteme und ihre einzelnen

194 X-Verhalten ist ein Vorurteil: Es besagt, der Mensch sei arbeitsscheues Gesindel, das sich weigert, Verantwortung zu übernehmen und alles vorgekaut bekommen will. Menschen werden durch Angst oder Geld motiviert und müssen engmaschig kontrolliert werden. Damit der Mitarbeiter überhaupt was tut, muss er mit Zuckerbrot und Peitsche geführt werden. Seine einzige kreative Leistung besteht darin, die Firma zu bescheißen bzw. aus Situationen den eigenen Vorteil rauszuholen.

195 Kalcher, Trude (2017): *Ganzheitliches Systemkonzept einer Organisation – eine Einführung in die 7 Wesenselemente.* https://www.trigon.at/wp-content/uploads/2017/09/Ganzheitliches-Systemkonzept-einer-Organisation-%E2%80%93-eine-Einf%C3%BChrung-in-die-7-Wesenselemente.pdf

Elemente sollen wie eine Landkarte Orientierung bieten – und sind, wie auch bei DISG beschrieben, nicht mit der Landschaft zu verwechseln. Sie sollen Unterscheidungen möglich machen und zum besseren Verständnis der einzelnen Begriffe beitragen.

Das erste Subsystem heißt *technisch-instrumentell*. Hier entsteht auf physischer und prozessualer Ebene die Wertschöpfung, die jede Organisation überleben lässt. Seine Elemente sind materielle Mittel sowie definierte Prozesse und Abläufe. Das System ist messbar – wie lange dauert ein Prozess? – oder anfassbar, z. B. in Form einer Immobilie oder einer Maschine.

Das zweite Subsystem ist das *Soziale*. Es folgt anderen Gesetzmäßigkeiten als das Technisch-Instrumentelle. Hier entsteht die Zusammenarbeit, die Führung, das, was zwischen Menschen und ihren Funktionen geschieht und was jede Organisation leben lässt: Sprache, Wahrnehmung, Symbole, Motivation, Beziehungen, Arbeitsweisen. Seine Elemente sind Einzelfunktionen, Gremien, Organe. Darüber hinaus Menschen, Gruppen, Klima und Führung sowie die Struktur der Aufbau- oder Matrixorganisation.

Das dritte Subsystem ist das *Kulturelle*. Glasl sieht hier den Sinn und Zweck, den ideellen Kern und die Werte der Organisation. Zu ihm gehören einerseits die Identität, andererseits auch Strategie, Policy, Programme und – neben der Vorderbühne – auch heimliche Spielregeln, die Hinterbühne. Aus allen drei Subsystemen bildet sich die Organisation in ihren drei unterschiedlichen „Qualitäten und Seinszuständen“[196] Die beispielsweise für Diagnosen und Konflikte separat zu betrachtenden Subsysteme müssen gedanklich wieder zusammengesetzt und als Gesamtbild gesehen werden.

Auch für die *Narzissmus-Bilanz* sind alle drei Subsysteme von Belang – vorrangig das Soziale und das Kulturelle. Glasl betont, dass „man nicht generell vom System ‚Organisation‘ sprechen, sondern zwischen den Systemqualitäten differenzieren“[197] sollte. Denn die Regeln und Gesetze mechanischer Systeme haben eine kontraproduktive Wirkung, wenn es darum geht, auf sozialer oder kultureller Ebene etwas zu verändern. Und obwohl all dies schon lange bekannt ist, operieren so viele Organisationen nach wie vor mit mechanistischen Mo-

196 Ballreich/Glasl, 2019. S.130.

197 Ebd. S.131.

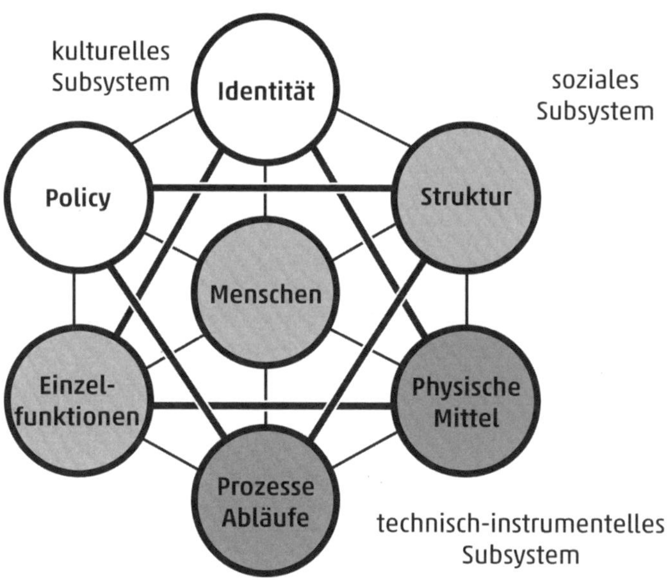


*Abb. 13: Friedrich Glasls sieben Wesenselemente in Organisationen (Subsysteme).*

dellen wie dem Bild vom Wirtschaftskreislauf, als wäre eine Organisation ein totes Ding.

Die Wirtschaft agiert überwiegend nach dem Minimalprinzip, wenn es um den Produktionsfaktor Mensch geht. In einem vollständigen Wirtschaftskreislauf mit Zielen und Vorgaben begrenzt du die Potenziale und schöpfst die Fähigkeiten deiner Leute nicht aus. Du gibst vor, anstatt werden zu lassen. Peter gibst du etwas vor, was er nie erreichen können wird und überforderst ihn damit. Lisa unterforderst du, weil sie vor lauter Regeln und Anweisungen ihr Potenzial gar nicht erreichen kann und darf. Wir schrieben es schon in der Einleitung: die Beschäftigung mit dem Menschen macht reich! Wir würden am gescheitesten nach dem Maximalprinzip führen, einer Prämisse der Wirtschaftswissenschaften, die besagt, stets das Maximum an Ertrag aus den gegebenen Mitteln herauszuholen. Sie tut das vorrangig bei allen Dingen, außer beim Menschen. Taylor, der heute noch in weiten Teilen unser Bild von Arbeit und Wirtschaft prägt, hat nicht verstanden, wie Menschen funktionieren. Sie auszubeuten mag eine kurze Zeit lang funktionieren. Der Preis dafür ist hoch, für alle Beteiligten.

### Was meinen wir mit rechts- und linkshirnig?

In der *Narzissmus-Bilanz* wirst du gelegentlich etwas von rechtshirnig oder linkshirnig lesen. Wir beziehen uns dabei auf die Anatomie des menschlichen Gehirns.[198] Einige Fähigkeiten lassen sich nämlich den Gehirnseiten zuordnen. Doch fangen wir erstmal im wahrsten Sinne des Wortes von vorne an: Legst du die Hand quer auf deine Stirn, bist du ganz dicht dran am Zentrum deiner Intelligenz: Hinter deinem Stirnbein erstreckt sich der fürs Denken und Probleme lösen zuständige *präfrontale Cortex* über beide Hirnseiten. Auf dessen Rückseite sitzt das *Arbeitsgedächtnis* und hier kuschelt sich von **links** das *Broca-Areal* an, benannt nach seinem Entdecker Paul Broca. Dieser bereits im 19. Jahrhundert erforschte Hirnteil ist zuständig für Sprache. Genauer: für Syntax (Satzbau und Grammatik) und Semantik (inhaltliche Bedeutung). Es steuert außerdem die motorischen Aspekte des Sprechens. Wenn du nun mit deinem Zeigefinger deinen Scheitel entlangfährst und auf der höchsten Stelle deines Kopfes links abbiegst, landest du beim linken Scheitellappen – *Lobus parietalis*. Sein Job ist es, Informationen symbolisch-analytisch zu verarbeiten: Mathematik, Sprache, Schrift, Zeichnungen und Symbole sind seine Stärken. Und jetzt legst du eine Hand auf dein linkes Ohr: Die Gegend hinter deinen Fingerspitzen nennt sich Schläfenlappen – *Lobus temporialis*. Hier residiert im oberen Bereich das Wernicke-Areal, natürlich ebenfalls nach seinem Entdecker Carl Wernicke benannt. Und auch hier wird Sprache verarbeitet: Das *Wernicke-Areal* erkennt Sprachlaute und Wörter und ist zuständig für die logische Sprachverarbeitung.

Und auf der **rechten** Seite? Da hast du natürlich noch ein Ohr. Und dahinter den rechten Schläfenlappen. Worin er gut ist? Er kann beispielsweise die Stimmung von Menschen anhand ihrer Mimik oder ihres Tonfalls sowie Melodien, Harmonien und Rhythmen erkennen. Außerdem haben die Schläfenlappen jeweils noch einen unteren Bereich. Da geht es generell um komplexe, visuelle, nicht-räumliche Informationsverarbeitung: Gesichter und Gesten erkennen, Objekte benennen, ganze Szenen erfassen. Die unteren Schläfenlappen betreiben auch hier wieder Aufgabenteilung: die linke Seite verarbeitet rationale Aspekte, die rechte die Emotionalen. Die rechte Gehirnhälfte ist außer-

198 Unser diesbezügliches Wissen haben wir von unseren Ausbildungen an der Akademie für neurowissenschaftliches Bildungsmanagement (AFNB) und bei Alica Ryba. Nachlesen kannst du all das und noch viel mehr zum Beispiel bei Gerhard Roth und Alica Ryba in *Coaching, Beratung und Gehirn.*

dem dazu da, neue Ideen zu entwickeln, sich Dinge vorzustellen und in der Umwelt zu navigieren.

Jetzt fragst du dich vielleicht, was dieses Wissen in einem Wirtschaftsbuch zu suchen hat, das sich um Narzissmus im Job dreht? Weil unsere Wirtschaft alles begünstigt, was linkshirnig ist: Analysieren, logisch Denken, Sprechen, Ziele setzen, Machen, Versachlichen. Subjekte wie Objekte behandeln. Zahlen, Daten, Fakten. Und alles, was rechtshirnig ist, ausblendet: Das große Ganze, Emotionen, Gefühle, Bedürfnisse, Kreativität, Phantasie, Menschlichkeit. Damit wird der Mensch nicht nur aus dem System Wirtschaft oder Organisation ausgeschnitten, er wird auch noch in sich in zwei Hälften geschnitten. Die Linkshirnigen werden gerne – wenn wir mal wieder kurz überspitzen dürfen – als rationale Buchhaltertypen bezeichnet, während die Rechtshirnigen häufig als die emotionalen Künstler eingestuft werden. Selbstverständlich arbeiten beide Hirnhälften stets zusammen, um Informationen umfassend verarbeiten zu können. Ein künstlerisch tätiger Mensch kann selbstverständlich auch in der Lage sein, sich diszipliniert um seine Buchhaltung zu kümmern.

Dass sich die Wirtschaft und ihre untergeordneten Systeme auf die Linkshirnigkeit fokussieren, kommt extremen Narzissten zugute. Sie können beispielsweise durch Erfolge wunderbar verschleiern, dass sie Angst davor haben, sich wirklich auf ihre Umwelt einzulassen. Oder dass sie es schlicht nicht können. Sie lenken den Fokus bewusst aufs Materielle oder auf die ‚harte' Sachebene. Damit bitte niemand auf die Idee kommen möge, auf emotionale, ‚weiche' Kriterien wie Wohlbefinden, Werte oder Beziehungen zu achten. Denn darin sind Narzissten gar nicht gut. Dass es nichts Härteres gibt als Soft Skills, hat ihnen wohl noch niemand verraten …

Wird die BWL als reine Profitlehre gesehen, widerspricht sie sich selbst. Weil ihr angestrebtes Ziel – langfristiger Erfolg, der das Überleben eines Unternehmens sichert – oft eine ganzheitliche Betrachtung erfordert. Die geht über kurzfristige Gewinnmaximierung hinaus und bezieht soziale, ökologische sowie ethische Aspekte ein. Glasl zeigt das Maximalprinzip auf, wenn er den Menschen in den Mittelpunkt seines Systemkonzepts stellt. So kannst du Menschen Raum geben, damit sie wachsen können. Indem du ihre Fähigkeiten erkennst und sie dabei unterstützt, ihre Stärken zu zeigen. Wenn du ihnen sagst, wo du ihr Potenzial siehst – oder sie fragst, wo sie es selbst sehen! – und ihnen die Möglichkeit gibst, sich auszuprobieren, kannst du ihre wahren Talente fördern und entwickeln. Ohne diese Bestätigung, Anerkennung und die Verbindung zu anderen würden sie ihre besonderen Gaben und Fähigkeiten wahrscheinlich nicht oder zumindest weniger zum Ausdruck bringen. Extreme Narzissten tun genau dies nicht: Menschen wachsen lassen, sie bedingungslos unterstützen, sie anerkennen und wahre Verbundenheit leben. Und riskieren damit, dass Unternehmen im Minimalprinzip steckenbleiben und ein Vermögen verlieren. Indem du die Bedeutung des Menschen in wirtschaftlichen Prozessen anerkennst und förderst, verstehst du auch die komplexen Dynamiken, die in Organisationen wirken. Dies führt uns zu einem Kernkapitel unseres Buches: den Risiken und Chancen von Narzissmus in der Wirtschaft.

Lass uns nun die duale Natur von Narzissmus untersuchen um zu verstehen, wie er Interaktionen und Ergebnisse in Organisation und Wirtschaft günstig oder ungünstig beeinflussen kann.

## Risiken und Chancen von Narzissmus in der Wirtschaft – eine Gegenüberstellung

Toxische Charaktere wie extreme Narzissten können die Wirtschaft nicht nur ankurbeln und die treibende Kraft hinter Innovation und Erfolg sein. Sie können sie auch behindern und den Zusammenhalt und die Effektivität eines Unternehmens bedrohen. Der Wirtschaftskreislauf besteht nicht nur aus dem Geldfluss, sondern auch aus Betriebsmitteln, Energie und Rohstoffen. Und in erster Linie besteht er aus Menschen und den Beziehungen der Marktteilnehmer untereinander. Der Rest ist nur die Folge dieser Beziehungen. Erfolg ist, was folgt, und Geld ist nur einer von verschiedenen Indikatoren für Erfolg. Wenn auch ein für Organisationen sehr wichtiger, denn sie müssen zahlungsfähig bleiben und Gewinne reinvestieren, um mit dem Fortschritt mithalten zu können bzw. innovativ zu sein. Und besonders, um sich Fairness leisten zu können.

Im Spiel namens Wirtschaft gewinnt häufig nicht der Beste, sondern der Schnellste. Besonders, wenn die Branche sehr disruptiv ist und wir es mit VUCA-Phänomenen[199] zu tun haben, ist das ein Vorteil.
Narzissten sind schnell: im Denken, Reden, Arbeiten und Risiken eingehen. Wenn du das Produkt zuerst herausgebracht oder eine Innovation geschaffen hast, kommen die Leute zu dir – ein Beispiel aus der jüngeren Vergangenheit dürfte das Mainzer Unternehmen BioNTec sein, das in Zusammenarbeit mit Pfizer den ersten Impfstoff gegen Covid-19 im Dezember 2020 auf dem Markt hatte. Wobei wir mit diesem Beispiel nichts über die Narzissmus-Bilanz dieses Unternehmens aussagen wollen oder können. Worauf wir hinauswollen, ist das Ergebnis. Das kannst du letztendlich in der Bilanz sehen. BioNtec residiert in Mainz „an der Goldgrube“ ;-)…

Doch wenn diejenigen, die zuerst da waren oder an der Spitze stehen, eine gewisse Arroganz und Veränderungsresistenz haben, wenn sie die eigenen Ideen nicht verbessern und nicht mit Kritik umgehen können, dann ist das ein Risiko, das die Organisation den Kopf kosten kann. Nokia war in den frühen 2000er-Jahren Marktführer für Mobiltelefone. Doch sie verpassten 2007 den Smartphone-Zug und glaubten nicht daran, dass sich Touchscreens durchsetzen würden. Dann setzten sie lange Zeit auf ihr Betriebssystem Symbian, das

199 Siehe Seite 175.

zunehmend als veraltet und weniger benutzerfreundlich im Vergleich zu iOS und Android galt. Von außen betrachtet sind dies Anzeichen, die zu grandiosem Narzissmus passen würden. Wir haben keine Narzissmus-Bilanz für Nokia erstellt, sondern schauen nur von außen auf die Geschichte und bilden Hypothesen. In diesem Falle, um dich zu erinnern, dass es auf der Malkin-Skala noch ein unteres Ende gibt. Denn Nokia hatte auch mit internen Problemen zu kämpfen[200]: Dazu gehörten neben schreienden, abwertenden und nicht kritikfähigen Führungskräften eine starre Bürokratie, langsame Entscheidungsfindung und eine von Angst geprägte Unternehmenskultur, die Innovationen nicht ausreichend förderte. Die Stressreaktion *Erstarren* kann ein Anzeichen für zu wenig narzisstische Eigenschaften sein.

Wenn ein Hang zum Echoismus im mittleren Management oder in der Belegschaft auf extreme narzisstische Führung trifft, und Angst die Klammer um alle ist, führt das nicht zu einer positiven Entwicklung. Stattdessen verstärken sich die negativen Effekte und führen in den Abgrund. Nur Menschen mit stabiler Persönlichkeit und ausreichend gesunden narzisstischen Anteilen gehen kalkulierte Risiken ein. Wir möchten das Phänomen *Narzissmus* – und nicht den Menschen in narzisstischer Not! – betriebswirtschaftlich bewertbar machen und zeigen, wie er organisatorisch sinnvoll genutzt werden kann.

Wie du nun weißt, ist extremer Narzissmus – wir meinen das völlig diagnosefrei! – eine schwere Störung auf der Beziehungs-, Kommunikations- und damit auch Bindungsebene. Die Chancen und Risiken, die wir hierbei aus Sicht der Wirtschaftswissenschaften sehen, möchten wir dir mit der folgenden Tabelle nicht nur vor-, sondern sie einander gegenüberstellen. Denn oft sind es zwei Seiten der gleichen Medaille.

200 Die ganze Geschichte findest du bei Amy Edmondson in *Die angstfreie Organisation* ab Seite 56.

| Extremer Narzissmus ab Stufe 7 | |
|---|---|
| **Stärken & Chancen** | **Schwächen & Risiken** |
| **Hohe Kreativität, ständiger Ideenfluss:** Narzissten haben viele kreative Ideen, sorgen für Innovation und schaffen neue Businessmodelle oder Geschäftsmöglichkeiten. | Narzissten erschaffen spielend leicht kreative Ausreden und alternative Fakten. Sie nehmen es mit der Wahrheit nicht so genau, lügen offen oder lassen Informationen aus, wenn sie ihnen nicht dienen. |
| **Großes Kommunikationstalent, hervorragender Geschichtenerzähler:** mit hohem rhetorischem Geschick, sprachlicher Eloquenz und einer blühenden Phantasie schlagen sie Menschen in ihren Bann. | Die Bedenken, aber auch die Ideen der Kollegen werden getötet – sie werden mundtot gemacht. Andere Meinungen und Ideen werden überrollt, platt gemacht; es gibt hier vieles, das sich nicht entfalten kann. |
| **Großes Verkaufstalent:** Narzissten haben moralisch keine Probleme damit, an Inuit Kühlschränke zu verkaufen, und es gelingt ihnen auch. | Narzissten produzieren unzufriedene Kunden, um die sie sich dann nicht kümmern wollen. Sie haben das Beschwerdeparadoxon[201] nicht verstanden und verkaufen auch Lügen so geschickt, dass alle glauben, sie haben Recht.[202] |
| **Durchsetzungsstärke:** Narzissten setzen alles daran, zu bekommen, was sie wollen. Sie setzen auch die Interessen des Unternehmens durch. Ab Stufe 8 zunehmend skrupellos. | Sie haben oft niemanden, der stark genug ist, ihnen eine Grenze zu setzen oder der ihren Narzissmus überhaupt erkennt. Speziell bei der verdeckt-vulnerablen Variante oder bei Mischformen ist dies schwierig. Narzissten gehen auch über Leichen[203], um zu bekommen, was sie wollen. Sie sind rigide, setzen gerne die Ellenbogen ein und lassen keine andere Meinung außer ihrer eigenen gelten. |

201 Unzufriedene Kunden, die sich beschweren und daraufhin eine zufriedenstellende Antwort oder Reaktion erhalten, sind danach deutlich zufriedener und loyaler als Kunden, die zu keinem Zeitpunkt unzufrieden waren. Dieser Effekt nennt sich *Beschwerdeparadoxon*.

202 Der Fachbegriff dafür lautet *Flying Monkeys*. Wir erklären ihn auf Seite 322.

203 Das meinen wir wortwörtlich.

| Extremer Narzissmus ab Stufe 7 | |
|---|---|
| **Stärken & Chancen** | **Schwächen & Risiken** |
| **Begeisterungs- und Überzeugungsfähigkeit:** Narzissten können sich selbst enorm für etwas begeistern – meist sind das ihre eigenen Ideen – und andere Menschen damit anstecken und überzeugen. | Narzissten erfüllen Erwartungen oft nicht und haben niemanden, der sich traut, sie darauf hinzuweisen oder ihren eingeschlagenen Pfad zu korrigieren. Ihre Vision hat sich als Luftschloss entpuppt. Klar, Schuld sind die anderen. Aber wehe, sie hätten vorher etwas gesagt. |
| **Großer Fleiß, Unermüdlichkeit, enorme Tatkraft:** auch über Jahre hinweg. Aufgeben ist nichts für Narzissten. Sie haben Goldschürfer-Fähigkeiten. | Wer hier nicht mithalten kann, wird gemobbt, verachtet, aussortiert. Sofern der Narzisst nicht selber vorher in der psychosomatischen Klinik landet. |
| **Hohes Arbeitstempo, schnelle Ergebnisse:** Warten, Geduld und Achtsamkeit sind nichts für Narzissten. Das Ziel ist das Ziel, und dort kommen sie gerne als erste an. Damit ziehen sie auch andere mit und treiben in positivem Sinne an. | Narzissten setzen alle unter Strom. Sie machen ständig Stress und kommen oft mit unausgegorenen Sachen, die aber unbedingt sofort gemacht werden müssen. Gewissenhafte Menschen, die nicht ganz so flott sind, werden in der Zusammenarbeit abgehängt, was stark demotivierend auf sie wirken kann. Es besteht eine große Burnout-Gefahr für den Narzissten und sein direktes Umfeld. |
| **Am Puls der Zeit:** Narzissten sind gerne die ersten am Markt, wittern Trends, interessieren sich für Neues; wird oft damit verwechselt, dass sie Visionäre seien – siehe Mythos #11. | Erster am Markt zu sein, bedeutet nicht unbedingt, hohe Qualität zu liefern. |
| **Wille zum Sieg, Zielstrebigkeit:** Narzissten sorgen für hohe Gewinne und sind auf schnellen Gewinn aus. Durch ihre Gewissenlosigkeit schaffen sie den Wandel, wo andere versagen. | Koste es, was es wolle! Der Wille zum Sieg, verbunden mit Ungeduld, führt leicht zu unseriösem Verhalten bzw. zu unprofessionellen und unethischen geschäftlichen Machenschaften. |

| Extremer Narzissmus ab Stufe 7 | |
|---|---|
| **Stärken & Chancen** | **Schwächen & Risiken** |
| **Charme:** Narzissten sind Menschenfänger. Ihr Charme öffnet ihnen Türen, z. B. in Marketing und Verkauf, im Recruiting und für das Schließen neuer Geschäftspartnerschaften; Wird oft damit verwechselt, dass sie Charisma hätten – siehe Mythos #10. | Alle Anzeichen von Menschlichkeit wie Empathie oder Verständnis sind nicht echt, sondern eine Investition in den Vertrauensaufbau zum Zwecke der besseren Manipulation. Individuen sind Objekte, das passt zum herkömmlichen wirtschaftlichen Handeln. Menschen mit Hang zum Echoismus leisten freiwillig so viel für charmante Narzissten, dass sie ihre eigenen Grenzen überschreiten. Wer dann schwächelt oder aufmuckt oder sich gar nicht erst blenden lässt, wird gnadenlos aussortiert, sofern er nicht mehr gebraucht wird. |
| **Selbstfürsorge:** Narzissten sorgen gut für sich selbst und ihre Energielieferanten. Wenn sie Menschen mögen bzw. wenn sie ihnen nützlich sind, bringen sie sie weiter. Du musst sie nur ständig hofieren. Narzissten bevorzugen Narzissten und produzieren Narzissten.[204] | Die Bedürfnisse anderer Menschen sind egal; ob sie z. B. nach ihren Talenten und Stärken eingesetzt oder irgendwo verheizt werden, weil es gerade gut passt. Narzissten sorgen für eine steigende Zahl der Langzeitkranken. |
| **Optimismus, Positivität:** Narzissten schaffen für ihre eigenen Zwecke ein gutes Klima und betonen gerne die positive Seite stärker. | Narzissten erschaffen eine toxische Positivität, weil sie sich in Übermotivation verlieren. „Alles ist gut, lass uns positiv denken!" bekommst du zu hören. Jegliches nett sein zu anderen dient bewusst oder unbewusst der Manipulation. Narzissten erschaffen Pseudo-Teams: nach außen Hui, nach innen Pfui, die Teammitglieder hacken sich gegenseitig die Augen aus, vom Narzissten subtil aufgestachelt. |

204 Gemäß einer Studie der Universität Dortmund befördern Narzissten eher andere Narzissten in die Spitzenpositionen: https://www.personalwirtschaft.de/news/hr-organisation/studie-berufen-narzisstische-ceos-eher-narzissten-in-den-vorstand-174087/

| Extremer Narzissmus ab Stufe 7 | |
|---|---|
| **Stärken & Chancen** | **Schwächen & Risiken** |
| **Wille zum gut sein und gemocht werden:** Narzissten ist es wichtig, dass andere Menschen Gutes von ihnen denken und sie mögen. Zumindest bis Stufe 8, der beginnenden Psychopathie auf der Malkin-Skala, danach ist es ihnen egal. | Narzissten können Menschen nicht halten. Die hohe Fluktuation ist ein unkalkulierbares Risiko in der Personalwirtschaft: es ist nie ganz klar, wer aus welchem Grund geht. |
| **Entscheidungsfreudig:** Narzissten entscheiden gerne (gilt nur in der offen-grandiosen Variante) und schnell. Ihre mangelnde Empathie und ihr opportunistisches Kalkül machen es ihnen leicht, in Krisenzeiten unmenschliche Entscheidungen zu treffen. So sorgen sie für das Überleben der Organisation und sichern für sich und diejenigen, die nicht entlassen worden sind, die finanzielle Lebensgrundlage. | Narzissten setzen Dinge allein und ohne den (anderen) Menschen um. Dabei beachten sie keine saubere Nutzen-Risiko-Abwägung und missachten das Vorsichtsprinzip des guten Kaufmanns: Du darfst nichts in deine Buchhaltung eintragen, was noch nicht realisiert ist. |
| **Schwung und Spirit:** Narzissten bringen einen gewissen Spirit ins Unternehmen und schaffen eine übertriebene ‚Tschaka-Wir-Mentalität' (siehe *Optimismus/Positivität*). | Mit dem Schwung kann man nach der Zielerreichung nichts mehr anfangen. Weil alle ausgebrannt sind. Narzissten verbrennen das Unternehmen durch Strohfeuer – langfristige Wärme können sie nicht erschaffen. |
| **Hohe Intelligenz:** Narzissten sind häufig sehr intelligent. Ihre hohe Fachkenntnis sorgt für schwarze Zahlen. | Narzissten schreiben schwarze Zahlen durch Druck und Verbissenheit. |
| **Perfektionismus sichert Qualität:** Viele Narzissten geben sich mit dem Guten nicht zufrieden – was sie schaffen, muss perfekt sein, nur das Allerbeste ist ihrer würdig. | Narzisstischer Perfektionismus schafft eine Kultur der Angst und zahlt ebenfalls auf das Burnout-Konto ein. Menschen werden für Fehler bestraft und finden kein Gehör, um sich zu erklären oder auf ungünstige Dinge wie falsche Medikationen hinweisen zu können. |
| **Großer Mut:** Narzissten gehen mutig Risiken ein. Sie sehen und nutzen Optionen auf Marktchancen und hohe Gewinne. | Sie nehmen unkalkulierte und (zu) hohe Risiken in Kauf, neigen zum Spekulieren und zum Glücksrittertum. |

| Extremer Narzissmus ab Stufe 7 | |
|---|---|
| **Stärken & Chancen** | **Schwächen & Risiken** |
| **Persönlichkeitsentwickler:** Eigene Verletzungen, unerfüllte Bedürfnisse und eigene Schwächen werden im Umgang mit Narzissten sichtbar. Sie sind deshalb ein wunderbarer Turboantrieb für die eigene Persönlichkeitsentwicklung… | …sofern du es seelisch wie körperlich gut überstehst! |

*Tabelle 6: Chancen und Risiken von extremem Narzissmus im Vergleich. Was du aus dieser Tabelle für dich, dein Team oder deine Organisation ableitest, musst du bitte in deiner individuellen Narzissmus-Gewinn-und-Verlustrechnung in Kapitel 9 mitbedenken.*

Narzisstisches Verhalten lässt sich übrigens bereits in der Schule erkennen: Erhält die Klasse einen neuen Lehrer, wissen manche Schüler intuitiv, dass sie sich in den ersten Stunden gut präsentieren müssen. Besonders die mündliche Mitarbeit ist wichtig – und wenn sie nur wiederholen, was jemand anders aus der Klasse gesagt hat. Schüler, die toxisches Verhalten zeigen, haben oft selbst nichts drauf außer Zahnbelag, aber sie erahnen den richtigen Augenblick, um das vom Nachbarn erhaltene oder abgespickte Wissen zu verwenden und sich beim Lehrer einzuschmeicheln. Im Kopf des Lehrers entsteht das Bild: „Dies ist ein Schüler, der gut mitarbeitet!" Dieses Bild wird vom Lehrer dann erstmal nicht weiter geprüft oder gar korrigiert. Schüler hingegen, die erst vorsichtig sind und nur reden, wenn es sinnvoll ist und sie sich sicher sind, die leise sind, aber gute Inhalte bringen, die müssen sich das Wahrgenommen werden erst erarbeiten und haben trotz guter Leistungen schlechte Noten in der Mitarbeit. So funktioniert unser System, und dieses Phänomen lässt sich auf die Mitarbeit in Organisationen übertragen: Wer stillere Menschen manipulieren kann, damit sie die Leistung bringen, mit der der lautere Narzisst dann glänzen kann, wird anschließend vom Chef aufs Podest gestellt und heimst den Erfolg für sich ein. Wenn dies die Regel ist, werden die besten Mitarbeiter irgendwann resignieren und gehen.

Du erinnerst dich an Creg und die Kassenprüfung aus dem Kapitel über die Persönlichkeitsprofile? Creg hat alle auf Trab gehalten, um die Flecken auf seiner Weste zu vertuschen: die Buchhaltung, die Kollegen in der Schweiz, seinen Vorgesetzten, den Revisor und weitere Personen in seiner Firma. Alle mussten für Creg laufen und Beweise für seine Unschuld bringen. Er selbst machte nichts, außer die Fäden zu ziehen und die Leute tanzen zu lassen wie Puppen. Die Aufgabe des Revisors war, gründlich und kritisch den Betrieb zu prüfen, doch Creg manipulierte ihn und alle anderen so geschickt, dass der Revisor die Flecken abmilderte. Das ist kein Einzelfall: Gehirnwäsche beherrschen extreme Narzissten hervorragend.

**Weitere Beispiele, die die Tabelle illustrieren:**

**Beispiel 1:** Margit wollte unbedingt eine Firma kaufen, sie hatte jedoch kein Kapital. Ihr Lebenspartner, Marc, hatte für seine finanzielle Sicherheit bereits gesorgt. Auch besaß er ein Haus. Margit versuchte, mit der Sicherheit von Marcs Haus im Hintergrund Firmen einzukaufen, die wenig kosteten. Es handelte sich jedoch stets um Varianten der ‚Vereinigten Hüttenwerke' – halbgare Dinger ohne Business Case, jedoch mit hohem Kapitalbedarf. Marc spielte nicht mit und wies seine Margit in ihre Schranken. Sie wollte unbedingt selbstständig sein, hatte jedoch nicht den Mut, die damit verbundene Spannung auszuhalten und selbst Verantwortung zu übernehmen. Marc sollte „Ja" zu ihren Ideen sagen und investieren – damit Margit im Falle eines Fehlschlags einen Sündenbock hatte und mit heiler Haut aus der Nummer wieder rauskäme.

**Beispiel 2:** Der ehrgeizige und kreative Nico war noch keine 30 Jahre alt, als er seinem Senior-Geschäftspartner Boris, der in den Ruhestand gehen wollte, die gemeinsam aufgebaute Firma abkaufte. Beratung und Training – von Führung über Kommunikation bis Buchhaltung – im Handwerk war ihr Geschäft. Ganz neu im Programm war ein Lehrgang zum Gebäudeenergieberater. Strenge neue gesetzliche Regelungen hatten diese Qualifizierung quasi über Nacht populär gemacht. Der Gebäudeenergieberater ging auf dem Markt weg wie warme Semmeln, und Nico wollte sein Stück des riesigen Kuchens möglichst schnell abbekommen. Boris musste ja schließlich ausgezahlt werden. Wie gut, dass er Carola im Team hatte, eine ehemalige Baugutachterin, die für das Thema brannte und sich für den Lehrgang einsetzte. Mit Feuereifer stürzte sie sich in das Konzept, hielt die ersten Kurse und engagierte sich in der Vermarktung. Der Erfolg gab ihnen Recht, und nun wollte Nico den Lehrgang auch bei der Handwerkskammer zertifizieren lassen. Die Kunden fragten bereits danach. Carola machte sich an die Arbeit und kümmerte sich bei der Handwerkskammer (HWK) um den Prozess der Zertifizierung. Die Mühlen mahlten dort jedoch etwas langsamer, als es Nico in seiner Ungeduld und Profitgier gefiel. Sein unerkannter Antreiber dahinter war natürlich Versagensangst im Anblick seines hohen Schuldenbergs und seines Images als ‚Macher' vor seinen Mitarbeitern und

Freunden. Mit Mühe und Not konnte Carola Nico davon abhalten, die neue Zertifizierungsmöglichkeit noch vor Einreichung ihres Konzeptes bei der HWK auf der Firmenwebsite zu kommunizieren. Boris hatte immer ausgleichend auf den jungen Wilden gewirkt, doch Boris genoss nun das Leben auf Bali. Während Carola noch am Konzept schrieb, kam Nico auf die Idee, sie könnten doch schon mal kommunizieren, dass die HWK-Zertifizierung voraussichtlich ab dem Herbst auch bei ihnen erhältlich wäre. Er bat sie um ihre Zustimmung, schließlich war sie die Produktverantwortliche und das Gesicht des Lehrgangs. Zähneknirschend stimmte Carola an einem Freitagnachmittag zu und Nico fuhr am nächsten Tag zufrieden in Urlaub. Immerhin hatte er sie gefragt, und im Vergleich zu früheren Ereignissen war das in Carolas Augen definitiv eine Lernkurve! Bereits am Montag darauf fand Carola einen Newsletter der Firma in ihrem Postfach, in dem begeistert die HWK-Zertifizierung ab dem nächsten Lehrgangstermin angekündigt wurde. Mit böser Vorahnung öffnete sie die Website ihres Arbeitgebers: „Wir sind jetzt auch HWK-zertifiziert", titelte die Landingpage zum Gebäudeenergieberater-Kurs stolz. Nico hatte seine wichtigste Mitarbeiterin in dieser Angelegenheit getäuscht, in falscher Sicherheit gewiegt und hinter ihrem Rücken gemacht, was er für richtig hielt. Es kam, wie es kommen musste: Die Handwerkskammer bekam Wind von der Sache und die Zertifizierung war vom Tisch. Nico flatterte ein Verstoß gegen das Wettbewerbsrecht, eine Unterlassungsklage der Konkurrenz sowie eine Geldstrafe ins Haus und der gute Ruf des kleinen Trainingsinstituts war schwer beschädigt. Carola suchte sich nach diesem Vorfall einen neuen Arbeitgeber und nahm andere Trainerkollegen gleich mit.

**Beispiel 3:** Gregor war der gewissenhafte Inhaber der Lamron GmbH.[205] Sein Kompagnon Klaus war sehr initiativ, rasch zu begeistern und schnell in der Umsetzung. Allerdings war er auch rücksichtslos und erfolgssüchtig. Eine positive Zukunft für die Firma kreierte er durch die Angewohnheit, alle denkbar möglichen, jedoch noch nicht bestätigten, Aufträge in die quartalsweise erstellten Forecasts mit aufzunehmen. Diese Luftschlösser schürten natürlich eine Erwartungshaltung in der Kapitalgeberversammlung und sorgten für enormen Druck, den Klaus nach unten an seine Mitarbeiter abgab bzw. ihn an ihnen ausagierte. Dies war nicht das einzige Problem, das Gregor mit Klaus hatte: Gregors Frau Anita hielt ebenfalls Anteile an der

205 Diese ausgedachte Firma geht auf Vera F. Birkenbihl zurück. Lies den Namen der GmbH mal von rechts nach links …

Firma, doch Klaus hielt nicht viel von Frauen als Gesellschafter. Er nahm sie nicht ernst, bezog sie nicht in Entscheidungen ein, überrollte sie. Konflikte zwischen Klaus und Anita waren an der Tagesordnung, bis Gregor genug von diesem Spannungsfeld hatte und Klaus vor die Tür setzte. Der neue Geschäftsführer Ecki ist ebenfalls vom Typ her gewissenhaft. Ecki verträgt sich super mit Anita, ist jedoch wesentlich langsamer und vorsichtiger als Klaus. Die Spannungen lagen nun auf Seiten der Kapitalgeber, die den neuen, eher konservativen Kurs nicht so prickelnd fanden und überlegten, ob sie ihr Kapital zurückziehen sollten. Doch Ecki, Gregor und Anita konnten die Gemüter beruhigen, arbeiteten harmonisch und seriös zusammen und überraschten zum Ende des Wirtschaftsjahres mit noch besseren Zahlen, als Klaus sie in Aussicht gestellt hatte. Narzissten bergen das Risiko in sich, dass sie in anderen Menschen eine hohe Erwartungshaltung wecken. Organisationen unter einer solchen Führung fallen entweder tief, wenn sie nicht liefern können, oder zerbrechen langfristig innerlich am Druck. Durch den Schwenk in der Geschäftspolitik nach dem Führungswechsel nahm der Druck ab zum Preis eines verzögerten Gewinns – der jedoch der niedrigere Preis war, als Klaus' Vorgehen die Firma gekostet hätte.

**Wirtschaftlich gesehen gibt es zusammengefasst zwei große Risiken von Narzissmus im Businesskontext:**

**1. Auf Organisationsebene:** Wenn ein Unternehmen in seinen Zahlen schnell hochgeht und dann schlagartig absinkt, ist es sehr schwer, das Unternehmen wieder hochzuziehen. Denn es wird immer größer, unübersichtlicher, unkalkulierbarer. Ein narzisstischer Führungsstil geht lange gut, doch irgendwann gibt es einen Knall. Die Meuterei auf der Bounty. Gute Mitarbeiter verlassen nicht Unternehmen, sie verlassen unfähige Führungskräfte oder toxische Biotope – das hatten wir schon! Wenn Narzissten gehen oder gegangen werden, gehen sie einfach woanders hin und machen das gleiche wieder: blenden, täuschen, tricksen, manipulieren, Erfolge einheimsen auf den Schultern anderer Leute und irgendwann den Karren vor die Wand fahren. Auch Geschäftspartner bemerken irgendwann die Egozentrierung. Falsche Versprechen sowie eine schlechte Fehlerkultur kommen bei Kunden und Lieferanten langfristig nicht gut an. Besonders gefährden sie den guten Namen und das Ansehen der Firma. Was hierbei noch nicht eingerechnet ist: Die Kosten für Marketing – um den Imageschaden von Unternehmen mit hoher Fluktuation oder eben Berufsunfähigkeiten zu beheben – und für Recruiting sowie die Einarbeitung neuer Mitarbeiter. Die tatsächlichen Verluste eines

Unternehmens sind also auf lange Sicht viel höher. Narzissten verursachen deshalb wesentlich mehr Kosten, als sie an Gewinn einspielen: Unter Vollkostengesichtspunkten gehört auch die Behandlung der psychischen Erkrankungen dazu, die aus ihrem Verhalten entstehen …

**2. Auf gesellschaftlicher Ebene:** Extreme Narzissten sehen den Menschen nicht als Mittelpunkt, sondern als Mittel. Punkt. Häufig sind diese danach berufsunfähig. Laut des Gesamtverbandes der Deutschen Versicherungswirtschaft liegen psychische Erkrankungen mit 31 Prozent an erster Stelle. Sie haben sich damit von 2012 bis 2018 verdoppelt und die bisherige Nummer 1 – Rückenleiden und Krankheiten des Bewegungsapparates – überholt. Die Zeitschrift Personalwirtschaft schrieb im Dezember 2021, dass 84 Prozent unserer Gesellschaft gestresst seien und jeder zweite Deutsche sich von einem Burnout bedroht sieht. Geschätzt kostet jeder Burnout zwischen 50.000 und 100.000 Euro – ein teurer Spaß für Krankenkassen und Organisationen. Psychische Leiden sorgten 2019 für 24,5 Milliarden Euro des Ausfalls der Bruttowertschöpfung.[206]

Viele Narzissten sind in der Lage, einen Teil des Schadens, den sie anrichten, aus betriebswirtschaftlicher Sicht wieder zu kompensieren. Zum Beispiel durch ihr Verkaufstalent. Extreme Narzissten können Vertrieb! Ihre Führungskräfte müssen dafür sorgen, dass sie Dinge und keine Menschen vertreiben. Achtung: Nicht jeder Vertriebsmitarbeiter ist ein extremer Narzisst. Manche Menschen haben einfach Freude daran, zu handeln und ein gutes Produkt dem dazu passenden Kunden anzubieten. Zu einem narzisstischen Persönlichkeitsstil neigende Top-Verkäufer werden toxisch, wenn sie kein Korrektiv durch starke Werte wie religiöse Überzeugungen oder eine starke Führung haben. Leider wird all dies in der Praxis erst dann erkannt, wenn Ergebnisse langfristig ausbleiben, Kunden unzufrieden sind, Zahlen kleiner werden, die Stimmung immer unzufriedener wird und die Fluktuation zunimmt.

Wir möchten, dass du früh genug hinschaust, erkennst, lernst und den Kurs deines Teams oder deines Unternehmens korrigieren kannst, bevor es zu Schäden kommt – nicht nur für die Organisation, sondern auch für die Volkswirtschaft. Dazu haben wir den Narzissmus-Bilanz-Test entwickelt, den du in Kapitel 7 findest.

206 Frankfurter Allgemeine Personaljournal, Ausgabe 06/2021. S.16.

## Warum haben die größten Arschlöcher am meisten Erfolg?

Wenn wir von Natur aus darauf ausgelegt sind, empathisch zu sein und kooperativ zu gewinnen, wenn die Freundlichsten bevorzugt werden, wenn… dann bleibt eine große Frage offen: Warum haben Leute, die lügen, betrügen, manipulieren und ihre Mitarbeiter schlecht behandeln, so häufig den größten Erfolg? Wir könnten dieses Buch nicht ernsthaft schreiben, wenn wir ignorieren würden, was uns quasi täglich anschreit: der Hype um Travis Kalanick, Elon Musk, Jeff Bezos oder moralisch fragwürdige Politiker, die trotzdem riesige Fanclubs haben.

Auf die Frage gibt es viele Antworten. Extreme Narzissten und andere Problembären, die du als aggressiv und selbstsüchtig wahrnimmst, können sich oft gut durchsetzen. Besonders in Wettbewerbsumgebungen kann Ellenbogenmentalität als Führungsstärke fehlinterpretiert werden und den Weg zur nächsten Karrierestufe ebnen. Wer permanent Aufmerksamkeit braucht, sorgt auch dafür, dass er sie bekommt und sich dadurch ins Gedächtnis einbrennt. Selbst wenn das Verhalten als negativ bewertet wird – du wirst an ein toxisches Ekelpaket eher denken als an den feinen, stillen, zurückhaltenden und damit unsichtbaren Kollegen. Dass Narzissten über manipulative Fähigkeiten verfügen, um andere zu beeinflussen und für ihre Interessen vor den Karren zu spannen, haben wir schon ausgiebig beleuchtet.

In vielen Organisationen und Kulturen wird unethisches und unsoziales Verhalten auch noch belohnt – weil Erfolg halt auch Gewinn bedeutet und Geld die Welt regiert. Wenn all das narzisstische Tam-Tam als Selbstvertrauen und Selbstbewusstsein[207] missverstanden wird, täuscht das blendende Theater über möglicherweise fehlende Kompetenzen oder mangelnde Leistungen hinweg. Hier schlägt das *Peter-Prinzip* zu – „Nach einer gewissen Zeit wird jede Position von einem Mitarbeiter besetzt, der unfähig ist, seine Aufgabe zu erfüllen." – doch da ist es schon zu spät.

Außerdem gibt es ein paar falsche logische Schlüsse, die in unserer Gesellschaft herumgeistern, wie Amy Edmondson herausgefunden hat:[208] Zum einen könn-

207 Siehe Exkurs 13 Mythen.

208 Vgl. Edmondson, 2020. S.177.

te der Erfolg auch andere Gründe haben als den toxischen Charakter der Führung oder einzelner Personen:[209] Zum Beispiel Glück. Oder den richtigen Zeitpunkt. Eine Marktlücke oder eine Idee, die funktioniert hat, wo tausend Ideen vorher nicht gefruchtet haben. Zum anderen kann niemand sagen, was passiert wäre, wenn das arrogante Arschloch ein umgänglicher, bodenständiger Empath gewesen wäre. Vielleicht wäre das Ergebnis noch sehr viel besser gewesen. Einen A/B-Test[210] gibt es dafür nicht.

Fakt ist außerdem, dass nur über die geredet wird, die grandiosen Erfolg haben (z. B. Wirecard) oder grandios scheitern (z. B. Wirecard). Über all die, die leise scheitern und ebenfalls toxische Typen sind, wird selten bis nie berichtet. Deshalb könnte es sein, dass sich in der öffentlichen Meinung die Ansicht durchsetzt, dass Arschlochtum auf jeden Fall erfolgreich macht. Meist handeln toxische Charaktere bei ihrem Ausstieg dann noch die stillen Deals aus: Der wahre Grund warum sie gehen – ihre Misswirtschaft, ihr Verhalten bis hin zu kriminellen Machenschaften – wird nicht offen kommuniziert. Aus Angst vor der narzisstischen Wut und Rache dürfen sie das Unternehmen möglich geräuschlos verlassen. So können sie dann ihr Unwesen laut in anderen Unternehmen weitertreiben.

Und dann gibt es noch die wirklich seltenen Genies, die sich dank ihrer Intuition, ihres Erfindergeists, ihres Mutes und dann natürlich ihres Erfolges erlauben können, was sie wollen. Edmondson rät davon ab, sie sich zum Vorbild zu nehmen. Wer so ehrlich ist, sich einzugestehen, dass er kein Steve Jobs[211] ist, sollte sich lieber offenes Feedback einholen und regelmäßig in die wertschätzend-kritische Selbstreflexion gehen. Dein Erfolg ist ansonsten nur von kurzer Dauer oder zumindest nicht nachhaltig, auch wenn es hier und da mal Gegenbeweise gibt.

209 Reinhard Sprenger fügt in *Radikal führen* kritisch hinzu, dass man das ebenso über gute Führung und Erfolg sagen könnte. Nur hat gute Führung noch niemanden krank gemacht.

210 A/B-Test ist ein Begriff aus dem Marketing: Es werden beispielsweise innerhalb einer Testphase zwei verschiedene Website-Versionen per Zufallsprinzip an die Surfer ausgespielt. Danach wird analysiert, welche Version erfolgreicher war.

211 Interessant: Nach einer kurzen Stagnation ging Apple nach dem Tod von Steve Jobs an der Börse so richtig ab.

Dass du nicht reich werden kannst, wenn du edle Werte hast, dich moralisch integer verhältst und einfach ein empathischer, gütiger, sozialverträglicher Mensch bist und bleibst, ist nichts weiter als ein Glaubenssatz. Traurig für dich, schlimm für dein Umfeld.

Was machen wir jetzt mit der BWL und den extremen Narzissten, nachdem wir an beiden bisher nicht allzu viele gute Haare gelassen haben? Um die Narzissten kümmern wir uns in Kapitel 8 ausführlich, und um die Wirtschaft in Kapitel 9.

**Kapitel 6 – das gibt's zu lernen**

Jäger und Sammler haben mit arroganten Führern kurzen Prozess gemacht. Die konnte sich die Kultur nicht leisten.

Wirtschaftlich rationales Agieren nach dem Modell Wirtschaftskreislauf schneidet den Menschen in zwei Teile. Glasls Systemtheorie sieht den Menschen als das Herz der Organisation.

Neurowissenschaftliche Erkenntnisse ermutigen zu einem ganzheitlichen Blick auf den Menschen als kreatives Wesen mit unendlich großem Schöpfungspotenzial.

Narzissmus präferiert das gut kontrollierbare Minimalprinzip und verschenkt das maximale Potenzial von Menschen und Organisationen.

Risiken und Chancen von Narzissmus sind eine Frage der Bewertung unter Vollkostengesichtspunkten. Mehr dazu liest du in Kapitel 9.

Sind Menschen sozial gut eingebunden, reagieren sie weniger gestört, als wenn sie im falschen Kontext leben.

Narzissten sind häufig auch Perfektionisten ihres Fachs. Es gelingt ihnen, das beste Talent aus Menschen rauszuholen. Geschieht dies einvernehmlich mit den betroffenen Menschen, ist das völlig in Ordnung. Gegen den Willen eines Mitarbeiters ist das sehr schädigend.

Die Wirtschaft hat eine enorme Macht. Mit der Frage nach dem Sinn unserer Handlungen könnten wir den Fokus weg von der Macht und hin zum Gelingen lenken. Wir würden die Macht zum Gelingen des Sinnvollen einsetzen. Eine hoffnungsvolle Aussicht.

Wenn die Gerissensten statt der Besten sich durchsetzen, verdummen wir nachhaltig. Wer linkshirnig lebt, ist unter Umständen sehr erfolgreich, aber eben auch in einer Erfolgsfalle.

Es ist Zeit, und wirtschaftlich sinnvoll, zurück zu einer humanen Wirtschaft mit ethischen Grundsätzen zu streben.

# TEIL III
# ZIEH DEINE NARZISSMUS-BILANZ

Wir gehen davon aus, dass du dir dieses Buch besorgt hast, weil du toxische Charaktere erkennen und dich nicht blenden lassen willst. Du möchtest ihre Stärken in deiner Organisation nutzen und die durch ihre Schwächen entstehenden Risiken mildern. Vielleicht liegt in deinem beruflichen Umfeld ein entsprechendes Problem vor, das du in den Griff bekommen willst. Doch vielleicht liest du dieses Buch ja nur aus Neugier. Oder prophylaktisch. Man weiß doch nie, wann der nächste extreme Narzisst um die Ecke biegt. Das klingt jetzt vielleicht lustig, doch wir meinen es ernst. Sei besser gut vorbereitet, speziell, wenn du es bist, der die Einstellungsgespräche führt oder der eine Leitungsfunktion hat.

Mit Narzissmus ist es wie mit dem Roten Fingerhut: Seine wunderschönen Blüten sind hochgiftig. Iss zwei bis drei Blätter davon und du bist tot. Und doch sind die in all seinen Teilen enthaltenden Glykoside hochwirksame Arzneimittel, zum Beispiel bei Herzproblemen. Wenn du dich vom schönen Schein extremer Narzissten blenden lässt, kann es lebensgefährlich werden für deine Organisation. Du kannst die Gefahr nur bannen, wenn du sie erkennst. Professionell verarbeitet und in homöopathischen Dosen eingesetzt – in unserem Kontext heißt das, entsprechend gut geführt und auf die richtige Stelle gesetzt! – kann Narzissmus auch hilfreich und nützlich sein. In allen anderen Fällen gilt: Lass die Finger davon!

Wie mag die Narzissmus-Bilanz in deinem Team oder in deiner Firma aussehen? Gibt es einzelne Charaktere, die den ganzen Laden vergiften, wie Daniel, Janine oder Creg aus unseren Beispielgeschichten im vorderen Teil des Buches? Wie viele Kreuze hast du wohl in der rechten Tabellenspalte auf Seite 181 gemacht, als es in Teil II um die psychologische Sicherheit ging? Wo fördern ungünstig kombinierte Persönlichkeitstypen in deiner Abteilung extrem narzisstisches Verhalten? Teil III will dich vom Problem- in den Lösungsraum führen. Vielleicht hast du bereits ein Gefühl dafür, was bei euch in Sachen Narzissmus-Skala los ist. Wenn du es genauer wissen willst, schau dir Kapitel 7 an und mach unseren Narzissmus-Bilanz-Test. Lass uns gerne wissen, ob sich im Test-Ergebnis, das wir dir ab Seite 249 erläutern, die Realität deines Arbeitslebens abbildet.[212] Kapitel 7 ist wie die Extra-Beilage einer Zeitschrift, die man auch weglassen kann: Wir haben es nur mitdrucken lassen, damit es nicht ständig aus dem Buch herausfällt. **Wenn es dir nicht möglich ist, den Test zu machen, oder du dich aus Gründen dagegen entscheidest, kannst du unbesorgt bei Kapitel 8 weiterlesen.** Hier lernst du, was die gesund-narzisstische Selbstführungskraft ausmacht. Wie du mit extremen Narzissten gekonnt umgehst: um ihre schädlichen Seiten zu begrenzen und ihre Sonnenseiten zu nutzen. Ob Mediation – Vermittlung im Konflikt – mit Menschen gelingen kann, die keine Empathie besitzen. Ein extra Kapitel zum Umgang mit Narzissten widmen wir Mitarbeitern in Personalabteilungen sowie HR-Profis. Im Anhang stellen wir dir anschließend noch ein paar Härtefälle vor – weitere anonymisierte wahre Geschichten. Wir zeigen auf, was die Lösung hätte sein können, wenn die Menschen den extremen Narzissmus in ihren eigenen Reihen frühzeitig erkannt und etwas dagegen unternommen hätten.

Die *Narzissmus-Bilanz* ist ein Aufklärungsbuch: für den Menschen, die Wirtschaft und die Gesellschaft. Es geht darum, wie wir mit den Menschen – und zwar mit allen Menschen, auch, wenn sie in der Lotterie des Lebens wenig Glück hatten und sich in ungünstige Überlebensstrategien flüchten mussten – in den Erfolg gehen. Statt gegen den Menschen zu gehen, weil man ihn als Mittel zum Zweck sieht.

Jetzt wünschen wir dir

» neugieriges Erforschen des Narzissmus-Grades deines Teams, deiner Gruppe, deiner Organisation (Kapitel 7),
» gutes und wirksames Verdauen des Narzissmus-Antidots, das wir dir reichen (Kapitel 8),
» spannende Erkenntnisse, wie Narzissmus in die Vollkostengesichtspunkte wirtschaftlichen Handelns einzubeziehen ist (Kapitel 9).

212 Unsere neun Test-Teams haben uns allesamt bescheinigt, dass sich ihre Gruppe im Ergebnis wiedergefunden und gute Anstöße daraus mitgenommen hat.

# 7. Der Narzissmus-Bilanz-Test für Teams und Organisationen

Bis hierhin hast du möglicherweise erkannt, weshalb es keine gute Idee ist, den Menschen aus Systemen wie Wirtschaftskreislauf oder Organisationen auszublenden. Denn der Mensch ist in einer post-tayloristischen Gesellschaft der wesentliche Erfolgsfaktor. Wenn nun zu viel oder zu wenig Narzissmus in einem Menschen nicht nur ihm selbst, sondern auch seinem Umfeld schadet,

» weil aus diesem und anderen Gründen psychologische Sicherheit verloren geht,
» schlechte Stimmung herrscht,
» eine Kultur der Angst Potenziale vernichtet und
» Leistungsträger krank macht,

dann sollte nicht nur der einzelne Mensch, sondern auch das System betrachtet werden. Mit Narzissmuswerten in Gruppen ist es ähnlich wie mit der Unternehmenskultur. Sie lässt sich nur beobachten. Weder an Menschen noch an Kulturen kannst du direkt herumschrauben. Bei Menschen nennt man das übergriffig und sie haben jedes Recht, sich dagegen zu wehren. Bei Kulturen ist noch nicht mal das möglich. Doch wir können beobachten und daraus Schlüsse ziehen, welche systemischen Impulse wir setzen können, damit sich mit etwas Glück die gewünschte Veränderung einstellt. Dafür ist es hilfreich, ein Instrument zu haben, das die Beobachtung vereinfacht oder je nach Kenntnisstand überhaupt erst ermöglicht.

Aus diesem Grund haben wir den Narzissmus-Bilanz-Test auf Basis des Malkin'schen Narzissmustests für Individuen (siehe Kapitel 2) entwickelt. Er erlaubt dir, den Narzissmusgrad bei Teams, Abteilungen und jeglicher Art von Gruppen oder Organisationen zu messen. Unsere Weiterentwicklung schließt außerdem ein paar Lücken im Malkin'schen Original. Wir messen hier nicht das individuelle Einzelergebnis (Subjekt), wir messen das Objekt Gruppe und kommen damit weg vom Individuum und hin zum System. Der Wert des Objektes ermittelt sich aus dem Mittelwert der teilnehmenden Subjekte.

Wir sind keine Forscher – wir bringen lediglich unsere langjährigen Erfahrungen mit Menschen und Organisationen und deren Geschichten ein und kombinieren unser Wissen mit dem vorhandenen Wissen der Welt. Unser Test hat sich in der Entstehungsphase des Buches mehrfach bewährt und basiert auf einer wissenschaftlich fundierten Grundlage, auch wenn unsere Weiterentwicklung selbst (noch) nicht wissenschaftlich evaluiert ist. Bitte sieh ihn

» als Orientierungshilfe, um der Realität des Lebens möglichst nahe zu kommen dadurch, dass du dich mit vielen verschiedenen Wirklichkeiten (Menschen) austauschst,
» als Diskussionsgrundlage, um daraus Erkenntnisprozesse wachsen zu lassen und Räume für neue Möglichkeiten aufzumachen und
» als Thermometer, nach dessen Ergebnis du eine Ahnung hast, weshalb dein Team Symptome zeigt, wo Spannungsfelder auftreten können oder wo etwas stört.

Es geht nach der Bestimmung durch den Test nicht um richtig oder falsch, sondern eher um günstig oder ungünstig sowie um die Frage, wie du und deine Leute damit umgehen, damit es besser werden kann.

In manchen Bereichen kann es günstig sein, etwas höhere Narzissmus-Werte (6-7) zu erzielen. Beispielsweise überall dort, wo es um Strategie, Durchsetzungsstärke oder Vertrieb geht. In anderen Bereichen sollte die Kooperation mit Werten zwischen 3-5 stärker im Vordergrund stehen. Zum Beispiel in Forschung und Entwicklung oder im Kern einer Organisation, von wo aus psychologische Sicherheit etabliert werden und ein Miteinander nach den Grundregeln der gelingenden Kommunikation seinen Ursprung haben sollte.

Bei Werten unter 3 oder über 6 dürfen deine Alarmlämpchen angehen. Mehr dazu liest du in der Test-Auswertung – nun laden wir dich ein, zunächst den Test mit deiner Gruppe zu machen. Möglicherweise möchtest du selber teilnehmen und einen Rollenkonflikt vermeiden. Deshalb kann es hilfreich sein, wenn du dir für die Test-Durchführung eine neutrale Person suchst, die keine Aktien im Spiel deiner Gruppe hat.

Wer auch immer es sein wird, wir nennen die Person „Moderator", die federführend zum Test einlädt und ihn im Anschluss auch auswertet. Damit das hier gut lesbar bleibt, bleiben wir der Einfachheit halber bei dir als Beispiel.

**Wie mache ich den Test?**
Technisch gesehen hast du folgende Möglichkeiten dazu, was nicht nur persönlicher Geschmack ist, sondern auch von der Gruppengröße, die du testen willst, abhängt.

Unter https://www.vahlen.de/narzissmus-bilanz-test findest du

- » eine Papiervorlage, die du ausdrucken und an alle Teilnehmer verteilen kannst und
- » eine Excel-Liste, die du in Kopie an alle Teilnehmer versenden kannst sowie eine weitere Excel-Liste, die dir als Moderator bei der Auswertung hilft.

Unter https://www.narzissmus-bilanz.de/test findest du eine vollständig digitalisierte Version des Tests. Bitte habe Verständnis dafür, dass wir diese Version im Unterschied zu den beiden anderen nicht gebührenfrei anbieten können, da wir die Software dazu selber einkaufen müssen.

**Wie moderiere ich den Test an?**
Wir haben verschiedene Ideen, wie du diesen Test deiner Gruppe nahebringen kannst. Selbstverständlich kannst du auch deine eigene Idee nutzen – du selbst kennst deine Gruppe besser als wir! Unsere Empfehlungen lauten:

- » Nur wenn in deinem Team bereits ein hoher Grad an psychologischer Sicherheit vorhanden ist, würden wir den echten Namen ‚Narzissmus-Bilanz-Test' verwenden und dabei an Neugier und Entdeckerlust appellieren. Du solltest dazu einladen und in dem Fall auch anmoderieren, dass Narzissmus keine Diagnose ist, sondern ein Set an Eigenschaften, das in höherer oder geringerer Ausprägung alle Menschen besitzen und dass ihr euch das jetzt einfach mal für die Gruppe ansehen könnt, um daraus Schlüsse zu ziehen, gemeinsam noch besser zu werden. Wer partout nicht mitmachen will, den solltest du nicht zwingen.
- » Wenn es in deiner Gruppe normal ist, dass jemand klare Ansagen macht, die auf alle Fälle befolgt werden müssen, dann kannst du diese hohe direktive Ausprägung dazu nutzen, den Test machen zu lassen. Das ist nicht wirklich schön, doch sehr oft einfach noch Fakt. Auch hier darfst du genauso ermutigen, wie wir es oben beschrieben haben.

» Wenn du mit deiner Gruppe irgendwo zwischen Augenhöhe und „Ich Chef, du nix“ stehst, kannst du wahlweise dazu einladen, einen Test
  » zur psychologischen Sicherheit,
  » zur Vertriebsstärke,
  » zur Unternehmenskultur,
  » zur Kollaboration oder
  » zum Erforschen eurer Bedürfnisse als Gruppe zu machen.
  Denn all dies lässt sich ebenfalls daraus ablesen.

**Was, wenn extreme Narzissten in meiner Gruppe sind, die nicht entlarvt werden wollen?**

Dass es um Narzissmus geht, fällt ja überhaupt erst auf, wenn du das Kind beim Namen genannt haben solltest oder die Person unser Buch ebenfalls gelesen hat. Extreme Narzissten sind so gestrickt, dass sie ihren Narzissmus entweder ausblenden bzw. projizieren – die anderen sind dann hochgradig narzisstisch und, hurra, das können wir jetzt ja endlich beweisen! – oder stolz auf ihn sind. Mach dir nochmal klar, dass offen-grandiose Narzissten bewusst manipulieren. Verdeckt-vulnerable tun es unbewusst. In beiden Fällen nehmen sie erfahrungsgemäß gerne freiwillig daran teil, weil sie ihrer Meinung nach ja nichts Schlechtes für sich selbst zu erwarten haben.

**Test-Anleitung:**

Der Test funktioniert mit einer beliebigen Menge an Teilnehmern und ist sinnvoll ab einer Gruppengröße von zwei Personen.

Bitte führe den Test in jedem Fall anonym durch.

Der Test besteht aus 30 Aussagen, denen auf einer Skala mehr oder weniger zugestimmt wird.

2 = trifft gar nicht zu
4 = trifft weniger zu
6 = neutral
8 = trifft eher zu
10 = trifft voll und ganz zu

Alle Teilnehmer sollen den entsprechenden Wert (2,4,6,8,10) hinter die Aussage schreiben und die Ergebnisse in drei Sektoren addieren.

Sektor A: Frage 1–10
Sektor B: Frage 11–20
Sektor C: Frage 21–30

**Papier-Version:**
Jeder Teilnehmer erhält den Test und möglichst den gleichen Stift wie alle anderen Teilnehmer. Den fertig ausgefüllten Test inklusive addierter Werte für alle drei Sektoren wirft der jeweilige Teilnehmer ohne ihn zu falten in eine Zettelbox. Haben alle Teilnehmer abgeschlossen, schüttelt der Moderator die Zettelbox durch, entnimmt die Zettel und errechnet die Mittelwerte für die drei Sektoren. Mithilfe des Buches kann er die Auswertung für die Gruppe manuell vornehmen und beliebig kommunizieren.

**Excel-Version:**
Als Moderator lädst du dir den Test als Excel-Datei herunter und sendest ihn an alle Teilnehmer. Diese füllen ihn gemäß der Beschreibung aus. Die Werte für die drei Sektoren werden automatisch addiert. Andere Werte außer 2,4,6,8 und 10 werden von der Datei nicht angenommen, sodass das Ergebnis nicht aus Versehen verfälscht werden kann. Die drei Werte können anonym an den Moderator mit einem beliebigen, von ihm vorbereiteten datenschutzkonformen Umfrage-Tool (z. B. Mentimeter, Google Forms, SurveyMonkey etc.) im Anschluss an den Test gesendet werden. Die Auswertung erfolgt manuell bzw. mittels der Auswertungs-Excelliste, in die der Moderator die Gruppenergebnisse eintragen und errechnen lassen kann.

**Online-Version (€):**
Wenn du dir Arbeit ersparen und die Fehleranfälligkeit reduzieren möchtest oder deine zu testende Gruppe sehr groß ist, kannst du dir unter narzissmus-bilanz.de/test einen Account erstellen und den Test online machen. Du erhältst in diesem Fall auch eine automatisierte Auswertung.

**In der Papier- oder Excel-Version gilt:** Der Moderator erhält die Ergebnisse aller Teilnehmer, addiert sie und nimmt dann den Mittelwert. Diese drei Mittelwerte geben Aufschluss über den Grad an Narzissmus der Gruppe. Alle drei

Mittelwerte zusammen lassen es zu, dass sich die Gruppe auf der Malkin-Skala zwischen 0 und 10 verortet.

**Beispiel für Sektor A:**

Tina, Tom, Timo, Tanja und Thorsten sind ein Team von Software-Entwicklern und sie nehmen am Test teil. Folgende Werte haben sie im ersten Sektor mit den Fragen 1-10:

Tina: 2+6+2+8+10+10+8+6+6+10 = 68
Tom: 6+6+4+2+4+4+2+6+10+6 = 50
Timo: 6+8+10+10+8+10+10+6+8+10 = 86
Tanja: 4+4+2+8+8+8+6+4+4+6 = 54
Thorsten: 8+4+6+8+10+10+4+2+6+6 = 64

68 + 50 + 86 + 54 + 64 = 322/5 = 64,4

Wir empfehlen bei Zahlen mit Kommastelle, kaufmännisch auf- und abzurunden, also in diesem Fall erhielte das Team für den ersten Sektor einen Wert von 64. Ebenso verfahren sie mit den beiden weiteren Sektoren. In der Papier- bzw. Excel-Version erhält der Moderator die drei Werte, und kann damit die Auswertung machen.

Unser Tipp für größere Organisationen mit mehr als 50 Mitarbeitern: Wenn du einen möglichst neutralen Test als Wasserstandsmeldung für deine gesamte Organisation machen willst, lass ihn von folgenden Personengruppen mit Blick auf die gesamte Organisation machen:

» alle Auszubildenden
» alle Leute, die eine Job-Rotation abgeschlossen haben
» alle Menschen, die in der Telefonzentrale oder am Empfang arbeiten und mit vielen Menschen auf unterschiedlichen Hierarchiestufen in Kontakt kommen
» dem Betriebsrat
» der Personalabteilung

**Die Test-Aussagen:**

1. Lob gilt bei uns als peinlich.
2. Bei uns entstehen Störgefühle, wenn sich ein Einzelner in den Mittelpunkt stellt oder Starallüren zeigt.
3. Durch unsere Bescheidenheit und Zurückhaltung haben wir schon Kunden, Pitches oder Projekte verloren.
4. Im Vergleich zu anderen Teams finden wir unsere Ideen und Ansichten eher schlechter und kommunizieren sie lieber nicht.
5. Wir ordnen uns oft der Ansicht anderer Menschen oder Gruppen unter
6. Es ist uns wichtig, was andere Menschen oder Gruppen von uns halten.
7. Wir sind uns unsicher, was wir in der Zusammenarbeit brauchen oder gerne hätten.
8. Klare Präferenzen bei möglichen Alternativen zu benennen, fällt uns schwer.
9. Die Ursache für zwischenmenschliches Versagen bei der Arbeit suchen wir primär bei uns im Team.
10. Wir tendieren sowohl nach innen als auch nach außen eher zu devotem Verhalten und entschuldigen uns häufig.
11. Wir treten nach innen und nach außen selbstbewusst und gleichzeitig einfühlsam auf.
12. Wir begrüßen Herausforderungen.
13. Leistungen, die besonders anstrengend waren, führen dazu, dass wir mehr Stolz empfinden, als wenn es leicht oder einfach war.
14. Wir kennen unsere Grenzen und stehen zu ihnen, ohne uns schlecht zu fühlen.
15. Wir können Fehler einräumen, wenn dies der Gesamtsituation dienlich ist.
16. Unserer Überzeugung nach tragen alle Beteiligten zum Gelingen oder Misslingen von geschäftlichen Beziehungen bei.
17. Wir reagieren reflektiert und wohlwollend, wenn man uns die Rückmeldung gibt, dass wir uns über andere Teams/Stakeholder/Menschen erheben.
18. Wir sind sehr ehrgeizig, jedoch nicht auf Kosten zwischenmenschlicher Beziehungen nach innen und außen.
19. Eine gebende Haltung ist uns immer wichtiger als eine nehmende Haltung.

20. Auch wenn wir nicht erfolgreich sind, glauben wir an unsere Stärken und Potenziale.
21. Es gelingt uns leicht, auf andere Menschen oder Gruppen einzuwirken.
22. Wir sind beharrlich darin, die uns gebührende Anerkennung einzufordern.
23. Wir fordern viel von anderen Menschen oder Gruppen.
24. Bevor wir nicht alles bekommen haben was uns zusteht, geben wir uns nicht zufrieden.
25. Wir würden es nie nach außen tragen, aber wir sind uns sicher, dass wir besser sind als andere Gruppen oder Wettbewerber.
26. Auf Kritik reagieren wir mit extremer Wut, die wir auch zeigen.
27. Wir ärgern uns, wenn andere Menschen oder Gruppen keine Notiz davon nehmen, wie wir uns und unsere Arbeit präsentieren.
28. Nach Möglichkeit zeigen wir gerne, wer wir sind und was wir können
29. Wir haben den starken Willen, die Ersten unter Gleichen zu sein.
30. Wir können viel und mehr als die meisten anderen vergleichbaren Menschen oder Gruppen.

**Die Auswertung – so erhältst du das Ergebnis:**

Ziel dieses Tests ist, dein Team oder deine Gruppe auf der Narzissmus-Skala 0–10 einzuordnen.

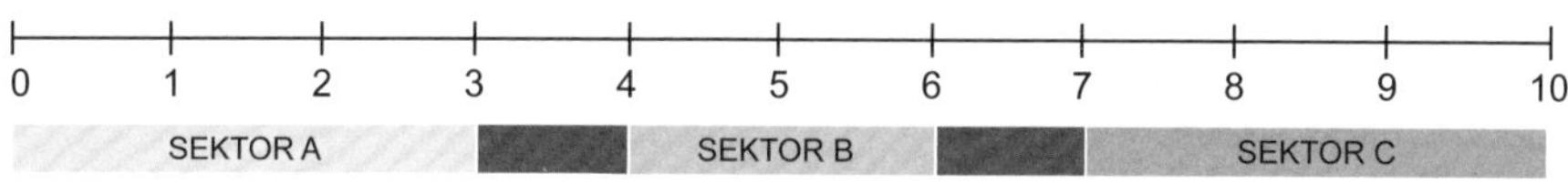


*Abb. 14: Craig Malkin beschreibt Narzissmus auf einer Skala von 0 bis 10.*

Pro Sektor können 20 bis 100 Punkte erreicht werden.

Generell gelten folgende Anhaltspunkte:
Sektor A: je höher die Punktzahl, desto ungünstiger
Sektor B: je höher die Punktzahl, desto günstiger
Sektor C: je höher die Punktzahl, desto ungünstiger

**Wichtiger Hinweis:** Der besseren Übersicht halber fügen wir unserer Beschreibung auf diesen Seiten noch eine Tabelle hinzu[213], aus der du ablesen kannst, auf welchem Skalenwert sich deine Gruppe bei welchem Wert befindet und wie sich die Werte in Relation zueinander verändern. Alle drei Sektoren wirken zusammen. Folgende Sektoren-Werte müssen deshalb miteinander abgeglichen werden, um ein valides finales Ergebnis auf der Skala zu erzielen: A mit B, B mit C und ggf. auch A mit C. Letzteres markiert einen Sonderfall, den wir weiter unten beschreiben.

**Die Auswertung sollte folgendermaßen ablaufen:**

1. Deine Auswertung von Sektor A ergibt eine Zahl, die sich in einen Skalenwert zwischen 0 und 3 „übersetzen“ lässt. Je höher das Testergebnis, desto weiter links befindet sich in diesem Fall der Skalenwert.
2. Nun betrachtest du die Punktzahl von Sektor B. Sie lässt das Ergebnis von Sektor A entweder bestehen oder verändert es nach oben bzw. nach rechts (4–6).

213 Auch kostenfrei herunterzuladen unter: https://www.vahlen.de/narzissmus-bilanz-test

3. Als nächstes betrachtest du das Ergebnis von Sektor C. Auch hier kann der Wert auf der Skala entweder bestehen bleiben oder sich erhöhen und nach rechts verschieben (7 und mehr).[214]
4. Solltest du deine Gruppe zu diesem Zeitpunkt nicht in den unten beschriebenen Ergebnissen wiederfinden, musst du die Werte von Sektor A und Sektor C miteinander abgleichen und wirst die Gruppe höchstwahrscheinlich bei der Beschreibung des „Sonderfalls“ wiederfinden.

## Sektor A – der Hang zum Echoismus

Der Durchschnittswert von Gruppen liegt hier bei 56, was als Ausgangslage einer 3 auf der Skala entspricht.

Liegt die Gruppe bei 56 Punkten oder weniger, bedeutet dies, dass sie es nicht unbedingt genießt, sich als was Besonderes zu fühlen, auch wenn sie es vielleicht zulässt. Sie ist da eher gleichgültig zu eingestellt.

Liegt die Gruppe unter 56 und ist lediglich der Wert in Sektor C niedrig, kann dies bedeuten, dass sie in sich sehr ausgeglichen ist und keinen Hang zu Echo-Verhalten zeigt.

Befindet sich der Wert zwischen 56–68 steht die Gruppe auf dem Skalenwert 3.

Erzielt die Gruppe einen Wert zwischen 70–82, befindet sie sich beim Skalenwert 2.
Bei mehr als 84 liegt sie auf dem Skalenwert 1, was möglicherweise für eine hohe echoistische Ausprägung spricht. Es gibt noch eine andere Interpretation, die etwas mit dem Wert in Sektor C zu tun hat. Diese Lesart stellen wir dir auf Seite 256 vor.

214 Bei aufmerksamer Lektüre könntest du denken, dass sich die Werte aus Sektor A und Sektor C im Mittel aufheben oder ausgleichen könnten. Dies wäre ein fataler Anwenderfehler. Erst der Wert aus Sektor B bestimmt, wie die anderen beiden Werte in Kombination gelesen werden können und wo sich letztendlich die Gruppe auf der Skala befindet.

| | Punkte aus dem Test | Skalenwert |
|---|---|---|
| **Sektor A** | *Durchschittswert: 56* | |
| | 70 oder mehr gilt als „hoch" | |
| | unter 56 | 3 oder höher. Der genaue Wert ergibt sich in Relation zu Sektor B. |
| | 56 bis 68 | 3 |
| | 70 bis 82 | 2 |
| | 84 oder mehr | 1 |
| | nicht ohne Psychiater abgrenzbar | 0 |

**Bedingung für 70 oder mehr Punkte:** Mehr Punkte als jeweils bei Sektor B und C. Andernfalls lies unten nach bei „Sonderfall", wenn der Wert in Sektor C ebenfalls hoch ist. Die meisten Menschen/Gruppen, die hier liegen, weisen in den beiden anderen Sektoren keine hohen Punktzahlen auf.

*Tabelle 7a: Mit dieser Tabelle sowie den Folgenden kannst du das Ergebnis des Narzissmus-Bilanz-Tests auswerten und deine Gruppe auf der Skala 0–10 verorten. Hinweis: durch unser Abfrage-System der geraden Zahlen (2,4,6,8,10) gibt es bei den Punkten Lücken in der Zahlenreihe: Das Ergebnis 69 oder 83 kommt beispielsweise nicht vor!*

**Wir haben dir drei Beispiele mitgebracht, die illustrieren, wie du als Moderator die Tabelle auslesen kannst:**

**Beispiel 1:** Geschäftsführer Christians vier Teams kommen nach der Gruppenauswertung auf die Punktzahlen 58 (Sektor A), 68 (Sektor B) und 74 (Sektor C). In der tabellarischen Auswertung beginnt Christian bei Sektor A und stellt fest, dass seine Teams in Sachen Echoismus im grünen Bereich stehen: bei einer 3 auf der Skala.

**Beispiel 2:** Lisa ist Gruppenleiterin von zehn Teams. Nach der Auswertung kommen sie auf die Punktzahlen 78 (Sektor A), 86 (Sektor B) und 66 (Sektor C). Lisa beginnt oben in der Auswertungstabelle und sieht, dass ihre Teams möglicherweise einen Hang zum Echoismus haben: der Skalenwert ist die 2.

**Beispiel 3:** Maria und Nathan sind als externe Change-Berater damit beauftragt, ein auffällig gewordenes Team von elf Personen in einer Konzernstruktur zu begleiten. Das Team tritt in der Öffentlichkeit sehr unsicher auf, trifft keine notwendigen Entscheidungen und hat angefangen, den einzigen

Leistungsträger in den eigenen Reihen zu mobben. Ihre Ziele erreichen sie fast nie, stellen aber hohe Ansprüche an ihre disziplinarische Führungskraft in Sachen Etat, Ausstattung und Sonderbehandlungen. Maria und Nathan schlagen dem Team vor, einen Test zu machen, um die wahren Bedürfnisse der Gruppe zu erforschen. Das Team stimmt zu und erhält folgende Punktzahlen: 84 (Sektor A), 76 (Sektor B) und 84 (Sektor C). Die beiden Berater starten bei Sektor A, hier kommt das Team auf den Skalenwert 1. Maria und Nathan wissen, dass dies für sehr starkes Echo-Verhalten sprechen könnte. Doch bevor sie das ‚einbuchen', müssen sie weiterschauen …

## Sektor B – Völlig gesunder Narzissmus

Der Durchschnittswert von Gruppen liegt hier bei 78, was als Ausgangslage einer 4 auf der Skala entspricht.

Hat die Gruppe einen Mittelwert von 70 Punkten oder weniger, bleibt der Skalenwert von Sektor A wo er war: bei 3 oder weniger.

Befindet sich der Wert zwischen 72–76, kannst du das als eine Art Niemandsland betrachten: Hier brauchst du den Wert aus Sektor C, um einzuordnen, ob die Gruppe auf einer 4, 5 oder 6 auf der Skala steht. Mehr dazu unten.

Hat die Gruppe mindestens 78 Punkte, landet sie auf der Skala bei einer 4.

Bei 86 bis 92 Punkten erhält sie den Skalenwert 5, sofern die Werte in den Sektoren A und C niedriger sind. Sollten sie höher sein, wurde der Test höchstwahrscheinlich nicht wahrheitsgemäß ausgefüllt: Wer bei 5 liegt, ist eher immun gegen Echoismus und extremen Narzissmus.

Ab 94 Punkten ist es die 6. Die Gruppe kann auf der Skala noch weiter nach oben klettern, je nachdem, wie der Wert bei Sektor C ausgefallen ist.

Gruppen, die in Sektor B mit 86 oder einem höheren Wert abschneiden, gelten als ruhig, optimistisch, gut gelaunt. Sie verfügen über ein hohes Selbstwertgefühl, verfolgen Ziele und besitzen Disziplin. Unterstützung, auch emotionaler Art, können sie gut geben und auch annehmen. Sie können Vertrauen und genießen es, miteinander oder auch mit anderen Gruppen zusammenzuarbeiten.

Ihr Wert ist ihnen bewusst und sie wissen, wenn sie Anerkennung verdient haben. Doch sie halten sich deshalb nicht für etwas Besseres.

Die Kontrollfragen für Sektor B sind im Zweifelsfall die Fragen #17 und #18 im Test. Wenn die Gruppe dort im Mittel mit 8 (trifft eher zu) oder 10 (trifft voll und ganz zu) geantwortet hat, kannst du davon ausgehen, dass ein gutes Maß an wichtigem gesundem Narzissmus vorhanden ist. Herzlichen Glückwunsch – bleibt in der Selbstreflexion und beobachtet, wie sich die Gruppendynamik verändert, wenn neue Kollegen kommen oder alte gehen. ‚Temperatur messen' ist mit dem Test auch mehrfach möglich und bietet sich nach einer Zeit an, vor allem bei neuen Team- oder Gruppenkonstellationen.

Bei mehr als 94 Punkten im Sektor B solltest du dir das Gruppenergebnis in Sektor C besonders aufmerksam ansehen.

| | Punkte aus dem Test | Skalenwert |
|---|---|---|
| **Sektor B** | *Durchschnittswert: 78* | |
| | 70 oder weniger | Der Wert in Sektor A bleibt unverändert. |
| | 72 bis 76 | Hier brauchst du die Werte aus Sektor A und C, um einzuordnen, wo die Gruppe insgesamt auf der Skala steht. |
| | 78 bis 84 | 4 |
| | 86 bis 92 | 5 |
| | 94 oder mehr | 6 – Der genaue Wert ergibt sich in Relation zu Sektor C |

**Bedingung für den Skalenwert 5:** Mehr Punkte als jeweils bei Sektor A und C. Andernfalls wurde der Test nicht wahrheitsgemäß ausgefüllt: Wer bei 5 liegt, ist eher immun gegen Echoismus und extremen Narzissmus.

*Tabelle 7b: Auswertung für Sektor B.*

**Beispiel 1:** Christian geht weiter zu Sektor B: 68 Punkte sprechen für einen geringen gesunden Narzissmus und bedeuten, dass sich nichts verändert. Die Gruppe bleibt bei einer 3 auf der Skala.

**Beispiel 2:** Lisa schaut nun auf Sektor B: 86 Punkte bedeuten, dass sie hier im absolut gesunden Bereich auf einer 5 landen. Die Bedingung, dass sie für diese Lesart mehr Punkte als in den Sektoren A und C haben müssen, ist auch erfüllt. Sicherheitshalber überprüft Lisa die Punktzahlen bei den Kontrollfragen #17 und #18: Sie liegen jeweils bei 8 („trifft eher zu") und bestätigten das Ergebnis. Die Abteilung springt also von einer 2 auf die 5. Gesunder Narzissmus schützt vor stärkeren echoistischen Tendenzen.

**Beispiel 3:** Der Wert in Sektor B bringt das von Maria und Nathan betreute Team mit einer Punktzahl von 76 in eine Grauzone. Weder kann sicher gesagt werden, dass sich der Wert aus Sektor A nicht verändert, noch ist die Gruppe im gesunden Bereich und damit auf der Skala höher geklettert. Die Berater brauchen also für eine genauere Einordnung zwingend den Wert aus Sektor C …

## Sektor C – der Hang zum extremen Narzissmus

Im Durchschnitt liegen Gruppen hier bei 54 Punkten, denn die meisten Individuen kreuzen hier „neutral" oder „trifft weniger zu" an. Gehört deine Gruppe dazu oder hat sogar weniger Punkte, verändert sich der Skalenwert aus dem Bezug von Sektor A zu Sektor B nicht.
Zwischen 56 und 68 ist auch noch alles im grünen Bereich: die Gruppe steht bei einer 6 auf der Narzissmus-Skala.

Zwischen 70 und 82 landet die Gruppe auf dem Skalenwert 7. Das ist noch handhabbar, auch wenn es manchmal problematisch werden kann, wenn die Gruppe sich beispielsweise in ihrer Begeisterung für etwas zu sehr hin-einsteigert und dogmatisch wird. Oder wenn sie es mit der Wahrheit zugunsten eines Vorteils nicht mehr so genau nimmt und damit auffliegt.

Ab 84 wird daraus eine 8, und du musst nun mal genauer hinschauen. Bei höheren Werten beobachtest du bei deiner Gruppe möglicherweise vermehrt Schwierigkeiten, die den *Red Flags* (siehe Seite 78) zuzuordnen sind. Gruppen mit Narzissmus-Werten ab Stufe 8 gelten als streitsüchtig, unkollegial und Ich-bezogen. Sie verfügen über ein geringes oder schwankendes Selbstwertgefühl, sind anspruchsvoll, manipulativ und süchtig nach Bestätigung. Mit Emotionen anderer Gruppen wollen sie nichts zu tun haben und auch an die eigenen kommen sie nicht heran, jenseits von Wut und einer Art Sensationslust. Emotionale Unterstützung wirst du hier nicht erhalten, deine Empathie wird ausgenutzt werden. Die Gruppe fühlt sich anderen überlegen, ist wenig kooperationsbereit und erlebt häufig tief eskalierende Konflikte sowohl nach innen als auch nach außen.

Ab 86 wird aus der 8 eine 9. Die Skalenwerte 9 und 10 werden nicht mehr genauer ausdifferenziert, denn alles, was über einer 8 liegt, ist tendenziell gefährlich und gehört in die Hände von Fachleuten wie Wirtschaftspsychologen, in Narzissmus erfahrenen Organisationberatern oder Mediatoren und bedarf der genauen weiteren Betrachtung.

Bei 9 beginnt die Pathologie und damit der geringste Bereich der Psychopathie. Ab hier würden Ärzte Einzelpersonen eine Störung diagnostizieren. Zu den oben bereits ab Stufe 8 geschilderten Symptomen gesellt sich noch die Begeisterung, die uns auf Stufe 7 bereits ‚solo' begegnet ist: Extreme Narzissten, die beruflich erfolgreich und extrem begeisterungsfähig für eine Sache sind, kennen keine Risiken, nehmen keine Rücksicht auf Ressourcen und Kräfte. Weder bei sich selbst noch bei ihren Mitarbeitern. Sie beuten sich und andere aus, landen im Burnout und produzieren eine hohe Rate an Krankheiten und Kündigungen bei den Kollegen.

**Offen-grandiosen und verdeckt-vulnerablen Narzissmus mit dem Test unterscheiden:**
Vielleicht fragst du dich jetzt, wo (d)eine Gruppe denn einzusortieren ist. Denn das Ergebnis passt zu nichts des bisher Beschriebenen. Die Gruppe hat sowohl hohe Werte ab 70 in Sektor A, was für starken Echoismus spricht, als auch in Sektor C, was für extremen Narzissmus, jedoch größtenteils im Sinne des offen-grandiosen Narzissmus, spricht. Möglicherweise handelt es sich bei diesen Werten um eine Gruppe, die das Verhalten verdeckt-vulnerabler extremer Narzissten zeigt. Wenn du dich an Kapitel 2 erinnerst: Verdeckt-vulnerable Narzissten sind viel gefährlicher, weil man sie nicht auf den ersten Blick erkennt. Sie wirken vielleicht unscheinbar, selbstlos und hilfsbedürftig und sind mit Echoisten zu verwechseln, doch in Wirklichkeit sind sie extrem toxische Energiediebe. Schau dir nochmal Seite 50 dazu an.

Die Gruppe pendelt dann zwischen dem Gefühl von Wertlosigkeit und Überlegenheit hin und her bzw. fordert besondere Aufmerksamkeit oder einen Sonderstatus ein, während sie nur am Jammern ist. Möglicherweise ist sie von Natur aus introvertierter oder aber durch häufiges Scheitern oder durch Demütigungen klein gemacht worden. Den besonderen Verdienst der Gruppe kann das Umfeld nicht bestätigen. Es gibt eine große Lücke zwischen Selbst- und

Fremdbild. Teams oder Gruppen, die zwischenmenschlich sehr viel miteinander zu tun haben, spüren die Überheblichkeit, aber weiter entfernte Teams oder die Führungsetage sieht eher eine Gruppe, die voller Angst und Selbstzweifel ist. Als Chef-Chef solltest du die Unterschiede erkennen. Hierbei helfen dir die beiden ‚Prüfungsfragen' im Test, mit denen du die beiden extremen Narzissmus-Formen unterscheiden kannst. Wenn die Gruppe bei Frage 24 dort im Mittel mit 8 (trifft eher zu) oder 10 (trifft voll und ganz zu) geantwortet hat, kannst du davon ausgehen, dass es sich um verdeckt-vulnerablen Narzissmus handelt. Hat sie bei Frage 25 im Mittel mit 8 (trifft eher zu) oder 10 (trifft voll und ganz zu) geantwortet, liegt eher offen-grandioser Narzissmus vor.

| | **Punkte aus dem Test** | **Skalenwert** |
|---|---|---|
| **Sektor C** | *Durchschnittswert: 54* | |
| | 54 oder weniger | Der Wert aus dem Bezug von Sektor A zu Sektor B bleibt unverändert. |
| | 56 bis 68 | 6 |
| | 70 oder mehr gilt als „hoch" | 7 oder 8 |
| | 70 bis 82 | 7 |
| | 84 | 8 |
| | 86 oder mehr | 9 |
| | nicht ohne Psychiater abgrenzbar | 10 |
| **Sonderfall** | Hohe Punkte (70 und mehr) in den Sektoren A **und** C | Der Wert bleibt unverändert auf 7 oder mehr, doch die Lesart ist eine andere: Hier handelt es sich um eine verdeckt-vulnerable narzisstische Ausprägung, die leicht mit Echo-Verhalten verwechselt werden kann. |

**Bedingung für 70 oder mehr Punkte:** Unabhängig von Sektor A und B. Bei hoher Punktzahl in Sektor B und Beantwortung der Frage 24 mit 8 oder 10 liegt die offen-grandiose Narzissmus-Form vor. Bei hoher Punktzahl in Sektor A und Beantwortung der Frage 25 mit 8 oder 10 trifft der beschriebene Sonderfall zu.

*Tabelle 7c: Auswertung für Sektor C. Die gute Nachricht ist: Die meisten Menschen/Gruppen kreuzen bei den Fragen in Sektor C „neutral" oder „trifft nicht zu" an.*

Wie du mit einer Gruppe, die zu extrem narzisstischen Verhalten tendiert, als Führungskraft, Personalleiter oder in einer ähnlichen Rolle umgehen solltest, erfährst du in Kapitel 8.

**Beispiel 1:** Nun schaut sich Christian Sektor C an, der für extremen Narzissmus steht: Hier findet sich eine hohe Punktzahl von 74, was auf der Skala für die 7 steht. Die Gruppe ist insgesamt also von einer 3 auf eine 7 gesprungen, weil sie keinen gesunden Narzissmuswert hat, der sie schützt bzw. ausgleicht. Der unterste Wert (7) vom extremen Narzissmus sollte deshalb genauer betrachtet werden, um zu wissen, was das im Einzelfall genau bedeutet. Deshalb schaut Christian bei seinen vier Teams in die Mittelwerte der speziellen Kontrollfragen rein: Bei Frage #24 „Bevor wir nicht alles bekommen haben was uns zusteht, geben wir uns nicht zufrieden" sind es 6 Punkte (neutral), bei Frage #25 „Wir würden es nie nach außen tragen, aber wir sind uns sicher, dass wir besser sind als andere Gruppen oder Wettbewerber" sind es 4 Punkte (trifft weniger zu). Damit weiß Christian, dass er sich noch keine großen Sorgen machen muss, denn es gibt weder eine hohe Zustimmung bei der expliziten Prüfung von offen-grandiosem noch verdeckt-vulnerablem Narzissmus. Für Christian bedeutet es, dass er seine Teams im Auge behalten muss, ob sich Probleme häufen, auf die narzisstische Anzeichen wie Egozentrik, Empathiemangel, Empfindlichkeit und Entwertung anderer Menschen oder Gruppen zutreffen. Und dass er bei Neueinstellungen darauf achten sollte, eher gesund-narzisstische Menschen einzustellen, damit sich die Tendenz des Unternehmens nicht weiter in den extrem narzisstischen Bereich hineinbewegt. Bitte denke nicht, dass er zum Ausgleich Echoisten einstellen sollte. Minus und Minus ergibt in diesem Fall kein Plus!

**Beispiel 2:** Lisa hat verstanden, dass sie auch noch Sektor 3 betrachten muss, um ein endgültiges Ergebnis zu haben – endgültig, solange es keine größeren Veränderungen in ihrer Team-Konstellation gibt. Mit 66 Punkten hat die Gruppe einen leicht erhöhten Wert in Sachen extremer Narzissmus, ist jedoch noch nicht im kritischen Bereich. Deshalb wird aus der 5 eine 6 – es bleibt bei einem gesunden Narzissmuswert für Lisas zehn Teams.

**Beispiel 3:** Das auffällig gewordene Team hat in Sektor 3 einen extremen Narzissmuswert von 84 Punkten, was einer 8 auf der Skala entspricht. Nathan und Maria wundern sich, denn die Punktzahl in Sektor A – der das *Echoismus* genannte Narzissmus-Defizit misst –, lag ebenfalls bei 84. Das Team scheint möglicherweise dem Sonderfall zu entsprechen, weshalb sich Nathan und Maria den Mittelwert der Kontrollfrage #25 ansehen. Die Teammitglieder sind sich hier mit dem höchsten erreichbaren Mittelwert von 10 Punkten einig: Sie würden es nie nach außen tragen, aber insgeheim sind sie sich sicher, dass sie besser sind als andere. Anspruch und Leistung driften hier weit auseinander und der Verdacht auf Echoismus schlägt um in den Verdacht auf einen ausgeprägten verdeckt-vulnerablen Narzissmus. Für Maria, Nathan und die Führungskraft bedeutet dieses Ergebnis: Hier gilt es Führungs- und Beratungsarbeit zu leisten und das gesamte System um das Team herum in den Blick zu nehmen.

*How to kill company culture?*
*Reward high performance toxic team members.*

LinkedIn-Quote, Verfasser unbekannt

# 8. Das Narzissmus-Antidot: Praktische Lösungen für deinen Alltag

Unsere Arbeitswelt braucht dringend ein Narzissmus-Antidot: ein Gegengift, um eine Überdosis an Narzissmus gleichermaßen im Individuum wie im System unschädlich zu machen. Das Antidot wollen wir dir hier in Form von praktischen Lösungen für deinen Arbeitsalltag in die Hand drücken. Und wenn wir schon dabei sind, sollten wir am besten gleich noch ein weiteres Elixier brauen: um den Fluch der Hera aufzuheben und Echo die Stimme zurückzugeben.[215] Die beste Prophylaxe gegen beiderlei Übel ist, täglich eine ausreichende Portion gesunden Narzissmus zu sich zu nehmen. Er ist gleichzeitig die beste Medizin, um beide Störungen zu kurieren, wenn sie aufgetreten sind. Doch Menschen hängen an ihren Gewohnheiten, auch, wenn sie ihnen schaden. Der Raucher hört nicht auf zu rauchen, nur weil er weiß, dass Nikotin ihn umbringen kann. Der übergewichtige Fast-Food-Fan wird nicht aufhören, Burger in sich hineinzuschaufeln, nur weil er weiß, dass eine gesunde Ernährung ihn vor dem Herzinfarkt bewahrt. So haben es sich auch Echoisten in ihrer Rolle bequem eingerichtet und träumen sich die Welt schön. Und für extreme Narzissten ist ihr Leid gleichzeitig ihr Lebenselixier. Die schlimmen Auswirkungen kommen sowohl für sie persönlich als auch für ihr Umfeld, das sie mit vergiften, selten plötzlich, sondern schleichend. Als Berater, Führungskräfte, Kollegen oder Freunde müssen wir behutsam vorgehen. Auch wenn wir die Gegenmittel am liebsten intravenös verabreichen würden. Nur gesunder Narzissmus führt zu wirtschaftlich erfolgreichen, emotional intelligenten Systemen, die es erst gar nicht so weit kommen lassen, dass sie von extremem Narzissmus beherrscht werden. Das Gegenteil – Echos an der Macht – kommt unserer Erfahrung nach

215 Die *Narzissmus-Bilanz* widmet sich schwerpunktmäßig dem extremen Narzissmus. Echoismus, das Narzissmus-Defizit, ist zwar ebenfalls ungesund, seine Auswirkungen würden jedoch in aller Ausführlichkeit den Rahmen dieses Buches sprengen. Wir haben also schon Ideen für die Fortsetzung.

in der deutschen Mentalität eher nicht vor. Solltest du Geschichten dazu kennen, erzähle sie uns gerne!

**Um es ganz deutlich vorwegzunehmen: All unsere Tipps sind für Menschen und Systeme, die sich auf den Stufen 7 bis 8 der Malkin-Skala bzw. unserer Erweiterung für Organisationen befinden. Auf Stufe 7** besteht bereits ein hohes Risiko, aber es gibt noch Grund zum Optimismus. Wir können trotzdem nicht guten Gewissens empfehlen, Menschen auf Stufe 7 und höher einzustellen. Auf Stufe 8 wird es echt grenzwertig. Ab Stufe 9 geht Narzissmus spätestens in Psychopathie über. Hier ist nichts zu retten: Hier kannst du nur selbst flüchten oder, sofern du in der entsprechenden Position bist, entsprechende Mitarbeiter entlassen, um das System zu entgiften. Eine Abfindung oder ein verlorener Rechtsstreit können nicht teurer sein, als das menschliche Toxin noch länger in der Organisation zu behalten und die Kollateralschäden hinzunehmen.

## Gesunder Narzissmus: das Mittel gegen ein ‚Zu-viel' oder ‚Zu-wenig'

Wir sprechen oft darüber, wie man andere führt und vergessen darüber, dass es die erste Pflicht eines jeden erwachsenen Menschen ist, sich selbst zu führen. Dieses Unterkapitel ist für dich persönlich. Egal, was dein Job ist oder welche Position du bekleidest. Wenn du es verinnerlicht hast, kannst du dein möglicherweise neu erworbenes Wissen gerne an andere Leute wie deine Kollegen und Freunde weitergeben. Grau ist jedoch alle Theorie: Stürz dich in das Abenteuer deines Daseins. Nimm die Herausforderung an, dass dir dabei extreme Narzissten begegnen werden – warum schiebt sich gerade das Bild von *Super-Mario* und den bösen *Gumba-Pilzen*[216] vor unser inneres Auge? Mach deine eigenen Erfahrungen. Ausgerüstet bist du jetzt. Nur durch neue Erfahrungen entwickelst du dein Potenzial. Du kannst nach diesem Kapitel besser einschätzen, ob sich die Menschen, die in deiner Organisation tätig sind, selbst gut führen können. Wir meinen damit nicht nur die offiziellen Führungskräfte,

216 Gumbas sind kleine braune Wesen aus dem Pilz-Königreich und wohl einer der bekanntesten Gegner in der Mario-Serie. Gumbas sind sehr schwache Gegner, die dafür in großer Zahl vorhanden sind. Ähnlichkeiten zu extremen Narzissten mögen ein Zufall sein …

sondern alle Menschen. Denn jede Person über 18 sollte unserer Ansicht nach eine Selbstführungskraft sein.

Doch was hat uns der angewandte Taylorismus beschert? Eine massenhafte Infantilisierung von Erwachsenen in der Arbeitswelt! Mami-Chef und Papi-Boss übernehmen das Denken und Lenken; sie erziehen, befehlen, kontrollieren, belohnen und bestrafen die angestellten Kinderlein. Und wundern sich dann, dass niemand mitdenkt, dass stets egozentrisch Nabelschau betrieben und auf den eigenen Vorteil geschaut wird und dass niemand für Ergebnisse verantwortlich sein möchte. Daher kommt die totale Überforderung entsprechend konditionierter Kollegen jeglichen Alters, wenn Teams auf einmal selbstorganisiert und eigenverantwortlich sein sollen, nachdem der agile Berater den klassisch geführten Laden durchgefegt hat. Und was machen diese Menschenkinder nach Feierabend, die im Job Verantwortung scheuen wie Vampire das Sonnenlicht? Sie gehen nach Hause und übernehmen Verantwortung: für Menschen unter 18, Haustiere, sonstige Beziehungen, ihren Haushalt, ihr Ehrenamt oder ihre Hobbies. Sie sind wunderbar zur Selbstführung in der Lage. Finde den Fehler. Er ist so tief in unserer Arbeitswelt verwurzelt, dass nur eine konsequent gelebte Selbstführung in konsequent menschenwürdig gestalteten Systemen in der Lage ist, die parasitäre Pflanze namens X-Verhalten[217] auszumerzen.

Gute Führung im Arbeitskontext benötigt persönliche Selbstführung, und Selbstführung im Arbeitskontext wird nur durch gute Führung ermöglicht. Und jetzt erklär uns nochmal einer, dass wir unser Privatleben von unserem Dasein auf der Arbeit trennen sollen … Doch bevor wir hier abdriften: Erinnerst du dich an den Kreislauf des Selbst auf Seite 100? Dort siehst du, dass Selbstführung vor Selbstwirksamkeit kommt. Sie ist ein Ergebnis, das aus guter Selbstführung heraus entsteht. Zuvor solltest du dich selbst wahrgenommen haben, wissen, wie du tickst, zum Beispiel durch die Beschäftigung mit deinem eigenen Persönlichkeitsprofil.[218] Du wirst dir dadurch mehr und mehr deiner Selbst bewusst, kannst dich auf deine großen Stärken fokussieren und selbst wirksam werden. Dazu gehört auch, dass du auch deine kleinen Stärken kennst, sie vor anderen zugeben und dich selbst damit annehmen kannst. Du musst sie nicht vertuschen und so tun, als ob du perfekt wärst. Unser Kreislauf des Selbst

217 Siehe Seite 217.
218 Siehe Kapitel 5.

endet bei der Selbstreflexion, bevor er erneut beginnt. Im Idealfall mit einem gestärkten Selbstwertgefühl.
Du ahnst es schon: Menschen, die nicht über einen kerngesunden Narzissmus verfügen, sind zu all dem nicht in der Lage. Wer sich nicht gut um sich selbst kümmert, kann auch nicht gut für andere da sein. Wir denken an alle, die mit kranken oder bedürftigen Menschen arbeiten. Wir denken an Mütter im einzigen 24/7-Job der Welt, die an alles denken, nur nicht mehr an sich. Und die deshalb fix und fertig sind, speziell, wenn sie ‚Working Moms' sind. Bei Feuerwehr und Polizei gibt es eine wichtige oberste Regel: Schütze dich selbst! Wenn du tot bist, kannst du nichts mehr bewirken. Auch im Flugzeug sollst du im Notfall die Atemmaske erst dir aufziehen und danach deinem Kind.

Gelungene Selbstführung ist ein gutes Gegenmittel gegen narzisstische Ausflüge ins Zu-viel oder ins Zu-wenig. Früher war das Narzissmus-Korrektiv das Wir.[219] Kants kategorischer Imperativ. In seiner simpelsten Form, einem Sprichwort aus dem Volksmund, wird er bereits Kindern mitgegeben: „Was du nicht willst, dass man dir tu', das füg' auch keinem anderen zu." Doch das Wir ging verloren durch eine Überbetonung des Ichs. Wir sind uns sicher, dass Menschen und Teams nur im gesunden Narzissmus-Bereich auf der Skala zwischen 4 bis 6 zur Selbstführung fähig sind. Deshalb landet auch Führung ohne Selbstführung immer im ungesunden Bereich von grandiosem Narzissmus in seinen unterschiedlichen Ausprägungen. Die Grundlage der Selbstführung ist, zu erkennen, wer du bist – soweit du das Feld überblicken kannst. Wer du bist und was du brauchst. Und dich im Großen und Ganzen so in Ordnung zu finden, wie du bist. Extreme Narzissten und Echoisten können das nicht.

Du kannst an der Malkin'schen Narzissmus-Skala feststellen, wie gut es um deine eigene Selbstführung bestellt ist. Mit etwas Phantasie lassen sich unsere Testfragen aufs Individuum umdeuten, doch wir möchten dich wirklich ermutigen, dir auch Craig Malkins Buch *Der Narzissten-Test* zu besorgen. Aber auch ohne Test ermöglicht dir die *Narzissmus-Bilanz*, ein Gespür dafür zu entwickeln, wo ein Mensch auf der Skala möglicherweise angesiedelt ist. Ein total devoter Ja-Sager und *People-Pleaser* wird eher zum Echoismus neigen. Jemand, der sich als genial verkauft, sich permanent in den Mittelpunkt drängt und alles bestimmen will, könnte ein offen-grandioser extremer Narzisst sein. Wer sich passiv-aggressiv verhält und ansonsten eher unauffällig oder scheinheilig ist, könnte ein verdeckt-vulnerabler Narzisst sein. Und wer nach unten tritt aber nach oben

219 Siehe Kapitel 6.

schleimt, ist möglicherweise eine Mischform wie Creg. Wir möchten nochmal betonen, diese Überlegungen als Arbeitshypothese zu sehen, um Verhalten zu verstehen und besser damit umgehen zu können. Nicht als ein „So ist es!“ oder als eine Diagnose. Doch wie kann gute Selbstführung eigentlich aussehen?

## Wie du zur Selbstführungskraft wirst

Wenn du der Annahme zustimmst, dass Selbsterkenntnis und Selbstführung zu den wichtigsten Aufgaben eines jeden Menschen gehören, dann stellst du dir vielleicht die Frage, wie das funktioniert? Selbstführung besteht aus mehreren Aspekten. Sie alle zahlen darauf ein, dass du das Steuer deines Lebens weitestgehend selbst in den Händen hast und selbstbestimmt leben kannst. Wir haben da ein paar Ideen für dich. Wie immer ohne Anspruch auf Vollständigkeit und ohne zu denken, diese Ideen würden für alle gleichermaßen gut funktionieren. Dass du es hinkriegst, morgens das Bett zu verlassen, Termine halbwegs pünktlich wahrzunehmen und dass du für dein privates wie berufliches Leben ein paar eigene Wünsche, Träume und Ziele hast, sehen wir an dieser Stelle mal als selbstverständlich an.[220] Auch diese Dinge gehören natürlich zur Selbstführung, sie sind jedoch nicht das, was für die *Narzissmus-Bilanz* relevant ist.

**Unsere hier vorgestellten Elemente von Selbstführung, sollen dafür sorgen, dass du einerseits nicht selbst toxisch wirst und dich andererseits vor toxischen Charakteren besser schützen kannst. Wir haben sie alphabetisch sortiert und bestimmt gibt es noch viele mehr …**

**Achtsamkeit:** Hinter dem vermeintlichen Buzzword *Achtsamkeit* verbirgt sich ein ganz einfaches Prinzip, das jedoch viel Übung benötigt, um erfolgreich umgesetzt zu werden: mit deiner bewussten Aufmerksamkeit im Moment zu sein. Wenn du dich nicht von Narzissten kapern lassen willst, empfehlen wir dir, mit Achtsamkeitstraining anzufangen. Achtsamkeit und Selbstreflexion führen dich zu immer größerer Klarheit.

**Dich selbst ernst nehmen:** Wenn du im Modus der mangelnden Selbstführung bist, wenn du dich beispielsweise durch nicht hilfreiche Glaubenssätze selbst sabotierst, dann nimmst du dich und deine Bedürfnisse, Ziele, Wünsche und

220 Für Menschen, die an Depression erkrankt sind, ist es das leider nicht.

Träume nicht ernst. Dich in deinen eigenen Belangen nicht ernst zu nehmen, macht dich zu einem gefundenen Fressen für extreme Narzissten.

**Disziplin und Impulskontrolle:** Klingt alt und verstaubt, ist aber der Schlüssel für ein zufriedenes Leben. Disziplin bedeutet, am Ball zu bleiben, auch wenn es mal klemmt oder unbequem wird. Regelmäßigkeiten und Routinen einzuführen und diese auch durchzuhalten, wenn du gerade mal keine Lust hast. Neue Gewohnheiten sind nur am Anfang anstrengend. Sobald die Routine greift, ist der Aufwand, den inneren Schweinehund zu überwinden, minimal. Die Kombination von Disziplin mit einer achtsamen Wahrnehmung deiner Gedanken und Gefühle ermöglicht dir überhaupt erst, dich selbst zu steuern, statt von deinen Emotionen oder negativen Glaubenssätzen und Impulsen kontrolliert zu werden. Disziplin in Achtsamkeit bedeutet bewusstes, selbstgesteuertes Agieren statt unbewusst fremdgesteuert zu reagieren.

**Gesundheit:** All unsere Tipps tragen dazu bei, dass du langfristig geistig, seelisch und körperlich gesund bleibst. Und ohne Gesundheit ist alles nichts. Auch dein Vermögen und der Erfolg deiner Firma nicht. Leider vergessen wir Menschen das so oft. Natürlich solltest du auch hier nicht in die Perfektionismusfalle tappen und es übertreiben.

**Grenzen setzen:** Diese Fähigkeit gehört unbedingt zu einer guten Selbstführung – das vertiefen wir weiter unten in Kapitel 8.

**KEA-Modell:**[221] KEA steht für *Kognition*, *Emotion* und *Aktion*. Das Modell dient dazu, mit dir selbst empathisch umzugehen, dich im Selbstmitgefühl zu üben. Mit dem KEA-Modell kannst du auch das Drama-Dreieck auflösen:[222] Lenke deine Gedanken auf eine positive Zukunft. Nutze dazu auch die Kraft innerer Bilder oder kreative Methoden wie ein Visionboard, z. B. in Form einer Collage. Spüre tief in dich hinein, was du jetzt im Moment wirklich brauchst. Hör auch auf das, was dein Körper dir sagen will. Achte auf dein eigenes Handeln: bleib bei deinen Werten, lass dich nicht zu Gegenschlägen verleiten, übernimm die Verantwortung für dein Leben und gestalte proaktiv deine Zukunft. Wenn es dir schwerfällt, allein mit dem KEA-Modell zu arbeiten, hol dir Unterstützung

221 Heiko Kleve von der Universität Witten/Herdecke hat den KEA-Ansatz ursprünglich für Organisationsaufstellungen entwickelt.

222 Vgl. Kapitel. 3.

durch einen entsprechend ausgebildeten Coach. Im heilsamen Gespräch kannst du dann KEA für dich ausarbeiten.

**Kommunikationstraining:** Auf Seite 307 erzählen wir dir eine Geschichte, wie professionelle Kommunikation zusammen mit Selbstempathie und gesunder Risikoabwägung gegenüber einem narzisstischen Chef das Schlimmste von einem Mitarbeiter abgewendet hat. Extreme Narzissten sind gewiefte Kommunikatoren, und meistens ist ihre Rhetorik ziemlich schwarz.[223] Besser, du bist vorbereitet, wenn du deine Selbstführung nicht verlieren möchtest, sobald du den Mund aufmachst. Auf Seite 305 weihen wir dich in die Gewaltfreie Kommunikation ein.

**Konfliktfähigkeit:** Wenn du deine Konfliktfähigkeit trainierst – das geht am besten durch das Lösen von Konflikten, ggf. auch mit der Hilfe externer Mediatoren – trainierst du damit gleichzeitig deine Selbstführung. Schau dir nochmal auf Seite 156 an, was im Konflikt passiert und wie du dein gefangenes Bewusstsein befreien kannst. Das gilt auch für innere Konflikte.

**Mentalhygiene:** Besagte Glaubenssätze selbstkritisch zu hinterfragen, gehört zu dem, was wir Mentalhygiene nennen. Beispiele gefällig?

> „Als Frau habe ich doch eh keine Chance,
> in den Vorstand aufzusteigen."
> „Ohne BWL-Studium werde ich als Gründer scheitern."
> „Als Chefin muss ich dominant sein, sonst tanzen mir die
> Leute auf der Nase rum."

Hier helfen Ansätze wie *The Work* von Byron Katie oder ein Anti-Selbstsabotage-Coaching.

**Risikoabwägung:** Wie gefährlich ein Vorhaben ist, kannst du im Modus der klaren, achtsamen Selbstdisziplin besser einschätzen. Und dich bewusster dafür oder dagegen entscheiden. Ein Stück Lebenserfahrung gehört natürlich auch dazu. Extreme Narzissten gehen unkalkulierte Risiken ein. Echoisten vermeiden Risiken.

223 Unter schwarzer Rhetorik versteht man den Versuch, auf Menschen durch entsprechende Kommunikation Einfluss zu nehmen, damit sie ihr Verhalten ändern oder etwas glauben. Im Idealfall passiert das so, das die betroffene Person es nicht merkt. Halbwahrheiten, Scheinargumente, Prägungen oder bewusst eingesetzte kognitive Verzerrungen gehören dazu.

**Selbstempathie:** In keinem Leben geht immer alles glatt. Wie oft beschimpfen wir uns dann und werten uns selber ab? Und wie sehr macht es das besser? Eben. Übe dich in Selbstempathie, wenn du etwas vermasselt hast. Erlaube dir, Traurigkeit zu fühlen oder vor etwas Angst zu haben, ohne dich von deiner Angst oder Trauer vereinnahmen zu lassen.

**Selbstreflexion:** Du hinterfragst dein eigenes Verhalten, überprüfst deine Gedanken, spürst deine Gefühle und kennst deine Werte und Bedürfnisse. Du kannst hier auf dieser Seite damit anfangen, indem du dir die Elemente der Selbstführung anschaust und reflektierst, wie es bei dir um diese Dinge bestellt ist…

**Supervision:** Dich regelmäßig supervidieren zu lassen, dir also von einer außenstehenden Person dabei helfen zu lassen, dein eigenes Handeln zu reflektieren und deine Arbeitsqualität zu verbessern, kann dich bei deiner Selbstführung unterstützen.

**Weiterbildung:** Eine Haltung des lebenslangen Lernens steht dir gut, wenn du dich erfolgreich selbst führen willst. Bücher wie dieses zu lesen, gehört bereits dazu. Sei stolz auf dich und feiere auch deine Lernerfolge!

Du kannst dich ja mal auf der bei uns Coaches allgemein beliebten Skala von 0-10 einstufen: Wie ist es in diesen Aspekten um deine Selbstführung bestellt? Wenn das Ergebnis niedriger als 5-6 ausfällt, solltest du ehrlich zu dir sein und überlegen, ob du wirklich eine Führungsrolle einnehmen möchtest und sie ausfüllen kannst.

Und die Moral von der Geschicht'? Ohne Selbstführung führt sich's nicht! Zumindest nicht mit guten wirtschaftlichen Ergebnissen.[224] Du solltest Menschen, die gravierende Defizite in den oben genannten Feldern haben, nicht in die Verlegenheit bringen, Mitarbeiter führen zu müssen. Sie wären komplett überfordert. Überforderung ruft in jedem Menschen narzisstische Nöte auf den Plan. Das Narzissmus-Problem deines Teams oder deiner Organisation wäre in diesem Falle hausgemacht.

224 Zu denen auch der Mensch samt seiner Würde gehört, wie die Kapitel 6 und 9 dir zeigen.

Wir sehen zwei Phänomene als besonders gefährlich an, die auf den ersten Blick nach guter Selbstführung aussehen können: Kontrollzwang in seiner Erscheinungsform Micromanagement, und Perfektionismus. Beides ist weit verbreitet in der Berufswelt und schadet nicht nur dem, der das hat, sondern auch dem Umfeld. Tatsächlich können auch hier narzisstische Nöte dahinterstecken. Ohne, dass der Mensch ein extremer Narzisst sein muss. Dies darfst du sauber unterscheiden: Narzisstische Nöte haben wir alle von Zeit zu Zeit oder abhängig von einzelnen Situationen. Erst wenn es chronisch wird und sich noch andere Anzeichen dazugesellen (schau dir die Liste der *Red Flags* auf Seite 78 nochmal an), dürfte der Symptomträger auf der Narzissmus-Skala weiter nach rechts rutschen.

## Wie du Kontrollzwang und Perfektionismus in den Griff bekommst

Lebst du gedanklich, emotional oder tatsächlich in einer Welt, in der Kommando und Kontrolle zur Tagesordnung gehören? Erziehst du deine Mitarbeiter auch zur Unmündigkeit, wie oben beschrieben? Kommen deine Leute zu dir und fragen dich nach Lösungen? Sind sie nicht in der Lage, Entscheidungen selbst zu treffen? Weil sie es nicht dürfen nicht können oder nicht wollen? Bist du ein Mensch, der unbedingt alles kontrollieren und im Griff haben muss? Machst du am liebsten alles selbst, weil es dann schneller geht und besser wird? Gut ist dir nicht gut genug, es muss perfekt sein? Und perfekt sind in jedem Fall 100 Prozent? Die Eins mit Sternchen? Bei dir und anderen?
Wenn du oft genug mit „Ja" geantwortet hast, dann ist das hier für dich. Natürlich gilt unsere folgende Erklärung auch für die Menschen in deinem Umfeld, solltest du nicht dich, sondern sie in unseren Fragen erkannt haben.

Kontrollzwang und Perfektionismus killen die natürliche Fähigkeit zur Selbstführung. Fangen wir mit dem Kontrollzwang an: Er speist sich aus dem nicht ausreichend gestillten Bedürfnis, gebraucht zu werden. Wer alles und jeden kontrollieren möchte, der will unentbehrlich sein. Der Gedanke, dass die eigenen Leute selbst Entscheidungen treffen könnten und aus eigener Motivation heraus gute Arbeit verrichten würden, kann Angst vor Kontrollverlust einflößen. Was passiert mit mir, wenn ich als Führungskraft nicht mehr befehlen und kontrollieren darf? Bin ich dann nicht mehr wichtig? Fragt man hier weiter, geht es runter bis an den Kern der Existenz. Werde ich noch gebraucht oder kann ich weg? Die Angst wird häufig kaschiert durch die Ausrede, dass ich es doch nur gut meine, wenn ich meinen Leuten alles abnehme und ihre Arbeit kontrolliere. Ich will doch nur helfen. Wer so denkt, der verliert sich leicht im heutzutage überwiegend negativ betrachteten **Micromanagement**:

» Du überprüfst ständig, ob Aufgaben erledigt worden sind.
» Du verlangst regelmäßige Updates und Statusreports.
» Du mischst dich in alles ein und willst alle Details kennen.
» Kleinste Entscheidungen brauchen deinen Segen.
» Du reißt Aufgaben an dich, die dir interessant erscheinen oder die Prestige versprechen, um dir die Kontrolle darüber zu sichern. Die Arbeit machen dann deine Mitarbeiter, an die du delegierst. Wenn es eng wird, machst du Stress.
» Du übernimmst die Organisation eines Arbeitsbereiches, wenn du darin einen Vorteil für dich siehst. Obwohl das Team dieses Bereichs bisher gute Leistungen erbrachte. Du kaperst nicht nur Menschen, sondern ganze Teams oder Themen. Es wird so gestaltet, wie es dir angenehm ist. Du diktierst, wie es gemacht zu werden hat. Egal, ob die anderen damit klarkommen.
» Lieber machst du etwas schnell selbst, anstatt die Aufgabe vertrauensvoll in die Hände deines Teams zu legen.
» Überhaupt fehlt dir Vertrauen. Das merken auch deine Mitarbeiter, dass du denkst, sie hätten ihre Arbeit nicht im Griff.
» Hast du gute Laune, verteilst du fröhlich pfeifend Aufgaben und machst einen lockeren Eindruck. Deine Stimmung kann jedoch von jetzt auf gleich kippen, wenn du denkst, dass dir in einer Angelegenheit die Kontrolle entgleitet.
» Was du genau meinst und willst, wissen deine Mitarbeiter nicht. Wenn sie sich trauen, nachzufragen, reagierst du unwirsch und sie werden dadurch immer unsicherer. Du bist wie ein Minenfeld – wann du das nächste Mal explodierst und wen es erwischt, das lässt sich nicht vorhersagen.

Du ahnst es sicher: Micromanagement als Kontrollinstrument ist bei extremen Narzissten weit verbreitet. Es hilft, den fragilen Selbstwert zu stabilisieren und schenkt die Illusion von Sicherheit. Vor allem aber trägt es dazu bei, dass die Produktivität sinkt und das Betriebsklima schlechter wird, wie wir es im Kapitel über psychologische Sicherheit beschrieben haben. Dies ist der Grund für den zu Recht schlechten Ruf des Micromanagements. Unserer Erfahrung nach kannst du davon ausgehen, dass es sich bei Micromanagern stets um extreme Narzissten ab Stufe 7 auf der Malkin-Skala handelt.

Was ist nun die Lösung, wenn du entweder selbstreflektiert genug bist und etwas verändern willst, oder Chef einer kontrollsüchtigen, micromanagenden Führungskraft bist? Der Einfachheit halber schreiben wir es in der Form, in der es dich persönlich betrifft: Mach dir klar, dass der Gedanke, gebraucht zu werden, für uns soziale Wesen enorm wichtig ist. Wir alle möchten für jemand anderen wichtig sein. Die Unsicherheit oder Angst, die du diesbezüglich fühlst, ist total normal. In einem gesunden Maß hat der Wunsch, gebraucht zu werden, etwas mit Menschsein zu tun und nicht mit Abhängigkeit. Ohne eine Bedeutung zu haben, wäre unser Leben sinnlos. Umfragen zufolge ist das Schlimmste für Langzeitarbeitslose, nirgends mehr dazuzugehören, nicht mehr sozial eingebunden zu sein und den Sinn des Lebens verloren zu haben.[225] Es ist nicht in erster Linie das wenige Geld, das in dieser Zeit zur Verfügung steht. In Kapitel 9 findest du Hannah Arendts Theorie über Macht: Sie zahlt genau auf das zutiefst menschliche Bedürfnis ein, gebraucht werden zu wollen. Macht entsteht erst, wenn eine Gruppe zusammen ins Handeln kommt. Allein bist du ohnmächtig. Wird aus deinem Wunsch, wichtig zu sein und gebraucht zu werden, die Versuchung, als Individuum Macht in Form von Kontrolle an dich zu reißen, stellst du genau das fest: dass du die Gruppe verlierst und ohnmächtig wirst. Du wirst nicht gemocht, deine Leute kündigen oder hintergehen dich. Ohne ehrliche Selbstreflexion und daraus resultierende neue Erkenntnisse versuchst du dann durch den Einsatz von psychischer, verbaler und im schlimmsten Fall auch noch physischer Gewalt, das Ruder rumzureißen. Und erhältst lediglich mehr vom Gleichen. „An der Spitze ist es einsam" – ein Spruch, den man oft über die oberste Führungsetage einer Organisation hört. Einsamkeit ist ein hoher Preis … Versuche es statt mit Macht in Form von Kommando und Kontrolle doch mal mit Vertrauen.

Mit Vertrauen ist es ähnlich wie mit Angst: Menschen vertrauen nicht einfach, weil man ihnen sagt, dass sie es können. Du musst es erfahren, nur so lernt dein Gehirn dazu und bildet neue neuronale, in diesem Fall vertrauensbildende, Netzwerke. Doch dazu musst du ins kalte Wasser springen und einen Vertrauensvorschuss geben. Sage deinen Leuten, dass du in ihr Können und Wissen vertraust. Ermutige sie, sich ihres eigenen Verstandes zu bedienen und eigene

225 https://www.aerzteblatt.de/archiv/140497/Gesundheitliche-Situation-von-langzeitarbeitslosen-Menschen

Entscheidungen zu treffen. Sie werden als erwachsene Menschen den besten Weg finden, das im Idealfall gemeinsam festgelegte Ziel zu erreichen. Du darfst delegieren und Verantwortung abgeben. Es darf auch mal leicht sein! Dazu solltest du deine Erwartungen klar kommunizieren und Aufgaben deutlich genug beschreiben. Konzentriere dich danach auf das Ziel, nicht auf jeden einzelnen Schritt. Achte darauf, wie oft und wie du kommunizierst. Ab und zu nachfragen ist völlig ok. Noch wichtiger ist es jedoch, dass du aktiv zuhörst, dich nach Hindernissen erkundigst und hilfst, sie aus der Welt zu schaffen, damit deine Mitarbeiter ihren Job gut machen können. Ja, hier wirst du als Führungskraft gebraucht! Zeige Wertschätzung für gute Arbeit und feiere Erfolge mit deinem Team. Und um all das zu tun, musst du dich vorher gut mit dir selbst verbinden und den möglicherweise durch Dauerstress verschütteten Zugang zu deinem Inneren freiräumen. Wie schon bei den acht Aspekten des Selbst endet es auch hier mit der Selbstreflexion: Dreh dich um, schau zurück und betrachte dein eigenes Verhalten. Hol dir für ein realistisches Fremdbild auch Feedback ein. Was hat sich für dich verändert? Was hat sich für dein Team verändert, wenn du gelernt hast,

» dich mit dir selbst zu verbinden,
» dir und anderen zu vertrauen, um dich mit ihnen zu verbinden und
» loszulassen, um dir selbst und anderen weniger Stress zu bereiten?

**Perfektionismus** hängt sich in Form überhöhter Ansprüche an dich selbst und andere nahtlos an Kontrollzwang und Micromanagement an. Im privaten Kontext äußert er sich auch im Schönheits- und Schlankheitswahn, nicht nur bei Frauen. Bei extremen Narzissten – und zwar sowohl bei den offen-grandiosen als auch bei den verdeckt-vulnerablen – ist Perfektionismus eine alte Überlebensstrategie, die aus Kindheit und Jugend ins Erwachsenenleben getragen worden ist. Wenn du als Kind nicht gesehen worden bist, wenn die Arbeit, die elterlichen Hobbies oder kranke Geschwister wichtiger waren als du, oder wenn deine Eltern zwar körperlich, aber emotional nicht verfügbar waren, dann entsteht in dir das Gefühl, wertlos zu sein. Dir geht Urvertrauen verloren: du fängst an zu denken, du seist nicht gut genug. Du fühlst dich nicht verbunden und daraus resultieren deine späteren Probleme, tiefgehende erwachsene Beziehungen jeglicher Art zu führen. Weil du es nicht wert bist, geliebt oder auch nur geschätzt zu werden. Wenn diese klassisch narzisstische Wunde zu deinem unbewussten Glaubenssatz wird, wirst du zukünftig alles tun, um sie zu heilen. Du wirst versuchen, perfekt zu sein.[226] Und du darfst dich auch nur mit Menschen umgeben, die ebenfalls perfekt sind. Allerdings gerne ein kleines bisschen weniger perfekt als du es bist! Doch es ist nur Camouflage über der offenen Verletzung deines Selbstwertgefühls. Aber weil du auch die Tarnung perfektionierst, bekommt das lange niemand mit. Du hast Angst, Fehler zu machen. Und deshalb dürfen auch die anderen keine machen. Es könnte ja auf dich (als Führungskraft) zurückfallen. Perfektionismus ist nicht der Wunsch, etwas besonders gut zu machen. Das ist nur eine weitere der vielen weit verbreiteten Fehlannahmen, die wir mit der *Narzissmus-Bilanz* aufdecken wollen. Perfektionismus ist ein Zwang. Der Schmerz, möglicherweise nicht gut genug zu sein, um geliebt oder gemocht oder nicht entlassen oder nicht befördert zu werden, bedroht unbewusst deine eigene Existenz. Aus diesem Grund darf der Gedanke nicht gedacht, das Gefühl nicht gespürt werden. Die ewige Optimierung unseres Selbst, unserer Prozesse und Systeme wie Organisationen und Wirtschaft kann ebenfalls eine narzisstische Spielart des Perfektionismus sein. Die wahren Probleme dahinter müssen dann nicht angegangen werden. Wir fallen kollektiv zurück in kindliche Muster: Wenn ich wegschaue, mir die Augen zuhalte, dann siehst auch du mich nicht, liebes Problem!

Was du tun kannst, um Perfektionismus zu heilen? Mach dir ggf. mit einem Therapeuten, Coach oder Berater klar, woher dein Drang, perfekt zu sein, kommt. Achtsamkeitstraining, Meditation und Elemente aus der körperzentrierten Therapie, die dich ins Spüren bringen, helfen auch hier. Mach Pausen und erlaube dir, auch mal schwach zu sein. Sieh Fehler als Lernchance und fokussiere dich auf kleine Fortschritte statt auf überfordernde Ansprüche. Nimm Bewertungen nicht persönlich. Sie sagen nichts über deinen Wert und deine Würde als Mensch aus. Führe positive, wertschätzende Selbstgespräche und sage dir jeden Tag: „Ich selbst bin genug!“ Als Führungskraft könntest du dich mal mit Mindful Leadership für deine Organisation beschäftigen. Vielleicht ist dir spätestens jetzt klar geworden, dass Achtsamkeit, Meditation, Resilienz, Empathie und andere ‚weiche‘ Fähigkeiten weder Mädchenkram noch esoterischer Mumpitz sind, sondern wesentliche professionelle Kompetenzen, um in der VUCA- und BANI-Welt erfolgreich zusammenzuarbeiten und Wettbewerbsvorteile zu haben. Um als Mensch und Organisation gesund zu bleiben und zu überleben. Wie schon so oft gesagt: Es sind nicht nur die einzelnen Personen, es ist auch immer das System: In toxischen Biotopen, in denen Menschen sich davor fürchten, etwas falsch zu machen und in denen Führungskräfte nichts

226 Vgl. König, 2021. S.126.

dafür tun, das System zu verändern, ist Perfektionismus eine intelligente Anpassungsleistung. Als Führungskraft ist es dein Job, für psychologische Sicherheit zu sorgen[227], damit Mitarbeiter so gut sein können, wie sie sind. Damit sie Schritt für Schritt besser werden dürfen, durch freudvolle, ermutigende, bestätigende und auch korrigierende Erfahrungen entlang ihrer eigenen Motive und Potenziale. In der Zusammenarbeit mit der Gruppe, nicht als Ego-Trip. Ohne am Anspruch, perfekt sein zu müssen, kaputt zu gehen und auszubrennen. Teile deine eigenen Geschichten von Fehlern und Scheitern, um Menschen zu ermutigen, sich selbst das Menschsein zu erlauben. Und als Gesellschaft sollten wir aufhören, den Wert eines Menschen an seiner Leistung festzumachen.

Solange du in einem System sitzt, das Narzissmus fördert, Micromanagement zulässt und Perfektionismus erwartet, hilft dir nur eins: dich sauber abzugrenzen.

## Wie du Narzissten Grenzen setzt und sie bewahrst

Du brauchst Grenzen, um dich vor extremen Narzissten und ihrem micromanagendem Verhalten sowie ihren perfektionistischen Ansprüchen zu schützen. Ihre Manipulation ist ja stets nur ein Mittel zum Zweck, sich selbst groß zu fühlen und dich klein zu halten. Versäumst du diese Grenzziehung, kann es passieren, dass andere Leute über dich und dein Leben bestimmen. Konsequent Grenzen zu setzen hat Vorteile:

- » Du steuerst deine Aufmerksamkeit und damit deine Energie. Denn die Energie folgt der Aufmerksamkeit. Richtest du all deine Aufmerksamkeit auf narzisstische Verhaltensweisen, gibst du dem Affen ständig Zucker, dann erhältst du mehr narzisstische Affen. Vielleicht kannst du unerwünschtes Verhalten qua deiner Position nicht ‚verbieten'. Aber du kannst es ignorieren und dich auf das Wesentliche konzentrieren: deine eigene Selbstführung und deinen eigenen Job. Lass nicht zu, dass ein Narzisst dich vor seinen Karren spannt!
- » Du stärkst deine Beziehungen am Arbeitsplatz durch klare Kommunikation. Einerseits deiner Erwartungen, andererseits dessen, was du nicht bereit bist zu tun, was du nicht möchtest oder nicht akzeptierst. Dadurch

227 Siehe Kapitel 4.

wachsen Respekt und Verständnis füreinander. Wir vertiefen das im Kapitel über die Kommunikation mit Narzissten.

» Du kennst deine eigenen Bedürfnisse und hast gelernt, andere Menschen nicht zu Erfüllungsgehilfen zu machen. Bzw. dass es in Ordnung ist, wenn sie keinen Beitrag dazu leisten können oder wollen. Du findest deinerseits gute Strategien jenseits der Lieblingsstrategie, die du dir irgendwann mal ausgedacht hast,
um ein Bedürfnis zu erfüllen.
» Durch all das reduzierst du deinen Stress und trägst positiv zu deiner mentalen, emotionalen und körperlichen Gesundheit bei.

**Eigene Grenzen setzen**

**Level 1: Finde heraus, was deine Grenzen sind.
Fragen, die dabei helfen können, lauten:**

» Was sind deine Werte?
» Wo setzt du Prioritäten?
» Was ist für dich nicht verhandelbar?
» Wann fühlst du dich gestresst oder überfordert?

Dein narzisstischer Chef verlangt von dir, ziemlich penetrante Kaltakquise über Social-Media-Kanäle zu betreiben. Du arbeitest gar nicht in der Vertriebsabteilung, doch dein Chef denkt, du wärst nicht ausgelastet und solltest dort mal unterstützen. Engmaschig gibt er dir vor, was du wem wo bis wann zu schreiben hast. Alle paar Tage werden deine Ergebnisse kontrolliert. Dass du dafür überhaupt keine Zeit hast, interessiert ihn nicht. Dass diese Art zu akquirieren überhaupt nicht zu dir passt und sich nicht mit deinen Werten deckt, interessiert ihn noch weniger. Du gibst dem Druck nach und denkst, du hättest keine Wahl. Schließlich ist er der Chef, und was bist du? Die ersten Ergebnisse decken sich mit deiner Intuition und deinem gesunden Menschenverstand: Die Leute, die du gemäß dem erhaltenen Script angeschrieben hast, sind größtenteils ‚not amused', beschweren sich sogar offen und fragen, was der Mist soll. Von 100 Personen springt nur eine drauf an. Der positive Effekt ist gleich null, dafür verbrennt die Vorgehensweise wertvolle Kontakte aus dem Firmennetzwerk. Doch du sollst weitermachen. Dir wird bereits schlecht beim Gedanken daran. Kollegen, die ins selbe Boot gesetzt wurden wie du, werden für ihre ausbleibenden Erfolge in der großen Runde vom Chef bloßgestellt und abgekanzelt wie kleine Kinder.

In diesem Fall ist es unserer Ansicht nach absolut in Ordnung, dich wertschätzend aber klar und deutlich von der Aufgabe zu distanzieren und dich deiner eigentlichen Arbeit zu widmen. Für alle, die jetzt Schnappatmung kriegen beim Gedanken, sich der Obrigkeit offen zu widersetzen: Der Mitarbeiter, der es exakt so gemacht hat wie von uns empfohlen, ist heute eine tragende Säule des Unternehmens.

**Level 2: Kommuniziere deine Grenzen klar und respektvoll mit Ich-Botschaften:**

Hier hilft die Gewaltfreie Kommunikation (GFK) nach Marshall Rosenberg. Wir spielen die vier Schritte der GFK exemplarisch am oben erzählten Beispiel durch und erklären dir auf Seite 305 genauer, was es damit auf sich hat:

1. **Neutrale Beobachtung:** Hallo Chef, du hast mir aufgetragen, mir fremde Menschen im Namen der Firma auf Social Media anzuschreiben und ihnen unser neues Angebot nahezubringen: Von 100 Leuten hat nur einer positiv reagiert, die meisten warfen mir mangelnde Seriosität vor und folgen nun nicht mehr unserem Kanal.
2. **Ausgelöstes Gefühl:** Ich fühle mich unwohl dabei, das weiterhin zu tun. Es stresst und betrübt mich, weil mir …
3. **Für das Gefühl verantwortliche unerfüllte Bedürfnis:** … meine Integrität und unser guter Ruf wichtig sind (Bedürfnis: den eigenen Werten gerecht werden, aber auch die Firma im Auge zu behalten: hier gehen gerade sichtbar Reputation und Wertschätzung kaputt).
4. **Bitte; hier bereits verbunden mit einer klaren Aussage:** Kann ich unsere Angebote bitte bedarfsgerecht an die identifizierten Zielgruppen adressieren, auf einem Weg, der nicht bereits bei vielen Menschen durch die hohe Anzahl an ‚Closern'[228] auf Social Media verbrannt ist? Ich werde solange diese Akquise-Aufgabe nicht weiter erfüllen.

228 Die Aufgabe eines Closers besteht darin, das entscheidende Verkaufsgespräch mit potenziellen Käufern zu führen und bestimmte Produkte oder Dienstleistungen zu verkaufen. Diese Tätigkeit wird auch *Closing*, zu Deutsch *Abschluss* genannt. Auf Social Media wird allerdings häufig bereits im Moment der Kontaktaufnahme versucht, zu closen, und der Beziehungsaufbau davor vergessen: „Hallo Sylvia! Du leidest doch bestimmt auch unter Übergewicht und möchtest ein paar Pfund verlieren? Unsere neuartige Methode garantiert dir …"

Der Anhang an die Bitte ist kein offizieller Bestandteil der Gewaltfreien Kommunikation. Wir haben hier die Grenzziehung bzw. die Konsequenz eines „Neins" bereits mit eingebunden. Ein „Nein" muss möglich sein, darf jedoch Konsequenzen haben, die offen aufgezeigt und eingehalten werden müssen. Bis zur Reaktion des Chefs stellte der Mitarbeiter die Kaltakquise dann auch wirklich ein. Im Bewusstsein, dass ein extrem narzisstischer Chef dafür durchaus eine Abmahnung verteilen könnte.

Die in dem Fall lösungsorientierte Bitte hätte auch anders formuliert werden können: „Kannst du diesen Arbeitsauftrag bitte jemand anderem geben, der hier weniger moralische Bedenken hat?" Die Wahrscheinlichkeit, dass der Chef hier als Mensch mit hoher dominanter Präferenz[229] einfach „nein" sagt und das Thema damit für ihn gegessen ist, wurde jedoch höher eingeschätzt als bei der gewählten Variante. Dass Vertrieb in diesem Falle gar nicht der Job des Mitarbeiters war und möglicherweise Kompetenzen dafür fehlen, lassen wir jetzt mal außen vor.

**Level 3: Grenzen konsequent verteidigen:**

Auch wenn es schwierig wird oder dir sogar gefährlich erscheint, wie dem Kollegen aus dem Beispiel, der sich dem Chef offen widersetzt hat: Wenn du dich selbst ernst nehmen und dir selbst gegenüber integer bleiben willst, musst du deine gesetzten Grenzen verteidigen und dich auch mal durchsetzen. Die anderen Kollegen, die denselben Auftrag bekamen, hatten bei gleicher Wahrnehmung, gleichen unangenehmen Gefühlen und gleichen Bedürfnissen nicht so viel Rückgrat. Sie haben zwar ebenfalls ihren Unmut gezeigt, doch sie haben es mit sich machen lassen. Keine Grenzen, keine klare Kommunikation, keine Lösungsorientierung. Sondern eine schwache Verteidigung durch Motzen, die ihre Positionen geschwächt statt gestärkt hat.

In der Beispielgeschichte ging die Bitte aus Schritt 4 dem Chef zu weit. Er wollte zwar schnell und billig Akquise betreiben, doch keinesfalls, dass sich der Mitarbeiter in Vertrieb und Marketing einmischt. Allein durch die Art der professionellen Kommunikation – die er selbst nicht beherrschte! – hat der Chef die selbstbewusste Ansage, nicht weiter kalt zu akquirieren, geschluckt. Hätte der Mitarbeiter direkt darum gebeten, zurück an seine eigene Arbeit gehen zu dürfen, wäre die Geschichte für ihn möglicherweise ebenfalls ungünstig aus-

229 Siehe Kapitel 5.

gegangen. Denn Narzissten interessieren sich stets nur für den eigenen Vorteil (hier: Umsatz machen), jedoch nicht für die Gefühle, Wünsche und Bedürfnisse anderer Leute. Am Ende bekam der kluge und mutige Mitarbeiter sanktionslos, was er wollte: Er wurde in Ruhe gelassen und konnte seine eigentliche Arbeit, die ihm viel Spaß machte und in der er gut war, wieder aufnehmen. Mehr noch, er stieg im Ansehen des Chefs, obwohl er sich widersetzt hatte: Narzissten fahren selber Ellenbogenstrategien und respektieren deshalb eher, wenn auch andere die Ellbogen ausklappen. Sofern sie eben dabei wertschätzend und konsequent bleiben.

Wo deine Grenze beginnt, hört das Herrschaftsgebiet des extremen Narzissten auf. Sobald sich ein extremer Narzisst überlegen fühlen muss und deshalb anfängt, dich abzuwerten, ist dies eine Grenzüberschreitung und du solltest dich dagegen wehren. Das oben beschriebene Beispiel zeigt dir, wie es geht: hart in der Sache, weich in der Form! Sei gewarnt: Stellst du den Narzissten bloß, zum Beispiel durch offene Kritik vor versammelter Mannschaft, kommt das für ihn einer Kriegserklärung gleich. Du würdest ihn dadurch mit seinen eigenen Waffen schlagen wollen. Und glaub uns, diesen Kampf willst du nicht kämpfen! Um Grenzen zu setzen, musst du nicht in der Führung sein, jedoch in der Selbstführung. Für einen Kollegen auf dem gleichen Level oder für einen ‚Untergebenen' – ein fieses Wort aus einer Zeit, in der unsere Schuhsohlen noch ausschließlich genagelt wurden[230], doch momentan noch der aktuelle Sprachgebrauch – ist es eine Option. Um sich selbst zu schützen. Für Führungskräfte von extremen Narzissten ist es ein Muss. Um ihr Team oder ihre Abteilung zu schützen – Narzissten brauchen Führung durch Grenzen! Egal, in welcher Rolle du bist: Bitte bleib hellwach und lass dich nicht von überraschenden Freundlichkeiten blenden. Sie sind nur Mittel zum Zweck, so wie du als Mitarbeiter in toxischen Systemen nur Mittel zum Zweck bist.
Setzt du einem extremen Narzissten echte Grenzen, wird er in sich zusammenfallen. Wie alle Menschen, die dominante Verhaltensweisen bevorzugen. Wenn du wirklich dagegenhalten kannst, verlieren sie das Interesse. Oder sie schmollen und geben auf.

**Achtung:** Ist das Verhalten bereits psychopathisch, dann wirst du verteufelt und kannst dich auf eine Hexenjagd gefasst machen. Ruf schon mal deinen Anwalt an! Die Hexenjagd wird der psychopathische Narzisst besonders anheizen, wenn er ein Heer von Unterstützern um sich weiß. Alleine ist er schnell

230 Geklebte Schuhsohlen kamen erst in den 1920er-Jahren auf.

auszuhebeln. Doch es gibt Menschen, die sich in Gruppen stets auf die Seite des potenziellen Gewinners schlagen. Selbst, wenn du der Inhaber bist, kann es passieren, dass dir deine Firma auf ziemlich üble Art und Weise geklaut wird. Marion hat dies bei einem ehemaligen Arbeitgeber erlebt. Er verlor seine Gesellschaft durch List und Intrige eines psychopathischen Narzissten und seiner Entourage an einen angestellten Geschäftsführer, der nur geringe Anteile am Unternehmen besaß. Wenn du im beruflichen Kontext Grenzen verteidigst, musst du deshalb zwingend die Dynamik im Unternehmen mitberücksichtigen: Wer besetzt welche Rolle? Wer spielt mit wem? Wo gibt es Spannungsfelder oder Konflikte? Welche Kräfte sind im jeweiligen Feld am Wirken? Hier spielt die Energie im Unternehmen eine wichtige Rolle. Um in diesen Fragen zu größerer Klarheit zu kommen, kannst du metaphorische Ansätze oder systemische Organisationsaufstellungen nutzen. Sie beziehen die Körperebene in einen Erkenntnisprozess mit ein, der in der klassischen Beratung normalerweise rein auf Gesprächsebene stattfindet.[231] Doch die zugrundeliegenden Dynamiken und Wirkmechanismen von Grenzen können nur erspürt werden.

## Beziehungen mit toxischen Charakteren trotzdem führen können

Traumatisierte Menschen wie extreme Narzissten versuchen unbewusst, sich vor dem, wonach sie sich sehnen, zu schützen. Weil der ursprüngliche Versuch, es zu bekommen, mit Angst, Schmerz und Traurigkeit verbunden ist. Extreme Narzissten, wie auch sonst alle Menschen, sehnen sich nach echten Beziehungen, in denen sie gesehen, erkannt und für ihr bloßes Sein anerkannt, geschätzt, geliebt werden. Ohne etwas dafür tun zu müssen. So gesehen wird dir vielleicht noch ein Stück klarer, warum wir alle auf der Narzissmus-Skala von Craig Malkin angesiedelt sind. Wer nicht das Glück hatte, in einem Elternhaus aufzuwachsen, in dem diese Sehnsucht ausreichend erfüllt worden ist, landet auf der Skala weiter links oder weiter rechts, als gut für ihn ist. Weil sowohl Echoismus als auch extremer Narzissmus Beziehungsstörungen sind, ist es wichtig, Beziehungen zu diesen Menschen so gut wie möglich zu gestalten. Ohne dabei Gefahr zu laufen, „dem betörenden Duft des Narziss zu erliegen", wie Psychiater

231 Kleve, Heiko: *Aufstellungsarbeit in der systemischen Beratung*. In: *Praxishandbuch Aufstellungsarbeit*. Wiesbaden, 2020. S.2.

Reinhard Haller es formuliert[232], also ohne manipuliert, vereinnahmt und gekapert zu werden.

Wenn du gesund narzisstisch bist, bist du vor einem Hang zum Echo oder zum extremen Narzissmus eher gefeit. Immer unter dem Vorbehalt, dass auch in deinem Leben krasse Dinge passieren können, die dich auch spät(er) im Leben in die eine oder die andere Richtung drücken. Die Persönlichkeitsentwicklung ist nie abgeschlossen – im Guten wie im Schlechten. Normalerweise empfehlen Bücher über Narzissmus, Beziehungen jeglicher Art zu beenden. Sie bringen einfach nichts außer leidvollen Lernerfahrungen. Solltest du dich nun als gesunder Narzisst im Umfeld toxischer Charaktere wiederfinden, durch die *Red Flags* und sonstige Beschreibungen in der Lage sein, Narzissmus-Verdacht für dich als Arbeitshypothese zu formulieren, und dich selbst gut führen und abgrenzen zu können, so gilt das „Dreh dich um und renn!" für dich nicht unbedingt.

Vielleicht ist das System, in dem du dir deine Brötchen verdienst, noch halbwegs gesund. Vielleicht hast du es nur hier und da mit einem echten Arschloch zu tun. Ganz ehrlich: Wer hat das nicht im Laufe seines Arbeitslebens mindestens einmal erlebt? Vielleicht magst du auch einfach deinen Job, wirst überdimensional gut bezahlt oder hast andere gute Gründe, warum du dir nichts Neues suchen willst. Wenn du nicht gehen willst, gut in deiner Kraft bist und es dir zutraust, geben wir dir nun Tipps, wie du Beziehungen zu Kollegen oder Chefs trotz ihres extremen Narzissmus „gedeihlich kultiviert" führen kannst, wie es Marion im Gespräch mit Egbert Cardinal von Widdern erarbeitete.

**Selbstabhängigkeit leben:**
Das Konzept der Selbstabhängigkeit kennen wir durch Jorge Bucay. Es hat mit den verschiedenen Ich-Zuständen zu tun, die du in Kapitel 3 beim Ausstieg aus dem Drama-Dreieck kennengelernt hast. Zusammengefasst besagt es, dass sich niemand um den inneren Kind-Anteil kümmern wird, den wir alle in uns tragen, außer dem eigenen inneren Erwachsenen. Es bedeutet radikale Eigenverantwortung für sich selbst. Wenn du selbstabhängig leben möchtest, musst du damit aufhören, andere Menschen in die Verantwortung dafür zu nehmen, wie es dir geht und ob deine Bedürfnisse erfüllt sind oder nicht. Was Selbstabhängigkeit **nicht** bedeutet: dass der einzelne Mensch allein sei oder es sein sollte. Dass er nicht in mindestens ein System eingebettet sei. Dass er sich ein-

232 Haller, Reinhard: *Die Narzissmus-Falle*. Salzburg, 2013. S.27.

zig und allein selbst genügen würde und deshalb ruhig die große Ego-Show mit und vor sich selbst abspielen kann. Ansonsten wären wir tatsächlich bei der ursprünglichen Bedeutung von Narzissmus aus der griechischen Sage angekommen: Narziss genügte sich selbst und wies alle anderen Menschen ab. Doch im Moment der Selbsterkenntnis ertrank er. Wir genügen uns nicht selbst. Wir sind Herdentiere. Wir brauchen einander, um uns sicher und geborgen, zufrieden und glücklich zu fühlen, und um über das Kollektiv einen individuellen Sinn im Leben zu finden. Der Sinn ist uns nicht vorgegeben. Wir müssen ihn stiften. Aber wir sind als erwachsene Menschen, trotz dem wir einander brauchen, nicht abhängig von anderen, sondern von uns selbst.

Es ist an dir, dich um eine neue Strategie zu kümmern, wenn ein anderer Mensch den von dir vorgeschlagenen Weg nicht mitgehen will. Es ist an dir, eine Lösung zu finden, wenn ein anderer Mensch dein Bedürfnis nicht stillen will oder kann. Je narzisstischer jemand ist, desto stärker werden seine Strategien und Taktiken dazu neigen, andere Menschen zu manipulieren und vor den eigenen Karren zu spannen, um zu bekommen, was man will. Wenn Peter heute nicht mit dir in die Mittagspause gehen mag, fragst du halt Susi. Und im Zweifelsfall verbringst du Zeit mit dir und hast ein bisschen Ruhe. Vor dieser Ruhe, dem mit sich selbst allein sein, haben viele Menschen im Echoismus oder im extremen Narzissmus Angst. Weil dann die Stimmen im Kopf lauter werden. Und was diese Stimmen sagen, gefällt ihnen nicht. Deshalb müssen sie ausgeblendet, verdrängt, übertönt werden. „Selbstabhängigkeit bedeutet, mir darüber im Klaren zu sein, dass ich nicht allmächtig bin. Um meine Verletzlichkeit zu wissen und Sorge für mich selbst zu tragen“, so erklärt es uns Bucay.[233]

Selbstabhängige Menschen sind nicht so leicht manipulierbar, und deshalb im Kontakt mit extremen Narzissten weniger in Gefahr. In der Selbstabhängigkeit wird dir außerdem klar, dass auch andere Menschen von sich selbst abhängig sind. Menschen mit Echo-Tendenzen neigen dazu, fassungslos zu sein über das Verhalten eines extremen Narzissten. Sie wollen nicht kapieren, wie jemand so sein kann. Sie glauben an das Wahre, Schöne und Gute. Weil nicht sein kann, was nicht sein darf. „Wie kann jemand so ein Arschloch sein? Wie kann er mir das antun? Das geht doch nicht!“ Doch, das geht. Doch, er kann. Es liegt in letzter Konsequenz in der Entscheidung des extremen Narzissten, so zu sein, wie er ist. Natürlich möchte er die Verantwortung dafür nicht übernehmen, das sollte inzwischen klar geworden sein. Du wirst ihn nicht verändern. Du kannst

233 Bucay, 2016. S.50.

nur die Verantwortung für dich übernehmen und dich schützen. Menschen, die den Großteil ihres Daseins angstreduziert[234] im gesunden Narzissmus verbringen, gelingt das recht gut.

**Wichtig:** Was nicht passieren darf, auch wenn wir hier über toxisches Verhalten, toxische Systeme, Dauerstress und Burnout schreiben, ist die ‚umgedrehte Schuldumkehr': Auch wenn er noch so fies ist – dein narzisstischer Kollege oder Chef ist nicht schuld daran, wenn du krank wirst! Das toxische System oder die Gesellschaft als Ganzes sind es auch nicht. Es liegt an dir, ob du beispielsweise auf Status, Besitz und finanzielle Sicherheit verzichten wirst, um mental gesund zu bleiben, wenn es hart auf hart kommt. Oder ob du dich dafür entscheidest, im alten Job bei Obernarzi zu bleiben, die Raten für dein Haus weiter bezahlen zu können statt es abzustoßen, und den Preis für deine Entscheidung mit deiner Gesundheit zu bezahlen. Irgendeinen Preis zahlen wir immer. Das Einzige, wovon du abhängig sein solltest, sind deine reifen Anteile, damit sie sich um deine unreifen Anteile kümmern können. Persönlichkeitsentwicklung ist eine paradoxe Sache: Sie bedeutet, aktiv und bewusst daran zu arbeiten, wie du ein immer besserer Mensch, ein immer wahrhaftigeres Selbst hinter der äußeren Person (Rolle, Maske) werden kannst. Ohne dabei zu vergessen, dass du ok so bist, wie du bist. Extreme Narzissten und Echoisten können das beides nicht. Oder besser: sie können es nicht wollen. Im gesunden Narzissmus kannst du jederzeit die Selbstabhängigkeit und die Persönlichkeitsentwicklung in dir verstärken. Du baust dir damit einen Schutzschild auf, der es dir ermöglicht, mit toxischen Charakteren gefahrlos zu interagieren, wenn du es musst.

**Empathie für den Unempath:**
Einfühlsam mit Menschen umzugehen, die einem unsympathisch sind, ist bereits eine riesige Stärke. Empathisch zu Menschen zu sein, die zusätzlich selbst über keinerlei echte Empathie verfügen, ist die Königsdisziplin der Menschlichkeit. Du erinnerst dich? Unter Stress geraten wir alle in den Tunnel der Egozentrierung.[235] Wenn deine Chefin oder dein Kollege mal wieder eklig zu dir ist und du es schaffst, einen Puffer zwischen Reiz und Stressreaktion zu bringen, gelingt es dir besser, einen Schritt zurück zu gehen und dich in die Person einzufühlen. Wenn jemand in narzisstischen Nöten ist, sind elementare Bedürfnisse nicht erfüllt. Wenn es dir gelingt, dich einzufühlen, ist es vielleicht das erste Mal seit sehr langer Zeit, dass jemand empathisch auf das Ekel eingegangen ist.

234 Ein Leben ohne Angst existiert nicht und das wäre auch nicht gut.
235 Siehe Kapitel 4.

Du musst einen Zustand, ein Gefühl oder ein Bedürfnis noch nicht mal richtig erraten, wenn du es versuchst. Wichtig ist, dass du für so etwas stets das Vier-Augen-Gespräch wählst. Und dass du nicht zu direkt bist – der Narzisst könnte sich ertappt und bloßgestellt fühlen. Eine etwas schwammige Formulierung ist besser. Die Kunst des richtigen Maßes an Einfühlungsvermögen übst du vielleicht erstmal in der Theorie. Extreme Narzissten bieten dir Gelegenheit genug dafür. Hier kommt eine Beispielsituation:

Deine toxische Chefin meckert dich an, weil ihr deine Ergebnispräsentation nicht gefällt, die sie am nächsten Tag vor dem Vorstandsgremium zeigen will. Sie attestiert dir, dass du komplett unfähig bist, Sachverhalte korrekt darzustellen. Du lässt dich nicht triggern, bleibst in der Empathie und vermutest, dass ihr Perfektionismus am Werk ist. Hinter dem versteckt sich, wie oben beschrieben, eine tiefe Angst und Unsicherheit.

So besser nicht: „Frau Herzog, weshalb reagieren Sie so gereizt? Sind Sie unsicher? Haben Sie kein Vertrauen in mich und meine Arbeit?"

Sondern so: „Frau Herzog, Sie scheinen sich große Sorgen um den Erfolg der Präsentation zu machen. Können Sie mir bitte sagen, was genau Sie an meiner Darstellung der Ergebnisse stört?"

**Was du in diesem Fall richtig gemacht hast:**

» Du hast ihre Worte nicht persönlich genommen und lenkst das Gespräch weg von deinen angeblichen Defiziten, zurück zur Sache: der nahenden Präsentation.
» Du hast dich in sie eingefühlt und ihre Besorgnis gespürt, ohne ihr Schwäche zu unterstellen.
» Du bist respektvoll geblieben, auch wenn sie es nicht war.
» Du machst dich zum Teil der Lösung, übernimmst Verantwortung für deine Arbeit und bleibst im Dialog, um herauszufinden, was du verbessern kannst.

Es kann passieren, dass extreme Narzissten auch dann nicht aufhören zu schimpfen, zu toben und mit Dreck zu schmeißen. Übe dich in stoischer Gelassenheit und mache mehr vom Gleichen: nicht persönlich nehmen, einfühlen, respektvoll bleiben, lösungsorientiert sein. Irgendwann kühlt auch der größte Hitzkopf wieder ab.

Wenn es gut läuft, bringst du den Narzissten dazu, über das zu sprechen, was er braucht. Worum es wirklich geht. Wenn es noch besser läuft, öffnet er sich sogar ein Stück und äußert ein wahrhaftiges Gefühl. Und im Idealfall gewinnst du Stück für Stück sein Vertrauen. Du darfst jedoch nicht erwarten, dass die Chefin oder der Kollege ebenfalls empathischer werden, nur weil du es bist. Und wie es bei gesund narzisstischen Menschen geschehen kann.
Mach dir klar, dass sich der Narzisst aus einer tiefen inneren Not heraus verhält, wie er sich verhält. Eine bessere Überlebensstrategie hat er nie gelernt. Und seine psychische Disposition erschwert es ihm, dazuzulernen. Die Kunst ist, an dieser Stelle nicht in die Narzissmusfalle zu tappen: ins Mitleid zu gehen oder sich zum Retter aufzuschwingen.[236] Aber wenn du gesund narzisstisch bist, hast du dich diesbezüglich meist gut im Griff und kannst dich entsprechend distanzieren.

Am besten kombinierst und trainierst du vier Fähigkeiten: dir deiner Selbstabhängigkeit bewusst sein, Grenzen setzen, dabei empathisch bleiben – und die Gewaltfreie Kommunikation. Lies außerdem die Kapitel zum Umgang mit typischen Phänomenen wie *Silent Treatment* und weiteren Überlebensstrategien.

## Gekonnter Umgang mit extremen Narzissten

Es tut furchtbar weh, wenn man erkennt, dass man in einer Beziehung zu einem extremen Narzissten niemals wirklich als Mensch, als Individuum, um seiner selbst wertgeschätzt wurde. Dass es immer nur um den anderen ging. Dass man benutzt wurde und ersetzbar ist. Ausgebeutet für die Kompensation eines nicht vorhandenen Selbstwertes im anderen. Fallen gelassen, als man leer war und nichts mehr geben konnte. Oder zu unbequem wurde.

Ein extremer Narzisst ist wie ein Fass ohne Boden. Sein Liebesspeicher ist nicht aufgefüllt. Deshalb lutscht er andere Menschen aus. Er will ja die Bindung, er will ja das Vertrauen, er will geliebt werden, obwohl er sich wie ein A… verhält. In privaten Beziehungen ist das sehr gefährlich. Im Business-Umfeld können wir Liebe durch Wertschätzung ersetzen und wesentlich leichter zurück auf die Sachebene kommen. Was nicht heißt, dass es nicht essenziell notwendig wäre, sich vorher den Gefühlen und Bedürfnissen zuzuwenden. Wenn wir auf der

236 vgl. Kapitel 3: Ausstieg aus dem Drama-Dreieck.

Sachebene, mit unserem Verstand, (alle) Probleme lösen könnten, hätten wir keine.

Der gekonnte Einsatz narzisstischer Verhaltensweisen besteht für Führungskräfte darin, ihre positiven Seiten wirtschaftlich intelligent zu nutzen, und Menschen, Teams und Organisationen vor ihren gefährlichen Seiten zu schützen. Sich selbst führen zu können, selbstabhängig zu sein, empathisch zu bleiben und dennoch Grenzen zu setzen, ist nur die Spitze des Eisbergs. Wir vertiefen nun, wie du am besten mit toxischen Charakteren im Job verfährst. Weil extreme Narzissten und Schlimmeres einerseits gehäuft im Management sitzen, und Führungskräfte andererseits diejenigen sind, die einzig und allein im System etwas verändern können, sprechen wir nun wieder viel über Führung.

Auch wenn du ein Mitarbeiter ohne Führungsrolle bist: Lies die nächsten drei Kapitel bitte trotzdem! Sie können dir helfen, deine Chefs besser zu verstehen und ihr Theater zu durchschauen. Vieles, was du hier erfahren wirst, kannst du außerdem gegen Stinkstiefel verwenden, mit denen du auf gleicher Ebene zusammenarbeitest. Und wer weiß, vielleicht hast du in naher oder ferner Zukunft selbst Führungsverantwortung. Unserer Ansicht nach kannst du dich nicht früh genug darauf vorbereiten. Außerdem ist es wahrscheinlich, dass keiner da sein wird, der dich lehrt, wie gute Führung funktioniert. Siehe unten. Im Selbststudium übernimmst du Verantwortung für dich und deine berufliche Laufbahn.

**Als Mitarbeiter solltest du das verstehen:**

» Führungskräfte erkennen extremen Narzissmus in 85 Prozent aller Fälle nicht.[237] Denk an den Prozess der Wahrnehmung aus Kapitel 2: Was du verdrängst, ausblendest oder ablehnst, kannst du nicht entdecken. Wir hoffen, dass dieses Buch die Lage etwas verbessert.

» Wenn sie es ahnen oder erkennen, haben sie häufig Angst vor der Reaktion extremer Narzissten. Die neigen bekanntlich zu heftiger Wut, Rache und fiesen Manipulationen. Deshalb sagen sie nichts oder stimmen ins Gaslighting des Narzissten mit ein.

» Das meinen sie keinesfalls böse. Sie wissen nicht, wie sie damit umgehen sollen und fühlen sich hilflos und ohnmächtig. Du musst schon wirklich kerngesund sein – selbstreflektiert, mutig, resilient und dir deiner Ver-

237 Dies ist das ungefähre Ergebnis unserer eigenen Feldforschung.

antwortung bewusst – um als Führungskraft zuzugeben, dass dich eine Situation oder gar ein anderer Mensch überfordert. So, wie unsere Wirtschaftswelt aktuell noch gestrickt ist, ist es meist nicht angesagt, Gefühle zu zeigen. Emotionalität wird knallhart wegrationalisiert. Dass Gefühle zeigen eine Stärke ist und keine Schwäche, dass Gefühle Vertrauen, Verbundenheit und damit Potenzialentwicklung sowie erfolgreiche Zusammenarbeit überhaupt erst ermöglichen, hat sich leider immer noch nicht überall rumgesprochen. Eng mit diesem Defizit in Sachen Menschlichkeit verbunden ist der nächste Punkt …

» Der Großteil aller Führungskräfte – ebenfalls 85 Prozent – hat keine Leadership-Ausbildung erhalten, bevor sie ihre neue Position antraten. Nur 29 Prozent aller Unternehmen weltweit (!) haben umfassende Leadership-Programme. Und nur fünf Prozent bieten für alle Ebenen Führungskräftetrainings an.[238] Wenn eine gute Fachkraft zur Belohnung in eine Führungsrolle befördert wird, ohne darin ausgebildet zu werden – da wundert uns die in Kapitel 4 beschriebene schlechte Sicht auf Führungskräfte nicht. Wenn Mitarbeiter das Problem erkennen und sich selbst darum kümmern, dürfen sie ihre Weiterbildung oder ihr Coaching häufig aus eigener Tasche bezahlen oder lustige Knebelverträge als Anhang zu ihrem Arbeitsvertrag unterschreiben.
» Möglicherweise hat deine Führungskraft selbst einen zu hohen Grad an Narzissmus. Ob es ihr bewusst ist oder nicht – auch das Un- bzw. Vorbewusste wirkt ja in uns: Eine Krähe hackt der anderen kein Auge aus. Deshalb wird die Führung deine Probleme mit einem anderen Teammitglied vielleicht nicht ernst nehmen oder nur so tun, als ob sie sich darum kümmern würde. Bevor man in die kritische Selbstreflexion geht oder jemanden denunziert, der auch in der Führung ist, schiebt man die Schuld lieber auf den Mitarbeiter selbst: Der hat doch bestimmt eine bipolare Störung! Wir können dich nur ermutigen, dir in einem solchen Fall ein gesünderes Biotop zu suchen.

Aus all diesen Gründen ist die Chance, dass dein Chef dich unterstützt, leider ziemlich gering. Du musst die Arbeit mal wieder selbst machen, wenn du weder gehen noch krank werden willst. Wie bereits erwähnt, hilft dir auch als Mitarbeiter das, was jetzt kommt …

238 https://thomasgriffin.com/leadership-statistics

## Die Kunst, ein erwachsenes Kleinkind zu führen

Auch wenn wir im zweiten Teil dazu ermutigt haben, Menschen als Erwachsene zu behandeln, um psychologisch sichere Umgebungen zu schaffen, eigenverantwortliches und selbstorganisiertes Arbeiten zu fördern und sicherzustellen, dass wir uns als Unternehmen am Wertstrom entlang auf unseren Kunden fokussieren, so ist das mit Narzissten so eine Sache: Denn Narzissten müssen leider geführt werden wie Kleinkinder. Einige innere Anteile von ihnen sind auf dem Reifegrad eines Dreijährigen stehengeblieben. Auch in einem guten, glücklichen Elternhaus haben kleine Kinder eine ganz normale narzisstische Lebensphase. Sie versuchen immer wieder anders, zu bekommen, was sie wollen.[239] Genau so verhalten sich extreme erwachsene Narzissten. Notfalls schmeißen sie sich im übertragenen Sinne an der Supermarktkasse auf den Boden, strampeln und brüllen, wenn sie nichts von der Quengelware im Kassenregal haben dürfen. Schuld daran ist die Art und Weise, wie Narzissmus entsteht – siehe Trauma-Kapitel. Wie bei einem trotzigen Kleinkind musst du immer hellwach sein. Du kannst sie nur dabei unterstützen, im Laufe der Zeit nachzureifen. Das ist Arbeit, kostet Kraft und bedingt beim Narzissten eine minimale Einsicht in die Notwendigkeit, etwas zu verändern: Diese Einsicht wird erst durch ausreichend Schmerzen und Misserfolge entstehen.

Am oberen Ende der Nahrungskette sind nicht immer und ausschließlich extreme Narzissten zu finden. Es gibt zum Glück auch gesunde Leute in der Führung. Wenn du eine Führungskraft bist, hast du es im Umgang mit extremen Narzissten bei deinen zu Führenden leichter. Denn im Zweifelsfall kannst du entscheiden oder dazu beitragen, dass dauerhaft unangenehm auffallende Mitarbeiter das Unternehmen verlassen. Doch meistens gibt es auch noch Kollegen auf deiner Hierarchiestufe, und natürlich deine eigenen Chefs. Sofern dir die Firma nicht gehört oder du der CEO bist. Diesen Sonderfall behandeln wir später. Wenn extreme Narzissten mal irgendwo angekommen sind, wechseln sie übrigens nur noch selten. Sie haben ihr Leben lang Schwierigkeiten gehabt und konnten sich nun endlich einrichten.

Du kannst Narzissten nur führen, wenn du dich selbst gut führen kannst. Wenn du selbst kein starker Charakter bist, wirst du gefrühstückt. Du musst dich außerdem echt gut mit Narzissmus auskennen, damit du dich nicht von ihnen

239 Du bist Verkäufer? Einwandbehandlung lernst du am besten von einem Kleinkind in seiner Nein-Phase.

einwickeln lässt und Gefahr läufst, sie als gesunde Persönlichkeiten zu sehen. Viele Leute sind es gewohnt, ausschließlich rational-linkshirnig mit Zahlen, Daten, Fakten zu führen. „Leute, es ist schon wieder Freitag, denkt bitte daran, eure Consulting-Stunden in die Excel-Liste einzutragen, damit wir fakturieren können!“ Sowas ist keine Führung. Es ist Management. Was nicht heißt, dass es nicht wichtig sei. Doch oft wird Führung auf Management reduziert. Dies ist verständlich, wenn du dir anschaust, dass Menschen in Führungspositionen besonders häufig BWL studiert haben: Mit dem Schwerpunkt Management, Finanzen, Marketing oder Vertrieb. Erinnere dich, dass der Mensch in der BWL fast nicht vorkommt. Komplexe Wesen lassen sich nicht allein durch Ratio fassen, geschweige denn führen. Vor wirklicher Menschenführung haben viele Manager deshalb eine oft namenlose Angst.

Die aktuelle Studie der Karrierezuversichtsumfrage[240] mit 1.000 Teilnehmern zeigt das Image von Führung auf. Eines der Ergebnisse: Nur noch jede vierte befragte Person (27 Prozent) kann sich vorstellen, im Laufe des Berufslebens eine Führungsrolle zu übernehmen. Das ist der niedrigste Wert seit dem Start der Studienreihe im Jahr 2018. Das liegt weniger am Selbstvertrauen und an den eigenen Kompetenzen, denn 35 Prozent der Befragten trauen sich durchaus zu, eine Führungsposition zu erreichen. Sie wollen es schlichtweg nicht, weil sie Führung mit Stress assoziieren. Hier schließt sich der Kreis, denn neben den vielen Faktoren, weshalb Führung stressig sein kann, stresst obendrein noch der Faktor Mensch: Gute Führung braucht Aufmerksamkeit und Zeit. Das heißt: genau hinschauen, Zeit zum Zuhören und Nachfragen einplanen, achtsam sein für die Stimmung im Team oder der einzelnen Personen.

**Schritt 1: Problem (an)erkennen:**
Wenn nicht mehr unter den Teppich gekehrt wird, dass toxische Charaktere viel Schaden anrichten können, wenn extrem narzisstisches Verhalten offen angesprochen werden kann, dann fühlen sich Führungskräfte in ihrer Herkulesaufgabe nicht mehr alleine. Uns ist wichtig, dabei eine Sache zu unterscheiden: Als Führungskraft brauchst du manchmal Verhaltensweisen, die eher stärker narzisstisch sind. Manchmal musst du zum Beispiel den Druck erhöhen. Der Unterschied liegt in der Intention: Setzt du die gewählte Verhaltensweise für ein Kollektiv ein? Für dein Team, dein Unternehmen oder gar die Gesellschaft? Bleibst du wahrhaftig und respektvoll dabei? Oder machst du es einzig und allein für dich und deine eigenen Interessen? Und erreicht dein Verhalten dabei

240 https://chefinnensache.de/fuehrung-immer-unattraktiver/

die Grenze der Ehrlichkeit oder des guten Tons? Die erste Variante ist völlig legitim. Gesunder Narzissmus bedeutet nicht, mit Watteböllchen werfen zu müssen und niemals durchgreifen zu dürfen.

**Schritt 2: Narzissten identifizieren:**
Dann überprüfe, wie hoch der Schaden bereits ist. Dazu gehst du am besten mit den Leuten, die unter dem Verhalten des Narzissten leiden, in Einzelgespräche. Überprüfe, ob die Zahl der Krankmeldungen, der Langzeiterkrankungen oder der Kündigungen bereits zugenommen hat. Überlege dir, ob du auf diesen Menschen verzichten kannst. Vielleicht sind es sogar mehrere. Es muss nicht immer eine Kündigung sein, doch sie ist die erste Wahl bei einem Wert ab 8 auf der Malkin'schen Narzissmus-Skala.[241] Möglicherweise kannst du umstrukturieren und Teams neu zusammenstellen. Wir empfehlen, Persönlichkeitstypologien wie DISG zu nutzen, um auf eine gesunde Mischung sowie toxische Wechselwirkungen zu achten. Ist die Stimmung schon so weit gekippt, herrscht bereits die Angst, sodass du die Situation ohne Unterstützung der Geschäftsleitung gar nicht mehr auffangen kannst? Hast du zu viele Hinweise aus der Belegschaft ignoriert? Sind Vertrauen und Hoffnung, dass sich was verändert, bereits gleich Null? Dann solltest du die Geschäftsführung ins Boot holen. Sei dir jedoch im Klaren darüber, dass häufig von dieser Seite aus nicht gewünscht ist, dass sich etwas verändert. Vor die Wahl gestellt, ob sie sich für Wertschöpfung und Ergebnisse oder für ethische Werte und Menschlichkeit entscheiden, verlieren leider in den meisten uns bekannten Fällen die Werte und die Menschlichkeit. Führungskräfte, die so agieren, berechnen die Kollateralschäden nicht ein, weil sie sie nicht verstehen. Eine positive Narzissmus-Bilanz[242] erhältst du nur, wenn du werteverbunden **und** erfolgreich bist. Es gibt kein Entweder-oder: Werte zu missachten, heißt Menschenrechte zu missachten. Darüber hinaus gilt: Menschen auf allen Hierarchiestufen können dazu beitragen, eine negative Bilanz zu erreichen – durch Schweigen, Wegsehen, wenn sie sich ihrer Angst nicht stellen oder Angst verbreiten. „Genauso können Menschen oben und unten und überall in der Organisation dazu beitragen, eine Atmosphäre der Aufrichtigkeit und Sicherheit zu ermöglichen", betont Amy Edmondson und verweist auf die Rolle der Führungskraft, die hierfür Impulsgeber und Katalysator sein

241 Siehe Geschichte von Pia und Hasan auf Seite 346.
242 Wir beziehen uns hier auf den allgemeinen Sprachgebrauch und nicht auf die Tatsache, dass eine Bilanz im wirtschaftlichen Verständnis stets ausgeglichen ist.

sollte.[243] Wenn dich das überfordert, ist das völlig ok. Dann darfst du dir externe Unterstützung holen.

**Schritt 3 – Narzissten führen können:**

Was du als Führungskraft tun kannst:

- » Gib ihnen Wertschätzung für alles, was sie gut gemacht haben, und bestätige sie darin, damit weiterzumachen.
- » Ermutige sie, stärke ihnen den Rücken, gib ihnen Halt – sie sind oft unsicher.
- » Sage deutlich, aber respektvoll, was dir nicht gefällt: Man kann ein Nein auch freundlich aussprechen.
- » Setze Grenzen, ohne zu demotivieren, aber watsche sie ab, wenn es gar nicht anders geht.
- » Schaffe ein System, in dem toxisches Verhalten keine Chance hat – lies mehr dazu ab Seite 339.

Führung solltest du bei extremen Narzissten darüber hinaus sehr sachlich nach wirtschaftswissenschaftlichen Spielregeln aufbauen. Hier darfst du dich auch ruhig ein bisschen als Micromanager austoben und Feuer mit Feuer bekämpfen: Hinterfrage, kontrolliere und fordere ZDF ein: belegbare Zahlen, Daten, Fakten. Narzissten geben sehr gerne die Ideen und Gedanken der Kollegen als ihre eigenen aus. Da solltest du genauer nachforschen. Hat der Narzisst Business-Ideen, dann lass sie prüfen. Gibt es dazu Modelle, Studien, Forschungsergebnisse? Zur Sicherheit bindest du am besten andere Abteilungen oder externe Berater in diese Prüfungen ein. Narzissten hassen prüfbare Fakten, die ihre Machenschaften ans Tageslicht bringen könnten. Worin sie supergut sind, ist dagegen das kreative Auslegen von Spielregeln, Vorschriften und Verträgen. Wo kein Kläger, da kein Richter. Offiziell beschissen hat man erst dann, wenn der Richter es festgestellt hat. Richter haben jedoch häufig keine Lust auf ein Urteil und sind auf einen Vergleich aus. Erfahrene Hardcore-Narzissten wissen das.

243 Edmondson, 2020. S.122.

Und weil sie hervorragend argumentieren können und kleine Taschenspielertricks beherrschen[244], haben sie oft die besseren Karten in einer Verhandlung.

Wenn du beobachtest, wie einer deiner Mitarbeiter einen anderen Kollegen quält, musst du das klar einbremsen. Das deutsche Arbeitsrecht sieht eine Kündigung im Unterschied zu anderen Ländern nur als letzte Möglichkeit vor. „Der Arbeitgeber [muss] bei einem Fehlverhalten zunächst berücksichtigen, dass betroffene Beschäftigte in Zukunft ihr Verhalten ändern können", lehrt uns die Haufe-Website und verweist darauf, dass in den meisten Fällen erstmal abgemahnt werden muss.[245] Die aus diesen Worten durchschimmernde maximale Naivität unserer Gesetzgebung legt den Verdacht nahe, dass sich dort noch nie jemand mit der chronisch veränderungsresistenten dunklen Triade beschäftigt hat. Oder dass sich Menschen nicht den Ast absägen wollen, auf dem sie selbst sitzen. Prüfe also, ob eine Abmahnung gerechtfertigt ist. Die muss dann aber auch gestellt werden, sonst nimmt der Narzisst dich nicht ernst und treibt sein Spiel weiter. Klare Grenzen sind für Narzissten, die sich gerne grenzenlos fühlen und maximale Kontrolle haben wollen, das Schlimmste. Mit etwas Glück geht Narzi von alleine, wenn du ihm Leitplanken gibst. Du solltest dich aber bitte wirklich tief ins Thema einarbeiten und ausführlich mit ihm sprechen, um ein Gefühl dafür zu bekommen, ob es sich wirklich um einen toxischen Charakter handelt, oder nur um einen Menschen in einer schwierigen Lebensphase, der seine Nöte an anderen ausagiert, aber normalerweise sozialverträglich ist.

244 Lutz, ein extrem narzisstischer Top-Verkäufer, bekam eine Incentive-Reise von seinem Arbeitgeber geschenkt. Mit allem Drum und Dran kamen fast 10.000 Euro zusammen. So etwas ist als geldwerter Vorteil beim Finanzamt anzugeben. Wenn es doof für ihn läuft, muss Lutz diese Reise nicht nur versteuern, sondern sein Gesamtsteuersatz steigt dadurch an. Deshalb besorgte er sich ein Angebot für eine günstige Pauschalreise beim Reisebüro und reichte es beim Finanzamt ein. Er tat so, als hätte er die reale Gesamtaufstellung für seine Reise niemals von seiner Firma erhalten. Das Geld erschien ja nie auf seinem Bankkonto. Und da er etwas angegeben hatte, war es in seinen Augen keine Steuerhinterziehung.

245 https://www.haufe.de/personal/arbeitsrecht/abmahnung-im-arbeitsrecht-gruende-fuer-arbeitgeber_76_454548.html

**Nicht tolerieren solltest du:**

- Mobbing in seinen verschiedenen Formen. Dazu gehören anzügliche Bemerkungen, Sexismus, Rassismus oder sonstige Diskriminierung.
- Machtmissbrauch jeglicher Art – hier schauen wir besonders darauf, wenn du ein höherer Chef von Führungskräften bist. Mehr dazu weiter unten.
- Wenn Menschen in ihrer Entfaltung begrenzt und ihre Entwicklungsmöglichkeit gedeckelt wird – weil jemand in der Runde ist, der Angst hat, überholt zu werden.
- Gaslighting und die meisten anderen Manipulationstaktiken aus Kapitel 8.
- Mitarbeiter vorführen oder unangemessen maßregeln.
- Lügen oder andere ohne Beweise der Lüge bezichtigen.

**Was du noch für deine Mitarbeiter tun kannst, um Narzissmus einzubremsen:**

- Wenn Leute kommen – aus deinem Team, aus anderen Teams, aber auch Kunden oder Dienstleister – und sich über eine einzelne Person beschweren, schau genau hin. Bleib auf der Sachebene und prüfe dort sorgfältig. An dem in Kapitel 2 beschriebenen Beispiel von Elmar, Nora und Janine kannst du sehen, wie eine einzelne Person dafür sorgen kann, dass jemand anderes so dasteht, als würde er die Stimmung versauen
- Besprich dich mit anderen Führungskräften – hol dir Supervision oder kollegiale Fallberatung.
- Stell deine Erwartungen klar und setze einen engen Rahmen: Wer macht was mit wem bis wann auf welche Weise?
- Setze Grenzen – siehe oben – und sei konsequent: Lügen müssen beispielsweise zwingend aufgedeckt und geahndet werden!
- Baue eine Vertrauens- und Lernkultur auf: Fehler und Menschlichkeiten müssen sein dürfen. Sie sind der Nährboden, auf dem Fortschritt und Verbesserung wachsen können.

- Es ist zwingend notwendig, die Aussagen und Arbeitsergebnisse des Narzissten engmaschig zu überprüfen.[246]
- Geh mit dem potenziellen extremen Narzissten essen – und nimm mindestens eine Frau mit, sofern du ein Mann bist. Es ist kein Klischee, dass Frauen häufig feinere Antennen für Zwischenmenschliches haben.[247]
- Schau aufs System, beispielsweise mit unserem Test! Welche Anzeichen siehst du, dass euer System extremen Narzissmus erzeugt, ermöglicht oder begünstigt? Wo kannst du Veränderungen anstoßen?

In der Wirtschaftswissenschaft gilt der Grundsatz „Effektivität geht vor Effizienz". Denn wenn das Falsche effizient getan wird, wird es richtig falsch. Dieser Grundsatz sollte aus unserer Sicht in den Umgang mit menschlichem Verhalten übertragen werden. Effektiv ist es, die narzisstischen Bedürfnisse und Verhaltenspräferenzen zu sehen. Extreme Narzissten müssen im besonderen Maße wertschätzend, einfühlsam und dabei konsequent behandelt werden. Effizient ist es dann, das Zusammenwirken mit anderen Menschen zu begleiten. Jegliche Inkonsequenz hat üble Folgen. Wenn du wertschätzend, aber inkonsequent bist, wird dir ein Narzisst Schwäche unterstellen. Und möglicherweise an deinem Stuhl sägen. Bitte lass dich nicht einseifen oder durch gespielte Unterwürfigkeit bzw. vorauseilenden Gehorsam beeindrucken. Du brauchst Einfühlungsvermögen, Kommunikationsgeschick und höfliche Hartnäckigkeit. Auch ist es wichtig, konsequent die Verantwortung nach dem Verursachungsprinzip zu klären: Denn ein Narzisst will immer Recht haben, immer seine Interessen

246 Sylvia hatte einst eine Mitarbeiterin in ihrer PR-Agentur, die ihr immer wieder versprach, dass ein Fachartikel für einen Kunden bald fertig sei. Da die Deadline erst in drei Monaten war, machte Sylvia keinen Druck und ließ sich immer wieder mit verschiedenen Geschichten hinhalten: Es sei noch nicht so gut, wie sie es haben wollte, sie möchte es noch nicht zeigen. Sie müsse noch etwas Wichtiges recherchieren. Sie hätte die Datei jetzt auf den Server gelegt – huch, wieso ist sie dort denn nicht zu finden? Et Cetera. Als Sylvia zwei Tage vor ihrem eigenen Urlaub stand und die Deadline in greifbarer Nähe war, sendete sie ihrer Mitarbeiterin eine nach GFK-Schritten formulierte Nachricht mit dem deutlichen Appell, ihr jetzt den Fachartikel zu senden. Am nächsten Tag bekam sie dann auch wirklich das Dokument geschickt: Es handelte sich um eine Datei mit Datumsstempel vom Vortag. In ihr befand sich ein Lückentext, der im Wesentlichen aus von Sylvia erstellten Textbausteinen bestand, die sie ihrer Angestellten vor Monaten zusammen mit dem Briefing gesendet hatte.

247 Dass Frauen bauartbedingt anders sind als Männer – nicht nur körperlich und hormonell, sondern auch etwas anders vernetzte Gehirnregionen haben – wird in Medizin und Psychologie leider noch nicht wirklich berücksichtigt. Wenn du mehr darüber lernen willst, schau dich bei Dr. Stephan Barth um.

durchsetzen und nie verantwortlich sein, außer natürlich für Erfolge. Wenn nichts mehr hilft, fängt er an, anderen Leuten ihre Wahrnehmung abzusprechen (*Gaslighting*) und ihre Perspektive zu verdrehen. Wie du damit umgehen kannst, erfährst du auf Seite 88.

## Wenn der Wind von der Seite weht

Nun hast du als gute Führungskraft ja nicht nur toxische Kollegen unter dir, die du führen darfst. Du hast auch extreme Narzissten auf der gleichen Ebene im Organigramm. Das gilt natürlich auch für Teammitglieder; nur ist die Wahrscheinlichkeit in den höheren Führungsetagen noch wesentlich größer. Führungskräfte auf der gleichen Ebene rangeln untereinander gelegentlich um Ressourcen: Gelder, Personal und mehr. Wenn ein Topf großzügiger bedacht wird als ein anderer, kommt Unmut auf. Extreme Narzissten greifen da gern in die manipulative Trickkiste: Sie blähen ihren Bereich total auf, setzen ihre Abteilung in ein falsches Licht, verschweigen bewusst wichtige Sachverhalte. Auf ihre narzisstischen Anteile sind sie dann sehr stolz. Gehst du ihnen auf den Leim oder kannst dich nicht wehren, kann es passieren, dass du selbst über deinen Ärger in narzisstische Nöte kommst und im Affekt handelst.

Konzentriere dich dann darauf, die Rolle und die Beziehung zu trennen. Hier ist der Mensch, und da ist die Sache, das Business. Beim Menschen bleibst du wertschätzend-konsequent, beim Geschäft sachlich-konsequent. Du solltest emotionale Verschmelzung vermeiden. Deshalb ist es auch nicht ohne, in einem Familienbetrieb zu arbeiten oder mit Freunden ein Unternehmen aufzubauen. Schon so mancher Partner, Team- oder Abteilungsleiter hat seinen gesunden Menschenverstand regelmäßig vor der Bürotür stehengelassen und sehenden Auges unintelligentes Scheitern in Kauf genommen. Weil er mit dem Kollegen seit der Schulzeit befreundet war und ihm nicht in die Suppe spucken – und damit die Freundschaft und vor allem seine Position riskieren – wollte. Das ist falsch verstandene Loyalität und zeigt darüber hinaus, wie Angst auch Führungskräfte steuert. Solche Führungskräfte haben das Gesamtsystem und dessen Zukunftsfähigkeit nicht im Blick. Ihre Kurzsichtigkeit und ihr Duckmäusertum erweisen ihrer Organisation einen Bärendienst. Das Schlimmste daran ist, dass sie für all das noch nicht mal ein Gespür haben. Wenn warnende innere Stimmen leise anklopfen, lassen Führungskräfte mit Angst vor Wahrhaftigkeit und Statusverlust die Tür zu und drehen die Musik auf.

**Was du tun kannst – egal auf welcher Hierarchieebene –, wenn es neben dir oder über dir toxisch wird? Unsere Tipps aus dem gesamten achten Kapitel ermuntern dich immer wieder dazu**

- » Erlebnisse und Sachverhalte neutral zu dokumentieren,
- » dich mit gleichgesinnten gesund-narzisstischen Führungskräften zu verbinden,
- » dir und deinen Werten treu zu bleiben – tu nichts, wofür du am Abend nicht in den Spiegel gucken kannst,
- » deine Überzeugungen einerseits selbstreflektiert zu hinterfragen, andererseits zu ihnen stehen,
- » nicht wegzuschauen und Bedenken zu äußern,
- » dich gut um dich selbst zu kümmern,
- » zu deeskalieren und empathisch sowie konstruktiv zu kommunizieren,
- » auf Verantwortungen hinzuweisen,
- » wertschätzend zu bleiben,
- » Grenzen zu setzen und konsequent zu verteidigen,
- » sofern es noch sinnvoll erscheint, mit den Betreffenden unter vier Augen zu sprechen und
- » sofern Personalabteilung und Betriebsrat nicht ebenfalls ‚infiziert' sind, dir Unterstützung zu holen.

Du brauchst dafür viel Mut und das Vertrauen, deinen Job nicht zu verlieren. Der Kündigungsschutz gilt auch für dich. Du brauchst einen starken Charakter und eine entsprechende Geisteshaltung. Nur dann fällst du nicht um, wenn der Wind von der Seite kommt, und kannst ihn durch dich hindurchpusten lassen. Und selbst wenn es dazu kommt, dass man sich besser trennt: Es gibt für dich nicht nur den einen Job. Es gibt für dich nicht nur die eine Firma. Menschen, die aus einer Kündigung ein Drama machen, übersehen dabei eine schlichte Tatsache: Auch ohne Befristung ist ein Arbeitsvertrag immer ein Vertrag auf Zeit. Selbst Beamte, die ein großes Bedürfnis nach Sicherheit und Routine haben, haben schon alles hingeschmissen und sind in die freie Wirtschaft gegangen, weil sie auf den staatlich verordneten Wahnsinn keine Lust mehr hatten. Einen Vertrag kann man kündigen, das ist ein ganz normaler Teil des Spiels. In Deutschland fällst du außerdem nie tiefer als ins Netz des Sozialstaats. Der derzeitige Wandel auf dem Arbeitsmarkt unterstützt uns in unserem Appell, dich nicht abhängig zu machen oder besser: dich nicht abhängig zu fühlen! Abhängigkeit von einem extremen Narzissten oder von einem toxischen System gilt es für dich unbedingt zu vermeiden. Wir sind in einer Zeit gelandet, in der die Unternehmen um Mitarbeiter buhlen. Nicht mehr umgekehrt. Sylvias Mann hat es jüngst so beschrieben: „Jeder, der seinen Namen schreiben und drei halbwegs gerade Sätze formulieren kann, bekommt heute einen Job." Wir gehen davon aus, dass du mehr auf dem Kasten hast. Doch worauf wir hinauswollen: Die Chancen, sich gegen Toxizität in der Berufswelt zu wehren, sind für das Individuum so gut wie noch nie. Oder so gut wie noch nie seit der Einführung des *Scientific Managements*. Der Lohn, den du für deinen Mut und deine Integrität erhältst, ist nicht weniger, als deine Gesundheit zu erhalten und weiter in den Spiegel gucken zu können. Und einen Arbeitsplatz zu finden oder zu gestalten, an dem du dich einbringen und aufblühen kannst.

## Wenn der Inhaber Teil des Problems ist

Offen bleibt die spannende Frage: Was tun, wenn es sich beim Inhaber, Geschäftsführer bzw. beim Vorstandsvorsitzenden (CEO) um einen extremen Narzissten handelt? Wenn es darüber niemanden mehr gibt, an den du dich im Zweifelsfall wenden kannst? Der dich beschützt? Dem ein gesundes Arbeitsumfeld wichtig ist? Was wir jetzt schreiben, gilt für alle Menschen, die sich im Organigramm auf den Ebenen unter dem Top-Management befinden. Ob du überhaupt direkten Kontakt zu CEO oder Geschäftsleitung hast, hängt natürlich stark davon ab, wo du arbeitest. In kleinen und mittelständischen Firmen kommt das noch eher vor, auch wenn du keine Führungsrolle hast. Je größer der Tanker, desto eher sprechen meist nur Führungskräfte mit den höheren Positionen. So oder so: Der Fisch stinkt immer vom Kopf her! Mach dir klar, dass du mit ziemlich hoher Wahrscheinlichkeit extremen Narzissmus erleben wirst, wenn du Karriere machen und hoffentlich nicht mitstinken, sondern etwas an toxischen Systemen verändern willst. Oder zumindest darin bestehen möchtest, ohne vergiftet zu werden. Das musst du er-leben wollen. Hier kommt auch schon der erste Tipp dazu: Um aufzusteigen, ohne dabei unterzugehen, brauchst du zwingend notwendig deine eigene Energiequelle, die fest hinter dir steht. Es muss dir und ihr – der Quelle – klar sein, dass sie dir Kraft gibt. Jeder von euch muss seine Rolle freiwillig besetzen. Der heute äußerst konservativ anmutende Spruch „Hinter jedem erfolgreichen Mann steht eine starke Frau" kommt nicht von ungefähr. Der Spruch wurde übrigens irgendwann erweitert: „Hinter jeder starken Frau stehen zwei Männer, die ihren Erfolg verhindern wollen" – nur ein dummer Spruch oder ein plakativer Hinweis auf die narzisstische Ellenbogenmentalität eines nach wie vor männerdominierten Top-Managements?[248] Wir überlassen die Bewertung dir. Es ist selbstverständlich egal, wer oder was da hinter dir steht und dich unterstützt. Nur stabil und zuverlässig sollte die Verbindung sein, denn du wirst sie brauchen.

Dass der Weg nach ganz oben nichts ist, was Echoisten anstreben, müssen wir vermutlich nicht weiter erklären. Bei zufälligen Begegnungen werden sie als Mitarbeiter gegenüber Narziss das tun, was sie immer tun: Echo sein. Deshalb schauen wir uns jetzt gemeinsam an, wie du auf jeder Hierarchiestufe mit einem gesunden oder leicht erhöhten Narzissmus-Grad dem Chef-Chef-Chef beiderlei Geschlechts begegnen kannst, ohne allzu viele Federn zu lassen.

Zunächst musst du dir einen mentalen Kokon schaffen und dein eigenes Ego beiseiteschieben. Du musst bereit sein, den Erfolg von dir wegzunehmen und demütig, aber auf keinen Fall devot zu sein. Wenn der Obermotz deinen eigenen (gesunden) Narzissmus sieht, hast du verloren. Stattdessen musst du dir angewöhnen, den Narzissten ständig zu erhöhen. Ohne zu schleimen, natürlich. So lässig Hardcore-Narzissten mit der eigenen Wahrheit umgehen, so sensibel sind sie dafür, wenn sie angelogen werden. Wenn du Dinge findest, für die du ihn ehrlich respektieren und wertschätzen kannst, kannst du ihn leiten. Er muss deine Ideen als seine eigenen ausgeben dürfen. Wenn du deine Sicht der Dinge durchsetzen willst, musst du ihm deine Argumente in den Mund legen, auf eine Art und Weise, dass er denkt, diese Gedanken kommen von ihm. Dann kann er sie nur gut finden. Fachlich solltest du es in deinem jeweiligen Bereich deshalb echt draufhaben. Erfolgreiche Narzissten sind häufig sehr intelligent. Du musst mindestens genauso intelligent sein. Doch du musst ihn als den weisen Berater sehen: „Frau Narzisse, ich weiß ja, wie viele Unternehmen Sie schon aufgebaut und erfolgreich verkauft haben. Ich habe in unserer Abteilung ein interessantes Finanzthema zu bearbeiten, mit dem ich allein nicht klarkomme. Würden Sie mich bitte dazu kurz beraten?"
Du musst darüber hinaus ein gutes Gedächtnis haben, denn Frau Narzisse hat es auch. Wendig solltest du im Kopf sein, sonst bist du verloren, denn die Pfeile

248 In Deutschland sind nur 29 Prozent aller Führungskräfte Frauen. Quelle: https://www.destatis.de/Europa/EN/Topic/Population-Labour-Social-Issues/Labour-market/Female_Executive.html

werden im Hause des Narziss schnell hin- und her geschossen. Verlangsame ihre Geschwindigkeit ganz offen: „Bei ihrem Tempo komme ich gerade nicht mehr hinterher. Da kann ich leider nicht mithalten. Ich brauche jetzt mal kurz Ihre Unterstützung. Habe ich Sie richtig verstanden, dass Sie…" Du wirst es in den höheren Etagen nicht nur mit einem einzigen Narzissten wie dem Geschäftsführer zu tun haben, sondern mit ganz vielen. Sie ziehen einander an. Narzissten stellen gerne andere Narzissten ein, damit sie jemanden haben, den sie als Narzissten bezeichnen können, wenn sie ihre Schattenseiten, ihre abgewehrten inneren Anteile, projizieren. Da kannst du Fingerpointing und Schuldumkehr vom Feinsten erleben. Wenn gleich ein ganzes Nest von extremen Narzissten im Top-Management zusammenhockt, hast du es als gesunder Narzisst schwer, dort mit Anstand gute Geschäfte zu machen.

Es gilt auch hier, was wir bereits oben schrieben: Zeige wohlwollend Grenzen auf. Sorge dafür, dass du als stark wahrgenommen wirst, ohne dass jemand Angst vor dir bekommt. Das erreichst du, indem du gleichzeitig deine Grenzen konsequent verteidigst **und** erkennbar zu extremen Narzissten aufschaust und ihre Sonnenseiten würdigst. Denn die sind definitiv auch vorhanden.

Doch selbst bei Menschen mit den besten genetischen Voraussetzungen, großen Talenten und vielen tollen Stärken wird es schwierig, wenn die Frustrationstoleranz gering und der Narzissmusgrad hoch ist. Helikoptereltern – das private Pendant zu Micromanagern – ziehen solche Sprösslinge groß: Diese Kinder sind zwar bestimmt sehr geliebt worden, mussten jedoch häufig eine Rolle spielen, die die Eltern für sie vorgesehen haben. Sie wurden nicht gesehen, so wie sie sind. Sie mussten so sein, wie die Eltern sie haben wollten. Das produziert narzisstische Nöte. Der Kronprinz oder die Kronprinzessin wird dann zwar Chef, aber hat nichts auf der Pfanne. Weil die Psychodynamik das Talent verhindert. Wenn du eine extrem narzisstische Geschäftsleitung nicht über die fachliche Ebene packen kannst, über den Verstand, dann musst du kündigen. Oder ihm seine schlechten Entscheidungen, seine schlechte Leitung spiegeln. Derlei Kritik schürt die narzisstische Wut. Und die trifft dich dann mit voller Wucht. Das musst du aushalten können. Entweder versteht der Kronprinz dann, dass er reich, aber doof ist, dass er dich und deine Kompetenzen braucht, und lässt dir freie Hand, Dinge zu verändern und den Laden zum Erfolg zu führen. Führung geschieht nicht immer von oben nach unten. Manchmal zieht sich der oberste Boss auch tatsächlich zurück, geht in Klausur und nimmt die Lernchance an. Oder er schmeißt dich raus und bringt damit sein Unternehmen zum Scheitern. Als gute Führungskraft wirst du automatisch Leute mitziehen. Die gehen wollen, wenn du gehst. Die Ratten verlassen das sinkende Schiff.

Der Inhaber hat ein Problem. Dass er natürlich nicht anerkennt und für das er auch keine Verantwortung übernehmen möchte. Du bist schuld. Du bist ja auch sicherlich ein Narzisst. In your face!
Die einfachere Variante ist der narzisstische erfolgreiche Könner. Mit dem kann man arbeiten. Wenn so jemand Erfolg gewittert hat, ist er schlau genug, die Faust in der Tasche zu machen und sein Ego bis zum Vertragsabschluss zu beherrschen. Sich zurückzuhalten und nicht durchblicken zu lassen, was er im Schilde führt. Wenn du da nicht klare Kante zeigst, hast du zwar ebenfalls verloren. Doch wenn du deinerseits dein Ego beherrschen kannst und genug Mumm hast, um auch mal „Nein" zu sagen, wirst du respektiert. Das „Nein" solltest du bitte humorvoll rüberbringen. Hüte dich generell davor, einem extremen Narzissten etwas ernsthaft zu erklären. Für ihn soll Arbeit von Frohsinn und Leichtigkeit geprägt sein. Alles andere wird ausgeblendet. Du kannst ruhig auch Jokes machen, die unter die Gürtellinie gehen. Sofern du ihm in seinen Worten spiegelst, wofür er dich braucht: „Ich formuliere das jetzt mal in Ihren Worten, lieber Obernarzi. Ich höre Ihnen ja aufmerksam zu und lerne gern von Ihnen. Und wenn ich bedenke, was ich von Ihnen verinnerlicht habe, dann stellt sich die Situation wie folgt dar …"

Wenn dem Narzissten der Laden gehört, er aber keine Ahnung von der Materie hat, dann kauft er sich andere Narzissten ein – die ihn betrügen werden. Weil es das ist, was Narzissten im Blut liegt. Sie geben vor, Ahnung zu haben. Das bei Narzissten so beliebte „Fake-it-till-you-make-it". Allein der Chef, der merkt es nicht. Er glaubt es auch nicht, wenn ihm jemand sagt, dass sein neuer Co-Geschäftsführer schädlich für sein Unternehmen ist. Er akzeptiert nur, was Narzissten im umgekehrten Fall hassen: Zahlen, Daten, Fakten. Beweise schwarz auf weiß. Bitte schriftlich und nie als Anklage formuliert, nur als Auffälligkeit. Stelle Fragen. Wenn es dir egal ist, ob du rausfliegst oder nicht, stellst du diese Fragen vor einem Gremium, sofern vorhanden. Du musst bereit sein, wenn du in den obersten Reihen mitspielen und gesund bleiben willst, deine persönliche Integrität und deine Werte zu verteidigen. Es wird jede Menge toxische Typen geben, die deine Position haben oder deinen Einfluss verringern möchten und dir an den Karren fahren werden. Psychodynamische Prozesse – die rechtshirnig ablaufen, siehe Seite 220 – erkennen extreme Narzissten nicht. Alle, die ein Unternehmen ausschließlich linkshirnig führen, laufen Gefahr, dass schlaue Narzissten die besten Kräfte der Organisation ausstechen. Toxische Charaktere sind sehr gut darin, nützliche Dinge für sich zu absorbieren und als Waffe einzusetzen.

Steffi arbeitete als Volontärin in einem Verlag. Sie galt als großes Talent und hatte sogar schon einen angesehenen Preis für eine Reportage verliehen bekommen. Als es eines Tages darum ging, einen neuen Slogan für den Verlag zu entwickeln, wurden die Angestellten eingeladen, sich mit Ideen einzubringen. Steffi hatte einen guten Einfall und erzählte ihn ihrer Teamleitung Andrea. Am nächsten Tag gab es ein großes Meeting, zu dem alle Mitarbeiter, die etwas beitragen wollten, eingeladen waren. Andrea gab Steffis Idee als ihre aus und nutzte die Gunst der Stunde, um vor der Verlagsleitung zu glänzen. Der Vorschlag wurde am Ende der Sitzung mit großer Mehrheit gewählt. Steffi war geschockt und stellte Andrea später zur Rede. Die reagierte wütend und schnippisch, stritt alles ab. Es wäre ihre eigene Idee gewesen. Wenn Steffi etwas anderes erzählen würde, könne sie ihre Karriere im Verlagshaus vergessen. Dafür zog Andrea dann los und erzählte hinter vorgehaltener Hand jedem, wie enttäuscht sie von ihrer einfallslosen Volontärin sei, die keinerlei Beitrag zum Ideen-Pitch geliefert hätte. Steffis Fehler: Sie hatte keine Zeugen und nichts schriftlich. Und sie hatte nicht den Mut, nach Steffis Lüge noch in gleicher Minute die Hand zu heben, ihre Wahrheit zu sprechen und die verräterische Teamleitung in ihre Schranken zu verweisen.

Mit einem Narzissten zusammenzuarbeiten ist ein Drahtseilakt, und an dem musst du Spaß haben. Narzisstische Manager zu zähmen ist kein Job für Menschen ohne innere Sicherheit und gutes Selbstwertgefühl. Sobald du Echo-Verhalten zeigst und zitterst, wenn toxische Firmenbosse im Raum sind, wittern sie deine Angst und spielen mit dir Katz und Maus. Alle Elemente aus dem Mediationsprozess, die wir dir in den Kapiteln 4 und 8 vorgestellt haben, müssen bei dir sitzen. Sonst bist du erledigt. Ebenso, sobald du signalisierst, dass du abhängig bist von genau diesem Job. Oder sobald du nicht alles ganz klar absicherst: Du solltest nichts ohne Vertrag machen, in dem deine Rechte und Pflichten geregelt sind, in dem definiert ist, wer welche Leistung erbringt, wer weisungsbefugt ist, welche Vertragsstrafen es gibt, und so weiter.

Julius arbeitete als freier Mitarbeiter für die Solopreneurin Ulrike. Ulrike betrieb ein Webportal für Schmuck, und Julius war ihr Designer. Die beiden hatten ein freundschaftliches Verhältnis und telefonierten oder trafen sich auch oft privat. Julius bekam mehr und mehr den Eindruck, dass Ulrike mehr von ihm wollte. Doch seine Auftraggeberin war nicht sein Typ. Als er auf ihre subtilen Avancen nicht einging, wurde die Arbeit mit und für Ulrike kompliziert. Sie war kaum noch für geschäftliche Rückfragen zu erreichen, zahlte seine Rechnungen zu spät, und war bei den zunehmend weniger werdenden privaten Kontakten immer unempathischer. Julius spürte einfach mit jeder Faser seines Körpers, dass irgendetwas nicht stimmte. Da er ihr einen peinlichen Moment ersparen wollte, sprach er das Thema nicht an. Außerdem lobte sie ihn weiterhin für seine kreativen Ideen und deren großartige technische Umsetzung auf dem Portal. Sie wüsste nicht, was sie ohne ihn tun sollte. Julius dachte, es würde sich alles wieder von selbst einspielen, nachdem Ulrike ihre Enttäuschung überwunden hätte. Eines Tages nahm er sich eine Woche frei, um durchs Tessin zu wandern. Sein Handy wollte er auslassen. Digital Detox. Als er es nach seiner Rückkehr wieder einschaltete, fand er eine Mail von Ulrike. Er war in Kopie gesetzt, wurde jedoch nicht angesprochen. In dieser Mail fragte Ulrike einen befreundeten Kollegen von ihm nach einem Angebot, das Webdesign für das Schmuckportal zukünftig zu übernehmen. Weder sprach sie je wieder ein Wort mit Julius, noch zahlte sie seine letzte Rechnung. Einen Vertrag oder andere Beweise hatte Julius nicht: die letzte Beauftragung für eine neue Landingpage war mündlich erfolgt. Das Business-Netzwerk, dem beide angehörten, trug ihm dafür bald darauf das Gerücht entgegen, was für ein schlechter freier Mitarbeiter er sei, und dass die Zusammenarbeit wegen mangelnder Qualität und Zuverlässigkeit beendet worden wäre. Julius hatte keine Rechtschutzversicherung und konnte sich ausrechnen, dass es ihn mehr kosten würde, Klage gegen Ulrike zu erheben, um am Ende doch nur bei einem Vergleich zu landen, als das verlorene Geld einfach abzuschreiben. Was viel mehr schmerzte, war der Verlust seines guten Rufs sowie die menschliche Komponente: Er hatte Ulrike wirklich von Herzen gerne als Freundin in seinem Leben gehabt. Auch wenn er energetisch stets mehr in diese Freundschaft reingebuttert hatte, als er zurückbekam. Julius brauchte lange, um sich von dieser Erfahrung zu erholen.

Vor an Naivität grenzender Vertrauensseligkeit, wie im Falle von Steffi und Julius, können wir nur warnen. Begehe auch bitte niemals den Fehler, von einem toxisch geführten Unternehmen Geschäftsanteile zu kaufen. Wenn du wirklich was kannst und das Spiel durchschaut hast, bleibst du übrigens nicht lange bei extremen Narzissten. Wenn du eine integre Person bist und dein Wissen und Können im toxischen Umfeld nicht verwirklichen kannst, dann gehst du woanders hin. Mit dir sollte man keine Machtspielchen über die Hierarchieschiene spielen. Du musst Vertrauen können. Und spüren, dass auch dein Gegenüber moralisch unbedenklich ist. Es gibt hoch dominante, aber integre Menschen, die hauen dir ihre rationalen Argumente um die Ohren und mögen stark narzisstisch erscheinen, doch sie sind es nicht unbedingt. Geh mit diesen Menschen essen und schau dir an, wie sie mit der Bedienung umgehen. Wird sie von oben herab behandelt. Wird sie angeflirtet? Oder behandelt man sie respektvoll auf Augenhöhe? Wenn sie sich verrechnet hat, klärt dein Gegenüber den Fehler auf und zahlt die tatsächliche Summe? Oder freut es sich und vertuscht die Sache, um günstiger aus der Nummer rauszukommen?

Mit einem extremen Narzissten solltest du keinerlei gemeinsames Geschäft planen. Hüte dich davor, mit ihm zu gründen. Bei Zweifeln lies dir die Geschichte von Robert und Gunnar im Anhang auf Seite 416 durch. Der schon so oft erwähnte Malkin'sche Narzissten-Test ist ein probates Mittel, um herauszufinden, mit wem du beruhigt kooperieren kannst, oder für wen du arbeiten solltest. Wir können dich nur ermutigen, dir auch noch dieses Buch anzuschaffen. Natürlich kannst du niemandem das Buch unter die Nase halten und sagen: „Jetzt mach erst mal diesen Test und danach sehen wir weiter!" Doch es gibt die Methode des emotionalen Stuhltauschs aus der Mediation. Wir schätzen dich unbekannterweise als warm-empathischen Menschen ein, wenn du diese Zeilen hier liest. Deshalb kannst du dich gedanklich auf den Stuhl des anderen setzen, in seinen Schuhen laufen, dich tief einfühlen. Und den Test von Malkin als Stellvertreter ausfüllen. Du hast vielleicht noch im Kopf, dass ein Ergebnis zwischen 4 und 6 das Ideal ist. Bei 3 und 7 kannst du noch ein Auge zudrücken, vorausgesetzt, der neue Chef oder Business-Partner ist lern- und veränderungswillig. Alles darüber oder darunter solltest du wirklich lassen, das ist Calling for Trouble. Vielleicht brauchst du den Test auch gar nicht, weil du bereits durch unser Buch oder eigene Erfahrungen ein gutes Gespür und einen feinen Arschloch-Radar entwickelt hast. Wenn du keine einzelnen Menschen, sondern Teams, Abteilungen oder Organisationen testen willst, kannst du unsere modifizierte Version aus Kapitel 7 nehmen.

## Kommunikation mit Narzissten

Mit extremen Narzissten zu tun zu haben, kann ein Spießrutenlauf sein, ein Tanz auf dem Vulkan, ein Drahtseilakt. Jedes Wort musst du auf die Goldwaage legen. Hinter jeder Ecke kann eine Tretmine lauern. Das Schwäbische Sprichwort „Nich g'schimpft isch g'lobt genug" greift bei Narzissten nicht: Kein Lob oder keine Zustimmung wird als Kritik oder sogar als Angriff gedeutet. Extreme Narzissten befinden sich im Dauerkonflikt mit ihrer Umwelt – eigentlich mit sich selbst, doch das verdrängen sie. Und in diesem Dauerkonflikt sind sie in einem permanenten Schwarzweiß-Denken und trennen radikal in Freund und Feind. Bist du nicht für sie, bist du gegen sie.

Dieses Unterkapitel widmet sich der Kunst, Kommunikation mit extremen Narzissten gelingen zu lassen. Oder zumindest die Wahrscheinlichkeit dafür ein bisschen zu erhöhen.

**Lass uns mit ein paar Dingen anfangen, die eigentlich selbstverständlich sein sollten, es aber im echten Leben nicht sind:**

1. Bezeichne einen Mitmenschen niemals als Narzisst oder gar Psychopath. Selbstverständlich auch nicht als Arschloch. Im Zweifelsfall kann das gegen dich verwendet werden. Zwischen einer deskriptiven Bezeichnung für beobachtbares Verhalten, wie wir den Begriff *Narzissmus* hier im Buch verwenden, und einer Diagnose oder einer Beleidigung, ist ein Unterschied.
2. Lass dein Gegenüber und vor allem einen Narzissten ausreden.
3. Wenn du in Anwesenheit des extremen Narzissten mit anderen über ihn sprichst, nenne seinen Namen oder sprich ihn persönlich an. Über „den" oder „ihn" zu sprechen, kommt bei niemandem gut an, wenn man zuhören muss.
4. Bleib immer ruhig und respektvoll: Uns ist klar, dass du ab einem gewissen Punkt innerlich zwischen Todesangst und Mordlust schwankst; wir kennen das. Doch wenn du die Chance erhöhen willst, in einer Diskussion nicht komplett unterzugehen, bleib ruhig und gelassen. Du kannst auf diese Weise sogar verbal die Führung übernehmen. Normalerweise neigen wir dazu, zurückzuschreien, wenn jemand schreit. Wenn ein extremer Narzisst laut wird, sprichst du am besten leiser. Bleibt er laut und du leise, versteht er nichts mehr. Leiser und langsamer zu sprechen, wirkt deeskalierend. Logo, das verlangt eine gute Selbstführung, viel Beherrschung und Training von dir ab. Doch es lohnt sich, wenn Rumpelstilzchen einsieht, dass hier energetisch nichts zu holen ist, und den Raum verlässt. Denn als Energievampir wollte er dich ja triggern, auch wenn das unbewusst ablaufen dürfte. **Achtung:** Narzissten sind schnell und werden ihrerseits von Langsamkeit getriggert. Zu einem späteren Zeitpunkt solltest du ein klärendes Gespräch suchen, am besten mit der Methode der Gewaltfreien Kommunikation, die wir weiter unten ausführlicher beschreiben.

**Jetzt kommen die Tipps für Fortgeschrittene:**

5. Mit Punkt 4 zusammenhängend: Lass dich auf keinen Fall triggern! Fang am besten heute noch an, dir deine Belastung von der Seele zu schreiben. Aus dem Gehirn raus aufs Papier. Fang an, dich mehr zu bewegen und zu meditieren. Wenn du lernst, dich bei jeder Aufregung wieder auf deinen Atem zu konzentrieren, dann bist du in der Lage, dich auch jederzeit wieder auf dein Ziel zu fokussieren und automatische Reaktionen (wie ebenfalls die Stimme zu erheben oder dich zu verteidigen) rechtzeitig zu stoppen. Hab einen unauffälligen Gegenstand im Meeting mit dem toxischen Kunden bei dir, zum Beispiel einen kleinen Stressball oder einen Stein, den du in der Hand halten und drücken kannst, wenn du Stress verspürst oder wütend wirst.
6. Hab ein Ziel vor Augen: Wenn du dir regelmäßig bildlich vorstellst, wie du in der Karibik am Strand liegst, fällt es dir leichter, für den Urlaub zu sparen. Und wenn du dir regelmäßig vorstellst, wie du gegenüber Tina Toxy gelassen, neugierig und im Selbstvertrauen bist und das Gespräch einen von dir gewünschten oder akzeptierten Ausgang nimmt, fällt es dir leichter, dich darauf vorzubereiten, bei dir zu bleiben und es auch wirklich souverän zu führen.
7. Narzissten manipulieren gerne über Fragen und wollen, dass du mit dem Rücken an der Wand stehst. Beispiele sind „Wie kannst du erklären, dass …“ oder, ganz suggestiv, „Du fandest es doch auch gut, dass …“. Wenn du darauf antworten musst, dann weiche aus mit „Interessante Ansicht“ oder „Da muss ich drüber nachdenken!“
8. Wenn er ein irrelevantes Thema in der Tiefe diskutieren will, einen Nebenkriegsschauplatz eröffnet oder dir Vorwürfe macht, gehe nicht darauf ein, sondern führe ihn immer wieder zurück zum Thema des Gespräches. Hilfreich sind intelligente Formulierungen wie „Deine Fehleinschätzung meiner Qualifikation ist interessant, doch das ist hier nicht das Thema“ oder „Schade, dass du das Gefühl äußerst, ich sei unzuverlässig – die Verantwortung für dein Gefühl möchte ich gerne bei dir lassen. Heute geht es um die Weiterbildung, die du mir am 23. Februar für die erste Jahreshälfte zugesagt hast und die ich sechs Monate später immer noch nicht besuchen durfte.“ Im Idealfall gelingt es dir noch, solche Sätze ruhig, in angemessenem Tonfall und ohne scharfe oder schnippische Stimme auszusprechen. Der Ton macht zu einem großen

Teil die Musik. Stimmtrainer können dir hier weiterhelfen. Weiter unten erzählen wir noch mehr dazu.

9. Gut ist, dich auf etwas zu beziehen, was er in dem Moment gesagt hat, und es sofort zurückzugeben: „Ich höre, dass du eine andere Erinnerung an den letzten Teamausflug hast, als ich – können wir jetzt bitte wieder über den Grund unseres Meetings sprechen?"

Zu unserer Sprache gehört auch unser Körper samt Atem und Stimme. Vielleicht hast du schon mal davon gehört, dass nur 7 Prozent der Inhalte bei unseren Zuhörern ankommen.[249] Der Rest der Botschaft überträgt sich durch Tonfall, Lautstärke, Sprechgeschwindigkeit, Mimik, Gestik und die restliche Körpersprache. Das kannst du tun, um überzeugend aufzutreten.

» Gehe und sitze in aufrechter Haltung; sollte es irgendwo zum Händeschütteln kommen, achte auf einen festen Griff
» Deine Finger sollten nicht höher wandern als bis zu deinem Schlüsselbein: Dein Gesicht anzufassen oder mit deinen Haaren zu spielen, wird (unbewusst) als Zeichen von Schwäche und Nervosität gedeutet.
» Schaue dem Narzissten bei hitzigen oder auch unterkühlten Diskussionen nicht in die Augen, wenn du dich schwach fühlen solltest. Wenn du in seine Richtung schauen musst, zum Beispiel bei persönlicher Rede, fixiere einen Punkt an der Wand hinter ihm oder fokussiere dich auf die Stelle zwischen seinen Augenbrauen. Kein Außenstehender wird merken, dass du ihn nicht direkt ansiehst.
» Auch der Atem gehört zum Körper: Nimm dir Zeit, einmal tief auszuatmen und wieder einzuatmen, bevor du sprichst.
» Wenn deine Stimme unter Stress höher wird, versuche, sie zu senken. Denn eine tiefere Stimme wirkt angenehmer und klarer. Du kannst kauen oder gähnen, bevor du sprichst, oder deinen Satz gelegentlich mit einem „Hmmm …" beginnen lassen. Das lockert die Stimm-Muskulatur, der Kehlkopf entspannt sich, die Stimme wird tiefer klingen.[250]

249 Gemäß einer Studie des Psychologen Albert Mehrabian.
250 Diese Tipps haben wir im Präsentationstraining bei Anne Weller erhalten.

**Weitere Tipps, um dich auf Gespräche, Konflikte und Abwehr manipulativer Taktiken vorzubereiten:**

Sammle Zahlen, Daten, Fakten und dokumentiere alles.

Möglicherweise kannst du der extrem narzisstischen Geschäftsführung oder wenigstens deinem Bereichsleiter klarmachen, dass Wertschätzung zur Wertschöpfung beiträgt. Wenn es um ihr Geld geht, spitzen die meisten Narzissten die Ohren. Hier sind ein paar Argumente:

» Wenn Menschen nur noch das Nötigste miteinander sprechen, weil ein Teammitglied den Kontakt mit einem anderen nicht mehr erträgt oder *Silent Treatment* (siehe unten) ausgesetzt ist, ist der Informationsfluss gestört. Sämtliche denkbaren Arbeitsprozesse, die von menschlicher Kommunikation abhängen, laufen dadurch langsamer ab.
» Außerdem erzählen Menschen ihre Sorgen anderen Menschen. Sowohl in der Organisation als auch außerhalb. Nicht gut fürs Image!
» Unangenehme Gefühle durch mangelnde Wertschätzung, ungerechte Urteile und Verbalattacken lassen sich nicht einfach neben der Werkbank oder der Tastatur ablegen. Menschen brauchen Zeit, sich von sowas zu erholen. Je nach Typ und Resilienzfaktor kann das Minuten oder auch Monate dauern. Wer seinen Ärger und Frust verarbeiten muss, wird in der Zeit nicht besonders auf seinen Job konzentriert sein, geschweige denn Höchstleistung erbringen können.
» Jeder fünfte Mitarbeiter reicht aufgrund solcher Frustrationen die innere Kündigung ein.[251]
» Gehalt bindet Menschen nicht an Unternehmen. Gute zwischenmenschliche Beziehungen tun es.
» Zufriedene Mitarbeiter sorgen für zufriedene Kunden und kurbeln den Umsatz an. Unzufriedene Mitarbeiter tun das Gegenteil. Und Kommunikationsstörungen tragen stark zur Unzufriedenheit bei.
» Jetzt kannst du anfangen diese Liste wieder von vorne zu lesen.

251 Beate Brüggemeier, *Wertschätzende Kommunikation im Business*, S.15.

Für all diese Dinge zahlen Organisationen einen Preis, der sich sogar in Zahlen ausdrücken lässt: David Grossman führte im Jahr 2011 eine Studie unter 400 Unternehmen mit jeweils rund hunderttausend Mitarbeitern durch.[252] Heraus kam ein Schaden von durchschnittlich 62,4 Millionen Dollar pro Jahr. Pro Unternehmen. Durch mangelhafte Kommunikation aller Art in verschiedenen Bereichen. Wie sich das mit den Kosten verrechnet, die wir bereits in Kapitel 4 aufgezeigt haben, können wir nicht sagen. Fest steht: Diese Probleme sind zu teuer, um sie zu ignorieren!

Eine Möglichkeit, erfolgreicher – weil: empathischer – zu kommunizieren, als wir es als Kinder durch die häufig schlechten Vorbilder unserer Erziehungsberechtigten gelernt haben, stammt von Marshall Rosenberg. Sie ist unter dem Namen *Gewaltfreie Kommunikation* (GFK) oder auch *wertschätzende Kommunikation* bekannt geworden. Die GFK ist einerseits eine Methode, andererseits eine Geisteshaltung. Sie passt sehr gut zum Konzept der Selbstabhängigkeit, das wir dir auf Seite 278 vorgestellt haben. Wer GFK praktiziert, übernimmt damit die volle Verantwortung für seine Wahrnehmung, sein Denken, Fühlen und Wollen. Für die Entscheidung, sich empathisch einzufühlen oder auch nicht. GFK ermöglicht es, wertschätzend „nein“ zu sagen. Sie unterstützt beim Grenzen setzen und lädt zur Konsequenz ein. Sie kann blockierende Glaubenssätze lösen und destruktive Redeweisen verändern. Sie will nicht manipulieren, sondern Kontakt auf Augenhöhe. Sie hilft, sich selbst besser zu spüren und zu verstehen und sich vollumfänglich auszudrücken. Ohne die ganzen Kommunikations-Unfälle, die uns bereits beim ‚ganz normalen‘ Sprechen ständig passieren: Druck machen, Schuld übertragen, moralisch verurteilen, bewerten, emotional entgleisen, im Affekt respektlos antworten … dazu musst du nicht extrem narzisstisch sein.

Die vier Schritte dieses Wundermittels gelten als einfach, aber nicht als leicht. Wir sind sie an einem Beispiel weiter oben bereits einmal durchgegangen. Es geht darum, (1) zu beobachten, statt zu interpretieren, (2) ein Gefühl, statt einer Bewertung oder Anschuldigung zu äußern, (3) sich auf ein Bedürfnis zu beziehen, statt eine konkrete Strategie zu verfolgen und (4) um etwas zu bitten, statt es zu fordern.

252 https://www.shrm.org/topics-tools/news/organizational-employee-development/cost-poor-communication

Was extreme Narzissten anbelangt, ist die GFK nicht ganz risikofrei. Doch sie funktioniert trotz einiger Fallstricke zu gut, um sie dir nicht trotzdem ans Herz zu legen. Da wir ein eigenes Buch nur über dieses sichere Kommunikationsgeländer schreiben könnten, wollen wir dir hier lediglich den Impuls geben, dich ausführlicher damit zu beschäftigen und dich darin zu üben. Denn natürlich sind darüber bereits Bücher geschrieben worden.[253]
Lass uns jedoch noch auf die besagten Fallstricke eingehen – du wirst sie in dieser Form vermutlich sonst nirgends finden:

» Sich empathisch zu öffnen, birgt das Risiko, dass ein extremer Narzisst das, was du von dir preisgibst, gegen dich verwendet.
» Egal, wie gut du Rosenbergs *Giraffensprache*[254] sprichst: wenn Tina Toxy unbedingt Kritik oder Forderungen hören will, wird sie das tun.
» GFK gelingt auch, wenn der andere sie nicht kennt oder nicht ebenso kommunizieren will. Die Hauptsache ist, du bleibst dabei bei dir. Narzisstische Verbalattacken, zu denen sich gesündere Menschen weniger hinreißen lassen, können es für dich jedoch schwerer machen, in der Wertschätzung und Eigenverantwortung zu bleiben.
» Was die GFK bewirken kann, ist wirklich wunderbar. Doch bitte sei nicht so naiv zu glauben, dass du dadurch eine tiefgreifende Verhaltensänderung bei Tina Toxy bewirken könntest.
» In der GFK sind die Dinge verhandelbar. Mit einem Narzissten zu verhandeln, könnte damit enden, dass du den kleinen Finger gibst und er dir die ganze Hand abbeißt.
» Tatsächlich kann man die GFK auch zur Manipulation einsetzen. Wenn du den Impuls verspürst, Tina Toxy darüber zu erziehen oder irgendwohin zu manövrieren, lass es besser bleiben. Prüfe dich ehrlich, ob es dir darum geht, nicht selbst manipulativ zu sein und Tina Toxy ergebnisoffen von Mensch zu Mensch begegnen zu wollen.
» Wenn du selbst zu Echo-Verhalten tendierst, brauchst du andere Kommunikationsstrategien. Wir empfehlen dir dann eher Schwarze Rhetorik und Wut-Training, um dich in den Bereich des gesunden Narzissmus hineinzusteigern. Echoisten haben nämlich das Pech, dass sie sich nicht

253 Zum Beispiel Pietzko, Sylvia: *Win-Win dank Empathie: Erfolgreich kommunizieren im Job*. Hamburg, 2014.

254 Die GFK von Rosenberg wird auch als „Sprache des Herzens“ bezeichnet und ihr Symbol ist die Giraffe. Weil sie das Säugetier mit dem größten Herzen ist.

aufregen können und in einer devoten Wertschätzung gefangen sind. Es geht bei der GFK jedoch nicht darum, ein lieber Junge oder ein braves Mädchen zu werden. Sie ist viel mehr eine Geisteshaltung als eine Kommunikationsstrategie. Und auf keinen Fall ist sie eine Anpassungs- oder Überlebensstrategie.

Im Kapitel zu den Grenzen haben wir ja nur ein sehr einseitiges Beispiel zu den vier Schritten gebracht. Wir greifen die Geschichte nun wieder auf, und machen daraus exemplarisch einen unperfekten aber realitätsnahen GFK-Dialog mit einem extremen Narzissten. Bei dem kommt die auch für den Mitarbeiter neue Art zu kommunizieren, ganz und gar nicht gut an …

**Mitarbeiter, neutral:** „Hallo Chef, du hast mir aufgetragen, mir fremde Menschen im Namen der Firma auf Social Media anzuschreiben und ihnen unser neues Angebot nahezubringen: Von 100 Leuten hat nur einer positiv reagiert, die meisten warfen mir mangelnde Seriosität vor und folgen nun nicht mehr unserem Kanal. Ich fühle mich unwohl dabei, das weiterhin zu tun. Es stresst und betrübt mich, weil mir meine Integrität und unser guter Ruf wichtig sind. Kannst du diesen Arbeitsauftrag bitte jemand anderem geben, der hier weniger moralische Bedenken hat?“ (Wir haben jetzt bewusst den alternativen vierten Schritt von oben gewählt)

**Chef, blafft:** „Wem soll ich das denn geben außer dir? Die sind doch alle schon völlig am Limit! Und was interessieren mich deine moralischen Skrupel? Wer uns nicht folgen will, hat halt Pech gehabt. Was mich interessiert, sind die Umsatzzahlen. Lieber ein neuer Kunde als kein neuer Kunde. Also mach jetzt gefälligst weiter damit!“

**Mitarbeiter, ruhig:** „Chef, mein Wunsch scheint dich echt aufzuregen. Das finde ich schade, ich habe mir hier Verständnis erhofft, dass es mir nicht gut damit geht. Ich verstehe, wie wichtig dir der Umsatz ist. Er ist auch mir wichtig. Ich möchte gerne verstehen, wieso wir deiner Meinung nach die Arbeit nicht umverteilen können. Können wir bitte darüber reden?“

**Chef, lauter:** „Reden, reden, immer nur reden. Und ob mich das aufregt! Es geht hier nicht um Umverteilung, sondern um Effizienz. Ich muss Herrn Zacharias Ergebnisse liefern, und dein Job ist es nun mal, Leads zu generieren. Es ist doch nicht schwer, einfach weiterzumachen.“

**Mitarbeiter, ruhiger und das Thema, dass Leads eben nicht sein Job sind, vermeidend:** „Ich verstehe, dass Effizienz entscheidend ist. Doch wenn die Methode, die wir verwenden, unsere Follower vergrault und den Ruf der Firma schädigt, könnte das langfristig unsere Chancen auf Umsatzsteigerung beeinträchtigen. Das fühlt sich nicht gut an für mich. Gibt es vielleicht eine andere Strategie, die wir testen könnten, die sowohl effektiv als auch weniger aufdringlich ist? Ich kann dabei helfen, solche Alternativen zu entwickeln."

**Chef, genervt:** „Und wie lange soll das dauern? Ich habe Ziele zu erreichen. Und weder Zeit noch Ressourcen, um jetzt alles umzukrempeln. Du machst das jetzt so, wie ich es gesagt habe. Was sprichst du heute überhaupt so geschwollen mit mir?"

**Mitarbeiter, mit tieferer, warmer Stimme:** „Ok, du hast keine Zeit und keine Ressourcen, dich darum zu kümmern. Ich sehe dein Vertrauen in die bisherige Methode. Und ich mache mir wirklich Sorgen, dass wir mehr Schaden als Nutzen anrichten. Können wir bitte als Kompromiss für einen Monat eine alternative Methode testen? Ich habe Ideen und bin bereit, Zeit zu investieren, um das vorzubereiten und umzusetzen."

**Chef, patzig:** „Einen Monat, hm? Und wenn das schiefgeht, bist du der Erste, der die Konsequenzen trägt. Na gut, versuch dein Glück. Aber das ist das letzte Mal, dass ich mich auf so ein Experiment einlasse. Mach, dass es funktioniert! Und hör auf, so kariert zu quatschen!"

**Mitarbeiter, fröhlich und aufrichtig:** „Danke Chef, find ich klasse von dir! Ich werde berichten."

In diesem fiktiven Beispiel bleibt der Mitarbeiter in einer einseitig empathischen Verbindung mit dem Chef, ohne sein Ziel, nicht mehr über Social Media kalt akquirieren zu müssen, aus den Augen zu verlieren. Er denkt trotzdem stets an das ‚Wir', auch wenn der Chef nur über sich spricht. Er drückt seine Gefühle aus, ohne den Chef dafür verantwortlich zu machen. Was die Bedürfnisse anbelangt, bleibt er lösungsorientiert und ergebnisoffen, statt sich auf seine Lieblingsstrategie (den Job jemand anderem auf den Tisch zu legen) zu versteifen. Er bleibt respektvoll, wertschätzt die einfühlsam rausgehörten Gefühle und Bedürfnisse des Chefs, auch wenn dieser sich gar nicht konkret dazu geäußert hat. Steter Tropfen höhlt den Stein – trotz des anfänglichen Widerstands erreicht der sich beharrlich an den vier Schritten orientierende Mitarbeiter sein Ziel. Ohne es sich mit dem Chef zu verscherzen oder als Gefahr für sein Ego zu erscheinen. Zusätzlich gelingt es dem Mitarbeiter, sich von den Angriffen seines Chefs bezüglich der neuen *Giraffensprache* nicht irritieren zu lassen. Ihm ist klar, dass es ihn vom Weg abbringen würde, darauf einzugehen. Und dass jetzt auch nicht der richtige Zeitpunkt ist, sich zu erklären. Deshalb reagiert er einfach gar nicht darauf und fokussiert sich wieder auf sein Ziel. Da der Chef sich ja nicht wirklich dafür interessiert, weshalb der Mitarbeiter plötzlich so ‚seltsam' spricht, ist es ihm auch egal, dass er darauf nicht eingeht. Es ist ja nur ein Versuch gewesen, ihn zu kränken. Wenn es schon nicht gelungen ist, ihn zu gängeln und zu dominieren. Doch auch der Kränkungsversuch ist gescheitert, weil der Mitarbeiter keinerlei Energie in den Angriff gegeben hat und komplett bei sich geblieben ist, ohne einzuknicken oder sich zu rechtfertigen. Die Chance, dass er sich dadurch mehr Respekt vom Chef verdient hat, wäre in einem realen Fall gar nicht mal so klein.

Feedback solltest du nach dem gleichen Prinzip geben. Und zwar mit Samthandschuhen. Wir empfehlen dazu den leicht angepassten GFK-Prozess von Wolfgang Marschall, den du hier abgebildet siehst:

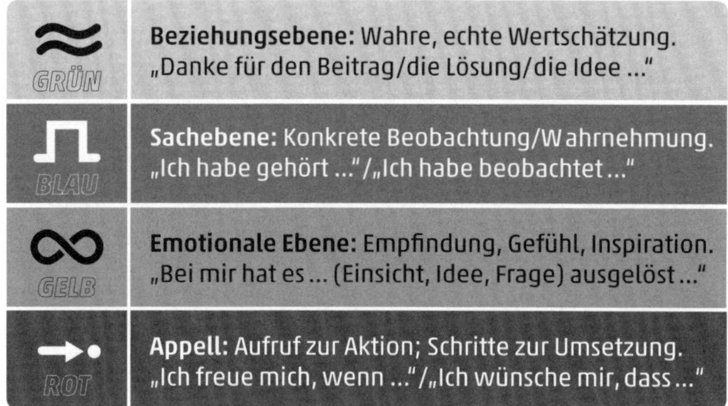


*Abb. 15: Holon ‚Wertschätzendes Feedback geben' von der Ludoki GmbH – eigener Nachbau für die ‚Narzissmus-Bilanz'.*

Bei normal narzisstischen Menschen funktioniert das gut. Für den Umgang mit Obernarzi musst du den vierten Schritt der Bitte jedoch so gestalten, dass du ihm sagst, was er schon mal in der Vergangenheit gut gemacht hat. Und dass er damit doch bitte weitermachen möge.

Bürotauglich könnte das so klingen: „Silke, die letzten drei Meetings hast du zum vereinbarten Zeitpunkt beendet. Das war super!“

Neutrale Beobachtung kombiniert mit Wertschätzung. Hüte dich in diesem Fall unbedingt vor dem Wort „pünktlich“! Eine Ich-Botschaft würden wir bei normal narzisstischen Menschen bevorzugen. Weil sich Silke nicht für dich interessiert, ist es hier jedoch besser, so zu tun, als wäre ihr ‚super sein‘ eine für alle Menschen gültige Tatsache!

„Dadurch konnte ich meine Folgetermine gut einhalten.“

Etwas verklausulierte Aussage über deine Gefühle und Bedürfnisse, ohne dass du komplett blankziehst.

„Kannst du das bitte zukünftig wieder so machen?“

Positiver Appell, der gewünschtes Verhalten verstärkt. Kritik wird dir bei einem extremen Narzissten stets um die Ohren fliegen. Und auch konstruktive Kritik ist Kritik.

Es gibt einen Grund, warum gut gemachte GFK zwar bei extremen Narzissten funktionieren kann, warum du sie jedoch eher nicht dazu bekommen wirst, sich ernsthaft darauf einzulassen und mitzumachen. Uns ist wichtig, dass du ihn kapierst: Verbale Gewalt und Aggression haben ihren Ursprung in den seelischen oder auch körperlichen Verletzungen, die uns vor langer Zeit zugefügt worden sind. Die unerfüllten Bedürfnisse längst vergangener Tage werden unbewusst reaktiviert. Wir reagieren dadurch empfindlicher auf die Bedürfnisse, die im Moment nicht erfüllt sind. Sich wertschätzend, statt gewaltvoll zu äußern würde bedeuten, in sich zu gehen und sich die Frage zu stellen „Wo kommt es her, dass ich so fühle und reagiere?“ Der Narzisst müsste sich mit dem beschäftigen, was in ihm nicht erfüllt worden ist. Mit dem frühen Mangel an Anerkennung, Liebe, Fürsorge, Respekt, Wertschätzung … Wie du bereits weißt, muss dieser Blick in den Spiegel unbedingt vermieden werden. Zu knurren und Leute wegzubeißen, ist da wesentlich einfacher. Deshalb ist es sinnvoll, sich in der Zusammenarbeit mit extremen Narzissten professionelle Begleitung in Form eines Trainers für Gewaltfreie Kommunikation, eines entsprechend geschulten Beraters oder eines Mediators zu holen, wenn du mit den Elementen der GFK Kontakt auf Augenhöhe erreichen und Konflikte lösen möchtest.

## Mediation mit Narzissten

Wenn du dazu neigst, Opfer von extremen Narzissten zu werden oder ein Narzissmus-Defizit zu haben, gehörst du vielleicht zu den Menschen, die sich selbst als harmoniesüchtig beschreiben. Die Konflikte unangenehm finden und vermeiden.[255] Es mag dich erstaunen: Die Teams mit den meisten Konflikten sind die High-Performance-Teams. Nicht diejenigen, in denen es besonders harmonisch zugeht. Harmoniesüchtige Führungskräfte entwickeln ihre Teams nicht weiter, sie bleiben stehen. Könnte ja Streit geben auf dem Weg in die Verbesserung. Eine Kultur von Ja-Sagern kann die für Wirtschaftsunternehmen so dringend benötigten Innovationen verhindern. Wenn die Ja-Sager dann noch „nein" meinen und sich nur nicht trauen, den Mund aufzumachen, dann entsteht eine Stimmung, die wir als *friedlich-friedhöflich* bezeichnen: Menschen und Teams treten auf der Stelle, sie sind nicht mehr lebendig und vorwärtsorientiert. Entscheidungen werden aufgeschoben, vielleicht erledigt sich die zu entscheidende Sache ja von allein. Zuviel Harmonie führt dazu, dass der berühmte Elefant im Raum nicht angesprochen werden darf. Irgendwann eskaliert auch ein kalter Konflikt ins bodenlose.

Die Konfliktforschung unterscheidet kalte und heiße Konflikte. Menschen, die zu extremeren Narzissmus-Werten in der offen-grandiosen Spielart tendieren, tragen Konflikte eher heiß aus. In heißen Konflikten werden die Leute laut und machen öffentlich Theater. In kalten Konflikten ziehen sie sich zurück und agieren eher auf der Hinterbühne. Wie so oft im Leben gilt: wer schreit, wird gehört, wer still bleibt, wird übersehen. Um auch auf kalte Konflikte reagieren zu können bevor diese eskalieren, müssen gute Führungskräfte für deren Signale Antennen haben. „Führungskräfte bemerken oft die indirekten und verdeckten Konflikte nicht […] – die heimlichen Kriege", betont unser Mediations-Ausbilder Friedrich Glasl.[256] Ob heiß oder kalt, ein eskalierter Konflikt ist wesentlich

255 Auch dies ist eine alte Überlebensstrategie, die einen inneren Anteil ausgebildet hat und dadurch zum Muster wurde. Ein Muster ist wie eine Achterbahn, auf der du so lange fährst und die immer wieder gleichen Dinge erlebst, bis du es angeschaut, wertgeschätzt, bearbeitet und integriert hast. Ein innerer Anteil ist ein neuronales Netzwerk in deinem Gehirn. Deshalb kannst du innere Anteile zwar beruhigen und runterfahren, jedoch nicht vollständig wegkriegen.

256 Konfliktdynamik, 3. Jahrgang, Heft 2/2014, S.101.

schwieriger aus der Welt zu schaffen als eine frühe Form der Auseinandersetzung. Für Organisationen bedeutet Konflikteskalation:

» Der Zweck der Unternehmung ist zunehmend bedroht.
» Die Konfliktlösung dauert lange.
» Die Nachhaltigkeit der Lösung ist bei einem weiter eskalierten Konflikt unsicherer.
» Die Konfliktlösung verursacht hohe Kosten.
» Kündigungen oder Burnout werden im Laufe einer Konflikteskalation wahrscheinlicher, was mit weiteren negativen Folgen für alle Beteiligten verbunden ist.

Damit es nicht so weit kommt, schauen wir uns an, wie du Konflikte deeskalieren kannst. Wir haben uns dazu den praxiserprobten mediativen U-Prozess[257] ausgesucht. Er basiert in weiten Teilen auf der Gewaltfreien Kommunikation, die wir dir oben vorgestellt haben. Es stellt sich natürlich zunächst die Frage, ob Mediation mit Narzissten überhaupt gelingen kann? Der Antwort sind wir im Januar 2024 beim vierten Mediations-Online-Camp[258] von Kris Beer und Ulf Hecht nachgegangen. Die Essenz dieses Gesprächs teilen wir hier mit dir. Falls du die kurze Antwort hören willst – sie lautet: Jein!

Bereits in Kapitel 2 haben wir ausführlich über die Empathielosigkeit von Narzissten gesprochen. Kurz für dich aufgefrischt: Die Unterscheidung zwischen kognitiver und emotionaler Empathie ist wichtig. Narzissten können andere Menschen über die Ratio auslesen, um deren Bedürfnisse zu erkennen. Sie haben gelernt, wie sie aussehen müssen, damit ihr Gegenüber denkt, der Narzisst würde sich wirklich für ihn interessieren. Aber sie fühlen es nicht, sondern inszenieren ein sehr glaubwürdiges Schauspiel. Vertrauensvolle, arglose Menschen kaufen ihnen die echte Empathie leider ab. Niemand, der psychisch gesund ist, kommt auf die Idee, so perfide reingelegt zu werden. Noch dazu vernebelt unser eigenes Ego uns manchmal das Hirn: Narzissten manipulieren nicht nur durch Angst und Verwirrung, sondern auch völlig harmlos erscheinend durch Lob oder geheuchelte Anteilnahme. Der Narzisst studiert dich, macht einen auf nett, empathisch, verständnisvoll, um die wunden Punkte zu

257 Auch wenn es Ähnlichkeiten gibt, bitte nicht mit dem U-Prozess von Otto Scharmer, der auch als *Theory U* bekannt ist, verwechseln. Bei Scharmer geht es um eine Methode, Innovation in Organisationen und Gesellschaften zu erleichtern.

258 https://mediationsonlinecamp.de/

finden und später deine Knöpfe besser drücken zu können. Und das Gelernte dann hinterrücks gegen dich zu verwenden. Verlier auch die Komorbiditäten aus Kapitel 3 nicht aus den Augen: Extremer Narzissmus geht oft einher mit Borderline oder Paranoia. Wenn sich eine solche Störung hinzugesellt, dann spielen sie ihre Spielchen nicht mehr bewusst. Die Ausnahme ist die Psychopathie: Ein Psychopath weiß ganz genau, was er tut, und er will das so! Wie schon gesagt – bei Psychopathen sind wir raus! Um auf diesem Level zu intervenieren, brauchst du Psychiater, Rechtsanwälte und Gerichte.

Was extreme Narzissten auf den unteren Stufen (7-8) und Mediation anbelangt: Sie kann gelingen – es kommt jedoch drauf an, was du darunter verstehst. Du kriegst den Narzi jedoch nur in eine Mediation, wenn er kapiert, dass es hier etwas für ihn zu gewinnen gibt. Dass er überhaupt zustimmt – Mediation muss auf Freiwilligkeit basieren! – gelingt nur, wenn du ihm verkaufst, dass er was davon hat, sich auf die andere Person einzulassen. Ein Stück weit ist das normal. Kaum jemand wird so altruistisch sein, an einer Konfliktvermittlung teilzunehmen, ohne sein eigenes Stück vom Kuchen abzubekommen. Die Motivation, sich auf diesen Prozess einzulassen, war bei den Narzissten, bei denen wir bisher in Konflikten vermittelt haben, sogar sehr hoch. Weil der Benefit, die Mediation gelingen zu lassen, jeweils ein nächster Karriereschritt war. Oder weil Menschen in unbedingt notwendigen Schlüsselpositionen dadurch gehalten werden konnten. Außerdem haben Narzissten das Bedürfnis, gut zu sein, bewundert zu werden. Dies unterscheidet sie unter anderem von Psychopathen. Wenn sie der Mediation schon zustimmen, dann wollen sie darin aber bitte auch glänzen! Vereinbare in separaten Vorgesprächen bitte unbedingt Regeln, was die Akzeptanz deiner Führung und den gegenseitigen respektvollen Umgang untereinander anbelangt, und lass sie dir in einer Mediationsvereinbarung von allen Parteien unterzeichnen.

Den Moment der Verletzung anderer Menschen können extreme Narzissten von Natur aus nicht empfinden. Sie können nicht von sich aus in Resonanz gehen. Ein guter Vermittler schafft es, dem Narzissten das Leid des anderen begreiflich zu machen. Dafür Erkenntnis und Verständnis zu wecken. Das funktioniert über die Methode des auf Seite 300 schon erwähnten Stuhltauschs. Einer Art Rollenspiel, das auch in Gruppen- und Paartherapien eingesetzt wird. Der Narzisst wird eingeladen, in die Rolle der Konfliktpartei zu schlüpfen. Hier wird er dann zur Zielscheibe seiner eigenen Gehässigkeit. Auch ist es möglich, dass er bereits Ähnliches erlebt hat und die Gefühle des anderen an sich selbst nachempfinden kann. Oft sind Narzissten überrascht, wie sie auf andere wirken und was sie in anderen auslösen. Selbst- und Fremdbild driften hier noch stärker auseinander, als es zwischen Menschen sowieso passieren kann. Sie können ihre Wirkung nur an sich ausmachen. Dann haben wir Narzissten auch schon weinen sehen – weil sie im Mitleid landen, statt im Mitgefühl. Dennoch ist für den Moment, bei diesem einen Thema, das für die Mediation gewählt wurde, der Wille da, etwas zu verändern. Das bleibt aber nicht. Es ändert nicht wirklich etwas. Denn sie kriegen es nicht ins Hirn, bald darauf nicht wieder das gleiche zu machen wie immer: lügen, täuschen, manipulieren. Mediation kannst du mit extremen Narzissten in Dauerschleife betreiben. Es beginnt stets von vorne. Das Karussell dreht sich dabei immer schneller, der Narzisst wird immer gerissener. Das alles geht so lange, bis du aus der Achterbahn aussteigst. Weil dein Körper dir sagt, dass du stirbst, wenn du bleibst. Wir kennen Menschen, die durch permanentes Gaslighting, durch jahrelangen Dauerstress, die Diagnose Demenz bekamen. Und auch wir hatten durch narzisstischen Missbrauch zwischenzeitlich unsere kognitiven Fähigkeiten eingebüßt und waren für den Markt nicht mehr zu gebrauchen.

Die Frage, wie das genau funktioniert, Narzissten in die Resonanz zu führen und zumindest einen vorübergehenden Teilfrieden zu erzielen, bringt uns zurück zum U-Prozess, den wir dir kurz skizzieren wollen. Natürlich kann unser Buch keine Mediatoren-Ausbildung ersetzen, sondern dir nur Anhaltspunkte geben. Doch wenn du dich ein wenig ins Thema einarbeitest und erstmal mit weniger brisanten Fällen übst, ist es auch möglich, ein Mini-U in die alltägliche Kommunikation einfließen zu lassen. Um für den Moment Frieden zu stiften und die Konfliktfähigkeit aller Beteiligten zu trainieren. Auch viele kleine Momente ergeben irgendwann eine Ewigkeit.

Der erste Schritt des U-Prozesses betrifft die rationalen **Sichtweisen**. Hier bewegen sich Narzissten sprachlich eloquent auf sicherem Terrain. Die Parteien tauschen sich auf der Sachebene aus, bis sie sich inhaltlich verstanden oder zumindest die Perspektive des anderen toleriert haben. Auch, wenn das nicht bedeutet, dass sie einer Meinung sind und das Verhalten akzeptieren.

Beim zweiten Schritt, den **Gefühlen**, wird es bereits knifflig: Denn ein Narzisst interessiert sich nicht die Bohne für die Gefühle anderer Menschen, wie du inzwischen weißt. Und zu den eigenen hat er keinen guten Zugang. Natürlich haben Narzissten auch Gefühle: Hunger und Durst. Was die gefühlsmäßigen Feinheiten anbelangt, sind sie meist von sich abgespalten. Zu sehr zu fühlen würde auch bedeuten, zu spüren, was wirklich in einem los ist. Und diesen

Schmerz, sich mit den eigenen inneren Abgründen zu beschäftigen, möchten Narzissten unbedingt vermeiden. Deshalb sind Narzissten schwer bis nicht therapierbar – und ihrer Ansicht nach grundsätzlich niemals Schuld. Wenn jemand nicht an einer Win-Win-Situation interessiert ist, sondern bei Win-Win zweimal auf sich selbst zeigt, sich nicht für die Gefühle und Bedürfnisse anderer Leute interessiert – wie soll da Mediation gelingen?

Bedenke, Narzisst ist nicht gleich Narzisst. Überlege, wo er einen Vorteil darin sehen könnte, mit anderen Leuten zu kooperieren? Narzissten kommen sicherlich nicht über die Gefühle zu ihren **Bedürfnissen**, wie es der U-Prozess im dritten Schritt vorsieht. Doch sie wissen ganz genau, wo sie hinwollen und was sie dafür brauchen. Wie sie es erreichen, ist ihnen egal. Wenn Manipulation durch Charme oder Ellenbogen nicht ausreicht, dann soll halt die Mediation dafür sorgen, dass sie es bekommen. Deshalb können sie gut über Bedürfnisse sprechen. Vermittler müssen da unglaublich aufpassen, dass sie nicht instrumentalisiert und manipuliert werden. Der Mediator klärt in diesem Schritt die Frage „Worum geht es hier eigentlich wirklich?“ Hinter den rationalen, logischen Argumenten stecken stets Bedürfnisse, die uns mehr oder weniger unbewusst antreiben und ans Tageslicht gebracht werden müssen. Wer zum Beispiel für mehr Gehalt kämpft, dem geht es möglicherweise weniger um das Geld an sich, sondern um Gerechtigkeit. Oder um Sicherheit. Oder um das Wohlergehen seiner Kinder. Zurück zum Narzissten: Andere Menschen und ihre Bedürfnisse sind ihm zwar egal, doch er kann den Prozess diesbezüglich bedienen, wenn er sich einen Nutzen davon verspricht. Für diesen einen Moment kommt es dann zu einer authentischen Begegnung zwischen Täter und Opfer, zu einem echten Verstehen, zu einer wahrhaftig emotionalen Berührung.[259] Das ist der Wendepunkt, der eine Konfliktvermittlung gelingen lässt. Im vierten Schritt besprechen die Streitenden dann **Handlungsoptionen**, formulieren Bitten und machen einander Angebote. Im Idealfall matchen genügend Bitten mit Angeboten, um zufrieden gestellte Parteien zu haben und die Mediation mit einer **Vereinbarung** abschließen zu können.

259 Bitte lies den letzten Satz unter dem Vorzeichen: Wir wissen es nicht! Auch Psychiater können Menschen nur bis vor den Kopf gucken, außer, sie legen sie in den Hirnscanner. Wir tragen hier lediglich das verfügbare Wissen der Welt zusammen und paaren es mit unserer jahrelangen Erfahrung auf dem Gebiet der nicht-therapeutischen Arbeit mit extremen Narzissten und deren Opfern.

Apropos ‚Opfer': Mediation mit Narzissten funktioniert am besten, wenn beide Parteien extrem narzisstisch veranlagt sind. In Wirtschaftsmediationen ist das häufig der Fall. Kampf der Giganten. Da sitzen zwei ehrgeizige, auf Krawall gebürstete Egos. Die wollen was erreichen. Es geht für beide um viel. Die erfolgreichen Narzissten, die wir kennen, setzen sich häufig utopische Ziele, die sie auch erreichen. Weil sie bereit sind, jeden Preis dafür zu zahlen. Dann ernten sie die Bewunderung, die sie brauchen wie die Luft zum Atmen. Doch irgendwann kommen sie an einen Punkt, an dem sie kein Korrektiv mehr haben, keine führenden Leitplanken. Besonders, wenn es ihr eigener Bereich oder gar ihre eigene Firma ist. Höchstens noch den Lebenspartner, sofern der nicht längst weggerannt ist.

Ein Kunde von uns wollte 500 neue Mitarbeiter in fünf Jahren gewinnen – zum damaligen Zeitpunkt hatte er 15 und pro Monat kündigte einer. In seiner grenzenlos narzisstischen Hybris hat der Kunde leider nichts kapieren wollen und weder an sich noch am System gearbeitet. Er musste nach einiger Zeit Insolvenz anmelden. Doch zurück zu den Kampfhähnen im Mediationsprozess: Wenn sie für ein nach ihren Maßstäben wirtschaftlich funktionierendes System einander brauchen, kannst du sie in der Vermittlung wieder ins Gleichgewicht bringen. Weil sie beide voneinander abhängig sind. Das geht auch deshalb meistens gut aus. Und hält so lange, bis das, was vereinbart wurde, abgearbeitet ist oder aus irgendwelchen anderen Gründen obsolet wurde. Der Frieden hält auch mit gesunden oder echoistischen Gegenparteien nicht lange. Das Gehirn speichert bekanntlich nur, was ihm wichtig ist. Und andere Menschen sind Narzi nach wie vor höchstens als nützliches Objekt wichtig. Toxische Gewohnheiten brechen schnell wieder durch, und auch die Gegenpartei ist normalerweise kein Engel, sondern hat ihre Macken und Muster.

Das Vereinbarte schleicht sich im Alltag wieder aus, sofern es kein ständiges Korrektiv gibt, das echtes Lernen ermöglicht. Dann geht der Tanz von vorne los oder es kommt zu Kündigungen. Langer tiefer Frieden für immer, das ist leider eine Illusion, ein romantischer Traum, wenn es um extremen Narzissmus geht. Aber das liegt nach der Mediation auch nicht mehr in unserer Verantwortung.

Doch was passiert, wenn sich nur eine Partei vertrauensvoll geöffnet, in ihrer Verletzlichkeit gezeigt und damit Futter für weitere Manipulation geliefert hat? „Vielen Dank, jetzt hab ich's verstanden, das werde ich doch direkt wieder gegen dich verwenden, du Schäfchen!" So oder so ähnlich denken fast alle Mitglieder der dunklen Triade. Wenn wir im Vorfeld spüren, dass ein solches Ungleichgewicht wahrscheinlich ist, dann gehen wir zunächst in die **Pendelmediation**. Dabei befinden sich die Konfliktparteien nicht gemeinsam am gleichen Ort.

Wir führen mit beiden Parteien Gespräche und führen sie so gegebenenfalls durch den gesamten Vermittlungsprozess. Hierfür akzeptieren wir keinen Zeitrahmen. Denn wir brauchen ganz viel Raum für Psychoedukation. Unsere Strategie ist, erstmal sehr viel aufzuklären, statt gleich eine klassische Mediation vorzuschlagen. Um ein Bewusstsein für das zu erreichen, was zwischen Menschen passiert. Wir sprechen dann beispielsweise über den Konstruktivismus oder darüber, was bei Stress in Seele, Geist und Körper passiert.

Hier setzt auch unsere Arbeit an, wenn wir als externe Berater von narzisstischen Führungskräften oder als traumasensible Begleiter von Opfern gebucht werden: Psychoedukation ist wichtig, und daran sind extreme Narzissten auch durchaus interessiert. Ihre Opfer sowieso; sie saugen alles an Wissen auf, was sie kriegen können. Narzissten merken durchaus, dass sie anecken. Dass sie Probleme und Schwierigkeiten haben. Ein Stück weit leiden sie auch darunter. Aber sie denken erstmal, dass die anderen das Problem sind. Wenn ein Narzisst zum Berater, Coach oder Therapeuten geht, dann möchte er wissen, wie er sein widerspenstiges, schwieriges Umfeld eingenordet bekommt. Er will, dass seine Probleme aufhören und fordert deshalb, dass andere Menschen sich ändern müssen. Frei nach dem Motto „Wer nicht mit mir klarkommt, muss halt noch an sich arbeiten.[260] Lieber Experte, krieg das mal hin!" Die Kunst besteht dann darin, im Narzissten behutsam doch unbeirrt die Erkenntnis zu wecken, dass es vielleicht auch einen Eigenanteil gibt. Du kannst Narzissten bei ihrer großen Neugier packen. Sie könnten ja was verpassen. Wenn du es gut machst, sind sie bereit, dir zuzuhören. Und dann möchten sie gerne dazulernen. Mit etwas Glück auch über sich selbst. Wenn sie dich respektieren, werden sie regelrecht eifrige Schüler.

Wenn das geschafft ist, können sich die Parteien – manchmal sind es ganze Teams und nicht nur zwei Personen – entscheiden, ob sie immer noch dabei sind. Das ist immer wieder eine große Herausforderung. Wer mit Narzissten arbeiten will, braucht nicht nur Distanz, Neutralität, eine klare unbestechliche Haltung und die kritische Prüfung der eigenen Person, die ja selbst nie ganz ohne narzisstische Nöte ist. Man muss nicht nur ihnen gegenüber wertschätzend-konsequent sein. Sondern auch konsequent wertschätzend zu sich selbst. Die Konsequenz muss dabei Vorrang vor der Wertschätzung haben.

260 Gesehen auf einer Postkarte.

Und wie geht man mit **Echoisten** in der Mediation um? Auch hier musst du Vorsicht walten lassen. Hast du wirklich Menschen vor dir, die keine eigene Meinung und sich selbst völlig aufgegeben haben? Oder sind es einfach nur introvertierte Personen? Das solltest du bereits im Vorgespräch herausfinden. Denn in der Mediation würdest du die echoistische Person sonst bloßstellen, egal, wie geschickt du fragst.[261] Auch musst du herausfinden, ob es sich nicht vielleicht um einen verdeckt-vulnerablen Narzissten handelt, der sich lediglich geschickt nach innen entzieht, obwohl er nach außen hin zugestimmt hat. Die Ähnlichkeit mit Echo ist verblüffend. Doch wenn tatsächlich jemand in der Mediation sitzt, der den ganzen Prozess obsolet macht, weil er sich die ganze Zeit entschuldigt, überhaupt nichts für sich erreichen will oder ständig beipflichtet, dass der andere Recht hat – dann braucht es eine starke Führung, um die Person aus ihrer Echohöhle herauszuholen. Im Spagat zwischen einem sehr extravertierten und einem sehr introvertierten Menschen sprechen wir von einem heiß-kalten Konflikt. Die Eskalationsstufe ist tiefer[262] und die Herausforderung größer, als wenn du es mit einem rein heißen oder rein kalten Konflikt zu tun hast. Menschen im kalten Konflikt müssen vor der Mediation angewärmt werden. Wer sich im Opferdasein wohl fühlt, mit dem solltest du im Vorfeld sein persönliches Worst-Case-Szenario durchgehen. Frag nach, ob Echo Opfer ihrer Geschichte oder Gestalter ihrer Zukunft sein will? In jedem Fall musst du als Berater, Mediator oder vermittelnde Führungskraft fähig sein, das Vertrauen von Menschen zu gewinnen.

## Souveräner Umgang mit typisch narzisstischen Phänomenen – dein Vokabelkasten!

Falls du was gegen Anglizismen hast, musst du jetzt ganz tapfer sein. Die Narzissmus-Forschung in den USA war etwas früher dran als die in Deutschland. Und von dort haben wir viele Begriffe übernommen. *Gaslighting* flutscht einfach besser als *Verwirrtaktik*. Sieh es einfach als ‚Vokabeln lernen' zu Gunsten deiner eigenen persönlichen Weiterbildung an. Die Begriffe sind eher populärwissenschaftlich als klinisch einzuordnen. Aber wir wollten ja vor allem die gleiche Sprache sprechen und nicht pathologisieren. Einiges davon haben wir

261 Das gilt auch für ganz andere Formate, beispielsweise für das Daily StandUp aus dem agilen Scrum-Framework.

262 Das heißt: weiter im Keller und damit gefährlicher.

im Laufe des Buches bereits vorgestellt. Hier gibt es nochmal die Kurzfassung. Und natürlich Tipps in alphabetischer Reihenfolge, was du dagegen als von narzisstischer Manipulation und emotionalem Missbrauch betroffene Person tun kannst. Als Aufklärungsbuch und Ratgeber für Beruf und Wirtschaft beziehen wir uns wieder auf zwischenmenschliche Beziehungen im Job und lassen das Privatleben außen vor.[263]

**Bloßstellen:** Die beste Methode, sich selbst zu erhöhen, besteht darin, andere zu erniedrigen. Kollegen vor versammelter Mannschaft runterzuputzen und bloßzustellen, gehört zum kleinen Einmaleins extremer Narzissten. Ständig wird rumgemäkelt, Leistungen werden belächelt oder angezweifelt, und Arbeitsergebnisse werden in einer Öffentlichkeit zerrissen. Konstruktives Feedback in angemessenem Tonfall? Da pfeift Tina Toxy drauf! Auch wenn sie selbstverständlich für sich selbst nur Lob einfordert. Gleiches Recht für alle gibt's in ihrer Welt nicht.

**Das kannst du tun:** Ja, wir wissen, dass es schwerfällt, wenn man derartig angegriffen wird. Doch bitte übe dich in Resilienz, Meditation, Gewaltfreier Kommunikation und anderen Praktiken, damit du ruhig, professionell und empathisch bleiben kannst. Du wirst dir später dankbar dafür sein. Vermeide es, dich zu rechtfertigen. Das wäre Wasser auf die Mühlen des Narzissten und eine Einladung, nochmal nachzutreten. Wenn du redest, sprich in Ich-Botschaften. „Ich höre, dass du das Ergebnis meiner Recherchen in Frage stellst. Ich würde gerne verstehen, wie du darauf kommst." In diesem Beispiel formulierst du eine neutrale Beobachtung und schließt den Ausdruck eines Bedürfnisses an. Den Schritt, dein Gefühl zu benennen, überspringst du hier, wenn du klug bist. An dieser Stelle solltest du auch deinen emotionalen Körperausdruck so weit wie möglich reduzieren und auf eine starke Körpersprache achten. Halte Augenkontakt, mach dich groß, moduliere deine Stimme in eine möglichst tiefe Lage. Wer sich verhält wie ein Opfer, wird von Narzissten immer weiter behandelt wie ein Opfer. Wenn du winselst oder zum Gegenschlag ausholst, machst du es übrigens nur noch schlimmer. Je nach Situation und Gegenüber kannst du jetzt dazu einladen, das Thema in der Runde oder unter vier Augen weiter zu besprechen. So oder so solltest du nach einem solchen Erlebnis ein persönliches Gespräch suchen, in dem du zukünftig um Respekt bittest. Eventuell nimmst

263 Wenn du auch privat von Narzissmus betroffen sein solltest: Unsere Lieblingsbücher dazu sind – neben Malkins *Narzissten-Test*: *Verdeckter Narzissmus in Beziehungen* von Turid Müller sowie die *Netter-Narzisst*-Reihe von Pablo Hagemeyer.

du hierzu einen Kollegen als Zeugen mit. Wenn der Narzisst sich in der Minderheit sieht, könnte er sich allerdings bedroht sehen und aggressiv reagieren oder das Gespräch verweigern. Hol dir Unterstützung durch Kollegen, Vorgesetzte oder den Betriebsrat, wenn du alleine keine Veränderung im Verhalten des Narzissten bewirken kannst.

**Drohungen:** Drohungen sind selbstverständlich Manipulation pur. Es geht darum, dich zu ängstigen, dich klein und gefügig zu machen oder unterdrückt zu halten. Narzissten drohen gerne mit Abmahnung, Kündigung, und dass sie dafür sorgen, dass dich niemand mehr in der Branche einstellen wird. Aber auch mit Verlust von Privilegien, damit, dass du deinen Urlaub verschieben musst, oder mit dem Ausplaudern von Geheimnissen oder Schwächen, die du während der > *Love-Bombing*-Phase bereitwillig preisgegeben hast. Sie drohen damit, dass sie dich so fertig machen werden, bis du freiwillig kündigst, und dass sie es so hindrehen werden, dass niemand dir glaubt. Leider sind das keine leeren Drohungen: Sie schaffen das auch häufig.

**Das kannst du tun:** In einer Anstellung: Versuche, ruhig und sachlich zu bleiben und nicht zurückzuschießen. Denk immer dran: Der Narzisst will dir Angst machen, weil er sich von deinen Emotionen ernährt und Kontrolle über dich haben will. In Deutschland kannst du dich als Arbeitnehmer auf das Arbeitsrecht berufen, wenn du gemobbt, diskriminiert oder unfair behandelt wirst. Schau dir das Allgemeine Gleichbehandlungsgesetzt (AGG), das Bürgerliche Gesetzbuch (BGB, vor allem § 611a, der die Fürsorgepflicht des Arbeitgebers und deine Persönlichkeitsrechte umfasst) und das Betriebsverfassungsgesetz (BetrVG) an. Letzteres ermöglicht es dem Betriebsrat, einzugreifen und dich zu schützen.

Als Unternehmer oder selbstständig tätige Person solltest du dich schon in guten Zeiten für die schlechten wappnen: Drohungen von Kunden, Dienstleistern oder Geschäftspartnern kannst du mit entsprechenden Verträgen begegnen. Eine gute Rechtschutzversicherung oder Berufshaftpflicht im Rücken zu haben, kann auch nichts schaden. Nutze Netzwerke und Berufsverbände, um dir Unterstützung zu holen und dich beraten zu lassen. Rechtliche und finanzielle Risiken kannst du so halbwegs im Griff behalten. Bei extremen Narzissten gilt: Wähle deine Kämpfe weise! Als Sylvia damals mit dem Anwalt gedroht wurde, weil sie noch einen dreistelligen Betrag von ihrem toxischen Geschäftspartner verlangte, der ihr ohne Begründung oder Erklärung das gemeinsame Projekt entzog, beschloss sie, die Sache ruhen zu lassen. Erstens hatte sie ihm vertraut und nicht viel in der Hand, was vor Gericht Bestand gehabt hätte. Zweitens waren ihr ihre eh schon angegriffenen Nerven mehr wert, als das restliche Geld für ihre bereits geleistete Arbeit zu erhalten. Da ging es ihr ganz ähnlich wie Julius im obenstehenden Beispiel. Sofern du noch die Kraft dazu hast, gilt auch hier: Kommuniziere deine Grenzen klar, aber respektvoll. Lass dich nicht auf das Niveau des toxischen Charakters hinab.

**Empathiefalle:** Besonders verdeckt-vulnerable Narzissten erregen gerne dein Mitgefühl. Auch das ist eine Form von Aufmerksamkeit. Dein Kollege, das arme Opfer, braucht unbedingt deinen Support, weil die Omi krank, die Frau weggerannt oder der Dackel gestorben und der Berg an Arbeit unter diesem Psycho-Stress nicht zu bewältigen ist. Deine neue Chefin lässt dich zwischen den Zeilen wissen, wie schrecklich die Person war, die vor dir auf diesem Posten war. Wie erleichtert sie war, als sie ging. Und dass sie sich auf die Zusammenarbeit mit dir freut, weil du sie ja nicht so enttäuschen wirst. Empathisch veranlagt, wirst du Mitgefühl empfinden und nicht genauer nachfragen. Man will ja helfen und nicht indiskret sein. Der hilflose Kollege, der ist ja fast schon niedlich, vielleicht kann deine Unterstützung dazu beitragen, dass es ihm besser geht. Jeden Tag eine gute Tat. Und dem guten Bild, das von dir gezeichnet wird, möchtest du natürlich gerne entsprechen. Die arme Frau, was mag sie mit deiner schlimmen Vorgängerin erlebt haben? Und schon hat die Empathiefalle zugeschnappt. Besonders schlimm wird es, wenn du vor lauter Mitgefühl und Verständnis anfängst, dir völlig unerklärliches Verhalten zu erklären. Das gilt für sämtliche der hier aufgeführten Manipulationstechniken. Du nährst durch zu viel Empathie die so genannte kognitive Dissonanz in deinem Kopf. Und am Ende kommst du zu dem Schluss, dass du selbst das Problem sein musst. Psychologisch gesehen ist das raffiniert von unserem Gehirn: Denn die einzige Person, die wir ändern können, sind wir ja bekanntlich selbst. Also sollte es besser an uns liegen, dann können wir was tun! Denn Ohnmachtsgefühle sind noch schlimmer auszuhalten als Schuldgefühle.

**Das kannst du tun:** Wir reden nicht davon, dass du Kollegen in Not nicht helfen sollst. Doch schau genau hin, ob es eine Masche ist. Ob sich ein Muster abzeichnet, ob immer er derjenige ist, der klagt und dem es schlecht geht. Und du darfst einspringen und für ihn die Kohlen aus dem Feuer holen. Mach dir klar, dass du einen Narzissten nicht retten kannst. Würdest du ihm all seine Probleme aus der Welt schaffen, er würde neue erfinden! Eine wirkliche Heilung des frühen Liebes- und Bestätigungsdefizits, was extremer Narzissmus ja ist, gibt es leider nicht! Du darfst lernen, genauer hinzuschauen, nachzufragen und wertschätzend ‚nein' zu sagen.

**Flying Monkeys:** Die fliegenden Affen sind das hörige und willige Gefolge eines extremen Narzissten. Sein instrumentalisierter Hofstaat. Seine Augen und Ohren in der Firma. Häufig sind es schwache Menschen, die gerne selbst so wären, wie der Narzisst. Durch ihre Ausstrahlung und ihr manipulatives Geschick gelingt es Narzissten leicht, die Affenhorde um sich zu scharen und an sich zu binden. Plötzlich siehst du dich nicht nur von Tina Toxy strapaziert, sondern von allen Seiten umzingelt.

Claudia, eine extrem toxische Person, ging regelmäßig mit auserwählten Kollegen nach der Arbeit auf ein Partyboot. After Work Shipping. Dort verteilte sie nicht nur Getränke, Erdnüsse und gute Laune, sondern streute auch gezielt ihre Ansichten in die Gruppe und sammelte durch harmlose Fragen Informationen. Ihr auf diese Art und Weise angefütterter, aufgebauter *Inner Circle* merkte gar nicht, wie er Claudias Meinung mehr und mehr in der Firma vertrat, sie als Heldin stilisierte und vor kritischen Kollegen schützte und verteidigte.

Flying Monkeys helfen Narzissten, als die Guten dazustehen und ihren Willen indirekt durchzusetzen. Sollte das ein oder andere helle Köpfchen dabei sein, dass das Spiel durchschaut, ist die Party für es sofort zu Ende. Narzissten sortieren ihre Feinde gnadenlos aus. Solltest du ein aufgewachter Ex-Monkey sein, mach dich darauf gefasst, dass der Narzisst die anderen Äffchen und alle, die es sonst noch hören wollen, über „dein wahres Wesen" aufklärt und Lügen über dich verbreitet.

**<u>Das kannst du tun:</u>** Wenn du dich wunderst, warum mehr und mehr Kollegen hinter dem Narzissten stehen und dir Steine in den Weg legen oder dir deine Wahrnehmung absprechen wollen (siehe > *Gaslighting*), bleib bei dir und lass dich nicht auf Diskussionen ein. Schlage das Dream-Team stattdessen mit seinen eigenen Waffen und bau dir selbst einen Schutzschild aus Verbündeten auf. Wenn du früh genug damit anfängst, wirst du noch Menschen finden, die dir glauben und noch nicht vom Narzi und seinen Schergen auf dessen Seite gezogen worden sind. Sprich mit jedem Flying Monkey unter vier Augen und erkläre sachlich deine eigene Perspektive. Manchmal kannst du Leute zurückgewinnen und Dynamiken stoppen. Doch geh, soweit es dir möglich ist, auf Abstand zu der Affenhorde, sollten sie alle beisammen sein.

**Gaslighting:** Beim manipulativen Spiel mit deiner Wahrnehmung und deinem Selbstvertrauen geht es darum, dich systematisch zu verwirren, dich an deinen Erinnerungen und deinem Verstand zweifeln zu lassen. Wir haben diese Methode schon ausführlich an mehreren Stellen im Buch beschrieben. Gaslighting ist die vermutlich dreckigste und am häufigsten eingesetzte Manipulationstaktik. Besonders beliebt ist sie bei verdeckt-vulnerablen Narzissten, doch auch offen-grandiose wenden sie schamlos an.

**Das kannst du tun:** Für all die hier geschilderten Phänomene, jedoch ganz besonders für Gaslighting, gilt: Wenn du den Verdacht hast, dass du manipuliert wirst oder dass hier irgendwas nicht stimmt, führe ein Tagebuch. Notiere darin alles, was dir seltsam oder unangemessen vorkommt. Erstens hast du damit ein Beweismittel, sollte der Narzisst anfangen, sich rauszureden und dir deine Wahrnehmung abzusprechen. Du kannst schwarz auf weiß belegen, dass du dich nicht geirrt hast. Und dir damit selbst bezeugen, dass du nicht verrückt wirst. Gaslighting frisst Selbstvertrauen schneller auf als ein Heuschreckenschwarm das reife Getreide des Sommers. Neben dem Tagebuch solltest du auch gesendete und erhaltene Mails, Notizen, Gesprächsprotokolle, Verträge und alles weitere sammeln und sicher bewahren. Nur überprüfbare Fakten schützen dich vor unwahren Behauptungen, Unterstellungen und dieser wirklich schrecklichen Form der psychischen Grausamkeit. Profitipp: Solltest du mit dem Narzissten etwas mündlich besprochen haben, sende ihm so schnell wie möglich nach dem Gespräch eine unangekündigte Mail, in der du das soeben Besprochene schriftlich festhältst. Sollten Flying Monkeys, aber auch neutrale Personen oder deine Verbündeten anwesend gewesen sein, setz sie ruhig alle in Kopie. Nachdem Sylvias Chefin sich ein paar Mal nicht mehr an Gespräche und Vereinbarungen erinnern konnte und auf Sylvias „haltlose und freche Behauptungen" mit Wut reagierte, ist sie zu dieser Taktik übergegangen. Wichtig ist, dass du der Mail hinzufügst, dass dein Kommunikationspartner bitte direkt antworten soll, wenn du seiner Meinung nach etwas nicht korrekt notiert hast. Unserer Erfahrung nach passiert das eher nicht. Narzissten drehen ständig den Spieß rum. Und sie nerven unendlich. Du kannst das ruhig auch mal machen und zurück nerven, wenn Vertrauen dich regelmäßig in Teufels Küche führt.

**Ghosting:** Zu verschwinden wie ein Geist ist die Maximalform von > *Silent Treatment*. Es gab schon Auszubildende, die sind am ersten Tag ihrer Lehre einfach nicht erschienen. Sie waren nicht mehr zu erreichen und haben sich nie mehr gemeldet. Es war, als ob nie etwas gewesen wäre. Außer jeder Menge Arbeit und Stress auf Seiten des Arbeitgebers. Und ein verschwendeter, spontan nicht mehr neu zu besetzender Ausbildungsplatz, über den ein anderer junger Mensch sich sehr gefreut hätte. Normalerweise passiert Ghosting jedoch eher jenseits von Anstellungsverhältnissen: Kunden buchen und erscheinen nicht, sind wie vom Erdboden verschluckt. Zulieferer haben heimlich, still und leise Konkurs angemeldet, wenn du neue Ware bestellen willst. Geschäftspartner gehen nicht mehr ans Telefon, dabei seid ihr doch mitten in einem gemeinsamen Projekt. Möglicherweise folgt auf den Spuk noch eine > *Rufmordkampagne.*

**Das kannst du tun:** Hier kannst du nichts mehr tun. Außer, dich gut um dich selbst zu kümmern. Manchmal erkennst du im Rückblick Anzeichen. Du hättest es ahnen können. Beispielsweise, wenn jemand, der sonst immer zuverlässig zurückruft, das plötzlich nicht mehr tut. Wenn am Telefon rumgedruckst wird. Wenn dein Bauch dir zuruft, dass hier was im Busch ist. Lerne daraus, trainiere deinen Feiglinge-Sensor, aber verliere bitte nicht dein Vertrauen in die Menschheit generell. Mach dich darauf gefasst, dass der Geist irgendwann wieder ins Zimmer schweben wird. Sofern ihm einfällt, dass du ja doch ganz nützlich warst. Bereite dich darauf vor, erneutem > *Love-Bombing* zu widerstehen. Am besten, du probierst es selbst mal mit > *Silent Treatment* und ignorierst unerwünschtes Verhalten. Dreh dich nicht um. Lass die Tür verschlossen. Nicht jeder Mensch verdient eine zweite Chance. In manchen Fällen wäre es auch bereits die dritte oder vierte.

**Grooming oder Grenzen verschieben:** Grooming bedeutet, dich auf die maximale emotionale Abhängigkeit vorzubereiten. Dich bereit zu machen für Manipulation, Missbrauch und Ausbeutung. Es beginnt die Zeit, in der der Narzisst Stück für Stück die Maske fallen lässt. Du bemerkst es vielleicht, dass hier und da fiese Sticheleien kommen, dass es fast immer nur um ihn geht, dass er auf dich keinerlei Rücksicht mehr nimmt. Doch du willst es nicht wahrhaben, zu schön war die > *Love-Bombing*-Phase. Und du kannst dich doch nicht so geirrt haben in diesem Menschen!? Mit der Zeit gewöhnst du dich nämlich an seine gelegentlichen Wutausbrüche, seine ungerechten Beschuldigungen, an sein ewiges Jammern, sein Heischen nach Bewunderung und daran, dass du immer nach seiner Pfeife tanzen musst, wenn du Stress vermeiden willst. Der Narzisst verschiebt nach und nach deine Grenzen, denn zu Beginn einer wie auch immer gearteten zwischenmenschlichen Beziehung würdest du dir ein solches Benehmen und Verhalten ja niemals gefallen lassen! Stell dir mal vor, du beginnst einen neuen Job und wirst am ersten Tag von der Chefin zusammengebrüllt. Stell dir mal vor, du hast einen neuen Kollegen, und er erkundigt sich in der ersten Woche hinter deinem Rücken bei deinen Teamkollegen nach deinen Schwachstellen? Stell dir mal vor, dein neuer Geschäftspartner fällt dir bei der ersten Kundenpräsentation permanent ins Wort und behauptet, du seist seine Assistenz? Du würdest doch bei all diesen Dingen die Hand heben und sagen: „Stopp!" Der Schock über solches Verhalten mag dich zutiefst erschüttern. Doch wenn du empathisch veranlagt bist und ganz besonders, wenn du selbst zum Co-Narzissmus oder Echoismus neigst, wirst du solche Übergriffe als Ausrutscher verzeihen und anfangen, deine eigenen Bedürfnisse am Arbeitsplatz zu vernachlässigen. Um die Harmonie nicht zu gefährden. Du siehst das Potenzial des Menschen, der dir so übel mitspielt, und hoffst, ihm helfen zu können. Lies in diesem Fall doch nochmal das Kapitel mit dem Drama-Dreieck. Denn der Narzisst wird einfach immer weiter deine Grenzen verschieben. Irgendwann wirst du krank oder kündigst. Vorher hat er dich vielleicht noch dazu gebracht, Dinge zu tun, die sich nicht mit deinen Moralvorstellungen decken. Egal was du tust, du kannst nur verlieren.

**Das kannst du tun:** Sei aufmerksam und gehe bereits ersten kleinen Ungereimtheiten nach. Im Verlaufe des *Groomings* hat der Narzisst entweder bereits das Interesse an dir verloren, oder er sieht dich schon als sein Eigentum an. So oder so, er muss sein wahres Gesicht nicht mehr verstecken. Du hast ihm gefälligst die regelmäßige Dosis an narzisstischer Zufuhr zu geben (also Lob, Aufmerksamkeit, Zurückhaltung deinerseits, deine Arbeitskraft, deine Zeit, etc.) Wenn du dies verweigerst, wird er verbal rabiat und sucht sich irgendwann einen neuen Mitarbeiter. Du wirst durch jemanden ersetzt, der sich einfacher ausnutzen lässt. Ziehe so früh wie möglich Grenzen und verschaffe dir Respekt. Wie das geht, liest du ab Seite 272.

Wenn jemand körperlich gewalttätig werden sollte, ruf bitte unbedingt die Polizei. Ja, das passiert nicht nur privat, sondern auch im Berufsleben. Danach ist immer noch Zeit, die Leitung, die Personalabteilung oder den Betriebsrat zu informieren, sofern vorhanden.

**Love-Bombing:** Die Anfangsphase eurer Begegnung kann gekennzeichnet sein von nicht enden wollenden Schmeicheleien. Du bist beispielsweise neu im Team und wirst von deiner narzisstischen Führungskraft gleich mal auf ein Podest gestellt. Ständig wirst du über alle Maßen gelobt und als gutes Beispiel erwähnt. Narzissten sagen dir genau das, was du hören willst. Unter vier Augen gesteht der Chef dir dann, dass er nur auf jemanden wie dich gewartet hat, damit das Projekt richtig Fahrt aufnimmt. Und dass du wirklich etwas ganz Besonderes bist. Er bewundert deine Fähigkeiten und betont, dass du dies oder jenes so viel besser könntest als er selbst oder jeder andere im Team. Kaum jemanden lässt sowas kalt – wir alle sehnen uns nach Anerkennung und Wertschätzung. Ehe du dich versiehst, hast du bereitwillig zugestimmt, zukünftig alle Meetings zu moderieren, die komplette Dokumentation zu schreiben oder alle Präsentationen aufzuhübschen. Was auch immer es ist, dass der Narzisst so an dir schätzt. Dass du der neue Liebling des Chefs bist, schürt bei deinen neuen Kollegen Neid und Missgunst – oder Häme bis Mitleid, sollten sie das Spiel bereits öfter erlebt haben. Die Manipulationstechnik dient dazu, dich positiv zu beeinflussen, emotional abhängig zu machen und auszunutzen. In der Liebe wie im Job: Du willst mehr von dem, wie es am Anfang mal war. Später wird es sich drastisch verändern, doch der Chemiecocktail in deinem Hirn lechzt immer noch nach der tollen Anfangszeit. Raubtiere versuchen immer, ihre Beute von der Herde zu trennen: *Love-Bombing* im Team dient prima dazu, dich von deinen Kollegen zu isolieren. Konflikte und Missstimmung im Team sind vorprogrammiert. *Love-Bombing* funktioniert auch unter Kollegen oder von Führungskraft zu Führungskraft.

**Das kannst du tun:** Beachte die Warnsignale deines Körpers: Wird dir bei irgendetwas, das du von ihm hörst, siehst, liest oder mit ihm erlebst, unwohl? Fühlst du dich bedrängt? Durchzuckt es dich kurz, wie ein Warnschuss? Hast du ein diffuses ungutes Gefühl? Nimm das bitte ernst und schau genauer hin, was der Grund für den Alarm ist, den dein Körper deiner Seele sendet. Hast du sowas möglicherweise schon mal erlebt, und nahm die Geschichte ein böses Ende? Hat dich ein früherer Business-Kontakt schon mal all deine Kraft gekostet? Bist du schon mal benutzt und dann weggeworfen worden? Mach dir bitte ehrlich und mutig klar, was den allermeisten Leuten nicht bewusst ist: Der Narzisst löst am Anfang in dir das Gefühl aus, dass du etwas ganz Besonderes und nicht zu ersetzen bist! Diese Sehnsucht tragen die meisten Menschen tief in sich, und das ist auch die perfide Wechselwirkung, die sicherlich erstmal schwer für dich zu lesen und zu verdauen ist: Wir, die wir von narzisstisch gekränkten Menschen platt gemacht worden sind, sind auf sie reingefallen, weil wir uns selbst immer die passende Dosis an narzisstischer Zufuhr suchen, die wir gerade brauchen! Was der Narzisst in uns verletzt, ist unsere eigene narzisstische Seite, die wir als unseren ‚Schatten' möglicherweise verdrängt haben. Weil wir z. B. als Kind brav gelernt haben, dass wir uns selbst nicht so wichtig nehmen sollen. So verlockend es ist – bleib auf dem Teppich und lass dich nicht blenden! Geh in die kritische Selbstreflexion: Wo übertreibt der Narzisst es mit seinem Lob? Wo besteht der leiseste Verdacht, er könnte es nicht ganz aufrichtig meinen? Wie würde es dir als Teammitglied gehen, wenn jemand anders permanent hervorgehoben wird? Bleibe neutral, außer natürlich bei Grenzüberschreitungen. Zwischen sich höflich bedanken und dann seinen Job weitermachen, und mit leuchtenden Augen alles stehen und liegen lassen, um sich dem Narzissten zuzuwenden, ist ein Unterschied. Oft denkst du nämlich, Lob hätte den Sinn, dich zu bestätigen und zu ermutigen. Oder dir eine Freude zu bereiten. In Wirklichkeit geht es vielmehr darum, dich abhängig zu machen und deine Aufmerksamkeit auf den Narzissten zu ziehen. Sprich mit deinen Kollegen: Ist der Chef immer so? Hat er das schon mal mit jemandem gemacht? Wie nehmen sie wahr, was hier gerade passiert? Öffne dich und sage ihnen ehrlich, wie es dir damit geht. Dass du dich natürlich freust, es dich aber auch misstrauisch macht. Weihe noch andere dir vertraute Menschen ein, von denen du eine ehrliche Antwort zu erwarten hast: Frage sie, ob sich das Bild, das der Narzisst von dir malt, mit dem deckt, wie sie dich sehen. Schildere deine Erlebnisse und frage sie, wie sie das Verhalten beurteilen. Höchstwahrscheinlich erhältst du dadurch etwas objektivere Aussagen und kannst deine Vermutung mit dem Feedback deiner Leute abgleichen. Die Frage, die du dir dann stellen kannst, lautet: Was kannst du tun, um dir das, was dir der Narzisst zu geben scheint, selbst zu geben bzw. aus unterschiedlichen, gesunden Quellen zu holen, ohne dich abhängig zu machen? Lies nochmal den Abschnitt zur Selbstabhängigkeit auf Seite 278.

**Rufmord:** Narzissten verbreiten falsche Informationen, pflanzen Gerüchte wie andere Leute Pflücksalat, stellen offen oder heimlich Kompetenzen in Frage. Sie reden plötzlich so über dich, dass sie nichts sagen müssen, und trotzdem alles gesagt ist: Du wirst dann zum Beispiel zu „dieser Person", wenn der Narzisst mit anderen über dich spricht. Der Name des Bösen (das bist in dem Fall du!) darf nicht genannt werden! Ihre schlechten Charaktereigenschaften projizieren sie auf andere Leute. Und dabei sind sie sehr überzeugend. Sie gestalten bewusst Situationen, in denen du in ihre Falle tappst und dich öffentlich blamierst. Das ist kein Unfall oder ein Versehen, das ist ein systematisches Vorgehen, um dich im Kollegenkreis, vor Kunden oder in eurem Netzwerk in Misskredit zu bringen. Extreme Narzissten am Rand der Psychopathie manipulieren auch eiskalt Beweise, um ihre Rufmordkampagne zu decken.

**Das kannst du tun:** Auf die Gefahr hin, dass wir uns wiederholen: Dokumentiere immer alles. Vermeide emotionale Ausbrüche, die der Narzisst nur gegen dich verwenden wird. Suche dir Menschen, die dir glauben. Hol dir professionelle Hilfe. Sprich mit der Personalabteilung und mit deinem Vorgesetzten. Während wir diesen Satz schreiben, kräuseln sich uns allerdings ein bisschen die Zehennägel: Denn in 37 Prozent aller Fälle geht Mobbing von Chefs aus.[264] Und Personalabteilungen haben häufig den Auftrag, die Führungsriege zu schützen. In einem Angestelltenverhältnis schützt dich das Arbeitsrecht: Verleumdung – falsche Aussagen bewusst erfinden – und üble Nachrede sind Straftaten! Von Mediation bis Unterlassungsklage gibt es verschiedene Möglichkeiten, wie du bei Rufmord vorgehen kannst. Im Falle deiner Selbstständigkeit gilt, was wir schon bei den > *Drohungen* schrieben. Natürlich kannst du das direkte Gespräch suchen oder dir einen Anwalt nehmen. Doch manchmal ist es klüger, gesünder und finanziell günstiger, dich still zurückzuziehen und dem Lügner das Feld zu überlassen. Wir vertrauen ganz gerne darauf, dass Karma es regelt oder dass es irgendeine andere ausgleichende Gerechtigkeit gibt. Darüber hinaus gilt: Der Narzisst muss noch das ganze Leben mit sich verbringen. Du bist ihn los. Leck deine Wunden, arbeite an der Wiederherstellung deines guten Rufs und schau nach vorne. Höchstwahrscheinlich solltest du dich dabei professionell durch einen Therapeuten, traumasensiblen Coach oder psychologischen Berater begleiten lassen.

**Schlechtes Gewissen/Schuldumkehr:** Narzissten sind niemals schuld. Es ist immer jemand anders der Sündenbock! Durch Schuldzuweisungen machen sie dir gerne ein schlechtes Gewissen und manipulieren dich emotional. Sie sorgen dafür, dass du dich immer selbst hinterfragst. Sie stellen sich als verletzt oder ungerecht behandelt dar. Sie machen Vorwürfe, besonders, nachdem sie unmöglich zu realisierende Dinge von dir verlangt haben. Sie wollen, dass du dich schlecht fühlst. Damit sie sich gut fühlen können.

**Das kannst du tun:** Antworte nicht sofort auf Anschuldigungen, wenn es dir möglich ist. Verlasse mit einem „Wenn du meinst!“ oder einem „Interessante Ansicht!“ den Ort des Geschehens. Um dich nicht ebenfalls toxisch zu verhalten, solltest du dazu noch erwähnen, dass du Zeit brauchst, um über das, was

264 https://www.macht-immer-sinn.de/mobbing-am-arbeitsplatz

hier gerade passiert ist, nachzudenken. Du meldest dich, sobald du soweit bist. Betrachte die Dinge mit ein bisschen Abstand erneut, wenn du dich beruhigt hast. Überprüfe den Wahrheitsgehalt dessen, was der Narzisst als Tatsache ausgibt. Geh in den Austausch mit anderen und hol dir Rückendeckung. Wenn du die Chance hast, den Narzissten der Lüge zu überführen, überlege dir gut, ob du das im Zwiegespräch, vor Zeugen oder mit Unterstützung einer Führungskraft tust. Aber du solltest es tun.

**Silent Treatment:** Narzissten strafen gerne durch Schweigen. Kontakt und Kommunikation zu verweigern, Menschen auf Antwort warten zu lassen, ist seelische Folter.[265] Kaum jemand hält das lange aus: Silent Treatment ist wirklich ein mächtiges passiv-aggressives Manipulationsmittel! Vielleicht spürst du Wut in dir, wenn du auf diese Weise ignoriert wirst. Nach mehreren unbeantworteten E-Mails, Monologen mit der Mailbox und Gesprächen mit irritierten Kollegen, die dir erzählen, dass der Kollege zu ihnen ganz normal ist, hast du die ersten schlaflosen Nächte. Aus deinem berechtigten Ärger wird Angst, Scham oder Schuld: Vielleicht hast du was falsch gemacht? Den Kollegen unbeabsichtigt beleidigt? Irgendwas scheint mit dir wohl nicht zu stimmen, weshalb du als einzige so behandelt wirst. Weshalb er den Raum verlässt, wenn du ihn betrittst. Weshalb er dich ignoriert, wenn ihr euch auf dem Flur begegnet. Weshalb er einsilbig antwortet, ohne dir dabei in die Augen zu schauen, wenn es gar nicht anders geht. Weshalb er Mails an eure Arbeitsgruppe schickt, und dich nicht in Kopie setzt. Irgendwann kommst du angekrochen, bist emotional wackelig, hast Nebel im Hirn und entschuldigst dich für Dinge, die du nie getan hast.

Geschäftspartner bremsen dich in deiner selbstständigen Tätigkeit möglicherweise mit der Ansage „Stell mir bitte keine Fragen!“ aus. Erklärungen wirst du eh nicht bekommen. Vielleicht sehr viel später, wenn der Kontakt auf ein Minimum reduziert oder ganz zum Erliegen gekommen ist und ihnen einfällt, dass sie dich wieder brauchen. Dann melden sie sich. Und natürlich wünschst du dir insgeheim noch eine Erklärung für das, was damals passiert ist. Weil es dich bis heute fassungslos macht, wie ein Mensch dich einfach links liegen lassen oder sogar *ghosten* kann – siehe oben. Besonders verdeckt-vulnerable Narzissten, die nicht auf der Sonnenseite des Lebens gelandet sind, kommen dann gerne mit Krokodilstränen, Pseudo-Entschuldigungen und dramatischen Geschichten,

265 *Silent Treatment* aktiviert die gleichen Hirnareale wie körperlicher Schmerz.

weshalb sie damals selbst Opfer waren und gar nicht anders konnten. Tappe dann nicht in die > *Empathiefalle* – es ist alles erstunken und erlogen!

**Das kannst du tun:** Natürlich wäre es am besten, den Stier bei den Hörnern zu packen und den Kollegen direkt darauf anzusprechen, weshalb er nicht antwortet und nicht mehr grüßt. Die Regeln der Gewaltfreien Kommunikation helfen auch hier. Nur: Schon so mancher Kunde von uns ist selbst bei einer direkten Ansprache einfach stehen gelassen worden. Wir selbst sind schon gebeten worden, das für den Narzissten unbequeme Thema zu meiden. Er will ja genau nicht darüber reden, um nicht als Manipulator entlarvt zu werden. Das verwirrt und demütigt sehr. So sehr, dass du vor lauter Schock einfach gehorchst. Achte deshalb gut auf deine eigene körperliche wie geistige Gesundheit. Und mach dir klar: Narzissten tun, was sie tun, aus ihrer eigenen großen seelischen Not heraus. Es hat nichts mit dir zu tun. Du bist höchstens Auslöser, Projektionsfläche, Energielieferant, Sündenbock. Lass dich nicht auf ein Machtspiel ein. Decke das Verhalten des Täters auf und hole dir Unterstützung von den entsprechenden Ansprechpartnern: Führungskräfte, Betriebsrat, Narzissmus-Experten oder Mobbing-Beratungsstelle. Wenn das nicht geht, mach einen Haken dran und suche dir gesündere Personen für dein Business. Hier ist nichts zu retten!

**Triangulation:** Bei dieser Manipulationstaktik holt der Narzisst sich jemand Dritten mit ins Boot. Das kann ein einzelner > *Flying Monkey* sein, aber auch jemand, der bisher keine Rolle gespielt hat. Die dritte Person wird beispielsweise eingespannt, um Botschaften weiterzutragen. Weshalb du besonders böse bist oder der Narzisst besonders gut ist. Oder der Dritte dient als Vergleich: Das andere Team hat im letzten agilen Sprint 40 Story Points mehr geschafft, als ihr! Hier wird einerseits abgewertet, andererseits Druck gemacht und möglicherweise noch ein Konflikt zwischen beiden Teams angeheizt. Narzissten nutzen auch gerne ihr Talent, Leuten Dinge einzuflüstern, um mit einer für ihre Pläne geeigneten Person einen Pakt gegen das auserwählte Opfer einzugehen. In den meisten Fällen hat die Person natürlich keine Ahnung, dass hier trianguliert wird.

**Das kannst du tun:** Lass dich nicht in eine solche Dreiecks-Konstellation verstricken. Frag nach, weshalb du kooperieren sollst. Kommt dir das spanisch vor, lass es besser bleiben. Entscheidest du dich dafür, lass dich nicht einseifen und behalte eine neutrale Rolle. Machtspiele fallen am Ende auch dir auf die Füße. Wenn zum Beispiel herauskommt, dass du auf Wunsch des Narzissten jemand anderen unreflektiert denunziert hast, der unschuldig ist. Frag dich immer ehrlich, was dich dazu bewegt, einer Sache zuzustimmen. Solltest du das Opfer sein, sprich den Dritten an und versuche, herauszufinden, worum es wirklich geht. Bei Abwertungen solltest du dir eine Teflon-Schicht zulegen und die Boshaftigkeiten an dir abperlen lassen. Wird es übergriffig, zieh deine Grenzen. In einem uns bekannten Fall hatte Mitarbeiterin A an Narzisst B geschrieben und sich bitterlich beschwert, wie ungerecht er ihre Kollegin C behandeln würde. Narzisst B hat sich daraufhin an Kollegin C gerächt. Die hatte diese Nachricht jedoch niemals in Auftrag gegeben und brauchte eine ganze Weile, um zu erfahren, was passiert war. Hier braucht es nicht nur einen starken Schutz gegen den Narzissten, sondern auch noch eine klare Kante gegenüber Mitarbeiterin A. Der Versuch war vielleicht ehrenhaft, doch hat er mehr geschadet als genutzt. Das Gegenteil von gut gemacht ist gut gemeint.

**Versprechungen:** Wenn Narzissten etwas versprechen, dann halten sie es meistens nicht. Besonders in der > *Love-Bombing*-Phase wird mit leeren Versprechungen gearbeitet. Oder wenn der Narzisst merkt, dass er dich verliert. Dann werden ein paar Krümel Wertschätzung in Form von attraktiven Ankündigungen hinterhergeschoben. Welcher Benefit bald kommt, dass es demnächst mehr Gehalt gibt oder welche Karrierechancen er dir eröffnet. Natürlich setzt der Narzisst mit seinen Aussagen an deiner größten Schwachstelle oder deinem sehnlichsten Wunsch an. Du möchtest eine spezielle Weiterbildung machen? Mündlich gibt's das OK. Und dann passiert einfach nichts mehr. Mit lauter Ausreden wirst du hingehalten. Monat für Monat.

Als Selbstständiger erhältst du Zusagen, an die sich das toxische Gegenüber dann nicht mehr erinnern kann. Oder die ihm einfach völlig egal sind. Natascha, eine befreundete Freelance-Organisationsberaterin, hatte einst als neue Business-Partnerin bei einer US-Unternehmensberatung den gesamten Assessment-Prozess erfolgreich durchlaufen. Pro forma, um der Gleichbehandlung willen, wie der Inhaber ihr am Telefon versicherte. Er wollte sie unbedingt haben, um mit ihr sein Europa-Geschäft ausbauen. Nach ihrer Abschlusspräsentation, die sie wie gewünscht per Mail schickte, erlebte sie wochenlang > *Silent Treatment*. Erst nach mehrfachen höflichen Nachfragen und behutsamen Appellen an sein gegebenes Wort erhielt sie eine Antwort. Zu diesem Zeitpunkt hätte sie bereits seit zwei Wochen für ihn arbeiten sollen. Er sei gerade im Skiurlaub. Und er habe sich anders entschieden, er wolle den Fokus nun erstmal auf Nordamerika legen. Es gab noch nicht mal eine Entschuldigung. Dafür hatte Natascha allen anderen potenziellen Kunden abgesagt. Sie geriet durch diese Geschichte in echte finanzielle Probleme.

**Das kannst du tun:** Wie immer gilt: Dokumentiere alles! Lass dir mündliche Zusagen schriftlich geben. Wenn jemand in deinem Arbeitsumfeld ständig leere Versprechungen macht, darfst du anfangen, ihm nicht mehr zu glauben und deine Erwartungen herunterzuschrauben. Wenn dir die gemachte Zusage wirklich wichtig ist, lass nicht locker. Frage nach, notfalls täglich. Lass dir erklären, warum Angelegenheiten länger dauern. Hinterfrage Gründe für Absagen. Sicherheitshalber machst du es nicht wie Natascha und behältst dir mehrere Eisen im Feuer, wenn es Alternativen gibt. Versuche generell, dich so wenig wie möglich wirtschaftlich abhängig von einer einzigen Option zu machen. Im Zweifelsfall hilft bei dokumentierten Zusagen, die nicht eingehalten werden, erneut der Weg zum Vorgesetzten des Chefs, zum Betriebsrat oder zum Anwalt.

Dies war eine Auswahl der am häufigsten vorkommenden toxischen Verhaltensphänomene. Denk immer daran: Wenn du Opfer solchen Verhaltens wirst und schweigst, verstärkst du eine Unternehmenskultur der Angst und Unterdrückung.

## Von A wie Abhauen bis V wie Verteidigen: Strategien, die funktionieren

Im Berufsleben mit extremen Narzissten umzugehen und dabei gesund und leistungsfähig zu bleiben, ist herausfordernd. Wer nicht gehen kann oder möchte, braucht effektive Strategien, mit toxischen Charakteren umzugehen.[266] Die Arbeit an toxischen Systemen behandeln wir weiter unten.

Bleiben wir zunächst bei den Personen: Eine gute Doppelstrategie ist, den Kontakt weitestgehend zu reduzieren und dich möglichst unsichtbar zu machen. Komm spät aber noch pünktlich zu Präsenz-Meetings, an denen der narzisstische Chef teilnimmt, und verabschiede dich so früh wie möglich aus guten Gründen. Genau in dem richtigen Maß, damit du damit nicht aneckst. Zum Glück haben wir seit Corona flächendeckend Home-Office. Zumindest, wenn du einen Schreibtischjob hast. Handelt es sich um Online-Termine, dann darf auch mal deine Kamera kaputt sein, damit du unsichtbar bleibst. Wenn du es geschickt anstellst, kannst du Termine mit extremen Narzissten auf ein Minimum reduzieren: Dafür musst du unter dem Radar fliegen – also weder durch besonders gute Leistungen glänzen noch durch besonders schlechte Arbeit unangenehm auffallen. Mach es dir in der Mittelmäßigkeit bequem. Kleide dich unauffällig, schau ausdruckslos aus der Wäsche. Ignoriert und vergessen zu werden, ist immer noch besser, als im Fokus der Aufmerksamkeit toxischer Charaktere auf der Suche nach Beute zu stehen. Vor narzisstischen Kollegen langweilig und uninteressant zu erscheinen, wird als *Grey-Stone*-Taktik bezeichnet. Sie schützt dich davor, narzisstische Nöte zu triggern. Vielleicht kriegst du es sogar hin, dem Narzissten zu erklären, dass er zu wichtig sei, um dir so viel seiner kostbaren Zeit zu widmen. Sich alle zwei Wochen statt wöchentlich zu besprechen, sollte doch völlig ausreichen. Weniger unangenehme Begegnungen, von denen du dich erst erholen musst, führen zu mehr Zeit für dich, um in Ruhe deinen Job zu machen. Die Strategie, narzisstische Kontakte zu meiden, dient nicht nur deinem Selbstschutz: Narzissmus ist ansteckend. Wer selbst emotional missbraucht, manipuliert und ausgebeutet wird, bildet eventuell täterimitierende Anteile aus und neigt dazu, irgendwann andere Menschen zu missbrauchen, zu manipulieren und auszubeuten. Stress überträgt sich. Empathische Ansteckung

266 Wir beziehen uns im Folgenden auf das Werk von Sutton, Robert: *The Asshole Survival Guide*. Great Britain, 2017.

von Narzissten ist leider wesentlich schwieriger. Sie wollen sich nicht emotional berühren lassen, auch wenn es eigentlich ihre tiefste Sehnsucht ist.

Eine weitere Strategie besteht darin, emotionale Reaktionen so gut es geht zu vermeiden. Narzissten ziehen oft Energie aus den Reaktionen anderer – sie werden als Energievampire beschrieben, die sich an den Emotionen anderer Menschen laben. Erst ab Stufe 8 geht das ins Psychopathische über. Hier hat er Spaß daran, wenn du dich quälst. Davor ist es eher eine Art Faszination: Narzissten staunen über die Vielzahl an Gefühlen in anderen Leuten. Weil sie sich selbst nicht gut spüren können, sich emotional abgespalten haben. Gefühle sind viel zu gefährlich, viel zu schmerzhaft. Du tust gut daran, die Energielieferung zu verweigern. Das gilt nicht nur für Rumpelstilzchen und Trumpeltiere, auch für die leise passiv-aggressive Variante: In der führt dich Narzi ganz subtil und womöglich noch unter dem Deckmäntelchen der Hilfsbereitschaft öffentlich vor:

Melanie hatte tagelang an einem kreativen PR-Konzept für einen Kunden gearbeitet. Sie freute sich darauf, ihre Ideen in der kleinen Agentur vorzustellen, bevor es an den Kunden rausging. Der Gruppenleiter bedankte sich nach ihrer Präsentation und applaudierte. Dann fügte er mit einem freundlichen Lächeln hinzu: „Wir wissen, dass du hinter dem exzellenten Anspruch stehst, den wir hier haben. Vielleicht bittest du beim nächsten Mal einen der erfahreneren Berater um Hilfe, damit wir sicher sein können, dass die Maßnahmen auch wirklich umsetzbar sind." Einige Kollegen lachten, andere schauten betreten zu Boden. Melanie war perplex und konnte erstmal gar nicht einordnen, ob sie nun etwas Nettes oder etwas Fieses gehört hatte. Sie nickte kurz und verließ fluchtartig die Bühne, um sich hinter ihren Schreibtisch zu retten und sich zu sortieren.

Wenn dir etwas Ähnliches passiert: Bleib cool und sachlich. Frag nach, wie eine Aussage zu verstehen ist. Bitte im Anschluss in einem Vier-Augen-Gespräch darum, dass sich so ein Vorfall nicht wiederholt und zeige Konsequenzen auf. Wenn Leute sehen, wie ein Kollege gegrillt wird, gibt es drei wahrscheinliche Reaktionen: den Wunsch, auch Leute zu grillen, wenn sich das Gift schon weit genug verbreitet hat und der hoch motivierte Nachwuchs-Narzisst in der Runde sitzt; Mitleid und Rückzug, um nicht der Nächste zu sein; mit starkem Rückgrat und geschlechtsunabhängigen Eiern in der Hose aufstehen und gegen das beobachtete Unrecht vorgehen. Dazu solltest du ein dir wohlgesonnenes Team im Rücken haben oder zumindest eine fähige Führungskraft. Der Fall von Melanie benötigt einen guten Chef-Chef des Narzissten. Wer sich kein Bollwerk gegen narzisstische Wut aufgebaut und kein Gegenmittel gegen schleichendes Gift hat, wird am Ende echte Probleme bekommen.

Damit verbunden, sich einerseits rar zu machen, andererseits nicht emotionales Futter zu liefern, ist die Strategie, nicht sofort zu antworten. Bring erst einen Puffer zwischen Reiz und Reaktion, wenn du eine unverschämte E-Mail erhalten hast. Im Affekt zurückzuschreiben, ist wirklich eine ganz schlechte Idee. Erstens reduzierst du das Risiko, etwas zu schreiben, was du hinterher bereust. Zweitens kannst du besser denken, wenn du dich beruhigt und vielleicht noch mit anderen Leuten beraten hast. Eventuell besteht die Option, gar nicht zu antworten und sein schlechtes Verhalten einfach zu ignorieren. Wenn er was will, kann er ja gerne noch mal schreiben und höflich darum bitten. Grenzen kannst auch du durch Schweigen ziehen.

Darf es ein bisschen aktiver sein? Wenn du dich an den Ausstieg aus dem Drama-Dreieck in Kapitel 3 erinnerst, dann kann es eine Lösung sein, die Täter-Energie in dir zu erwecken: aus der Passivität herauszukommen, dich durchzusetzen und zu verteidigen, ohne selbst aggressiv zu werden. Ohne diese Antriebsenergie veränderst du nichts an deiner Situation und verharrst in der unangenehmen, doch immerhin vertrauten Opferrolle. Grenzen setzen und Übergriffe konsequent zu ahnden, gehört hier dazu. Der Narzisst muss kapieren, dass du es ernst meinst und nicht zulässt, dass er Spielchen mit dir spielt. Wie du hier kommunizieren kannst, hast du bereits weiter oben kennengelernt.

Eine Strategie, um Dinge, die du nicht verändern kannst, für dich erträglich zu machen, nennt sich *Reframing*. Wie der Name es vermuten lässt, verpasst du einem hässlichen Bild einen neuen Rahmen. Der Rahmen kann zum Beispiel ‚Sinn' sein: Stell dir vor, dass alles in deinem Leben einen Sinn hat. Das, was dir passiert ist, musste genau so kommen, damit du eines Tages deinen Zweck der Existenz erfüllst. Damit du der Mensch wirst, der du werden kannst. Die Person, die ihr volles Potenzial sieht, annimmt und sinnvoll nutzen kann. Wir können nicht wissen, ob das stimmt. Doch Glauben versetzt bekanntlich Berge, und die Idee, dass die Dinge, die uns passieren, einen Sinn haben, kann ausgesprochen tröstlich und hilfreich sein. Was verändert sich für dich, wenn du denkst, dass das, was dir passiert ist, seinen Sinn gehabt hat? Oder dass sich dir der Sinn vielleicht schon hinter der nächsten Wegbiegung offenbaren wird, sofern du ihn heute nicht schon siehst? Wir sind diesen Weg schon gegangen und durften viele Menschen auf ihrem begleiten. Deshalb sind wir uns sicher, dass auch für dich, wenn deine Wunden geheilt sind, ein Sinn und etwas Gutes daraus erwachsen wird. Du hättest den Entwicklungsschritt, den du gerade machst, eventuell nie erlebt. Deine wahre Stärke, deinen Mut und weitere positive Eigenschaften nicht entdeckt und ausgebaut. Ein anderer Rahmen, der uns einfällt, könnte ‚Neugier' sein. Was fällt dir ein, um Reframing zu praktizieren?

Wenn alle Tipps und Strategien nichts nützen sollten oder dir das einfach zu anstrengend ist, kann der einzige Ausweg sein, den Ausgang zu finden und zu gehen. Hab bei all dem stets deine eigenen narzisstischen Nöte im Blick, denn niemand ist ganz frei davon und sie werden hier auf den Plan gerufen.

## Die Sonnenseite: Narzisstische Stärken wirtschaftlich sinnvoll nutzen

Oder auch: das kurze Kapitel!

Manche Wege entstehen im Gehen. Es war zwar von Beginn an klar, seitdem wir die Idee zur *Narzissmus-Bilanz* hatten, dass die Bilanz negativ ausfallen wird, wenn extremer Narzissmus nicht eingedämmt wird. Doch dass wir so tief im Soll landen, war nicht geplant. Es wird Zeit, die Haben-Seite zu betrachten. Was sind die Vorteile, die extreme Narzissten Organisationen bringen können? Wo sind toxische Eigenschaften und Verhaltensweisen die richtige Dosis, um wirtschaftlich gesprochen zum Haben in einer Narzissmus-Bilanz beizutragen?

**Hier kommt unsere Sammlung der Sonnenseiten:**

1. Extreme Narzissten verfügen über ein hohes Maß an Entschlossenheit, Geschwindigkeit und Risikobereitschaft. Sie handeln, wo andere zaudern. Sie bringen durch ihren hohen Antrieb Schwung rein und können dafür sorgen, dass sich das Rad schneller dreht. Hilfreich ist dieses Talent vor allem, um Krisen abzuwehren und Marktchancen zu ergreifen.

2. Extreme Narzissten haben häufig eine grandiose Vision dessen, was sie erreichen möchten. Ihre Begeisterung für die Sache kann ansteckend sein und eine positive Signalwirkung auf die Belegschaft haben. Diese Begeisterung ist beispielsweise hilfreich, wenn ein Unternehmen gegründet, ein neuer Bereich eröffnet oder eine Organisation radikal transformiert werden soll. Dem Mythos, dass Narzissten große Visionäre seien, haben wir bereits auf

Seite 106 widersprochen. Und auf keinen Fall gilt der Umkehrschluss: Nicht jeder große Visionär ist automatisch ein extremer Narzisst!

3. Sie übernehmen gerne die Führung und sagen, wo es lang zu gehen hat. Stetige oder gewissenhafte Leute – siehe Kapitel 5 – können das dankbar annehmen.

4. Extreme Narzissten sind Verführer: Sie nutzen ihre Begabungen, ihren Charme, ihre Wortgewandtheit und häufig auch ihr gutes Aussehen, um Menschen zu faszinieren und zu fesseln. Sie erscheinen zumindest anfangs sympathisch, interessant und interessiert-empathisch. Sie gelten als charismatisch – eine weitere Verwechslung, denn echte Charismatiker handeln laut Max Weber im Sinne der Gemeinschaft: siehe Mythos #10. Dennoch lässt sich der gleiche Effekt dafür nutzen, dass sie Kunden, strategische Partner oder Mitarbeiter für ihre Ideen gewinnen können. Dass Sponsoren Gelder locker machen. Dass Pitches gewonnen werden.

5. Eng damit zusammen hängt: Extreme Narzissten können (sich) gut verkaufen! Du brauchst einen typischen Closer? Jemand, der auch nach dem dreiundvierzigsten Nein ein weiteres Mal anruft und den Vertrag abschließt? Du willst verkaufen, egal was, egal an wen? Wenn sich das mit deinen Werten deckt – mit unseren nicht! –, dann schnapp dir Tina Toxy und lass sie Vollgas geben. Nur bitte in einer Inselposition ohne Mitarbeiter um sie herum.

6. Zumindest die offen-grandiosen Narzissten verfügen meist über viel Humor. Sie verbreiten gute Stimmung, wenn sie entsprechend gut gelaunt sind.

7. Extreme Narzissten sind sehr kreativ und verfügen über eine unglaubliche Schaffenskraft. Aus ihrer Schwäche heraus entwickeln sie eine unglaubliche Stärke und Energie.

8. Im Gegensatz zu Psychopathen wollen reine Narzissten gut sein und gemocht werden. In ihren Augen gibt es Liebe oder Wertschätzung nur, wenn sie vollkommen sind: perfektes Aussehen, perfekte Leistung, perfektes Alles. Sie wollen besonders viel geben, um sich besonders viel Anerkennung zu verdienen. Der Perfektionismus kann besonders in stark kompetitiven Branchen dazu genutzt werden, beim Wettbewerb die Nase

vorn zu haben. Den Preis dafür haben wir im Buch bereits ausführlich an mehreren Stellen beschrieben.

9. Extreme Narzissten sind meist sehr intelligent und sehr gelehrig. Sie wollen in allen Lebensbereichen glänzen – des Lobes willen. Auch beim Lernen. Hier haben Führungskräfte toxischer Charaktere die Chance, anzusetzen und den Ehrgeiz zur Verhaltensänderung zu wecken. Die Bedingung dafür ist die stetige anonyme Evaluation durch ernst gemeinte Mitarbeiterbefragungen.

10. Sesselpupser müssen raus? Wenn du wirklich in die Verlegenheit kommen solltest, einmal durchzufegen: Gib einem extremen Narzissten den Job! Achte jedoch darauf, dass er nicht bereits psychopathisch ist: Für die Folgen der in die Kündigung reingequälten Ex-Mitarbeiter willst du nicht haften.

**Zusammengefasst lässt sich sagen: Die narzisstische Not ist so groß, dass der Narzisst ab Stufe 7 auf der Malkin-Skala von selbst alles dafür tut, um anerkannt zu werden und erfolgreich zu sein. Das ist der Benefit, den Organisationen abgreifen können. Solange jemand da ist, der die bewusste Einnahme des Narzissmus-Giftes steuert und kontrolliert. Nimm zu lange eine kleine Dosis und du wirst abhängig. Nimm zu viel, und du stirbst.**

## Arbeit am System statt im System

Wir sehen die ganze Mensch-System-Frage, die wir im zweiten Teil der *Narzissmus-Bilanz* aufgeworfen haben, so: System und Individuum verschmelzen in der Rolle der Führungskraft: Die Führungskraft sollte nicht im System, sondern vorranging am System arbeiten. Dadurch verändert sie es. Das System verändert wiederum die Menschen, die in ihm arbeiten. Die Führungskräfte sind davon zwingend mit betroffen. Solange, bis Führungskräfte wieder das System verändern. Wir erinnern an Stierlin: Es gilt, den Menschen im System und das System im Menschen zu sehen.
Führungskräfte müssen sich wieder ihrer Führungsverantwortung und ihren Führungsaufgaben bewusst werden und am System arbeiten. Denn nur selten kommt es zu echten Revolutionen aus dem Inneren von Organisationen heraus. Doch wenn Team- oder Abteilungsleiter weiterhin den Führungsjob zusätzlich zu ihrer ‚normalen', operativen Tätigkeit erledigen sollen und dafür keine Kapazitäten freischaufeln dürfen, müssen wir uns wirklich über keinerlei Führungsdefizite wundern. Bei nicht extrem narzisstischen Mitarbeitern ist das schon schwierig. Bei extremen Narzissten sind Führungsdefizite brandgefährlich.
Natürlich können sich auch äußere Einflüsse auf das System auswirken. Doch die meisten davon, inklusive der aktuellen Klimaveränderung, sind ebenfalls menschengemacht oder durch Menschen angestoßen. Das Sonnenlicht verdunkelnde und dadurch Arten ausrottende Meteoriten schlagen nur ganz selten ein: Der Himmel ist uns noch nicht auf den Kopf gefallen.

## Der Bock als Gärtner: extreme Narzissten in der Führung

André de Waal beschäftigt sich mit der Frage, was High-Performance-Organisationen ausmacht. Fünf Jahre lang hat er dazu geforscht, um sein HPO-Framework zu entwickeln. Und er hat fünf Faktoren ausfindig gemacht, die branchenübergreifend weltweit dafür verantwortlich sind, dass aus einer leistungsschwachen oder ‚normal performanten' Organisation ein hochleistungsfähiger Betrieb wird. Es sind

1. die Qualität des Managements,
2. die Offenheit und Handlungsorientierung der Organisation,
3. die langfristige Zukunftsperspektive,
4. die kontinuierliche Verbesserung und Erneuerung sowie
5. die Qualität der Mitarbeiter.

Besonders gut gefällt uns daran, dass der Mensch das ganze Konstrukt quasi einrahmt: es beginnt beim Menschen und es endet mit dem Menschen. Faktor 1 ist derjenige, der uns ganz besonders interessiert und den wir uns für die *Narzissmus-Bilanz* angesehen haben. De Waal hat seinen Grund dafür, das Management an erster Position aufzuführen: „The attitudes and behaviours of managers are essential for the success of the organization. Excellent managers are thus the foundation of the HPO."[267] Er weiß also ebenfalls, dass der Fisch vom Kopf her stinkt.

Wir erinnern uns: Extreme Narzissten träumen von Grandiosität, Erfolg, Bewunderung und allem, was damit verbunden ist. Die offen-grandiosen tragen ihre diesbezüglichen Bedürfnisse gut sichtbar vor sich her. Die verdeckt-vulnerablen verstecken ihre Ruhm-und-Ehre-Phantasien in sich drin. Exzellenz und Perfektion streben sie alle auf ihre Art und Weise an. Sie müssen es schaffen. Koste es, was es wolle. Im Vorstand einer solchen High-Performance-Organisation zu sitzen, der Gründer und Inhaber zu sein oder wenigstens ein Manager in ihren mittleren Ebenen, dürfte für viele extreme Narzissten eine sehr attraktive Vorstellung sein. All diese Positionen sind hervorragend dafür geeignet, narzisstische Nöte zu kompensieren. Wohlgemerkt zu kompensieren, nicht zu heilen. Warum sie sich mit Charme und Ellenbogen um eine solche Karriere bemühen und damit ja auch oft Erfolg haben, liegt in dieser Kompensationsstrategie begründet.

267 de Waal, André: *What makes a High Performance Organization*. Neu-Delhi, 2013. S.63.

Und dann haben wir uns die zwölf Qualitätskriterien angeschaut, die André de Waal für das Management festgelegt hat.[268] Sie sind wohlgemerkt empirisch belegt und keine frommen Wünsche.

1. Sie sind vertrauenswürdig.
2. Sie sind moralisch integer.
3. Sie sind starke Role Models.
4. Sie treffen schnelle Entscheidungen.
5. Sie handeln schnell.
6. Sie installieren Coaching und Mentoring.
7. Sie sind erfolgsorientiert.
8. Sie sind effektiv.
9. Sie sind fähige Leader.
10. Sie sind zuversichtlich und stärken auch die Zuversicht anderer.
11. Sie übernehmen Verantwortung.
12. Sie treffen Entscheidungen, wie mit Non-Performern umzugehen ist.

Einiges davon dürfte extremen Narzissten gut gefallen. Zumindest, wenn sie nur die Überschrift lesen. Denn was de Waal genau darunter versteht, könnte sie ernsthaft irritieren. Die Kriterien 1,2,6,10 und 11 haben wir schon zu genüge besprochen: Man kann toxischen Charakteren nicht vertrauen, sie sind moralisch bedenklich, sie sind bestenfalls zu beraten, aber nicht zu coachen, sie schwächen ihre Mitarbeiter und ihre Zuversicht in sich selbst ist aufgesetzt. Verantwortung übernehmen sie nur für die angenehmen Dinge. Für (ihr) Scheitern dürfen andere die Schuld tragen. Aber sie würden gerne als gutes Beispiel dastehen (3), sie treffen gerne schnelle Entscheidungen und setzen die Dinge auch schnell um (4,5), sie sind erfolgsorientiert und effektiv (7,8), sie sehen sich selbst als die besten und vor allem wichtigsten Führungskräfte an (9) und sie lieben es natürlich, Verlierer und Schwächlinge vor die Tür zu setzen oder zu mobben (12).
Fangen wir also mit Kriterium 3 an. Bereits der zweite Tipp dürfte für Obernarzis ein Schock sein. Wir übersetzen jetzt einfach mal ins Deutsche, das HPO-Buch existiert unseres Wissens nach nur auf Englisch. De Waal empfiehlt Managern, die Role Models für Exzellenz sein wollen, echte Empathie zu entwickeln. In den Schuhen des anderen zu laufen. Festzustellen, ob ihr Verhalten positive Auswirkungen auf ihre Leute hat. Mit dem dritten Tipp wird es nicht

268 de Waal, 2013. S.27.

besser: Manager sollen sich regelmäßig informelles, persönliches Feedback von ihren Mitarbeitern einholen, in einer nicht bedrohlichen Umgebung. Und zu guter Letzt appelliert der Autor an seine Leser, sie mögen doch bitte niemals vergessen, dass sie selbst irgendwann mal nur ein kleiner, unbedeutender Mitarbeiter waren. Nicht gerade das, was Obernarzi tun und woran er erinnert werden möchte. Also, legen wir Kriterium 3 auch auf den von extremen Narzissten errichteten Scheiterhaufen der ihnen unangenehmen Charaktereigenschaften.

Aber was ist denn mit den Punkten 4 und 5? Die klingen doch wirklich gut: Vollgas, oh yeah, gib alles, Baby! ‚Leider' finden wir auch hier ein paar Pferdefüße, wenn wir es durch die Narzissmus-Brille betrachten: Zum einen geht es um Wertschöpfung, nicht um Kontrolle. Außerdem geht es darum, Denken und Handeln auszubalancieren, nicht um unüberlegte operative Hektik, die wir bei so manchen toxischen Managern beobachten konnten. Auf den höheren Ebenen sollen Manager Entscheidungen mehr und mehr dadurch treffen, dass sie zuhören, verstehen und kooperieren. Hoppla – wie unangenehm! Und das rasche Handeln sollte bitte im Anschluss von kritischer Selbstreflexion begleitet werden. Damit die Manager ständig dazulernen. Angst, Entscheidungen und Aktionen rückgängig zu machen, wenn sie sich als falsch erwiesen haben, wäre fehl am Platz. Moment – Obernarzi soll sich eingestehen, etwas falsch gemacht zu haben? Geht ja gar nicht!

Aber jetzt kommt bestimmt die Sternstunde extremer Narzissten: Erfolg und Effektivität, das können sie doch beides super! André de Waal empfiehlt dazu unter anderem,

» beständig gegen Selbstgefälligkeit anzukämpfen,
» die gleichen Standards, die für die Mitarbeiter gelten, auch auf sich selbst anzuwenden,
» einzusehen, dass man als Manager nicht alles können kann, dass man Fehler macht und keinesfalls alleinverantwortlich für den Erfolg der Organisation ist,
» nicht perfektionistisch zu sein,
» Konflikte als Lernchance zu begrüßen, um die Konfliktfähigkeit und die Zusammenarbeit zu verbessern,
» Talente zu fördern und
» sich bei der Arbeit zu öffnen, sich auch privat zu zeigen und keine Masken zu tragen.

Puh! Harter Tobak für den Obernarzi.

Also gut. Wie sieht es denn mit dem Natural-Born-Leader-Ding aus? Da geht doch sicher was? Frei nach dem Motto „Wo ich bin, ist vorn!" Das HPO-Buch rät Spitzen-Führungskräften, bescheiden, demütig und berechenbar zu sein, Ehre zu geben, wem Ehre gebührt, und das Ego an der Tür abzugeben. Jetzt ist Obernarzi wirklich fassungslos. Aber es bleibt ja immerhin noch der letzte Punkt, bei dem er sich richtig schön groß und überlegen fühlen darf: schlechte Leute rauskicken, das wird lustig!

Was gibt es hier bei Kriterium 12 zu entdecken? Faule Äpfel soll man aussortieren! Richtig so, Ärmel hochgekrempelt! Faule Äpfel erkennt man ja leicht an ihrem Verhalten: Sie sind schwach, nachgiebig, zurückhaltend, nehmen es mit der Wahrheit etwas zu genau, sind zu allen Leuten freundlich, sie bedanken und entschuldigen sich ständig und wollen dauernd über Gefühle reden … Moment, wieso steht da, dass faule Äpfel ihre Teamkollegen verunglimpfen, beschämen und beschimpfen, und dass sich andere ständig über sie beschweren und von ihnen irritiert sind? Obernarzi versteht die Welt nicht mehr und zieht nun besser los, um sein eigenes Unternehmen zu gründen. In einer solchen High Performance Organisation will er nicht sein!

Passend zu André de Waal haben wir einen anderen klugen Menschen entdeckt, der sich mit der Frage der Hochleistung und des größtmöglichen Erfolges beschäftigt hat: Jim Collins verrät uns in seinem Buch *Der Weg zu den Besten*, wie es funktioniert, als Führungskraft zum Wohle der Organisation zu handeln. Seine *Take-Off*-Theorie, die gleichermaßen Anschub gibt und Umschwung ermöglicht, beinhaltet disziplinierte Menschen als einen von drei Faktoren für Erfolg. Seine empirische Forschung hat ergeben, dass Unternehmen, die es an die Spitze schaffen wollen und Transformationen zu meistern haben, ganz besondere Führungskräfte haben. Es sind genau nicht die Elon Musks dieser Welt, die sich profilieren, auf den Titelseiten landen und berühmt werden. Ihre Namen sagen der breiten Masse nichts. Oder kennst du Darwin Smith?[269] „Sie sind still, leistungswillig bis zur Selbstaufgabe, zurückhaltend, ja fast schüchtern – eine paradoxe Mischung aus Bescheidenheit, was ihre Person angeht, und

269 Darwin Smith hat den Papierwaren-Hersteller Kimberly-Clark in seinen 20 Jahren als CEO aus vor sich hindümpelnden Aktienwerten hinaus und zur weltweiten Marktführerschaft geführt.

professioneller Willenskraft in allen Belangen des Geschäftslebens.“[270] Collins bezeichnet sie als Level-5-Führungskräfte, die ihr Ego runter- und ihre Professionalität hochfahren. Im Unterschied zur Ich-bezogenen Kontrollgruppe der Studie betonen solche Manager stets das ‚Wir‘. Viele von ihnen gelten als genügsam, milde und mitfühlend. Es sind Menschen, die in ihrer Freizeit gern allein mit dem Traktor übers Land fahren. Keine charismatischen Überflieger. Doch sie blicken der Realität furchtlos ins Auge, auch wenn sie unschön ist, und verlieren dennoch ihren Mut nicht. Nachdem sie die Konzernleitung angetragen bekommen hatten, schmissen sie zuerst die falschen Leute raus. Siehe Kriterium 12 bei André de Waal. Anschließend wählten sie die richtigen Mitarbeiter aus und gaben ihnen die jeweils passenden Positionen. Danach erarbeiteten sie gemeinsam neue Visionen und Strategien. Zuerst kommt für sie der Mensch, danach die Sache. Denn sie wissen: Ohne den Menschen ist alles nichts! Sie sind dabei weder schwach noch auf Kuschelkurs, sondern behalten stets das höhere Ziel im Blick – das Überleben und den generationenübergreifenden Erfolg der Organisation, in der sie sich entschieden haben, wirksam zu sein. Nochmal: den Erfolg der Organisation. Nicht ihren persönlichen Erfolg. Level-5-Führungskräfte zu unterschätzen, ist Collins Berichten zufolge schon so manchen teuer zu stehen gekommen.

Weitere Führungsrollen übernahmen nicht länger langjährige Facharbeiter, nur weil sie in ihren Bereichen kompetent und schon lange im Unternehmen waren. Sondern diejenigen, die ein paar wenige aber wichtige Prinzipien verinnerlicht hatten. Das für die *Narzissmus-Bilanz* relevante Prinzip lautet: Wo disziplinierte Menschen zusammenarbeiten, braucht es keine Hierarchien, die kommandieren und kontrollieren und dabei in Bürokratie ertrinken. „Verbindet man eine Kultur der Disziplin mit einer Ethik des Unternehmergeists, erhält man die Zauberformel für Spitzenleistung.“[271] Auf die für eine positive Narzissmus-Bilanz so wichtige unternehmerische Ethik werden wir in Kapitel 9 noch ausführlich zu sprechen kommen.

Die Früchte ihrer Arbeit konnten die beispielhaft erwähnten Level-5-Führungskräfte teilweise erst Jahre später ernten. Das hatten sie einkalkuliert. Sie gaben

270 Collins, Jim: *Der Weg zu den Besten*. Frankfurt am Main, 2020. S.27.
271 Ebd. S. 28.

trotzdem immer alles. „Ihr Ehrgeiz galt dem Unternehmenserfolg, nicht dem eigenen Vorteil.“[272] Ihr Antrieb war auch nicht, das eigene Image zu pflegen.

Extreme Narzissten sind dagegen auf schnelle Gewinne aus. Sie gehen dafür auch ungesund hohe Risiken ein. Stellt sich der Erfolg nicht schnell genug ein, fehlt ihnen der lange Atem und sie schmeißen hin. Es gibt genügend andere Spielwiesen, auf denen sie blenden, tricksen und täuschen können, um das schnelle Geld zu machen und sich in Szene zu setzen. Doch ohne Werte wie Geduld, Ausdauer und Disziplin lässt sich nachhaltiger Erfolg nicht erzielen. Außerdem braucht es die passende Einstellung zum Menschen. Wir werden nicht müde, es zu betonen. „Die einzig legitime Aufgabe der Führung [ist] Führung zur Selbstführung“[273], erklärt Autor Reinhard Sprenger. Mitarbeiter zu führen bedeutet, anderen Steine aus dem Weg zu räumen und es ihnen zu ermöglichen, richtig gute Arbeit zu leisten. Sie nicht zu unterrichten – das können sie in der Selbstführung selbst organisieren –, sondern sie aufzurichten. Sie größer zu machen, als sie es vorher waren. Doch was machen Narzissten? Menschen umschubsen und in den Staub treten. Egozentrische Leitwölfe hatten zwar laut Collins' Studien auch grandiose Erfolge zu verzeichnen. Doch bauten sie die Leute unter sich nicht zu Level-5-Führungskräften auf. Sie hinterließen strategische Fehler sowie ein unfähiges Management. Ihre schwachen CEO-Nachfolger konnten den Kurs nicht halten und viele der lange von toxischen Charakteren geführten Unternehmen verschwanden in der Versenkung.

272 Collins, 2020. S.42.

273 Sprenger, 2015. S.277.

**Was können wir von André de Waal und Jim Collins lernen, um eine positive Narzissmus-Bilanz zu erhalten?**

**Baue Systeme, in denen extreme Narzissten nicht sein wollen oder nicht sein dürfen.**

**Fördere gesunden Narzissmus auf allen Ebenen.**

**Halte extreme Narzissten aus der Führung fern.**

Wenn du gelegentlich einen höheren Narzissmuswert brauchst, beispielsweise in der Vertriebsabteilung, pass auf, auf welchen Positionen du übergroße Egos einsetzt. Sie dürfen keine Gewalt auf Menschen ausüben können. Deshalb sind sie in Führungspositionen schlicht und ergreifend falsch. Entgegen der weit verbreiteten Meinung und leider auch weit verbreiteten Praxis. Wir freuen uns sehr, dass wir Autoren entdeckt haben, die uns durch ihre Studien und Veröffentlichung in dieser Annahme bestätigen. Erinnere dich an Kapitel 5, in dem wir betont haben, dass nicht nur die Persönlichkeitspräferenzen **dominant** und **initiativ** führen können, sondern auch stetige und gewissenhafte Typen. Augen auf: Auch die harmlos daherkommenden stetigen und gewissenhaften sind vor extremem Narzissmus nicht gefeit!

Wie Teamleiter Hasan fast neun Menschen in seinem Team zerstört hätte, und wie es am Ende doch noch gut ausging, hat uns Pia, die Betriebsrätin einer Krankenkasse, erzählt: Jedem in der Linie war bekannt, dass Hasan echt gute Arbeitsergebnisse bringt. Und dass er seine Leute nicht gut behandelt. Feste Indizien gab es dafür nicht, doch der Flurfunk tat seinen Dienst. Eines Tages fasste sich sein Team ein Herz, ging geschlossen zu Pia und erklärte, dass sie nicht mehr unter ihm arbeiten können. Er würde sie kaputtmachen. Die interne Sozialberatung wurde daraufhin von Pia informiert. Es kam zu Team- und Einzelgesprächen. Außerdem wurde ein Persönlichkeitsprofil nach dem Big-Five-Modell[274] von allen Teammitgliedern inklusive Hasan erstellt und analysiert. Mit dem Ergebnis ist Pia zur Geschäftsleitung gegangen. Die sprach daraufhin persönlich mit Hasan und bat Pia, die Personalabteilung einzubeziehen. Personalabteilung, Geschäftsleitung und Betriebsrat einigten sich darauf, den Teamleiter nicht komplett zu entlassen. Die Krankenkasse schätzte Hasans Fachwissen und seine hervorragende

274 Siehe Seite 186.

Leistung sehr. Er ist richtig gut in dem, was er tut. Doch gemeinsam kam man zum Schluss, dass er kein Team leiten muss und mit Menschen nichts zu tun haben sollte. Hasan wurde als Führungskraft abgesetzt und bekam ein alternatives Angebot zu gleichen Konditionen: Es wurde eine Stelle speziell für ihn geschaffen. Da Führungskräfte im Normalfall besser bezahlt werden als Teammitglieder, war diese Entscheidung für den Arbeitgeber nicht ganz billig. Im Vergleich zu dem, was passiert wäre, wenn sie auf den Hilfeschrei des Teams nicht reagiert hätten, wenn sie weggeschaut oder die Dinge verharmlost hätten, war das höhere Gehalt Peanuts. Sein Verhalten, mit dem er das Team unter Druck setzte, sie niedermachte und sich selbst aufspielte, konnte kein Außenstehender erkennen. Denn wenn Hasan mit anderen Führungskräften auf gleicher Ebene oder über ihm zu tun hatte, war er ganz anders. Nur nach unten hat er getreten. Als der Geschäftsführer von Pia informiert wurde, meinte dieser perplex, dass Hasan sich ihm gegenüber nicht so verhalten würde und er gar nicht weiß, wovon sie spricht. Ohne den Einsatz von Betriebsrat und Personalabteilung hätte die dann sehr betroffene Geschäftsleitung durch Hasans nach oben hin devoten Auftritt keine Chance gehabt, das Problem zu sehen und zu behandeln. Nur seine Schutzbefohlenen bekamen Sprüche zu hören wie „Du bist zu doof!", „Das hab ich dir schon dreimal erklärt!" oder „Jetzt mach mal schneller". Generell sprach er sehr hart mit Menschen. An Hasans Überheblichkeit und Arroganz sind die stärksten Charaktere zerbrochen, ließ Pia uns wissen. Als er über die Entscheidung informiert wurde, reagierte Hasan mit Wut und Unverständnis. Pia und die Personalabteilung machten ihm jedoch unmissverständlich klar, dass er dankbar sein und annehmen sollte, denn das nächste Angebot wäre die Entlassung. Hasan fügte sich und hatte auch keinerlei schlechtes Gewissen, in der Organisation beschäftigt zu bleiben. Später führte Pia noch weitere Gespräche mit Hasan. Dabei erfuhr sie zwischen den Zeilen, dass er in seiner Kindheit nicht viel Liebe erhalten hatte. Sie schilderte uns Hasan als guten Menschen, in dem ungünstige Verhaltensmuster aus seiner Kindheit durchbrachen, sobald sie seinem eigenen inneren System notwendig erschienen: Er imitierte unreflektiert das Täterverhalten seines Vaters. Seitdem sie ihm die Führungsverantwortung genommen haben, ist alles super.

**Bitte beachte bei solchen Geschichten:** Du musst einerseits den Mitarbeitern die Chance geben, sich in einem angstfreien Raum öffnen zu können. Eine Führungskraft darf jedoch auch nicht den Eindruck haben, dass sie gefeuert wird, wenn ein toxisches Teammitglied ihr von unten aus Neid oder Rache ans Bein pinkelt. Und dass niemand genau hinschaut und beispielsweise einem ungerechtfertigten Vorwurf auf den Grund geht. Psychologische Sicherheit und Fairness sind für alle da.

**Was lernst du als Mitarbeiter aus der Geschichte?** Überwinde dich im Fall von Mobbing oder Missbrauch und wende dich an den Betriebsrat, sofern vorhanden, an die Personalabteilung oder an sonstige Stellen in der Organisation, denen du vertrauen kannst. Du bist deshalb kein Verräter oder Nestbeschmutzer! Der Betriebsrat kann nur für dich aktiv werden, wenn er dein offizielles Mandat bekommt.
Eine Warnung müssen wir an dieser Stelle aussprechen: Es gibt gute und schlechte Führungskräfte. Es gibt auch gute und schlechte Betriebsräte oder Personaler. Dass die Personalabteilung sich nicht für den Mitarbeiter einsetzt, sondern die Führungskräfte vor ihrer Belegschaft beschützt, mag Schubladendenken sein. Doch wir kennen genügend Fälle, in denen es genau so war. Und das nicht nur bei Entgeltfragen. Auch haben wir von Betriebsräten gehört, die die Durchführung von Mitarbeiterumfragen abgelehnt und erfolgreich verhindert haben. Könnte ja was bei rauskommen, was niemand wissen will. Man müsste sonst ja vielleicht was verändern.

**Was lernst du als Führungskraft aus der Geschichte?** Extreme Narzissten können sich gut tarnen gegenüber Menschen, von denen sie wirtschaftlich abhängig sind oder deren Gunst sie sich sichern, die sie beeindrucken wollen. Sie sind Meister der Manipulation und des Schauspiels. Vielleicht tragen Menschen aus deinem Unternehmen Geschichten und Beschwerden an dich heran. Über Leute, die du ganz anders erlebt hast oder die du als Top-Manager vielleicht noch nicht mal kennst. Natürlich sollte man nicht jedem Gerücht Glauben schenken, und du kannst nicht jeden Verdachtsfall persönlich untersuchen. Doch du weißt jetzt, was Narzissmus ist, wie schädlich er sein kann – menschlich und wirtschaftlich gesehen – und dass es Aufgabe von Führung ist, hier Grenzen zu setzen und systemische Veränderungen anzustoßen. Damit keine toxische Unternehmenskultur entsteht, die den Erfolg deines Unternehmens vielleicht kurzfristig in die Höhe schnellen lässt, langfristig jedoch bedroht. Denk stets an Nokia.[275]

Das Problem, das unsere Welt hat: Es gibt zu wenige von den Guten! Collins untersuchte 500 Unternehmen für seine *Take-Off*-Studie. Nur elf davon waren dank außergewöhnlich gesund-narzisstischen Spitzenmanagern brauchbar. Wir vermuten, dass du, genauso wie wir, von keinem davon je gehört hast. Die

275 Siehe Seite 223.

anderen 489 Unternehmen verbuchten zwar im untersuchten Zeitraum mehr als doppelt so viele Presseberichte. Es waren jedoch zu mehr als zwei Dritteln[276] dank machthungriger, aufmerksamkeitsgeiler Egomanen dem Untergang geweihte oder in der Mittelmäßigkeit verharrende, toxische Systeme. Systeme erhalten sich immer selbst aufrecht, haben wir von Niklas Luhmann gelernt. Bis einer kommt und etwas daran ändert.

## Agilität, Coaching, Shadowing: Baue dir ein sich selbst reflektierendes System

Für eine Kultur- oder sonstige Transformation müssen Mensch und Organisation beide in einen Modus der regelmäßigen Selbstreflexion gebracht und dort gehalten werden. Die Arbeitswelt kennt bereits ein Ding, das hervorragend dazu geeignet ist, mit der Komplexität von Systemen sowie mit permanenter Veränderung umzugehen. Ein Ding, das bereits Selbstreflexionsmechanismen eingebaut hat. Es nennt sich *Agilität* und ist noch nicht mal neu.[277] 2001 wurde das agile Manifest geschrieben, um agile Prinzipien festzuhalten und ihren Sinn zu betonen. Die konkreten agilen Arbeitspraktiken, die sich nach diesen Prinzipien richten, sind jedoch zum Teil wesentlich älter:

» **Kanban**, eine Methode zur Optimierung von Prozessen und Arbeitsabläufen, wurde in den 1940er Jahren bei Toyota erfunden.
» **OKR** (Objectives and Key Results) ist in den 1970er Jahren bei Intel entstanden. Populär gemacht wurde das Framework zur Zielerreichung in den späten 1990er Jahren durch Google und Amazon.
» **Design Thinking** dreht sich um kreative Problemlösungen und Produktentwicklung und wurde in den 1990er Jahren von der Design- und Innovationsfirma IDEO entwickelt.
» **Scrum** dient dazu, komplexe Produkte umzusetzen und auszuliefern. Es entstand in den frühen 1990er Jahren. 1995 wurde es auf der OOPSLA-Konferenz in Austin, Texas, vorgestellt.

276 Collins, 2020. S.45.

277 Hier werden jetzt ein paar Fachbegriffe kommen, die wir im Rahmen der *Narzissmus-Bilanz* nicht alle erläutern wollen. Wenn du dich noch nicht mit Agilität auskennst, empfehlen wir dir sehr, dich damit zu beschäftigen. Es könnte sich lohnen – für deine Kunden, deine Mitarbeiter, für dich und deinen Geldbeutel.

Populär wurde es ab 2010 durch den *Scrum Guide* von Ken Schwaber und Jeff Sutherland.

Agilität oder *Agile* entstand ursprünglich in der Softwareentwicklung, als Antwort auf die Herausforderungen, die mit starren, hierarchischen Strukturen und unflexiblen Prozessen verbunden waren. Agiles Arbeiten bedeutet das, was man tut, kontinuierlich an die inneren wie äußeren Umstände anzupassen und zu verbessern. Innere Umstände können die Unternehmensgröße, das vorhandene Wissen und Können oder die Unternehmenskultur sein. Äußere Umstände sind Kunden, Markt und Wettbewerb, aber auch Krieg, Rohstoffmangel oder disruptive Technologien wie aktuell die Künstliche Intelligenz. Und um kontinuierlich dazuzulernen und besser zu werden, braucht man regelmäßiges Feedback. Das selbstverständlich auch eingebaut und umgesetzt werden muss, ansonsten ist es wertlos.

Agilität sehen wir als hervorragend geeignet am, um präventiv gegen extremen Narzissmus vorzugehen bzw. um den Narzissmusgrad im System auf ein gesundes Level runterzufahren.

**Und zwar aus diesen Gründen:**

- Regelmäßige Feedback- und Reflexionsschleifen sind in den meisten Frameworks durch Dailies, Reviews und Retrospektiven eingebaut.
- Titel und Positionen spielen keine große Rolle; dafür verteilt Scrum so genannte Accountabilities – Verantwortlichkeiten.
- Transparenz und Kommunikation wollen gelebt werden, z. B. in OKR: Hier werden die Ziele und Key Results einer Organisation gemeinsam auf Management- und Teamebene erarbeitet und an der Unternehmensstrategie ausgerichtet. Sie sollten für alle Beteiligten transparent einsehbar sein.
- In Scrum-Teams trifft man sich täglich für einen kurzen Abgleich, ob alle an einem Strang ziehen oder ob es Probleme gibt.
- Entwicklung passiert Schritt für Schritt (iterativ) – aus Fehlern oder durch Veränderungen wird dabei gelernt.
- Die Wertschätzung der individuellen Fähigkeiten und das Fördern von Selbstorganisation und Teamarbeit gelten als zentrale Prinzipien.

- Es geht ums Wir und weniger ums Ich: Im Fokus steht die Wertschöpfung für den Kunden und nicht das Ego des Einzelnen.
- In der Rolle des Agile Coachs – und idealerweise auch der Verantwortlichkeit des Scrum Masters – sind Coaching-Kompetenzen direkt verfügbar, wenn man sie braucht. Gecoacht werden sollte dabei bitte nicht nur das Management, sondern auch die Teams. Im Coaching geht es darum, gute Leute noch besser zu machen. Nicht darum, Defizite wegzucoachen. Marc Löffler, agiler Experte und Autor der *Scrum Master Journey*, sieht den Scrum Master nicht nur als Facilitator für das gesamte Team und das gesamte Unternehmen, sondern auch als Coach für die individuelle Entwicklung der Teammitglieder. Er betont, wie wichtig es ist, dass der Scrum Master regelmäßig Einzelgespräche mit seinen Teammitgliedern führt.[278]
  Der Scrum Master selbst sollte sich regelmäßig von einem Agile Coach supervidieren oder coachen lassen.

Diese Liste hat keinen Anspruch auf Vollständigkeit. Doch bereits die genannten Punkte dürften extreme Narzissten als riesige Bedrohung ihres fragilen Selbstwerts, ihres hart erarbeiteten Status als alles bestimmender Projektleiter, ihrer gut behüteten grandiosen Fassade sowie der Möglichkeit, alles durch Manipulation unter Kontrolle zu behalten, empfinden.

**Bedenke dabei:** Agilität hat keinen Selbstzweck! Du solltest dir keinen Hammer kaufen, nur um einen Hammer zu besitzen. Mach dir vor dem Kauf be-

278 Löffler, Marc: *Die Scrum Master Journey*. Göttingen, 2022. S.28-31.

wusst, welches Problem du damit lösen willst. Das Cynefin-Framework hilft dir weiter, um herauszufinden, was in welcher Situation sinnvoll ist.

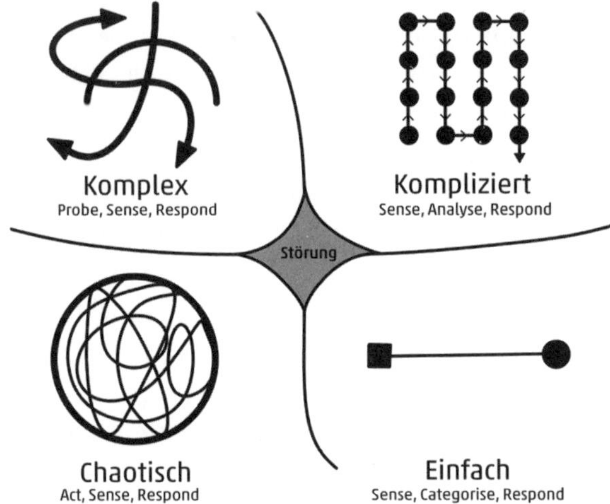


*Abb. 16: Das Cynefin-Framework (Aussprache: Kü-ne-win) von Dave Snowden.*

Die wenigsten Unternehmen, die wir kennen, sind durch und durch agil. Je größer die Organisation, desto weniger Agilität wird gelebt oder desto unterschiedlicher handhaben es die einzelnen Abteilungen. Auch wenn Poster mit dem Appell, agil zu sein, flächendeckend die Büros und Flure zieren. Prinzipiell ist das normal und nicht unbedingt schlimm. Es empfiehlt sich eh, Agilität Schritt für Schritt statt Knall auf Fall einzuführen. Und auch ein klassisch aufgestelltes Unternehmen kann davon profitieren, ausgewählte Elemente aus der agilen Welt zu nutzen. Ungeschickt wäre es jedoch – nicht nur im Hinblick auf die Wirksamkeit als Narzissmus-Antidot –, genau diejenigen Teile abzuschneiden oder zu verfälschen, die für Transparenz, Information und psychologische Sicherheit sorgen.

So kann es passieren, dass die Review, in der man sich das Kundenfeedback abholt und möglicherweise neue Informationen aus dem Systemumfeld (meistens in Form des Marktes) erhält, ohne den Kunden gemacht wird. Oder dass die Retrospektive abgesagt wird. Aus der – sorry, wir müssen hier gerade mal deutlich werden! – wirklich dummen Annahme heraus, dass es nicht so wichtig sei, auf ‚weiche' Faktoren wie Zusammenarbeit, Kommunikation oder die Stimmung im Team zu schauen. „Die Zeit drängt, lasst uns in den zwei Retro-Stunden lieber offene User Stories abarbeiten, statt Gruppenkuscheln zu betreiben!" Wer sowas denkt, hat den Sinn von Agilität leider nicht verstanden, und fristet sein

Dasein vermutlich in einer von Angst regierten Organisation, die sich einen ‚I love Agile'-Sticker aufgeklebt hat. Soft Skills wie empathische Kommunikation sind nicht ‚nice to have', sondern harte, messbare Faktoren, die Unternehmen nachweislich einen Wettbewerbsvorteil einbringen können. Es gibt nichts Härteres als Soft Skills[279], weshalb du Retrospektiven und 1:1-Coachings auf keinen Fall ausfallen lassen solltest.

Ebenfalls müssen wir darauf hinweisen, dass es Beratungshäuser gibt, die zwar agile Consultants an Kunden verleihen und Menschen in der Anwendung agiler Frameworks schulen, die intern jedoch bestenfalls pseudo-agil vorgehen: Werte beziehen sich dann nur noch aufs Monetäre. Sobald es ums Geld geht, wird der gesunde Menschenverstand über Bord geworfen. Der Agile Master ist ein zahnloser Tiger, dazu verdammt, die Firmenfeiern zu organisieren. Die Mitarbeiter werden mit Minimalgehältern beim Kunden verheizt. Die Teamleiter sind Spielfiguren: Unter dem Vorwand eingesetzt, ihre Rollen zu stärken, dürfen sie immerhin noch stille Post zwischen Consultants und Geschäftsführung spielen, Abwesenheiten und Stundenlisten managen. Führungskompetenzen haben sie wenig bis keine. Wenn die Personalabteilung allzu unbequem wird, unerwünschte Fragen stellt und sich für die Belegschaft einsetzt, wird sie entlassen. In der Geschäftsleitung lässt sich in solchen Fällen hochnarzisstisches Verhalten beobachten.

Wenn du ein System aufbaust, übernimmst oder umbaust, sollte dir klar sein, dass du es vermutlich **immer** mit extremen Narzissten zu tun bekommen wirst. Selbst wenn du persönlich über alle zwölf Qualitätskriterien einer High-Performance-Führungskraft verfügst. Höchstwahrscheinlich existieren sie in dem System bereits. Je mehr du aufräumen, sanieren, retten musst, desto wahrscheinlicher ist dies der Fall. Der häufig beklagte Stellenabbau nach Fusionen oder CEO-Wechseln könnte systemisch gesehen sinnvoll sein. Wenn es gemäß der *Narzissmus-Bilanz* gemacht werden würde, wäre es ein sichtbar abschreckendes Zeichen dafür, dass man die oben beschriebenen faulen Äpfel konsequent aussortiert. Vielleicht sind primär finanzielle Gründe ja nur von einer cleveren Leitung vorgeschoben? Vielleicht haben sie kapiert, wie teuer es wird, wenn sie es nicht tun? Darüber können wir nur spekulieren. Und selbst wenn du sie alle losbekommst, extreme Narzissten sind wie Lebensmittelmotten im Vorratsschrank: In irgendeiner Haferflockenpackung schlummert immer noch ein Emporkömmling, der sich entpuppt, wenn Ruhm und Ehre lecker duften.

279 Vgl. Miyashiro, Marie: *The Empathy Factor*. Encinitas, 2011.

Irgendeinem Blender wird es auch in gesunden Systemen gelingen, sich hier und da einzuschmuggeln und die Personalabteilung zu täuschen.[280]

Um extreme Narzissten zu identifizieren, und um sich als Top-Management einer gesunden Organisation klar zu psychologischer Sicherheit zu bekennen, bietet sich *Shadowing* an. Die Arbeit mit einem ‚Schatten' ist ein Instrument zur Persönlichkeitsentwicklung und eine gängige Methode, um das Verhalten von Führungskräften über einen längeren Zeitraum zu untersuchen. Damit sie konkretes Feedback und einen Abgleich zwischen Selbst- und Fremdbild erhalten. Es sollte dabei allerdings nicht um Bewertung oder Kontrolle gehen.

Der Schatten kann ein externer Coach oder Berater sein. Das bietet sich sogar an, damit das Feedback so neutral wie möglich ist. Sein Job ist es, für einen Tag oder auch länger die Führungskraft in ihrem Tagesgeschäft zu begleiten und tiefe Einblicke zu erhalten, wie sie mit anderen Personen interagiert und umgeht.

**Wichtig:** Wenn du dieses Instrument als CEO oder unterstellte Führungskraft einsetzen willst, solltest du es vorleben. Gerade die Führungsspitze einer Organisation hat meist keinerlei Korrektiv mehr und sollte sich Shadowing deshalb regelmäßig von einer integren, unerschrockenen, entsprechend ausgebildeten Persönlichkeit gönnen. Wer seinen Mitarbeitern quer durch alle Abteilungen hindurch gelegentlich einen Schatten gönnt, investiert nicht nur in Mitarbeiterqualität, sondern erfährt in Feedbackgesprächen auch, was seine Leute wirklich von ihm denken. Der gesamte Prozess – wer spricht wann mit wem warum? – sollte stets für alle transparent sein. Ansonsten verpasst du dir als Auftraggeber des Shadowings in Sachen psychologische Sicherheit selbst einen Kopfschuss. Und wenn es normal ist, dass sämtliche Führungskräfte und strategisch ausgewählte Mitarbeiter ein bis zwei Mal im Jahr Shadowing erhalten, könnte es auffallen, wenn jemand nicht dazu bereit ist. Wir alle brauchen gelegentlich ein Korrektiv. Wer das nicht möchte, könnte etwas zu verbergen haben.

Nun sind Narzissten ja nicht blöd: Ihr Verhalten ist ihnen mehr oder weniger bewusst. Wenn auf einmal jemand mit ihnen mitdackelt und sie beobachtet, dann werden sie dafür sorgen, dass sie sich im besten Licht zeigen und während dieser Zeit nur mit ihren Fans und *Flying Monkeys* kommunizieren. Die dunklen Ecken dürfen nicht ausgeleuchtet werden. Als Shadow kommen hier deshalb nur Berater in Frage, die erfahren sind im Umgang mit extremen Nar-

280 Zum Thema Wahrnehmung und Täuschung verweisen wir auf Kapitel 2, und für die Personalmitarbeiter haben wir die Seiten 355 bis 365 geschrieben.

zissten, die sich nicht täuschen und einlullen lassen. Und die in den vorher und nachher stattfindenden Gesprächen die richtigen Fragen stellen. Eine Fehleinschätzung führt ansonsten gerne zu einem ‚Freispruch' und spielt dem extremen Narzissten in die Karten. Er kann sich dann offiziell unschuldig weiter austoben.

Wenn sich die Ergebnisse aus dem Feedback des Shadows mit dem decken, was dir bereits der Betriebsrat, dein Azubi, die Reinigungskraft, dein Lebenspartner und dein Wellensittich geflüstert haben, solltest du in Rücksprache mit der Personalabteilung das Gespräch suchen und Ideen entwickeln. So, wie es die Krankenkasse aus der Beispielgeschichte von Seite 346 gemacht hat. Achtung: Auch ein erfahrener Begleiter ist kein Garant für einen Erfolg der Maßnahme: Es ist der Chef-Chef, der unbedingt bereit sein muss, je nach Feedback Konsequenzen zu ziehen![281] Wenn sich Beschwerden häufen, wenn du all das, was wir unter narzisstischem Verhalten beschrieben haben, beobachtest oder gar selbst erlebst, oder wenn einfach dein innerer Alarm angeht: Lass die Angelegenheit untersuchen! Frag nach. Schau hin. Sprich regelmäßig mit den Leuten. Nicht nur einmal im Jahr beim Jahresmitarbeitergespräch. Am System zu arbeiten bedeutet, für die Menschen zu arbeiten, die in diesem System tätig sind. Denn sie sind es, die den größten Einfluss auf die Wertschöpfung und die sonstigen Ziele deiner Organisation haben. Dies gehört zu deinen wahren Aufgaben als Führungskraft. Agilität, Coaching, Supervision und Shadowing sind in der Lage, deine Organisation auch systemisch gesehen vor grenzenlosem Narzissmus zu beschützen.[282] Jim Collins Level-5-Manager und André de Waals HPO-Führungskräfte würden zu diesen Worten vermutlich wohlwollend nicken.

## Gegengift und Früherkennung für HR-Profis

Wir alle können Menschen nur vor den Kopf und nicht wirklich hinter die ‚Kulissen' gucken. Aber wir können es wenigstens so gut wie möglich versuchen. Dieses Kapitel ist speziell für dich, wenn du im Personalwesen tätig oder an-

281 In Cregs Fall ist das nicht passiert. Du liest zum Abschluss eine letzte Geschichte aus seinem Leben in Kapitel 9.

282 Wenn du noch mehr Ideen dazu hast, wie man systemisch gesehen Narzissmus Grenzen setzen kann, schreib es uns gerne unter hallo@narzissmus-bilanz.de für die nächste Auflage. Wir sind nicht allwissend und können immer nur gemeinsam besser werden!

derweitig dafür verantwortlich bist, Mitarbeiter einzustellen. Uns interessierte, welche Erfahrung HR-Professionals mit Narzissmus oder Narzissten gemacht haben. Zu diesem Zweck haben wir im Juni 2024 eine kleine Blitz-Umfrage[283] durchgeführt.

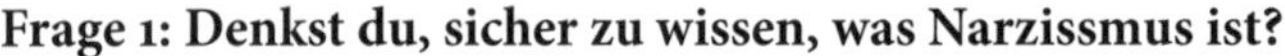

**Frage 1: Denkst du, sicher zu wissen, was Narzissmus ist?**

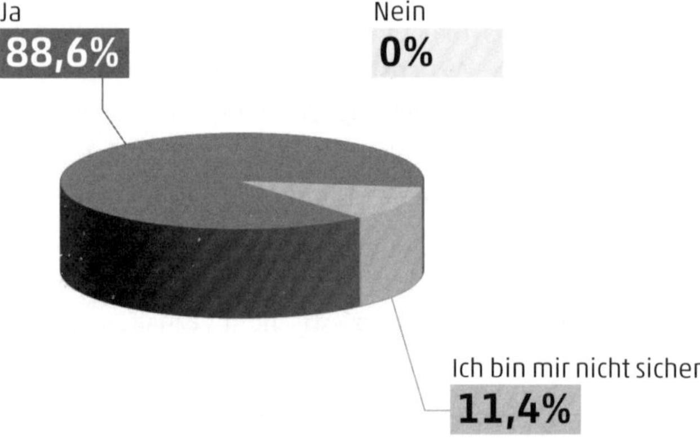


**<u>Was uns daran aufgefallen ist:</u>**
Zu Beginn von Kapitel 2 haben wir bereits erwähnt, dass uns die Selbsteinschätzung der Teilnehmer verblüfft hat. Wir hätten mit einer wesentlich geringeren Prozentzahl bei „Ja" gerechnet.

**<u>Was wir daraus ableiten:</u>**
Ist es der Dunning-Kruger-Effekt, oder sind unsere Teilnehmer bereits wesentlich besser informiert, als wir dachten? Denjenigen, die uns freiwillig ihren Namen verraten haben, werden wir die *Narzissmus-Bilanz* schenken, sobald sie erschienen ist, und sie bitten, vor allem das Kapitel 2 über Narzissmus zu lesen. Es könnte blinde Flecken aufdecken. Mit dem möglicherweise neu erworbenen Wissen werden wir sie dann nochmal fragen: „Nun weißt du, was du vorher möglicherweise noch nicht gewusst hast. Würdest du rückblickend nochmal mit ‚Ja' abstimmen?" Das Ergebnis wirst du ab Ende 2024 unter narzissmus-bilanz.de finden können.

283 Siehe Fußnote 26.

**Frage 2: Würdest du einen Narzissten im Bewerbungsgespräch erkennen?**

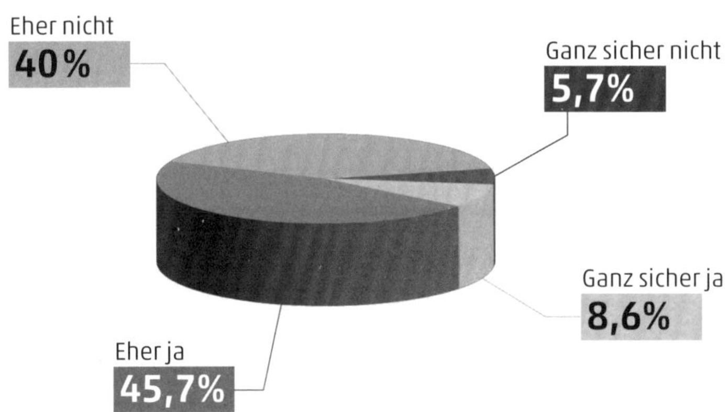


**Was uns daran aufgefallen ist:**
Das Ergebnis deckt sich mit dem der ersten Frage. Auch hier hätten wir mehr Antworten bei „eher nicht“ und „ganz sicher nicht“ erwartet.

**Was wir daraus ableiten:**
Auch wenn das Ergebnis erfreulich ist unter der Prämisse, dass die Teilnehmer **wirklich** wissen, was Narzissmus ist und wie sie ihn erkennen können: Die insgesamt 45,7 Prozent derer, die es nicht erkennen würden, bewerten wir als zu viel. Hier besteht Handlungsbedarf. Hier zeigt sich auch das Potenzial unseres Buches, etwas zu bewegen.

**Frage 3: Haben sich bei dir schon mal Mitarbeiter über toxisches Verhalten eines Kollegen oder einer Führungskraft beschwert?** Unter toxischem Verhalten verstehen wir z. B. die Wahrheit verdrehen, Arbeitsergebnisse anderer Menschen für die eigenen ausgeben, laut werden oder unfreundlich sein, sticheln, beleidigen, Menschen ihre eigene Wahrnehmung absprechen, Ellenbogenmentalität, Arroganz, verbale Aggression, verbale Erniedrigung … **Achtung:** Sexismus, körperliche Gewalt und Rassismus untersuchen wir in unserem Buch nicht! Auch wenn das ebenfalls Anzeichen sein können, konzentriere dich bitte auf die anderen Merkmale.

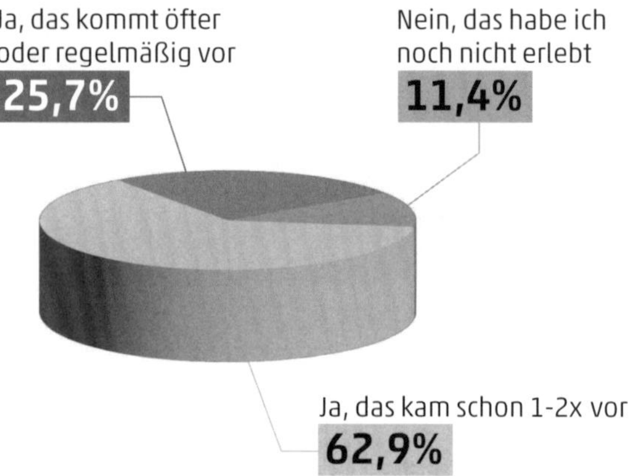


**Was uns daran aufgefallen ist:**
Wie erwartet verzeichnen HR-Mitarbeiter in vielen Fällen Beschwerden über toxisches Verhalten am Arbeitsplatz: Insgesamt 88,6 Prozent haben mindestens einen solchen Fall erlebt, bei 9 Teilnehmern (25,7 Prozent) kommt es sogar öfter oder regelmäßig vor.

**Was wir daraus ableiten:**
Auch wenn wir erläutert haben, was wir darunter verstehen, so dürfen wir ohne weitere Kenntnisse nicht einfach daraus ableiten, dass es sich bei den Beschwerde-Verursachern um extreme Narzissten handelt. Die Mitarbeiter, die sich beschweren, mögen ebenfalls kein unbeschriebenes Blatt sein. Zu viel in die Antwort hineininterpretieren oder sichere Aussagen machen, dürfen wir deshalb auf keinen Fall. Die Tendenz der Antwort reicht uns dennoch völlig, um uns darin bestätigt zu sehen, dass es Handlungsbedarf in Sachen Psychoedukation und Schutzmaßnahmen gibt.

**Frage 4: Hast du im Zusammenhang mit sich narzisstisch verhaltenden Menschen auch wirtschaftlich unmoralisches Verhalten erlebt?**

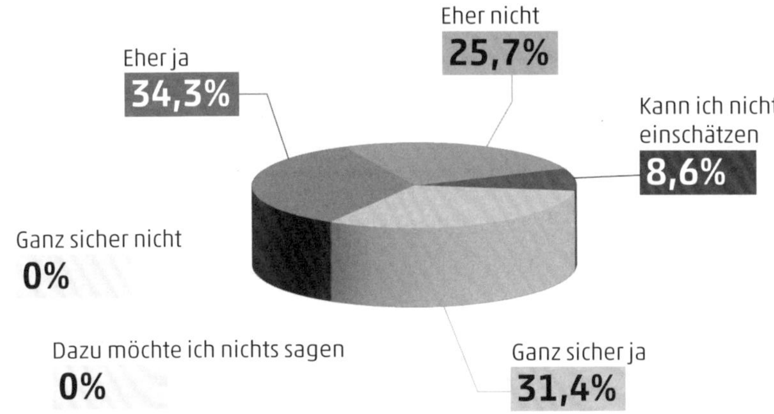


**<u>Was uns daran aufgefallen ist:</u>**
Eigentlich nichts. Alles, wie erwartet.

**<u>Was wir daraus ableiten:</u>**
Wenn sich wirklich etwas verändern soll, plädieren wir für eine neue Wirtschaftsordnung auf Basis einer interdisziplinären BWL. Die Langfassung dazu erwartet dich in Kapitel 9.

**Frage 5: Arbeitest du mit Persönlichkeitsprofilen in Bewerbungsverfahren?**

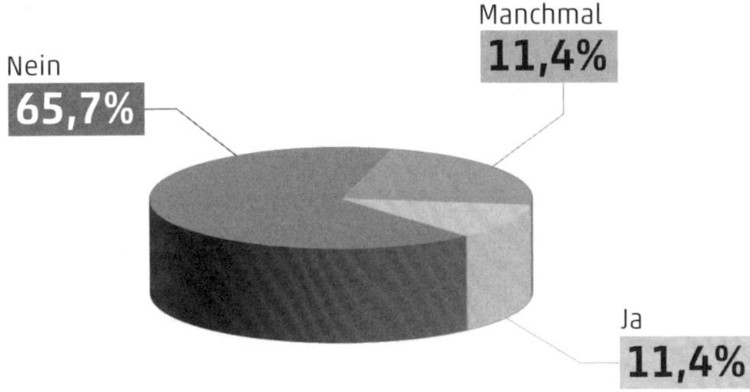


**<u>Was uns daran aufgefallen ist:</u>**
Wir haben diese Frage aus Neugier gestellt, wie weit verbreitet die Arbeit mit Persönlichkeitsprofilen in Recruiting-Prozessen ist. Je höher die Anzahl derer, die mit „Ja" geantwortet haben, desto höher wäre ja vielleicht auch die Anzahl

derer, die der Meinung sind, extrem narzisstische Bewerber zu erkennen. Hier müssen wir uns die Einzelantworten ansehen: Von den insgesamt 19 Teilnehmern, die Frage 2 mit „Ganz sicher Ja“ oder „Eher Ja“ beantwortet haben, haben nur 10 Teilnehmer ein klares „Ja“ (3) oder „manchmal“ (7) bei Frage 5 angegeben.

**Was wir daraus ableiten:**

9 Teilnehmer sind sich also auch ohne die Verwendung von Persönlichkeitstest sicher, Narzissten zu entlarven. Auch die anderen bauen nur bedingt auf Persönlichkeitstests zur Analyse, oder haben möglicherweise das Potenzial hinsichtlich solcher Instrumente noch nicht erkannt. Für uns ist das die Bestätigung, dass Kapitel 5 in der *Narzissmus-Bilanz* seine Berechtigung hat, die Augen öffnen und eine wertvolle Hilfestellung sein kann.

**Was speziell Personalleute ergänzend über Narzissmus wissen sollten:**

Der Psychotherapeut Raphael Bonelli wurde gefragt, in welchen Berufen man Narzissten überwiegend findet? Seine Antwort verwundert uns nicht: „[Es] sind viele Politiker, Geschäftsleute, Schauspieler und Lehrer dabei. Denn da gibt es eine Bühne. Überall dort, wo man unhinterfragt seine Brillanz präsentieren kann und von vielen bewundert wird. Aber auch Journalisten [...] Narzissten sind immer rücksichtslos.“[284] Bonelli betont jedoch auch, dass es Narzissten jobunabhängig in jeder Gesellschaftsschicht gibt.

**Über folgende Dinge solltest du dir außerdem klar sein:**

» Extreme Narzissten haben keinerlei Skrupel, Menschen zu manipulieren und zu missbrauchen, die ihnen ihr Brot zahlen. Es ist ein inneres Müssen. Wenn du im Gespräch ein Gespür dafür entwickelst, ob jemand von (1) Scham, Angst oder Rache getrieben wird, oder ob es sich (2) bereits um eine Freude am Zerstören von Dingen oder Menschen handelt, dann kannst du lernen, Narzissten (1) von Psychopathen (2) zu unterscheiden. Letztere darfst du auf keinen Fall einstellen!

» Extreme Narzissten spielen mit allen Menschen Machtspielchen: Wer hat den Längsten? Das machen sie auch mit anderen extremen Narzissten. Sogar Echoisten können sich gegenseitig darin übertrumpfen wollen, das

284 https://www.wienerzeitung.at/h/um-sich-selbst-kreisende-liebe

bessere Echo zu sein. Und selbst gesunde Narzissten sind niemals völlig frei von alten Verletzungen. Ein
Leben ohne Geschichten, die uns ungünstig geprägt haben, gibt es vermutlich nicht.

» Oft landet man nicht von Kindesbeinen an im gesunden Spektrum 4-6, sondern hat sich im Laufe des Lebens dorthin entwickelt: Von einer 3 oder 7 aus kommend, ist das noch gut möglich. Dennoch passiert es, dass wir permanent alte Dynamiken in neuen Kontexten kreieren. Dass wir es sind, die dafür sorgen, ständig mehr vom Gleichen zu erleben, ist uns dabei meistens erstmal nicht klar. Der Grund, warum du in neuen Jobs immer wieder an die gleichen schlimmen Leute gerätst, liegt vor allem daran, dass du dich selbst stets mitnimmst. Und das gilt natürlich auch für die Bewerber, die du einstellst.

» Narzissten wollen sich nicht unterordnen oder an Regeln halten.
Sie versprechen viel und halten nichts. Wenn du sie gezielt einkaufst, um sie für den Vertrieb oder wegen anderer spezieller Fähigkeiten zu nutzen, dann musst du sie führen und einbremsen können. Narzissten brauchen klare Ansagen und Rahmenbedingungen, in denen sie sich nutzbringend ausleben können, ohne zu schaden. Das ist nichts für Anfänger, sondern für Könner.

» Dabei gilt, was Bonelli uns lehrt: „Die Erfolgreichen sind Ausnahmeerscheinungen. Viele Narzissten scheitern und fallen auf die Nase, weil sie zu dick aufgetragen haben.“[285] Es ist also nicht alles Gold, was glänzt.

» „Die Gefahr in der Geschäftswelt besteht darin, dass durch einen schlechten Auswahlprozess vermeintlich gute Führungskräfte eingestellt werden, die sich als hochgradig manipulativ erweisen können. Ein sorgfältiger Auswahlprozess ist daher entscheidend, um authentische und verantwortungsbewusste Führungskräfte zu gewinnen“, erklärt HR-Consultant Marc Hammer.[286] Wir möchten „authentisch“ durch „empathisch“ ersetzen, denn Authentizität sollte ebenfalls kritisch beleuchtet werden, und das kann hier nicht unser Thema sein.

285 https://www.wienerzeitung.at/h/um-sich-selbst-kreisende-liebe

286 https://www.linkedin.com/posts/marc-hammer_divisionone-leadership-management-activity-7199337699890130946-5Yse

Auch als Personalvermittler solltest du wissen, was es bedeutet, eine Führungskraft einzustellen. Wenn du lediglich auf eine schnelle Provision aus bist und darüber die Qualität vergisst, wie es im Fall von Elmar, Nora und Janine geschehen ist, müssen wir dir den Vorwurf machen, dich deiner Verantwortung nicht gestellt zu haben. Lass dich nicht blenden und lerne, Narzissmus zu erkennen und auszusortieren. Du kannst nur wahrnehmen, was du kennst: Treffen genügend *Red Flags* (siehe Kapitel 2) aufeinander, ist die Wahrscheinlichkeit hoch, dass es sich um eine Person mit einem Wert über 6 auf der Malkin-Skala handelt. Überlege dir bitte gut, ob und wenn ja, wohin du diesen Kandidaten empfiehst!

**Was wir dir als HR-Experten empfehlen:**

» Hinterfrage den gängigen Stereotyp von Führungskraft kritisch: männlich, dominant, kontrollierend, laut, selbstherrlich … Wenn du dich ans DISG-Profil und seine Artverwandten erinnerst, dann wird Führungskompetenz von denen, die keine Ahnung haben, gerne dem dominanten bzw. ‚roten' Typ zugesprochen. Dies ist ein Klischee: Führen kannst du aus jeder Persönlichkeitspräferenz heraus – und das möglicherweise sogar besser. Denn die Arbeitswelt ändert sich, und mit ihr das Rollenbild des Leaders: vom „Alleinherrscher" zum „Ermöglicher", so beschreibt es Hanna Kraft in ihrer Master-Thesis zum Thema *Narzissmus und Leadership.*[287] Das lässt vermuten, dass die Stetigen bzw. die ‚grünen' Typen eher das Zeug zum modernen Leader haben … Doch auch bei dieser Lesart solltet du darauf achten, Menschen nicht in Schubladen zu stecken, aus denen sie es vielleicht nie wieder herausschaffen.

» Offen-grandiose Narzissten haben meist kein Problem damit, ihren Narzissmus zuzugeben. Sie sind stolz darauf. Anders ist es mit verdeckt-vulnerablen Narzissten. Du kannst unseren Test aus Kapitel 7 für ein Assessment-Center nehmen und die Bewerber bitten, an ihre letzte Team-Situation zu denken. Oder an das Team ihrer Träume. Frage 25 ist die Prüfungsfrage für verdeckt-vulnerablen Narzissmus. Ansonsten

287 Kraft, 2016. S.64.

haben wir hier noch ein paar Fragen für dich, die sich für Job-Interviews eignen, um Narzissten oder sogar Psychopathen zu entlarven:

- » Wie gehen Sie mit Kritik um?
- » Können Sie ein Beispiel nennen, bei dem Sie einen Fehler gemacht haben? Wie sind Sie damit umgegangen?
- » Beschreiben Sie eine Situation, in der Sie jemanden unterstützt oder gefördert haben. Was war das Ergebnis?
- » Haben Sie schon einmal Konflikte am Arbeitsplatz erlebt? Wie haben Sie die gelöst?
- » Wie tun Sie sich selbst und anderen etwas Gutes?
- » Was bedeutet Erfolg für Sie?
- » Wie wichtig ist es Ihnen, was andere über Sie denken?

» Unstrukturierte Interviews bieten eine wunderbare Bühne für Blender und Schauspieler. Je höher die Hierarchie, desto weniger objektiv sind die Auswahlverfahren. Empfehlung: Vorgehen nach DIN 33430 mit anforderungsgestützten und strukturierten Interviews und standardisierten Persönlichkeitstests.[288] Frag mal danach, wie sich der Bewerber in dem Gespräch gefühlt hat oder wie sein Befinden war. Ein Narzisst ist mit dieser Frage komplett überfordert und beschreibt dir seine Gefühle, wie ein Blinder die Farben beschreiben würde. Wichtig: Hör nicht nur hin, sondern nutze deinen siebten Sinn und spüre in dich hinein!

» Hast du langjährige Freundschaften? Ein geschickter Personaler erzählt zum Beispiel von seinem langjährigen Freund, mit dem er Segeln war, und ermutigt, eine eigene Geschichte zu erzählen. Wenn dein Gegenüber daraufhin glaubhaft von seinen eigenen alten Freunden und gemeinsamen Erlebnissen schwärmt, ist die Wahrscheinlichkeit gering, dass es sich um einen extremen Narzissten handelt: die haben solche Freunde und solche Erinnerungen nämlich nicht. Hier helfen nur deine feinen Antennen und ggf. Kenntnisse in Körpersprache.

» Unser Tipp für Stellenausschreibungen: Weise auf Empathie, Teamgeist, gegenseitige Unterstützung, auf eine Kultur der Wertschätzung und die Wichtigkeit der Selbstreflexion hin. Das könnte schon reichen, um extreme Narzissten abzuschrecken.

» Achte darauf, wo du extreme Narzissten einsetzt: Wir denken an vergeilte Triebe bei Bäumen. Sie entstehen unter Lichtmangel, ziehen sehr viel Wasser und schießen ganz schnell nach oben. Sie sind im übertragenen

288 Diesen Tipp findest du in: Psychologie Heute, Dossier Narzissmus 02/23, S.62.

Sinne sehr Ich-bezogen. Damit die Pflanze nicht kaputtgeht, muss sie frühzeitig beschnitten werden. So ein Gärtner, der erkennt und eingreift, das muss laut Wirtschaftsphilosoph Christoph Quarch die Führungskraft sein.[289] Vergeilte Triebe sind toll, um daraus Schutzhütten zu bauen, weil sie sehr gerade sind. Doch für das Wachstum und die Gesundheit des Baumes sind sie ungünstig.

» Um einem extremen Narzissten nahebringen zu müssen, dass er sein Verhalten überdenken sollte: formuliere deine Botschaft selbstwert-fördernd. Versuche, nicht bedrohlich zu wirken. Betone die Vorteile, die kooperatives Verhalten in eurer Organisation mit sich bringt.

» Als HR-Leiter sind Mitarbeiter sowas wie deine Kunden. Nimm ihre Wünsche ernst! Einer Umfrage des agilen Beraters und Unternehmers Johann Wolkow zufolge, steht eine gute Unternehmenskultur mit Abstand an erster Stelle, wenn es um die Attraktivität von Arbeitgebern geht.[290] Dies sollte keine Überraschung sein. Nur ein weiterer Hinweis darauf, die Sache ernst zu nehmen.

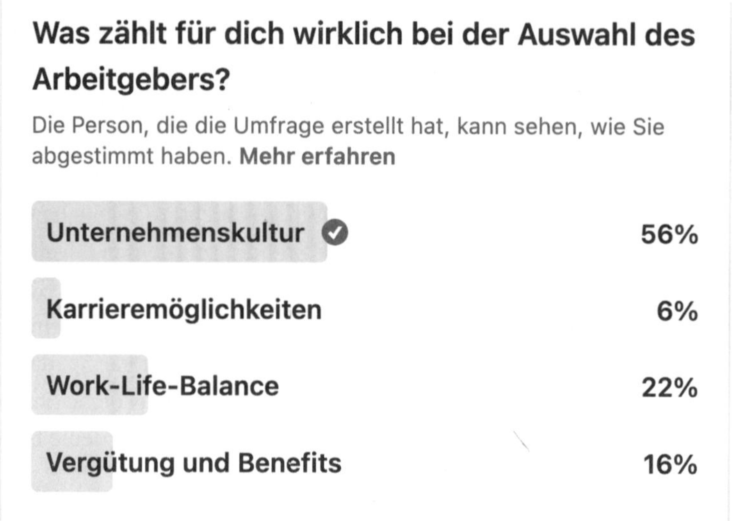

**Was zählt für dich wirklich bei der Auswahl des Arbeitgebers?**

Die Person, die die Umfrage erstellt hat, kann sehen, wie Sie abgestimmt haben. **Mehr erfahren**

| | |
|---|---|
| **Unternehmenskultur** | **56%** |
| **Karrieremöglichkeiten** | **6%** |
| **Work-Life-Balance** | **22%** |
| **Vergütung und Benefits** | **16%** |

*Abb. 17: Screenshot einer Umfrage von Johann Wolkow bei LinkedIn, Juni 2024.*

289 Vgl. Quarch, Christoph: *Begeistern!* Stuttgart, 2021.

290 https://www.linkedin.com/posts/johann-wolkow_scrum-agile-leadership-activity-7209080093577543682-FIga. Zwar ist weder unsere Blitzumfrage noch eine LinkedIn-Umfrage wissenschaftlich, doch gibt sie ein gutes aktuelles Stimmungsbild ab.

» Kultur lässt sich nur beobachten. Wenn du hier etwas bewirken willst, arbeite am Führungssystem.

Unsere Anleitung für eine positive Narzissmus-Bilanz lautet nicht nur für Führungskräfte, sondern auch für die Personalabteilung: Du musst extreme Narzissten a) erkennen, b) auf die passenden Stellen setzen und c) wertschätzend-konsequent führen, wie wir es bereits beschrieben haben. Ganz wichtig: Nimm den Mitarbeiter so, wie er ist. Nicht, wie er sein sollte. Häufig reden wir uns jemanden oder etwas schön, setzen die rosarote Brille auf, damit wir die Realität nicht erkennen müssen. Weil es vielleicht gerade eilig ist oder weil es schwer ist, an gute Leute zu kommen und wir nicht länger suchen wollen. Dann entpuppt sich der neue Kollege als extremer Narzisst oder anderweitig ungünstig geprägt – natürlich erst lange nach der Probezeit! – und wir versuchen, ihn zu verändern. An Menschen herumzuschrauben ist und bleibt übergriffig. Der Preis, sie verändern zu wollen, ist hoch. Wenn es nicht passt, trenn dich lieber oder biete eine andere Position ohne Menschenführung an. Das ist langfristig gesehen günstiger – schau dir nochmal das Beispiel mit Pia und Hasan sowie die Zahlen aus Kapitel 3 und 4 an.

An dem Tag, an dem HR-Profis jeglicher Art es als selbstverständlich ansehen, extremen Narzissten keine Führungsverantwortung zu geben und ihren Beitrag dazu zu leisten, destruktives Führungsverhalten einzudämmen, ist viel gewonnen. „Führung ist hochgradig individuell und deshalb wird es auch in Zukunft notwendig sein, das Individuum und seine Persönlichkeit als zentralen Faktor des Erfolgs und Misserfolgs von Führung zu betrachten"[291], schreibt Kraft, die heute in der Führungskräfteentwicklung arbeitet.

291 Kraft, 2016. S.66.

**Kapitel 8 – das gibt's zu lernen**

Das klügste Narzissmus-Antidot ist, gut für sich selbst zu sorgen und möglichst wenig von Handlungszwängen geleitet zu sein.

Klare Grenzen sind sehr wichtig, nicht nur für extremen Narzissmus. Übe dich in stoischer Gelassenheit.

Das Führen von Narzissten ist was für Könner und stabile Menschen mit Haltung. Je höher die Hierarchie-Ebene, desto professioneller solltest du im Umgang mit extremem Narzissmus sein.

Narzissten auf gleicher Ebene oder deinem Chef solltest du zwingend wertschätzend und sehr achtsam begegnen. Fehler werden meist weder verziehen noch vergessen.

Die Dokumentation von Sachverhalten schafft Klarheit. Kommunikation auf der Sachebene hilft.

Gestalte dein Organisationssystem auf allen Ebenen Narzissmus-feindlich.

Beweisbare Fakten und gesund narzisstische Menschen scheut der extreme Narzisst. Deshalb dürfen wir Narzissten keine Einfallstore bieten.

Fördere unbedingt gesunde Narzissmus-Anteile in deiner Organisation. Du findest viele Ideen dazu im Buch.

Baue dir deine Organisation als ein selbstreflektierendes System, in dem die Strukturen auf Transparenz, Kommunikation und Zusammenarbeit ausgelegt sind. Extreme Narzissten werden es hassen und meiden.

Verliere nicht den Glauben an die Entwicklungsmöglichkeiten eines jeden Menschen. Auch das Gehirn eines extremen Narzissten ist neuroplastisch.

*Wir haben Wirtschaft immer so verstanden, dass es darum geht, zu wissen, wie man es schafft, ein selbstbestimmtes Leben zu führen und nicht darum, wie man aus einer Milliarde drei Milliarden macht.*

Gabriele Fischer, Chefredakteurin *brand eins* auf LinkedIn

# 9. Wirtschaftsmacht neu denken

Aus unserer Sicht fehlt eine interdisziplinäre BWL, die den Menschen auf mehr als zwölf Seiten[292] bedenkt und die sein Menschsein mit all seinen Chancen und Risiken einkalkuliert. Aus diesem Grund ist unser Buch so interdisziplinär aufgebaut, wie es uns in diesem Umfang möglich war. Um die von Narzissmus beeinflusste und teilweise vergiftete Wirtschaft zu verstehen und zukunftsfähig zu gestalten, sind alle Disziplinen notwendig, die wir mit einbezogen haben: Psychologie, Psychiatrie, Neurobiologie, Soziologie, Philosophie, BWL und Management, Geschichte und Archäologie. Und wenn wir nicht irgendwann hätten aufhören müssen zu schreiben, wäre uns sicherlich noch mehr dazu eingefallen. Unser Buch kann überhaupt keinen Anspruch auf Vollständigkeit haben. Wir hoffen, jeder Leser kann sich einen gewinnbringenden Teil für sich herauspicken. Wäre es nicht spannend, wenn sich die verschiedenen Disziplinen in einen Diskurs begeben und gemeinsam an einer neuen Wirtschaftsordnung feilen würden? Wir möchten hier beginnen und mit Friedrich Glasl, Julian Nida-Rümelin, Heinrich Nicklisch und Hannah Arendt Wirtschaftsmacht neu denken. Die traditionelle Auffassung von Wirtschaft, das Verständnis von Profit und Erfolg, darf neu bewertet und (wieder) um soziale und ethische Dimensionen erweitert werden. Integrität spielt dabei eine große Rolle, denn ohne ein festes ethisches Fundament werden wir auf lange Sicht nicht erfolgreich sein. Unser letztes großes Kapitel soll aufzeigen, warum moralische Prinzipien in der Wirtschaft nicht nur wünschenswert, sondern zwingend notwendig sind. Wir haben versprochen, Narzissmus betriebswirtschaftlich bewertbar zu machen und zeigen dir, wie du ihn zu diesem Zweck in eine Gewinn- und Verlustrechnung überführen kannst. Doch sei gewarnt: „Der Geltungsdrang aus frühem Mangel heraus wird immer suchtartig, gierig und am Ende destruktiv werden müssen, weil kein Erfolg dieser Welt, kein Geld und Gold ein frühes Defizit wirklich kompensieren können", schreibt Hans-Joachim Maaz in seinem Buch

292 Siehe Anmerkung zum Gabler-Wirtschaftslexikon auf Seite 216.

über die narzisstische Gesellschaft.[293] Am Ende bleibt noch übrig, die Macht zu entmystifizieren, nach der extreme Narzissten angeblich streben. Pablo Hagemeyer, der ‚nette Narzisst', bringt es auf den Punkt: „Nur, wenn es uns als Gesellschaft gelingt, die Psychopathen von wichtigen Entscheidungspositionen fernzuhalten, wird das Projekt Menschheit gelingen."[294] Und damit auch das Projekt Organisation und Wirtschaft.

## Ohne Integrität geht es nicht

Die bei Jim Collins und André de Waal beschriebenen Führungskräfte zeichnen sich durch ein hohes Maß an Integrität aus. Der Begriff hat seinen Ursprung im Lateinischen Wort *integritas*, was so viel wie *vollständig*, *ungeteilt* oder *unversehrt* bedeutet. Soll heißen: Auch, wenn die Umstände schwierig sind und die Versuchung groß ist, moralische Prinzipien über Bord zu werfen, bleibst du als integrer Mensch ganz deinen Werten treu und verhältst dich entsprechend. Das ist der Grund, weshalb fast alle Organisationen Werte in ihre Leitbilder mit aufnehmen. Um sich dann leider häufig nicht daran zu halten. Sobald es unbequem wird, verhalten sie sich nicht integer. Ehrlichkeit, Gerechtigkeit, Zuverlässigkeit, Vertrauenswürdigkeit und Anstand gehen über Bord, wenn narzisstische Verlockungen das Steuer übernehmen. Wir brauchen mehr Menschen mit hoher Integrität, die Standards setzen, als Vorbilder dienen und das soziale und berufliche Umfeld prägen. Erinnere dich an Collins Studie: nur elf von 500 Unternehmen hatten einen integren CEO! In einem korrupten System ist es schwieriger, dich selbst integer zu verhalten.

Integres Verhalten umfasst:

» **Übereinstimmung von Worten und Taten:** Practise what you preach!

» **Gerechte und verantwortungsvolle Handlungsweise:** Entscheide nicht nur zu deinem eigenen Wohl, sondern berücksichtige

293 Maaz, Hans-Joachim: *Die narzisstische Gesellschaft.* München, 2014. S.202.

294 Hagemeyer, 2020. S.214.

auch die Kollegen und das gesamte System unter Vollkostengesichtspunkten. Was wir damit meinen, liest du unten.
- **Verteidigung der eigenen Werte:** Auch wenn es persönliche Nachteile mit sich bringen könnte, steh für deine Werte ein: zum Beispiel im Kampf gegen Mobbing durch extreme Narzissten am Arbeitsplatz.

Lege als Führungskraft oder Unternehmer Wert auf Integrität. Stelle Menschen ein, die sich ehrlich für deine Organisation und für ihren Job darin begeistern. Mach deutlich, dass 80 Prozent konstante Leistung besser sind als ständige Wellen von Arbeitswut und Erschöpfung im Wechsel. Halte die Menschlichkeit hoch durch gelebte Werte, eine gesunde Lern- und Fehlerkultur und differenzierte Betrachtungsweisen. Hinterfrage eigene Sympathieboni. Vielleicht helfen unsere Impulse, eigene Ideen und Handlungsoptionen zu entwickeln.

Sich integer zu verhalten ist auch als Angestellter nicht immer einfach. Besonders, wenn schwierige Situationen wie ein möglicher Jobverlust drohen. In solchen Fällen benötigst du Kraft, um gegen Widerstände zu kämpfen, Selbstbewusstsein, um nach einem Jobverlust neue Möglichkeiten zu finden, und idealerweise eine finanzielle Unabhängigkeit oder zumindest einen Puffer, um auch ohne sofortige neue Anstellung über die Runden zu kommen.

Für alle Menschen gilt: Ohne Integrität zerbricht das Kostbarste, was wir haben: echte Beziehungen.

## Normative Ethik in der BWL

Was wir in Kapitel 6 schrieben, um auf die Gefahren der klassischen BWL hinsichtlich des Umgangs mit dem Menschen allgemein und mit dem Phänomen Narzissmus im Besonderen hinzuweisen, ist nichts Neues: Bereits in den 1920er Jahren gab es eine Strömung in den Wirtschaftswissenschaften, die dort heute weitestgehend in Vergessenheit geraten zu sein scheint: die normative Ethik, auch ethischer Normativismus genannt. Wir haben sie Heinrich Nicklisch zu verdanken, der als einer der Pioniere der Betriebswirtschaftslehre in Deutschland gilt. Er hat schon damals auf die Bedürfnisse von Menschen hingewiesen, um eine störungsfreie Betriebsgemeinschaft zu ermöglichen. Gemeinsam mit seinen Zeitgenossen Friedrich Schär und Wilhelm Kalveram ging er von folgendem Standpunkt aus:

**„Aufgabe des Fachs [BWL] ist es, Normen für wirtschaftliches Handeln aus allgemeingültigen ethischen Grundwerten abzuleiten und die Wirtschaft dann in den sich auf diese Weise ergebenden Soll-Zustand zu überführen.“**[295]

Nicklischs ethisch-normative BWL baute auf seiner Sozialphilosophie auf. Deren Prinzipien überführte der spätere Rektor der Berliner Handelshochschule in die Wirtschaft. Eine besondere Rolle spielte für ihn die Verantwortung der Unternehmensführung gegenüber ihren Stakeholdern: Sämtliches Handeln solle daraufhin geprüft werden, ob es hinsichtlich Kunden, Lieferanten, Mitarbeitern, Aktionären, Gesellschaft und Umwelt verantwortungsvoll sei. Nicklisch betonte, dass es dabei nicht nur um die Wünsche und Erwartungen der Aktionäre gehen dürfe, sondern auch um die Interessen und Bedürfnisse der anderen Gruppen. Werte wie Gerechtigkeit, Ehrlichkeit und Fairness sollten Grundlage sein für alle unternehmerischen Entscheidungen und Handlungen. Nur dann bilde sich auch die Unternehmenskultur um diese Werte herum. Führungskräfte sollten regelmäßig ihre Ethik hinterfragen und diesbezüglich kontinuierlich dazulernen, um ihrer Verantwortung dauerhaft gerecht werden zu können. Nicklisch wollte wirtschaftliche, soziale und ökologische Aspekte gleichermaßen berücksichtigen. Er zeigte auf, dass sich ethisches Verhalten und wirtschaftliches Wachstum nicht beißen, sondern Hand in Hand gehen können. Ethisches Verhalten dürfe auf keinen Fall kurzfristigen Gewinnen geopfert werden. Dann wachsen auch das Vertrauen in die Organisation und ihre Führungskräfte, und das Ansehen der Firma steigt in den Augen ihrer Stakeholder. Das Unternehmen profitiert von langanhaltendem wirtschaftlichem Erfolg und leistet gleichzeitig einen wertvollen Beitrag zur Gesellschaft.

Um Nicklisch wirklich zu verstehen, dürfen wir nicht bei kurzen Lexikonbeschreibungen verharren: Ein zentraler Begriff seines Organisationsdesigns ist die *Betriebsgemeinschaft*, „[…] deren praktische Umsetzung den Gegensatz zwischen Kapital und Arbeit aufheben sollte (u.a. mittels Ertragsbeteiligung der Mitarbeiter)“, so schreibt es Schanz. Aus unternehmerischer Sicht klingt das zugegebenermaßen erstmal wenig sexy. So ein bisschen nach Robin Hood: vom Reichen (Unternehmer) nehmen, dem Armen (Mitarbeiter) geben. Schau-

295 Schanz, Günther: *Eine kurze Geschichte der Betriebswirtschaftslehre*. Konstanz und München, 2014. S.40.

en wir uns an, was wirklich dahintersteckt: Der BWL-Pionier sah Unternehmen nicht nur als Produktionsstätte, sondern als „soziale Einheit".[296] Menschen arbeiten hier zusammen, verfolgen gemeinsame Ziele, unterstützen sich gegenseitig. Und übernehmen zusammen Verantwortung, sowohl für den Erfolg als auch für das Betriebsklima. Auch, wenn es mal schwierig wird. Die Gemeinschaft – statt des einzelnen Egos – zu fokussieren, bewirkt, dass Mitarbeiter sich einander und der Organisation zugehörig fühlen. Nicklisch betonte, wie wichtig es sei, die Menschenwürde zu achten und die Leute zu respektieren und wertzuschätzen. Alle Stimmen sollten gehört werden, nicht bloß diejenigen der Führungskräfte. Er ging soweit, dass alle Mitglieder der Betriebsgemeinschaft in Entscheidungsprozessen mitwirken sollten. Teilhabe und Mitbestimmung sah er als wesentlich an, um Mitarbeiter nicht zu demotivieren, sondern in positivem Sinne bei der Stange zu halten. Der Begriff der Betriebsgemeinschaft illustriert also lediglich, wie Nicklischs ethische Prinzipien praktisch umgesetzt werden könnten.

Fällt dir was auf? 104 Jahre nach Heinrich Nicklischs bedeutendstem Werk[297] wird sein alter Wein in neue Schläuche gegossen. Wir sehen hier bemerkenswerte Parallelen zu den aktuellen Trends der heutigen Arbeitswelt, zur Agilität und zu dem, was die „new ways of working"[298] ausmacht: Teamgeist, Augenhöhe, Werte und Wertschätzung, Partizipation, lebenslanges Lernen, Work-Life-Balance, Mindful Leadership, Nachhaltigkeit.

Doch das Gabler-Wirtschaftslexikon schreibt dem ethischen Normativismus eine „geringe Wirkung"[299] zu. Autor Günther Schanz bescheinigt Nicklisch „kaum brauchbare Ansätze"[300] und ruft explizit zu „kritischer Distanz" auf. Der Ökonom Klaus Brockhoff erklärte uns auf Nachfrage in einem Interview, der normative, axiomatische Ansatz mache vieles nicht explizit und halte der Allgemeingültigkeit nicht stand. Er sei im Unterschied zur theoretisch begründeten Betriebswirtschaftslehre nicht gut zu überprüfen. Daher sei Nicklischs Ansatz

296 Nicklisch, Heinrich: *Der Betriebsprozeß und die Werteumläufe in der Wirtschaft*. Stuttgart, 1932. S.121-125.

297 Nicklisch, Heinrich: *Der Weg aufwärts! Organisation*. Stuttgart, 1920. Wir beziehen uns mit den 104 Jahren auf das Erscheinungsjahr der *Narzissmus-Bilanz*. Selbstverständlich sind die Konzepte der ‚neuen' Arbeitswelt älter und auch nicht von uns erfunden worden.

298 Zuerst wollten wir *New-Work-Bewegung* schreiben. Doch bei Licht betrachtet handelt es sich bei *New Work* um einen Gegenentwurf zum Kapitalismus, und wir wollen ja sorgsam mit Vokabeln umgehen. Die hier entliehene Formulierung aus dem *The Real Book of Work* von Grubendorfer/Ackermann bringt die Sache besser auf den Punkt.

299 https://wirtschaftslexikon.gabler.de/definition/normative-betriebswirtschaftslehre-41614

300 Schanz, 2014. S.40.

weniger brauchbar für die heutigen Wirtschaftswissenschaften. Grundsätzlich würde er nicht sagen, dass der normative Ansatz heute keine große Rolle mehr spiele; es gäbe immer wieder Wissenschaftler, die sich mit diesem Ansatz beschäftigen. Nach dem gängigen Wissenschaftsverständnis sollte Wissenschaft Werturteile – normative Aussagen, die bestimmtes Verhalten als gerechtfertigt erklären – ausschließen oder zumindest als solche kennzeichnen. Allerdings würden seine Kritiker urteilen, ohne jemals das gesamte Werk Nicklischs wirklich verstanden und sich intensiv mit dem Gemeinten auseinandergesetzt zu haben. Die normative Ethik sei laut Brockhoff wünschenswert, doch schlicht und ergreifend in der BWL nicht darstellbar. Das Ergebnis dieser angeblich nicht möglichen Darstellbarkeit kannst du ab Kapitel 4 nochmal nachlesen: mangelnde psychologische Sicherheit bis hin zu Trauma, Psychose und Burnout. Innere Kündigung, hohe Fluktuation, immense Kosten für Organisationen. „Alle sagten, ‚das geht nicht'. Bis einer kam, der hat es einfach gemacht." So oder so ähnlich findest du diesen Spruch auf Tassen, Frühstücksbrettchen und Facebook-Memes. Den wahren Urheber kennen wir nicht. Doch wie wäre es, wenn wir es einfach mal darstellbar machen?

Nicklischs Werk ist von der Idee der *Betriebsgemeinschaft* geprägt und in diesem Kontext spricht er von Konzepten wie „Liebe, Gerechtigkeit und Gewissen".[301] Philosophischer Stoff, vor dessen Hintergrund er die Wirtschaft kritisiert. Sein Ansatz bietet damit viel Raum für ein ‚Wünsch-dir-was'. Und viel Raum für Kritik. Nicht nur Wirtschaftswissenschaftler, auch die meisten anderen Menschen werden vermutlich zucken, wenn im Zusammenhang mit Wirtschaft von *Liebe* gesprochen wird. Wir möchten uns deshalb bei Martin Seligman, dem Wegbereiter der *Positiven Psychologie*, den Begriff *Wohlbefinden*[302] ausleihen und ihn anstelle von *Liebe* einsetzen. Wohlbefinden kommt dem am nächsten, was Nicklisch gemeint hat, wenn du sein Werk genauer studierst. Wir sehen seine Arbeit als wegbereitend für den systemischen Ansatz von Friedrich Glasl, der dir bereits weiter oben begegnet ist. Glasl sieht – wie Nicklisch – Menschen in Organisationen als komplexe, ganzheitliche Wesen, die sich in einem sozialen und systemischen Kontext befinden. Auch er betont, wie wichtig Wohlbefinden ist, damit Mitarbeiter effektiv sein können.

301 Marion Thiel im Interview mit Klaus Brockhoff.

302 Über die Relevanz von Wohlbefinden schrieb Martin Seligman in seinem Werk *Flourish: Wie Menschen aufblühen*. München, 2012.

Unsere Recherchen zu Nicklisch gestalteten sich als mühsam. Auch Google war nicht besonders ergiebig und blieb an der Oberfläche. Niemandem unserer BWL-Freunde, die wir befragten, sagte sein Name etwas. Marion selbst war die Ausnahme, sie brachte den BWL-Pionier in unsere Diskussionen zum Thema ein und lieferte Quellen. Marion wettete, dass sein Ansatz BWL-Basiswissen sei. Sylvia, die um BWL immer einen großen Bogen gemacht hat, wettete aus dem Bauch heraus dagegen. So haben wir die Wirtschaftsfachbereiche von 23 Universitäten angeschrieben, um herauszufinden, ob Heinrich Nicklisch und seine normative Ethik im Curriculum vorkommen? Von den sechs, die geantwortet haben, hat niemand „Ja" gesagt. Fündig wurden wir dann erst in *Betriebswirtschaftslehre in Wissenschaft und Geschichte*, was uns zu Klaus Brockhoff führte. Insgesamt – vor allem mit Blick auf die Universitäten betrachtet – scheint die historische Entwicklung der BWL jedoch keine Rolle mehr zu spielen und ist doch aktueller denn je: Wir müssen dringend wieder begreifen, dass wir auch Großes erreichen können, wenn wir moralisch integer, empathisch und sozialverträglich sind!

Bis zur Abgabe unseres Buchmanuskripts konnten wir nicht wirklich herausfinden, was Nicklisch und seine Thesen ‚stillgelegt' hat. Wikipedia hilft nur ein bisschen weiter: „Ab 1951, mit dem Erscheinen von Erich Gutenbergs *Grundlagen der Betriebswirtschaftslehre – Die Produktion*, ging Nicklischs Einfluss auf die Betriebswirtschaftslehre schlagartig zurück."[303] Waren es seine Inhalte, die zu schwierig oder zu unbequem waren und ab 1951 durch populärere Thesen versandet sind? Der normative Ansatz ist natürlich komplexer umzusetzen, als den Menschen durch die nach wie vor in vielen Organisationen tayloristisch eingefärbte HR-Brille zu sehen. Ist sein recht früher Tod mit 60 Jahren 1946 die Ursache, weshalb ihn heute kaum noch einer kennt? Oder seine Zugehörigkeit zur NSDAP, die ihn nach Kriegsende seine Position als Hochschulrektor gekostet hat? Wikipedia zufolge glaubte Nicklisch, „im nationalsozialistischen Programm seine Ideen von der Betriebsgemeinschaft, der unternehmerischen Tätigkeit als Dienst an der Gemeinschaft, der Wertbezogenheit der Wissenschaft bestätigt zu sehen."[304] Was Nicklisch genau dort ausprobieren wollte oder was er in den Nationalsozialismus hineininterpretiert hat, bleibt im Dunkeln. Doch es zeigt, was passieren kann, wenn eine gute Saat auf einen schlechten Boden fällt. Für unser Buch spielt Nicklischs politischer Irrweg keine Rolle, denn er hat seine unserer Ansicht nach guten Ideen bereits Jahre vor der Machtergrei-

303 https://de.wikipedia.org/wiki/Heinrich_Nicklisch
304 https://de.wikipedia.org/wiki/Heinrich_Nicklisch

fung der Nationalsozialisten verfasst und in die Welt getragen. Doch bevor uns jemand unterstellt, einen Nazi hochzujubeln, sprechen wir den dunklen Schatten über der Person Nicklisch lieber offen an. Wir Autorinnen distanzieren uns ausdrücklich von jeglicher nationalsozialistischen Ideologie. Als Mitbegründer der BWL wollen wir ihn nicht einfach ignorieren, nur weil es die Universitäten unserer Umfrage nach so handhaben.

Die damalige und aus unserer Sicht auch heutige Bedeutung von Nick-lischs Arbeit in der Betriebswirtschaftslehre ist, dass er arbeitende Menschen in Organisationen als subjektive Persönlichkeiten und nicht als objektive Produktionselemente erfasste. Wenn wir nicht länger verlangen wollen, unser Menschsein an der Bürotür abgeben zu müssen, „ist die Fassung der arbeitenden Menschen im Betrieb als ein objektives Produktionselement eigentlich ein Missverständnis zum Wesen der Menschen“[305], schrieb Ohashi Shoichi von der japanischen Kansai-Universität in einer Untersuchung zur gegenwärtigen Bedeutung von Heinrich Nicklisch auf die BWL. Dass Nicklisch offenbar aus dem Curriculum gestrichen worden ist, sorgt stattdessen dafür, dass wir weiter mit Menschen diskutieren müssen, die der Überzeugung sind: „The business of business is business.“[306] Doch „The business of business is people.“[307]

305 https://core.ac.uk/download/pdf/288122928.pdf

306 Der amerikanische Ökonom Milton Friedman, dem dieses Zitat allgemein zugeschrieben wird, war überzeugt: Die soziale Verantwortung von Unternehmen besteht einzig darin, hohe Profite zu generieren: https://www.climatepartner.com/de/wissen/insights/business-business-business.

307 Das Zitat „The business of business is people“ wird häufig dem Unternehmer und Managementtheoretiker Herb Kelleher, dem Mitbegründer und langjährigen CEO von Southwest Airlines, zugeschrieben: https://www.barrywehmiller.com/post/blog/2020/03/04/leadership-lesson-herb-kelleher-of-southwest-airlines.

## Humane Ökonomie meets Hirnforschung

1920, zur Zeit Nicklischs, war die Hirnforschung noch lange nicht auf dem Stand von heute. Der Faktor Mensch konnte sich schon rein technisch wissenschaftlich nicht weiter erschließen. Vielleicht hat Nicklisch einfach nur genau beobachtet, Empathie und gesunden Menschenverstand walten lassen, als er seine ethisch-normative BWL begründet hat. Wenn wir weiterhin alles versachlichen, auch den Menschen, und mit Zielen führen nach dem Minimalprinzip, wenn wir damit trotzdem irgendwie erfolgreiche Arschlöcher sind, die Menschen kaputtmachen, weil wir innerlich bereits selbst kaputt sind, dann wählen wir weiterhin einen Kurs, der uns nicht dahin führt, wo wir eigentlich sein könnten. Wir bleiben als Menschen, Organisationen und Gesellschaft unter unseren Möglichkeiten. Wir erreichen das, was wir irgendwie erreichen können, aber wir erreichen nicht das, was maximal möglich wäre. Und möchten das nicht alle gern, die Interesse an Erfolg und Gewinn haben?
Doch weil die Angst vor Veränderung so groß ist, die Angst, im organisatorischen Kontext die Führung zu verändern, Mitarbeiter mit Vertrauen zu führen aber auch mit Verantwortung zu belegen, tun wir es nicht. Wenn ich den Menschen mit Vertrauen führe, muss ich ihm auch ermöglichen, dass er verantwortlich agieren kann. Wir haben es doch schon vor so langer Zeit erkannt! Wenn Werte wie Wahrhaftigkeit, Verlässlichkeit oder Vertrauen – mehr dazu unten – in Organisationen gelebt werden, dann dulden wir extremen Narzissmus nicht. Wir dämmen ihn ein auf ein Maß, dass sich im wirtschaftlichen Handeln aus allgemein gültigen ethischen Grundwerten ableitet. Wir akzeptieren nicht länger, dass ‚Bescheißen' ein Kavaliersdelikt ist, *Fake News* das neue Normal sind und Lügen gesellschaftlich akzeptiert wird. Lass uns an dieser Stelle ein bisschen länger aus Gerald Hüthers *Was wir sind und was wir sein könnten. Ein neurobiologischer Mutmacher* zitieren: „So geht das Zeitalter der Rationalität mit einer bemerkenswerten Erkenntnis zu Ende: Denken können wir, was wir wollen. Sogar Handeln können wir – zumindest eine Zeitlang – nach unserem eigenen Gutdünken. Aber um glücklich und zufrieden, mutig und zuversichtlich leben zu können, müssen wir in der Lage sein, etwas zu empfinden. Wir müssten also die Intelligenz und die Kraft unserer Gefühle wieder erkennen, schätzen und nutzen lernen. Nur so könnten wir einen Ausweg aus dem Irrsinn unserer gegenwärtigen Lebenswelt finden, in den uns der Einsatz des nackten Verstands geführt hat."[308]

308 Hüther, Gerald: *Was wir sind und was wir sein könnten*. Frankfurt am Main, 2012. S.87.

All das möchten wir noch unterfüttern mit der modernen Philosophie des Julian Nida-Rümelin. Der stellvertretende Vorsitzende des deutschen Ethikrats beschreibt er in seiner *Optimierungsfalle* eine humane Ökonomie, in der die Konzepte der psychologischen Sicherheit und des ethischen Normativismus eine zentrale Rolle spielen. Wirtschaftlicher Erfolg ohne funktionierende Kommunikation und Kooperation sei unvorstellbar.[309] Dazu gehören drei unverzichtbare Regeln, nämlich Wahrhaftigkeit, Vertrauen und Verlässlichkeit. Und sie sind mehr als Regeln – sie sind Erwartungen, die Menschen implizit an andere Menschen haben und die massiven Schaden auf der Beziehungsebene anrichten, werden sie nicht erfüllt. So ist er sich auch sicher: „Die Praxis der Marktteilnehmer muss sich durch Verlässlichkeit auszeichnen" und gute wirtschaftliche Entscheidungen und Urteile müssen den besseren Gründen statt lediglich dem eigenen Vorteil folgen. Egoistische Optimierer werden diese ‚Tugend' nicht entwickeln."[310] Das Zusammenspiel von ökonomischer Konkurrenz und Kooperation beschreibt er als komplexes Wechselverhältnis, das sich an Regeln halten muss, ohne die wirtschaftlicher Erfolg nicht denkbar ist. Das Nutzentheorem, auf dem die moderne Wirtschaft basiert, lässt sich seiner Ansicht nach auch ohne Optimierer und Egomanen denken. Die gängige umgekehrte Annahme sei ein logischer Irrtum, der zu Willensschwäche, Opportunismus und inhumanen Konsequenzen, die wir bereits ausführlich geschildert haben, geführt haben. Frederick Winslow Taylors Lieblingskind, der Homo oeconomicus, ist im Jahr 2002 gestorben[311], wenn er denn je gelebt hätte.

309 Nida-Rümelin, Julian: *Die Optimierungsfalle*. München, 2011.

310 Ebd. S.306.

311 Daniel Kahneman erhielt 2002 den Nobelpreis für Wirtschaftswissenschaften für seine Arbeit zur *Prospect Theory*, die er zusammen mit Amos Tversky entwickelt hatte. Diese Theorie zeigt, dass Menschen in ihrer Entscheidungsfindung systematisch von den Annahmen der Rationalität abweichen, wie sie im Modell des Homo oeconomicus dargestellt werden.

**Vergeblich gesucht: der Homo oeconomicus**

Die geistigen Väter des ***Homo oeconomicus*** waren Wirtschaftstheoretiker wie Adam Smith und Frederick Winslow Taylor. Ihr ‚Baby' prägt das Menschenbild der klassischen Ökonomen bis heute und dominierte lange Jahre die Wirtschaftstheorie. Dabei ist sein Antlitz wenig schmeichelhaft: Es beschreibt den Menschen als rational und egoistisch, stets seinen eigenen Nutzen maximierend. Solidarität, Fairness und Gemeinsinn sind Eigenschaften, die ihm fremd sind. Doch Menschen handeln oft irrational, beeinflusst von Emotionen, sozialen Normen und psychologischen Faktoren. Zudem vernachlässigt das Modell altruistische Motive und soziale Interaktionen. Entscheidungen werden häufig unter Unsicherheit und mit unvollständigen Informationen getroffen, was der Homo oeconomicus nicht berücksichtigt. Alternative Modelle wie die ***Prospect Theory*** von Daniel Kah-neman und Amos Tversky bieten eine realistischere Sicht auf menschliches Verhalten, indem sie kognitive Verzerrungen und soziale Präferenzen einbeziehen. Diese modernen Ansätze tragen zu einer humaneren und effektiveren Wirtschaftstheorie bei. Ein Wesen, das stets mit absoluter Vernunft seinen Vorteil sucht, hat zu keinem Zeitpunkt existiert.

„In einer humanen Ökonomie wird das Eigeninteresse nur in den Grenzen verfolgt, die mit der gleichen Freiheit aller und der persönlichen Integrität des Einzelnen, die sich in seinen ethischen Einstellungen niederschlägt, vereinbar ist."[312] – auch wenn es trivial klingt, ist es leider nicht selbstverständlich. Zu einer humanen Ökonomie gehören für Julian Nida-Rümelin

» Verlässlichkeit
» Urteilskraft
» Entscheidungsstärke
» Besonnenheit
» Respekt
» Loyalität
» Achtsamkeit

312 Nida-Rümelin, 2011. S.308.

Wie du bereits erfahren hast, gehört nichts davon so richtig ins Stärken-Repertoire extremer Narzissten. Um die praktische Vernunft mit der spezifischen ökonomischen Realität zu verbinden, ist es „der vielleicht wichtigste Schritt“[313], seine persönlichen Präferenzen (siehe DISG) von seinen Entscheidungen zu entkoppeln. Auch darin sind extreme Narzissten nicht besonders gut.

Für jedes Gut – am Zusammenhang von Geld und Glück ist dies bereits erforscht worden[314] – gibt es eine individuelle Sättigungsgrenze. Ist sie erreicht, hilft viel nicht mehr viel, sondern schlägt ins Gegenteil um: der Nutzen sinkt. Ebenso, wie es mit Stärken passiert, die in der Übertreibung zu Schwächen werden. Wenn aus Willensstärke Dogmatismus wird, hilft er dir nicht, deine Ziele zu erreichen, sondern schränkt dich in deiner Wahrnehmungsfähigkeit und im Finden von Optionen ein. Andere Wege, als mit dem Kopf durch die Wand zu kommen, findest du dann nicht. Genau das ist die Optimierungsfalle, nach der Nida-Rümelin sein Buch benannt hat: Wir optimieren, optimieren, optimieren nach den bisher bekannten Grundsätzen der Wirtschaftswissenschaften, nach dem Effizienzgedanken und nach der Effektivität. Doch wenn es um den Menschen geht, um Mitarbeiterführung, treffen wir den Effekt nicht immer richtig und verlieren an Effizienz, weil es sich bei Menschen um nicht triviale Systeme handelt. Den Menschen als ‚Humane Ressource‘ zu benennen, führte uns als Gesellschaft in die Irre. Allein der Begriff legt die Interpretation nahe, beim Menschen könne es sich um etwas handeln, das man sich aneignen und bis zur Ausbeutung nutzen kann.

Nida-Rümelins Überlegungen kommen ihm selbst und uns völlig klar vor, doch sie sind „offenkundig selbst gegenüber Experten der theoretischen Ökonomie, der Entscheidungstheorie oder der praktischen Philosophie schwer vermittelbar“[315]: Er bringt die mathematisch-analytische und die philosophisch-philantropische Seite zusammen und lehrt, dass du nur zu einer positiven Bilanz kommen kannst, wenn du beide Seiten integrierst: den ‚weichen‘ Menschen mit all seinen Gefühlen und Bedürfnissen sowie die ‚harten‘ Zahlen, Daten und Fakten. Wir brauchen beides. Dies zu erkennen ist nicht nur Führungsaufgabe, sondern der Job eines jeden Einzelnen in der Organisation.

313 Nida-Rümelin, 2011. S.308.

314 Studien zufolge steigt in unserer Wohlstandsgesellschaft ab einem Jahreseinkommen zwischen 60.000 $ und 80.000 $ die Zufriedenheit nicht mehr durch noch mehr Geld. Vgl. dazu auch Seligman, 2012. S.314 ff.

315 Nida-Rümelin, 2011. S.108.

## Die Gegenüberstellung: Gewinn und Verlust durch extremen Narzissmus

Wir haben in Kapitel 6 von Archäologen und Historikern gelernt: Wir können Gemeinschaft und wir können auch gemeinsam ‚wirtschaften'! Unsere Vorfahren haben sich zusammen angestrengt und dann zusammen Pause gemacht. Als Gruppe haben sie lebensgefährliche Projekte gestemmt. Die Ergebnisse gerecht geteilt, alles verwertet und den Überfluss der Natur genossen. Sie haben sich Zeit genommen, um gemeinsam am Feuer zu sitzen. Mit Beginn des Ackerbaus und dem, was wir heute Wirtschaft nennen, haben wir dann begonnen, uns gegenseitig zu bewerten. Allem, was wir füreinander tun oder lassen, einen Wert zu geben und uns darüber in ein Verhältnis zu setzen. Damit fing das Übel an. Das größte Problem daran: Wir bewerten nur das, was wir als verkaufbare Arbeitsleistung sehen. Care-Arbeit, Denkarbeit, Empathie und Wertschätzung, Liebe, persönliche Integrität, Dankbarkeit, der ganze ‚Mädchen-Psychokram', den wir nicht sehen und dessen Wirkung viele linkshirnig Getriebene noch nicht mal begreifen können, all das wird auf die ein oder andere Art abgewertet: belächelt, nicht priorisiert, schlecht bezahlt, ignoriert.

Unser Gehirn wurde immer sozialer. Unsere Lebensform wird immer unsozialer. Drei Millionen Jahre lang hatte extremer Narzissmus keine Chance sich zu entfalten. Die Bedingungen für Egozentrierung, Ellenbogenmentalität und Bewertung waren nicht da. Wir haben dieses Kosten-Nutzen-Ding in all dieser Zeit überhaupt nicht gebraucht. Das ‚Wir' war das erfolgreiche Überlebensstrategie-Modell Nr. 1 und die Entwicklung, um das Leben besser zu gestalten, passierte trotzdem. Aus Langeweile? Oder aus Not? Wir wissen es nicht genau. Nur, dass das menschliche Gehirn vermutlich bereits damals darauf aus war, Schmerz zu vermeiden und Lust zu vermehren.

Und wir wissen: Extremer Narzissmus ist eine schwere Bindungs- und Beziehungsstörung. Wir haben angekündigt, ihn betriebswirtschaftlich bewertbar zu machen. Der Gedanke dahinter war und ist, nicht nur die Leute mit einer Anleitung und Impulsen zu unterstützen, denen eh schon völlig klar ist, wie schädlich Narzissmus ist, die der Sache jedoch hilflos und ohnmächtig gegenüberstehen. Sondern auch die vielen linkshirnig tickenden Menschen zu erreichen, die ausschließlich auf Zahlen, Daten und Fakten stehen und den ganzen ‚weichen Mädchenscheiß' verachten.

Die Vor- und Nachteile von extremem Narzissmus versuchen wir jetzt in eine Bilanz sowie in eine Gewinn- und Verlustrechnung zu übertragen. Jetzt interessiert dich doch sicher, wie teuer dich Narzissmus in deiner eigenen Organisation zu stehen kommt, oder?! Die Zahlen musst du allerdings selbst schätzen und eintragen. Denn sie sind – wie bei einer echten Wirtschaftsbilanz – von Unternehmen zu Unternehmen unterschiedlich und hängen stark mit deiner subjektiven Bewertung der Narzissmus-Auswirkungen in deiner Organisation zusammen. Vielleicht ist Narzissmus für dich gar kein Faktor, weil du klar und konsequent führst? Und die Zahlen verändern sich, wann immer sich der Narzissmusgrad in deiner Organisation verändert. Im Rechnungswesen ist die Bewertung der festen und beweglichen Wirtschaftsgüter ziemlich vielen Regeln untergeordnet. Dennoch lässt sie sehr oft Spielräume zu.

Produkte, die du auf Lager produziert hast, sind erst wirklich etwas wert, wenn sie verkauft worden sind. Bis zu diesem Punkt kosten sie dich Geld. Jetzt ist es schon ziemlich kompliziert, den Wert von Produktionsgütern zu erfassen. Menschen und den Wert ihres ‚Dienstes' oder ihrer Leistung zu begreifen und zu vergleichen, ist noch viel schwieriger und nährt außerdem extremen Narzissmus.

Ebenso schwer ist es, den Schaden zu erfassen, den Menschen durch ihr Menschsein im Zusammenspiel mit anderen Menschen in der Organisation verursachen: Ein falsches Wort zum Hauptkunden des Unternehmens und die Hütte brennt. Eine freundliche Geste, dem Kunden im Reklamationsfall entgegengebracht, und die Kundenbindung steigt erheblich.[316] Ob und welche Effekte bei welchem Menschen wirken, ist selten klar und folgt keinen klaren Verhaltensregeln. Der Mensch wird häufig unterkomplex betrachtet und von klugen Mathematikern, z. B. aus der Versicherungsbranche, zu berechnen versucht. Doch die Subjektiviät von Menschen ist nicht rationalisierbar.

316 Siehe Fußnote zum Beschwerdeparadoxon auf S.229.

Bei Kosten, die für die Produktion von Wirtschaftsgütern anfallen, trennen wir zwischen den Vollkosten, also allen Kosten die für die gesamte Produktion anfallen, und den Teilkosten, also den Kosten, die pro Stück für ein Wirtschaftsgut anfallen. Nicht jeder unserer Leser hat Wirtschaft studiert oder kennt sich gut mit Buchführung aus. Wir wollen hier die Analogie zur Vollkostenrechnung ziehen, die alle Kosten in eine Rechnung einbezieht. Anders als die Teilkostenrechnung oder Deckungsbeitragsrechnung, die für Teilprobleme Lösungen bietet.

Die *Deckungsbeitragsrechnung* trennt fixe von variablen Kosten. Sie konzentriert sich auf die variablen Kosten im Zusammenhang mit der Produktion oder dem Verkauf eines Produktes oder einer Dienstleistung. Diese müssen auf die fixen Kosten angerechnet werden, um kostendeckend zu sein und Gewinn zu erzielen.[317] Die Deckungsbeitragsrechnung wird meistens verwendet, um kurzfristige Entscheidungen zu treffen. Zum Beispiel, wie günstig ein Produkt in einer Rabattaktion maximal sein darf. Das Schwierige daran ist: Kurzfristige Entscheidungen denken das Problem nicht zu Ende. Beherrschen wir die Geister, die wir riefen, oder beherrschen sie uns, wie Goethes Zauberlehrling? Und können wir die Folgen – die vollen Kosten – wirklich absehen?

317 Beispiel: Stell dir vor, du hast eine kleine Firma, die T-Shirts produziert und verkauft. Deine variablen Kosten sind die Kosten, die direkt mit der Herstellung jedes einzelnen T-Shirts verbunden sind. Dazu gehören Materialkosten (Stoff, Farbe) und eventuell auch direkte Arbeitskosten pro T-Shirt. Angenommen, jedes T-Shirt kostet dich 5 Euro an variablen Kosten. Fixe Kosten sind Kosten, die unabhängig von der Anzahl der produzierten oder verkauften T-Shirts anfallen. Dazu gehören Miete für die Produktionsstätte, Gehälter für fest angestelltes Personal, Versicherungen und ähnliches. Angenommen, deine monatlichen fixen Kosten betragen 2000 Euro. Weiterhin angenommen, du verkaufst jedes T-Shirt für 15 Euro. Dann wird der Deckungsbeitrag wie folgt berechnet: Verkaufspreis pro T-Shirt: 15 Euro.Variable Kosten pro T-Shirt: 5 Euro. Deckungsbeitrag pro T-Shirt: 15 Euro - 5 Euro = 10 Euro. Der Deckungsbeitrag von 10 Euro ist der Betrag, den jedes verkaufte T-Shirt nach Abzug der variablen Kosten beiträgt, um die fixen Kosten zu decken und schließlich Gewinne zu erzielen. Um deine monatlichen fixen Kosten von 2000 Euro zu decken, musst du berechnen, wie viele T-Shirts du mindestens verkaufen musst: Fixe Kosten (2000 Euro) geteilt durch den Deckungsbeitrag pro T-Shirt (10 Euro) = 200 T-Shirts. Das bedeutet, du musst mindestens 200 T-Shirts pro Monat verkaufen, um nur deine fixen Kosten zu decken. Jedes darüber hinaus verkaufte T-Shirt trägt direkt zu deinem Gewinn bei.

Stellen wir uns vor, dass wir den Menschen und seine Arbeitskraft wie ein Produkt sehen, dann verursacht er Kosten durch Gehalt, Lohnnebenkosten und so weiter. Jedoch auch Kosten, die im Normalfall nicht erfasst werden. Diese Kosten können anfallen, müssen es aber nicht. Das Menschsein schafft auch Erträge, die nirgendwo erfasst sind. Wenn Mitarbeiter über ihre Freundlichkeit langfristige Geschäftsbeziehung pflegen, beispielsweise. Für unsere ‚Narzissmus-Bilanz' betrachten wir Kosten und Erträge, die aus den psychosozialen Dynamiken des Narzissmus entstehen.

Wir sind uns sicher, der Transfer wird dir nach der bisherigen Lektüre gelingen, ohne dass wir ihn jetzt explizit machen müssen. Unsere Ausführungen sollen illustrieren und sind bitte **nicht** in der strengen wirtschaftswissenschaftlichen Terminologie zu betrachten.[318]

Wir empfehlen eine *Vollkostenrechnung* für die Bewertung der Auswirkungen von Narzissmus: Wir beziehen sämtliche anfallenden fixen und variablen Kosten mit ein. Sie werden unterschieden zwischen direkten Kosten (Einzelkosten) und indirekten Kosten (Gemeinkosten). Es geht also um alle Kosten, die durch schädigende narzisstische Verhaltensweisen anfallen, ungeachtet dessen, wie viele Leute darunter leiden.

*Gemeinkosten* stellen die Kosten dar, bei denen eine direkte Zurechnung auf die einzelnen Leistungseinheiten nicht gelingt. Um das Zuordnungsproblem zu lösen, muss aufgeschlüsselt und auf die Leute oder Dinge verteilt werden, die sie verursacht haben. Stell dir ein Haus mit mehreren Mietwohnungen vor, es gibt jedoch nur einen Strom- und Wasserzähler für alle: Wer einen Singlehaushalt hat und ständig auf Geschäftsreise ist, zahlt dann weniger Nebenkosten, als die fünfköpfige Familie mit der stundenlang duschenden Teenager-Tochter. So ähnlich ist es auch, wenn der extrem narzisstische Unternehmer für Angst im gesamten Unternehmen sorgt. Da gibt es Abteilungen, die durch den intensiveren Kontakt einen höheren Preis zahlen. Und welche, die weiter weg sind vom Chef und kaum unter ihm leiden. Und sicherlich gibt es auch Mitarbeiter, die zumindest zeitweise begeistert sind vom toxischen Chef, und dadurch bessere Leistungen bringen.

Als *Einzelkosten* werden die Kosten bezeichnet, die man der einzelnen Leistungseinheit eines Kostenträgers direkt zuordnen kann: Die einzelnen Kosten, die der individuelle Narzisst verursacht, sind variabel. Je nach Typ Narzisst. Je

318 Siehe Seite 390.

nach dem, auf welchen anderen Menschen mit welcher Disposition er trifft.[319] Für günstige oder ungünstige Matches fallen unterschiedliche Kosten an. Es gibt Leute, denen geht extremer Narzissmus komplett am Arsch vorbei. Hier verursachen toxische Charaktere kaum Kosten. Es handelt sich um Menschen, die beobachten können, ohne zu bewerten. Sie haben das erste Prinzip der Gewaltfreien Kommunikation verinnerlicht. Und sie besitzen laut dem indischen Philosophen und Schriftsteller Jidda Krishnamurti die höchste Form der menschlichen Intelligenz.[320] Sie lassen sich nicht triggern und überlegen sich sehr gut, ob eine Situation etwas mit ihnen zu tun hat oder nicht. Sie sind in der Lage, Unrat an sich vorbei schwimmen zu lassen, ohne sich darüber aufzuregen. Wir vermuten, solche Leute können nichts anderes als eine 5 auf der Malkin-Skala haben. Was nicht gleich bedeutet, dass jeder, der sich dort verortet, diese Fähigkeit hat.

Hohe Kosten fallen zum Beispiel an, wenn die Assistenz der Geschäftsleitung, die sehr mitfühlend ist, auch um die guten Seiten des Chefs weiß und ihn innerlich verteidigt. Durch die Nähe hat sie unter seinen narzisstischen Anfällen besonders zu leiden. Sie ist es gewohnt, dass die Stimmung kippt – unvorhersehbar von Augenblick zu Augenblick. Ein Telefonat, und ihr Chef ist schlecht drauf oder hat echt nervenden Sprechdurchfall. Sie bekommt dann oft nichts mehr gebacken, und weiß: morgen früh wird sie gerügt für ihre fehlende Produktivität. Diskussion zwecklos. Sie ist immer häufiger krank. Hat innerlich gekündigt. Sie hält das nicht mehr aus. Es ist weniger was er zu ihr sagt, sondern wie er es sagt. Sie spürt sein Gift in jeder Zelle ihres Körpers. Doch sie braucht ihr Gehalt und hat Angst, zu kündigen, ohne einen neuen Job gefunden zu haben. Also macht sie weiter, bis zu dem Tag, an dem sie zitternd und weinend am Schreibtisch sitzt und sich selbst nicht mehr spürt … Je nach Intensität der Schädigung fallen den Sozialkassen Kosten an für Psychotherapie, Berufsunfähigkeit und mehr. Es sind auch schon Leute am Arbeitsplatz vor Stress gestorben. Diese Kosten sind im echten Leben kaum nachweisbar. Wir wissen alle um das Phänomen und die Kosten. Sie fallen also auf das einzelne ‚Produkt' *Assistenz der Geschäftsführung* an. Doch es wird auf sie gezeigt und Täter-Opfer-Umkehr betrieben: selbst schuld, weil zu menschlich mitfühlend? Ihr Problem?

319 Siehe DISG oder Malkin-Skala, doch hier fallen noch viel mehr Dinge rein.
320 „Observing without evaluating is the highest form of human intelligence." J. Krishnamurti in Miyashiro, 2011. S.57.

Jeder Mensch verursacht durch seine Schattenseiten und ungünstigen Verhaltensweisen bei seiner Teilnahme an der Betriebsgemeinschaft Kosten durch sein Menschsein. Der ganz normale Ärger: die Unpünktlichkeit, der unaufgeräumte Schreibtisch, der Witz, der nicht lustig ist, der schludrig dokumentierte Programmiercode, die Bedienfehler. Das ist ein fester Kostenblock. Wir sprechen hier ausschließlich die psychosozialen Kosten für den entstehenden Stress, den Unmut, die Demotivation, die Konflikte usw. an, die durch narzisstische Handlungen entstehen. Das sind dann Kosten, die die Gemeinschaft betreffen, also Gemeinkosten; es sei denn, sie sind wie oben zu einem Fall zu verorten.

Hast du einen oder sogar mehrere extreme Narzissten im Unternehmen, dann entstehen außerdem *sprungfixe Kosten*, auch bekannt als intervallfixe Kosten. Sie bleiben über einen bestimmten Zeitraum hinweg konstant und steigen dann plötzlich massiv an. Wenn meine Druckmaschine beispielsweise ihre Kapazität ausgelastet hat, ich jedoch mehr Aufträge kriege, dann brauche ich eine zweite Druckmaschine und dafür womöglich sogar eine größere Halle. Hier passiert der Sprung. Die neuen Kosten bleiben dann wieder fix, solange, bis sich erneut etwas verändert.

Extreme Narzissten verursachen eine Kostenwelle, die zu Beginn ihrer Tätigkeit positive Erträge schafft. Langsam, beharrlich und nachhaltig schlägt sie ins Gegenteil um. Diese Welle rollt entweder langsam an, oder sie baut sich rasend schnell auf. Besonders stark ist der Kostenblock, wenn sich mehrere toxische Charaktere zusammenschließen und die ihnen gefährlich erscheinenden gesunden Narzissten aus dem System drängen wollen.

Die durch extremen Narzissmus bedingten sprungfixen Kosten beziehen sich auf die psychische Widerstandskraft der vom Narzissten belasteten Menschen – auf ihre Resilienz. Irgendwann ist deren Kapazität am Ende, und bis es soweit ist, ist dir das möglicherweise gar nicht klar, dass der Puffer immer kleiner wird. Sukzessive aufgebraucht, weil Menschen im Umfeld eines extremen Narzissten latent unter Dauerstress stehen. Weil sie gefühlt in jeder Sekunde durch ein Minenfeld laufen. Machst du einen Schritt nach rechts, fühlst du dich sicher. Machst du einen Schritt nach links, fliegt dir alles um die Ohren. Wo die Granaten liegen, kannst du nicht vorhersehen. Die dadurch entstehende psychologische Unsicherheit kannst du zunächst nicht erfassen. Sie verursacht eine enorme Kostensteigerung aus den bereits bekannten Gründen. In Kapitel 4 wird anschaulich dargestellt, warum Angst ein hoher Kostenblock für den

‚Produktionsfaktor Arbeitskraft' ist.[321] Wenn du das so willst, kannst du das so haben und veränderst nichts. Vielleicht kennst du den Spruch: „Jede Organisation kriegt die Kultur, die sie verdient."? Bekannt ist darüber hinaus: „Culture eats strategy for breakfast."[322] Es werden also nicht nur deine Mitarbeiter krank oder laufen davon, sondern deine Strategie ist obendrein zum Scheitern verurteilt. Deshalb halten wir mangelnde psychologische Sicherheit für den höchsten Kostenblock einer jeden Organisation. Jenseits von sämtlichen Investitionen in Gebäude, Maschinen oder Produktionsmittel. Das Klima in deiner Organisation wird nicht selten immer toxischer und die Angst ist förmlich riechbar, auch wenn alle augenscheinlich bester Dinge sind. Irgendwann kippt die Stimmung. Meist fängt der Narzisst das auf und treibt an bis zum nächsten Ergebnis. Dieses Spiel läuft in Dauerschleife, wie ein Looping, und langfristig steigt der Stresspegel dadurch an. Die Unsicherheit wächst, Mitarbeiter trauen sich immer weniger zu. Zeit und Kreativität gehen verloren. Jeder Mitarbeiter versucht, möglichst nicht im Fokus des Narzissten zu sein oder sich im inneren Kreis des Narzissten zu platzieren. Denn dort ist es meistens sicher. Wir erinnern uns an Donald Trump, der kurz vor dem Ende seiner Amtszeit laut Spiegel Ausland noch 143 Gnadenakte aussprach[323]. Du arbeitest in deiner Organisation und kannst mit ein wenig Nachdenken hier gerne den Kostenblock ‚Menscheln' und ‚Angst' im Sinne von psychologischer Unsicherheit zusammenbringen. Vielleicht bist du jetzt ja ganz happy und freust dich, dass deine Organisation ohne den „Duft der Narzisse" auskommt.

Noch viel zu viele Unternehmer, Geschäftsführer oder Manager erfassen das ‚Menscheln' nicht als Kosten- oder Ertragsblock. Leider sind sie sich der enormen Risiken durch extremen Narzissmus nicht bewusst. An dieser Stelle verabschieden wir uns mit einer letzten Geschichte von Creg, der uns als gutes Beispiel für schlechte Führung von einem und durch einen extremen Narzissten durchs Buch begleitet hat.

321 Siehe Schaubild von Kußmaul auf Seite 215.

322 Beide Zitate werden häufig Peter Drucker zugeschrieben, doch wir haben das Gerücht gehört, dass die tatsächliche Quelle nicht bekannt ist.

323 https://www.spiegel.de/ausland/donald-trump-143-begnadigungen-in-letzter-minute-a-c510082c-4749-4e7b-a141-cc056addaccf

Die Firma hatte Creg als Geschäftsführer eingestellt, ohne seinen extremen Narzissmus zu erkennen oder zu durchschauen. Hier beginnt eine Reihe von Fehlern. Durch sein enormes Fachwissen, sein überzeugtes Auftreten und seinen großen Charme war er ein überzeugender Bewerber. Drei Geschäftsführer hatten vor ihm das Handtuch geworfen, das Unternehmen schrieb seit sechs Jahren rote Zahlen. Creg schaffte es, innerhalb von drei Jahren 40 Prozent der Belegschaft auszutauschen und trotz schlechter wirtschaftlicher Bedingungen in die schwarzen Zahlen zu kommen. Was hier bereits nicht mit eingerechnet worden ist, sind die Kosten für den Personalwechsel. Creg hatte nämlich seine Lieblinge behalten und den unbequemen Rest rausgeekelt. Mit dabei waren wichtige Wissens- und Leistungsträger. Doch durch die guten Zahlen hatte er das Vertrauen des Inhabers und der Kapitalgeber gewonnen. Endlich hatte es einer geschafft, das Blatt zu wenden! Entsprechend fürstlich war Cregs Gehalt. Er genoss das volle Vertrauen des Inhabers, er hatte Narrenfreiheit und es wurde viel Wirbel um seine Person gemacht. Der Inhaber ließ bei Creg Fünfe gerade sein und verschloss die Augen, wo er sie besser ganz weit geöffnet hätte. Die nächsten Fehler. Denn was ihm aus dem Blickfeld geriet: Sein toxischer Geschäftsführer wurde mehrfach vom Betriebsrat angeschossen, weil sich Mitarbeiter über ihn beschwert hatten. Jedes Mal konnte Creg glaubhaft seine Unschuld beteuern. Dennoch bekam der Geschäftsführer ein ungutes Gefühl und stellte Creg einen Berater zur Seite. Die Methode des Shadowings haben wir dir bereits in Kapitel 8 vorgestellt. In Cregs Fall fragte ihn der begleitende ‚Shadow' sogar bei einem gemeinsamen Abendessen, ob seine Partnerin wohl langfristig bei ihm bleiben würde? Er hatte intuitiv erkannt, wie sehr er sie als Supply brauchte, um Leistung zu erbringen und sich sicher zu fühlen. Creg machte beim Shadowing alles kooperativ mit. Der Fehler lag hier eindeutig nicht in der Methode oder in der Wahl des Beraters, sondern in der Führung: Nach dem warnenden Feedback des Beraters, der Cregs extremen Narzissmus und seine schädlichen Anteile erkannte, wurden dem toxischen Geschäftsführer von Seiten seines Chefs keine Leitplanken gesetzt. Creg gab danach noch mehr Gas – für viele Mitarbeiter war das zu viel. Selbst ein ernsthaft erkrankter Kollege wurde nicht geschont. Ein anderer Mitarbeiter verstarb als Stressfolge am Arbeitsplatz. Die Zahl der Langzeitkranken stieg. Der Inhaber hatte sich für den Umsatz und gegen das Wohl der Menschen ausgesprochen, für die er die Verantwortung zu tragen hatte.

Jetzt könnte man zu den unter Creg leidenden Mitarbeitern durch die Zahlen-Daten-Fakten-Wirtschaftsbrille sagen: „Pech gehabt! Schicksal! Selbst schuld, wenn du es mit dir machen lässt. Kollateralschäden müssen wir in Kauf nehmen, wenn wir erfolgreich sein wollen." Das letzteres ein ungünstiger Glaubenssatz und keine allgemeingültige Wahrheit ist, haben wir gezeigt. Wie viel höher der Gewinn von Cregs Firma bei einer guten, die Menschenwürde achtenden Führung gewesen wäre, wissen wir nicht. Es existiert kein Paralleluniversum, in dem wir den Vergleich hätten starten können. An all den Schaden, den Creg verursacht hat, hat niemand eine Zahl drangeschrieben und seinen finanziellen Gewinn dagegengehalten. Sicher hatte Creg auch eine Menge Fans in der Organisation. Doch wir erlauben uns, einen Absatz aus Kapitel 4 zur Erinnerung nochmal zu zeigen:

Das statistische Bundesamt „beziffert die volkswirtschaftlichen Kosten durch Produktivitätseinbußen von Mitarbeitenden, die sich innerlich verabschiedet haben, auf bundesweit jährlich 93 bis 115 Milliarden Euro." Das Meinungsforschungsinstitut Gallup schätzt die volkswirtschaftlichen Kosten durch Mitarbeiterfluktuation in Deutschland auf bis zu 118,4 Milliarden Euro jährlich. Heruntergebrochen auf einzelne Organisationen heißt das: „Unternehmen dürfen pro Kündigung zwischen 90 und 200 Prozent des Jahresgehaltes des geschiedenen Mitarbeiters an unternehmerischen Kosten und anschließender Personalgewinnung anrechnen."

Und hier wurde nur die Spitze des Eisbergs – Kündigung und innere Kündigung – berechnet. Das Problem geht viel tiefer: Die Kosten inklusive der Folgekosten durch arbeitsbedingten Stress – der, wie wir gezeigt haben, weniger an der Arbeit selbst, sondern am Arbeitsumfeld liegt – werden von der Wirtschaftsgemeinschaft gezahlt. Die Kosten verschieben sich ins Gesundheitssystem. Der Stress, der anfällt und zugelassen wird, den zahlen wir alle über unsere Versicherungsbeiträge. Damit werden diese Kosten externalisiert. Narzissmus-Opfer werden häufig berufsunfähig, und zwar in jungen Jahren: Allein in unserem kleinen gemeinsamen Bekanntenkreis gibt es zwei Personen, die aus diesem Grund die Sozialkasse belasten. Beide waren psychologisch gebildet und hatten trotzdem durch die von Burkhard Sievers beschriebenen psychotischen Systeme mit unfähigen Führungskräften keine Chance.

**Die Narzissmus-Bilanz**

| **Aktiv/Soll (wie es investiert wird, damit es sich vermehrt)** | **Passiv/Haben (wie es finanziert ist; mit dem, was hier steht, kannst du links arbeiten)** |
|---|---|
| Anlagevermögen: Physische Mittel, Prozesse und Abläufe (siehe Glasls technisch-instrumentelles Subsystem) im Idealfall als menschenfreundliche Umgebung | Eigenkapital: die hohe Ethik der Organisation, die sogar schriftlich vorhanden war, die Fackel, die hochgehalten wurde, über Generationen hinweg: „Der Ruf, führend zu sein, verpflichtet." Kundenfokus und persönliche Integrität (z. B. Sorgfalt, Gewissenhaftigkeit, Kunden nicht über den Tisch ziehen durch hochpreisige Mangelware) der Inhaberfamilie als Geschäftsgrundlage. Haus auf Stein gebaut und nicht auf Sand. Kein „Fake it till you make it" – er lebt, was er ist ... |
| Umlaufvermögen:<br>• Kulturelles Subsystem (Identität, Policy, Strategien)<br>• Soziales Subsystem (Menschen/Gruppen (die erwirtschaften was über das soziale Miteinander (Analog zu Vorräten), Konflikte (es entstehen aber auch soziale Kosten (Analog zu Forderungen)), Aufbaustruktur; Einzelfunktionen/Rollen) hohe Bewertung – strahlt auf alles andere aus: Der Narzisst im System versemmelt dir das positive Ergebnis aus deinen Subsystemen. | Fremdkapital: Exzellente langjährige Geschäftspartner, Kontinuität |
| Jahresdefizit | Jahresüberschuss |
| Summe Aktiva | Summe Passiva |

*Tabelle 8: Die Narzissmus-Bilanz – das Beispiel für die Passiv-Seite haben wir dem Emil-Frey-Brief entnommen.*[324]

Wir sehen an den Wirtschaftswissenschaften, dass wir ganze Bibliotheken mit den Bewertungsgrundsätzen von Vermögen füllen können. Denn es gibt da ein

324 https://www.emilfrey.ch/de/emil-frey-gruppe/wir-ueber-uns

Problem, das jeder kennt, der ein bilanzierungspflichtiges Unternehmen führt: Je nachdem, wie ich bewerte, kann das Ergebnis negativ oder positiv ausfallen. Und diese Bewertung ist stets subjektiv. So kann es passieren, wie Marion es bei einem ihrer Kunden erlebt hat:

An ein großes Autohaus waren neben den Markenhändlern auch freie, kleinere Autohändler angebunden. Einer von ihnen ließ einen externen Wirtschaftsprüfer ohne Branchenkenntnis seinen Abschluss überprüfen. Im Ergebnis erhielt er eine positive Bilanz. Doch dann rückte der interne Prüfer der Kapitalgesellschaft an. Aus seiner Branchenerfahrung heraus setzte er realistischere Bewertungsansätze an. Die Bilanz fiel negativ aus, der kleine Autohändler galt als zahlungsunfähig und musste Insolvenz anmelden.

Um den Transfer zum Thema Narzissmus zu leisten: Wenn du von den Risiken unter Vollkostengesichtspunkten – das sind alle Kosten, die durch extremen Narzissmus anfallen – keine Ahnung hast, wenn du nicht weißt, was er in deiner Organisation auslösen kann, dann geht es dir wie diesem freien Autohändler: Kommt jemand mit Ahnung und macht den Jahresabschluss (Bilanz), ist dein Unternehmen von jetzt auf gleich nichts mehr wert oder hat zumindest drastisch an Wert verloren. Die Organisationen entwertenden Parameter fassen wir gerne noch mal zusammen:

» Hohe Demotivation – innere Kündigung – Dienst nach Vorschrift
» Schlechte Stimmung – hohe Fluktuation – Abwanderung von Wissen und Können
» Mangelnde Innovationsfähigkeit durch erstickte Kreativität
» Burnout und mehr – unbrauchbare Mitarbeiter mit Langzeitschäden
» Unzufriedene Mitarbeiter führen zu unzufriedenen Kunden; unzufriedene Kunden führen zu sinkenden Umsätzen
» Und vielleicht sieht der Prüfer deine viel zu konservative Bewertung und du stehst besser da, weil du das menschliche Potenzial nicht erkannt hast.
» Vorsicht: Zu negative Bewertungen von Narzissmus führen zu extremen Haltungen. Oder erzeugen friedlich-friedhöfliche Stimmungen. Gesunder Narzissmus ist das Mittel der Wahl.

Unter Umständen hast du dann echte Schwierigkeiten, wieder wirtschaftlich zu werden. Der Liste teurer, entwertender Parameter gesellt sich noch der schlechte Ruf deiner Organisation hinzu. Er schadet nicht nur dem eigenen Image, sondern hat das Potenzial, auch in der Gesellschaft einen Schwelbrand auszulösen: Glaubenssätze entstehen. Zum Beispiel, dass alle Autohändler Schlitzohren sind. Oder alle Politiker Lügner. Wir können verstehen, dass es schwer ist, bei einer Politkarriere nicht zu lügen. Das ständige Rampenlicht, der mediale Druck, die Kompromisse und Koalitionen, komplexe Sachverhalte und strategische Kommunikation, und dann natürlich ideologische Überzeugungen – du brauchst echt einen starken Charakter, um in dieser Welt als Politiker ehrlich zu bleiben. Dass es so vielen nicht gelingt, führt zu Misstrauen, zu einem Ruck der Gesellschaft ins Extreme, zur Generation Politikverdrossen. So einen Glaubenssatz wieder aus sich hinauszubekommen, ist schwierig. Trotzdem dürfen wir nicht vergessen, dass Menschen immer sozialer werden und das Potenzial haben für gemeinsame Entwicklung und Fortschritt. Wir überzeichnen einerseits hier und da in unseren Beispielen, um auf die Ernsthaftigkeit des Phänomens Narzissmus hinzuweisen. Und andererseits kann die Realität auch noch schlimmer sein.

Um uns das Kosten-Nutzen-Verhältnis von Narzissmus in der Organisation etwas genauer anzuschauen, brauchen wir noch die Gewinn- und Verlustrechnung (GuV). Mit einer Bilanz kannst du nur sekundär etwas anfangen, sie gibt nicht hinreichend Auskunft – wenn du die GuV nicht kennst, kannst du keine seriöse Unternehmensanalyse machen. Die GuV ist außerdem spannender zu lesen als die Bilanz.[325]

325 Deshalb wollten wir das Buch zuerst *die Narzissmus-GuV* nennen. Aber mit dieser Abkürzung können die wenigsten etwas anfangen, und ausgeschrieben wird es viel zu lang. Die Redewendung ‚eine Bilanz ziehen‘ ist geläufiger.

| Kap. | Aufwendungen | Erträge | Kap. |
|---|---|---|---|
| 9 | Sprungfixe Kosten des Narzissten (Zinsen) | Persönliche Integrität der Führungskräfte | 9 |
| 6 | Bewertung der Risiken durch Narzissmus | Chancen durch besondere Fähigkeiten des Narzissten | 6 |
| 4 | Gesundheits-Folgekosten für die Gesellschaft (Sozialkassen, Krankenkassen, entgangene Steuereinnahmen durch reduzierte Einkommenssteuer); Kosten durch gesundheitliche Ausfälle der Mitarbeiter oder des Narzissten selbst. Kosten der Kränkungen. | Gesunder Narzissmus im Unternehmen inklusive der Auswirkungen auf die Gesundheit der dort tätigen Menschen – gesunde Psyche, gesunder Körper, mehr Leistung, weniger Krankheitstage. | 2 |
| 5 | Kollateralschäden extern (z. B. verprellte Partner, siehe Beispiel HWK) | Klare Grenzen setzen (wertschätzend-konsequent) | 8 |
| | Kollateralschäden intern (z. B. Verlust von Wissen und Kompetenzen) | Agile Prinzipien | 8 |
| 4 | Sinkende psychologische Sicherheit, sinkendes Wohlbefinden | Konsequenzen aus dem Handeln heraus = psychologische Sicherheit der Organisation | 4 |
| 3 | Kosten für den ‚Drogen'-Entzug aus dem Love-Bombing[326] | Anfänglich steigendes Wohlbefinden durch Love-Bombing[327] | 2, 8 |
| | **Gewinn = Jahresüberschuss** | **Verlust = Jahresdefizit** | |
| | Summe Aufwendungen: | Summe Erträge: | |

*Tabelle 9: Die Narzissmus-Gewinn-und-Verlustrechnung*

326 Wenn dich der Narzisst rauswirft oder du kündigst, oder du in der Abhängigkeit so sehr leidest, musst du in einen kalten Entzug. Das ist das Grausamste für die Psyche, was du dir vorstellen kannst. Arbeitsfähig bist du dann nicht, denn du musst erstmal entgiften und wieder zu dir kommen. Die Gefahr, dass du da nicht mehr rauskommst, ist hoch.

327 Schmutziger Tipp: Schmeiß den Narzissten raus, wenn die Love-Bombing-Phase zu Ende ist und sich die ersten Anzeichen von Grenzüberschreitungen zeigen – der Nutzen kippt. Die anderen Mitarbeiter müssen den Rausschmiss verstehen, sonst landen sie im Mitgefühl mit dem Narzissten. Das muss gut begleitet werden.

Der Gewinn unten links aus der GuV erhöht in der Bilanz das Eigenkapital. Der Verlust aus der GuV kommt als ein Defizit auf die Aktivseite. Wenn wir diese GuV in die Bilanz überführen, dann sehen wir hier – völlig, ohne tatsächlich Zahlen in die Tabelle zu schreiben – aus unserer Sicht einen heftigen Verlust. Das muss jedoch nicht so sein und bedarf stets einer Einzelfallabwägung. Hüte dich vor Fingerpointing und beachte die persönlichen Präferenzen im Sinne von Sympathie und Antipathie, Distanz und Nähe, Handlungszwänge und so weiter. Ähnlich der Bewertungsgrundsätze im Rechnungswesen. Um seriös und realistisch zu bewerten, sollten wir nicht bewerten. Mach die Analyse stets im Team, zum Beispiel mit unserem Narzissmus-Bilanz-Test aus Kapitel 7.

Schauen wir uns die GuV von Narzissmus in der Organisation an, müssen wir folgende Bewertungen vornehmen: Wir stellen den Aufwand, den der Narzisst unter Vollkostengesichtspunkten verursacht, dem Ertrag, den er durch seine besonderen Talente und Fähigkeiten erwirtschaftet, gegenüber. Alles, was du auf der Ertragsseite findest, haben wir bereits ausführlich beschrieben: In der GuV-Tabelle findest du die entsprechenden Verweise auf die Kapitel. Auf der Ertragsseite stehen ebenfalls die Narzissmus-Antidote, die wir bereits in Kapitel 8 vorgestellt haben. Sofern extreme Narzissten wertschätzend-konsequente Grenzen erfahren, kann der Ertrag durchaus den Aufwand übersteigen. Sofern der Narzisst in einem für ihn gedeihlichen Umfeld eingebunden ist. Die Ertragsseite sollte mehr zu bieten haben als die Seite der Aufwendungen: Dann hast du eine Eigenkapitalerhöhung und umgangssprachlich eine **positive Bilanz**. Wenn das der Fall ist, kannst du für dich entscheiden, ob du die Aufwendungen durch extremen Narzissmus noch weiter reduzieren möchtest, um

a) deinen Gewinn zu erhöhen,
b) nachhaltig Gewinne erzielen zu können und
c) gewappnet zu sein für Krisen.

Wenn du feststellst, dass der Narzissmus in deinem Unternehmen mehr Aufwand macht als er an Ertrag bringt, hast du eine **negative Bilanz** und Handlungsbedarf. Ein wirksamer Hebel ist, den gesunden Narzissmus in der Organisation zu stärken, um auf der Skala in den Bereich 4-6 zu kommen. Inspiration zu all dem hast du reichlich von uns erhalten.

## Betriebswirtschaftliche Zeitreise mit Tücken

Im April 1898 wurde in Leipzig die erste Handels-Hochschule ins Leben gerufen. Die Disziplin der Betriebswirtschaft ist also noch ziemlich jung. Deutschland hat sich zu jener Zeit vom Agrarland zum Industriestaat entwickelt. Einige junge Menschen wie Heinrich Nicklisch, Fritz Schmidt, Eugen Schmalenbach, Willi Prion, Balduin Penndorf, Ernst Papa und Hermann Grossmann nahmen an diesem großen Ereignis teil. Es sind die sieben Urgesteine der Wirtschaftswissenschaften und die späteren ersten Professoren diese neuen Fachs Betriebswirtschaft.

Und wie das bei jungen Menschen, hier Männern, ist, haben die selten in allen Punkten die gleiche Meinung. Die Hitze der Jugend erlaubt es vielleicht nicht, fachlich weise auf einen Nenner zu kommen. Die Hitze der Jugend bleibt extremen Narzissten leider erhalten. Wir könnten auch sagen, in Momenten von Stress, Druck oder Konflikten ereilt uns das Schicksal alle. Narzissten befinden sich aus unserer Sicht überwiegend in diesem Zustand, es sei denn, sie sind sich der Kontrolle über ihre Energielieferanten sicher.

Zurück zu den jungen Urgesteinen der Betriebswirtschaft. Heinrich Nicklisch und Eugen Schmalenbach hatten eine sehr ‚interessante' Beziehung zueinander. Einerseits von Respekt geprägt, andererseits von tiefster Ablehnung gezeichnet. Beide Männer hatten jedoch immer irgendwie eine ‚Verbindung' zueinander. Aus der Literatur von Klaus Brockhoff, der ja selbst noch sehr nah an den Urgesteinen dran war sowie den Schilderungen von Max Kruk, Walter Cordes, Erich Potthoff und Günter Sieben in dem Gemeinschaftswerk *Eugen Schmalenbach, der Mann; sein Werk; die Wirkung* zeichnet sich das Bild dieser Beziehung der beiden Männer. These und Antithese sollten ja klug zur Synthese finden. Aber ist das in der Wissenschaft immer so?

Unserer Erfahrung nach manchmal, und eher immer seltener anzutreffen. Marions persönliche Erfahrung ist, dass Ingenieure da eher besser sind, die Synthese finden zu wollen. Bei dem Blick auf die Beziehung zwischen Nicklisch und Schmalenbach kommt uns sofort das Bild des Bürgermeisters Peppone und des Pfarrers Don Camillo in den Sinn. *Don Camillo und Peppone* ist ein italienisch-französischer Komödien-Klassiker aus dem Jahre 1952. Dieser alte Film zeigt die interessante Hassliebe zwischen den beiden und ist von außen betrachtet sehr lustig. Im echten Leben finden wir das weniger lustig, wenn Entwicklungen durch persönliche tiefste Gräben unmöglich gemacht werden.

Bei unserer Recherche sind wir auf eine Art ‚Ausblenden' der Person Nicklischs gestoßen, obwohl er im Entwicklungsrad der Betriebswirtschaft eine tragende Rolle spielt. Darauf sind wir oben schon näher eingegangen. Sicher haben die Zeit, die politischen Umstände und das Spannungsfeld der Ethik der beiden Herren sowie die sehr unterschiedlichen Persönlichkeiten großen Einfluss auf die Dynamik dieser Verbindung.

Nicklisch hat die Betriebswirtschaft und die normative Ethik sehr verklärt auf ‚Gutmenschentum' ausgerichtet. Er hat eher vom philosophischen Ansatz auf zu erklärende Werte wie Liebe, Glaube, Gerechtigkeit, und auch unter Marketing- und Vertriebssicht auf die betriebswirtschaftliche ‚Gemeinschaft' auf das System geschaut. Er hat die Betrachtungseinheit eher als einen ‚Prozess', also den Betriebsprozess, betrachtet. „Dieser umfasst die Vorgänge, die zur Zweckerfüllung des Betriebes in Gang gesetzt werden. Als ‚überragend' werden angesehen: Beschaffung, Produktion (im engeren Sinne), Absatz und Verteilung."[328] Aus heutiger Sicht würden wir sagen: Nicklisch war Marketing, Vertriebs- und HR-Profi. Er betrachtet den „äußeren Wertumlauf", der angestoßen „vom Ertrage aus" betriebliche Produktionsfaktoren entlohnt und Gewinne ausschüttet, was die „Nachfrage für die betriebliche Leistungen ermöglicht".[329] Somit zeichnet sein „äußerer Wertumlauf" ein vorläufiges Bild des Wirtschaftskreislaufes.

**Nicklisch hatte folgende Punkte für betriebswirtschaftlichen Erfolg im Fokus:**

- » Mensch, Bedürfnisse des Menschen und Bedarfe des Marktes, den Willen zu Gemeinschaft (sein fataler Stolperstein in die Hände des Nationalsozialismus).
- » KMUs sind günstiger für unsere Wirtschaft als Großunternehmen.
- » Rationalisierung alleine reicht nicht aus, da fehlt das, was wir ‚Menscheln' nennen.
- » Das Verteilungsproblem – was ist eine gerechte Verteilung?

Das Problem dabei: Er hatte kein Konzept, wie das gelingen könnte oder sich umsetzen ließe.

328 Brockhoff, Klaus: *Betriebswirtschaft in Wissenschaft und Geschichte.* Wiesbaden, 2012. S.37.

329 Ebd. S.38.

Andere Ansichten hatte Eugen Schmalenbach. Er war ein Naturtalent für wirtschaftliches Handeln und ein geradliniger Charakter, der wirklich ganz viel dafür tun musste, um seinen beruflichen Weg gehen zu können: in einfache landwirtschaftliche Verhältnisse hineingeboren, hat er sich fleißig hochgearbeitet. Sein herausforderndes Leben in der Landwirtschaft hat ihn gelehrt, die Natur als System zum Vorbild zu nehmen. Er hat dadurch die Notwendigkeit zum wirtschaftlichen Handeln und zur Sparsamkeit erlebt. Später hat er diesen Erkenntnisgewinn umgesetzt. Schmalenbach war kein Schöngeist wie Nicklisch, sondern ein Macher. Aus diesen Erfahrungen heraus entwickelte er eine ganz klare ethische Haltung. Schmalenbach trug das Herz auf der Zunge – ein Grund für die ambivalente Beziehung zu Nicklisch. So zerriss er Nicklischs ‚Betriebslehre' mit Richtung ‚Betriebstechnik als Kunstlehre' mit folgenden Worten: „Nicklisch liebt ein wenig die Pose und schwankt offenbar immer noch, ob nun Faust oder Mephisto oder Jesus Christus der richtige ist."[330]

Schmalenbach erhielt 1922 einen Ruf der Handelshochschule Berlin. Da wäre er Nicklisch als Kollege begegnet. Er lehnte jedoch ab. Zu einer gedeihlichen Zusammenarbeit wäre es vermutlich auch eher weniger gekommen.[331] Schmalenbach hatte die Angewohnheit, sich an den Büchern von Fachkollegen sehr temperamentvoll zu reiben. Diplomatie war eher nicht seine Stärke. „Diese Haltung entspringt seiner unbeirrbaren Wahrheitsliebe. Es ist seine innerste Überzeugung, daß Kritik sich nicht in nebelhaften Phrasen äußern darf, sondern mit kristallener Klarheit und unerbittlicher Härte ausgesprochen werden muß. Zu große Milde in der Kritik ist, so wie die Dinge in der Zunft liegen, eine Versündigung an ihr", schrieb er 1912 am Schluss seiner Würdigung des Nicklisch-Buchs von 1912/13.[332]
Schmalenbach und Nicklisch waren fachlich gar nicht so weit von einander entfernt. Schmalenbach hatte, wie zu vermuten ist, aufgrund seiner Historie und Persönlichkeit keinen Sinn für diese schöngeistigen Auswüchse. Sätze wie „Von Gefühlen kannst du dir nichts kaufen. Jungs weinen nicht. Stell dich nicht so an. Reiß dich zusammen. Zeige deine Schwächen nicht. Setzt deine Interessen auf anständige Art durch. Wer schreibt, bleibt. Du musst gewinnen um jeden Preis …" waren damals üblicher Bestandteil der Kindererziehung. Mitgefühl

330 Kruk,Max/Potthoff, Erich/Sieben, Günter: *Eugen Schmalenbach. Der Mann – sein Werk – die Wirkung*. Stuttgart, 1984. S.45.

331 Ebd.

332 Kruk,Max/Potthoff, Erich/Sieben, Günter: *Eugen Schmalenbach. Der Mann – sein Werk – die Wirkung*. Stuttgart, 1984. S.49.

und Humanität wurde nicht gelebt. Anstand, Moral, Ethik, Ehre und christliche Werte – so, wie sie damals verstanden wurden – waren jedoch hoch angesehen.

Wir dürfen nicht vergessen, dass die damalige Generation zwei Kriege erlebt und gelernt hat, Gefühle zu unterdrücken. Gelebte Gefühle sind in Kriegszuständen als Gefahr erklärt worden. Marion hatte das Glück, sich mit einigen Kriegskindern oder Nachkriegskindern auszutauschen. Gefühle waren eher nicht erwünscht, durften nicht gelebt werden. Besonders für Männer war das damals ein Tabuthema. So waren die Traumata dieser Zeit nicht auflösbar. Sie halten sich hartnäckig bis in unsere Zeit.[333]

Brockhoff schreibt: „Das Gedankengut von Adam Smith[334], wonach Bäcker, Brauer und Fleischer nicht aus Gutmütigkeit (*benevolence*), sondern aus Eigennutz (*own interest*) handeln und damit in Kontrolle durch den Wettbewerb dem Ganzen dienen, scheint hier völlig unbekannt. Gerade darin aber liegt der ‚normative Zusammenhang' einer Wettbewerbswirtschaft."[335] Gemeint ist, dass die Kontrolle durch den Wettbewerb dem Markt dient und die Möglichkeiten von Eigennutz begrenzt. Wir deuten das so, dass in der Anregung der besten Leistung durch die Marktmechanismen die besten Leistenden sich durchsetzen. Wie sieht die Realität aus? Setzen sich wirklich die Besten durch?

Als Wirtschaftsmediatorinnen schmunzeln wir jetzt etwas: Da gibt es einen eher diplomatisch geschickten Nicklisch und einen ziemlich direkten Schmalenbach – und diese beiden klugen Menschen finden keine Lösung, zusammenzukommen? Am Intellekt lag das sicher nicht. Es lag an den wechselseitigen Kränkungen, die die Männer sich zugefügt haben. Dann lag es möglicherweise auch noch an der wahrscheinlich toxischen Kombination der Persönlichkeiten Schmalenbach/Nicklisch. Beide Herren konnten ihr Ego nicht überwinden und auf den jeweils anderen zugehen. So lesen wir das aus den Quellen raus. Schlimmer noch: Nicklisch und sein Ansatz sind im Fach BWL fast in der Status der *Persona non Grata* gerutscht – Gründungsvater hin oder her. Eine Mediation an dieser Stelle hätte die Zukunft der Betriebswirtschaft ganz anders gestalten können. Nicht auszudenken, was möglich gewesen wäre …

333 Genetik, Epigenetik, Erziehungsmuster der Familien …

334 Siehe Infobox zum Homo oeconomikus auf S.384.

335 Brockhoff, 2012. S.167.

Weitere Kapitel dieser Konfliktgeschichte ersparen wir dir. Doch was wir empfehlen, ist, die Bücher von Brockhoff über die Geschichte der Betriebswirtschaftslehre sowie von Kruk/Potthoff/Sieben über Eugen Schmalenbach mit Blick auf Nicklisch zu lesen. Der achtsame Leser wird hier einen kleinen aber feinen Unterschied in der Haltung der Verfasser bemerken.

Die Urgesteine der Wirtschaftswissenschaft wie Brockhoff gehen davon aus, dass Kontrolle durch den Wettbewerb im Markt dem Ganzen diene. Gerade darin liege der „normative Zusammenhang einer Wettbewerbswirtschaft."[336] Wenn die Gesetze und Mechanismen der Märkte und der Wettbewerb den integren Ansätzen des ehrbaren Kaufmanns folgen würden, könnten wir vielleicht mitgehen. Klaus Brockhoff ist am 16. Oktober 1939 geboren. Kurz vor seiner Geburt brach der Zweite Weltkrieg aus. Für ihn sind Integrität, Fairness und Geradlinigkeit selbstverständlich. Zu seiner Zeit konnte das in der Marktwirtschaft eher vorausgesetzt werden als heute. Es wundert uns daher nicht, dass die Urväter sich die Entwicklung des Marktgeschehens, wie es heute in manchen Branchen der Fall ist, eben nicht vorstellen konnten. Wie sind Menschen heute? Gewinnt der Beste am Markt oder eher der Gerissene, der skrupellose Mensch? Haben wir das so im ganz normalen Wirtschaftsgeschehen im Blick? Setzen wir echte Grenzen? Lassen wir uns doch mit Blick auf die Gewinne von den Verlockungen der diabolischen Machenschaften einfangen? Zahlen wir Boni für diese Geschäftspraxis? Unserer Erfahrung nach ist es klüger, Fragen stellen zu können als auf solche Fragen Antworten geben zu wollen. Die Antworten kennt jeder selbst. Wir weisen erneut auf die hohe Bedeutung der Haltung von Mensch zu Mensch, der persönlichen Integrität und den Faktoren für gelingende Kommunikation – Wahrhaftigkeit, Verlässlichkeit, Vertrauen – hin. Gerne nehmen wir hier den Warnhinweis von Klaus Brockhoff auf. Er rät, Bücher zu lesen statt zu überfliegen, die Thesen der Wissenschaftler durchdringen und erfassen zu wollen und den Zeitbezug nicht aus dem Auge zu lassen. Der *Shareholder Value* von Rappaport zum Beispiel wird häufig ohne den langfristen Bezug betrachtet.

336 Brockhoff, 2012. S.167.

Narzisstischen Verhaltensweisen freien Lauf zu lassen und diese nicht zu begrenzen, ist wider die marktwirtschaftlichen Prinzipien und könnte langfristig Unwirtschaftlichkeiten erzeugen.

Unser Burger ist jetzt mit vielen Zutaten belegt – nun wird es Zeit, den Deckel drauf zu machen und aufzulösen, was es eigentlich mit Narzissmus und der Macht auf sich hat. Als aufmerksamer Leser hast du vielleicht bereits eine Ahnung bekommen ...

## Aufgeklärt: das Macht-Kontroll-Missverständnis

Es mag zwar anders aussehen, aber extremen Narzissten geht es nur vordergründig um Macht in Form von sozialem Status und Kontrolle. Sie werden durch Rache oder Angst angetrieben. Angst, die Kontrolle über die narzisstische Zufuhr zu verlieren. Angst, die narzisstischen Nöte zu spüren; hat man sie in ihren Augen dazu gezwungen, müssen sie sich dafür rächen. Für extreme Narzissten ist Macht nur ein Mittel zum Zweck und nicht das Hauptmotiv, wie Steven Reiss uns im ersten Kapitel veranschaulicht hat. Sie sind in diesem Sinne ohnmächtig und frönen einem Ersatzbedürfnis, weil die große Sehnsucht nach echten zwischenmenschlichen Beziehungen mit Tiefgang, ein seelisches miteinander Schwingen, aufgrund der eigenen psychischen Disposition nicht möglich ist. Wenn man sich nicht verbunden fühlen und auf Augenhöhe agieren kann, wenn Gefühle Angst machen oder nicht gespürt werden können, wenn man durch seine eigene innere Leere abhängig ist von Selbstbestätigung durch andere, dann braucht man Macht in Form von Kontrolle: Die Strategien reichen dabei, wie wir gesehen haben, von Micromanaging und Perfektionismus über Manipulation bis zur Bulimie. Wir fänden es sinnvoll, dazu überzugehen, das Kontroll-Kind zukünftig direkt beim Namen zu nennen, um es von seinem guten Macht-Geschwister zu unterscheiden. Der einzige Mensch, den man kontrollieren sollte, ist die eigene Person.[337]

Der Mut zu wahrer Macht fehlt extremen Narzissten. Weil ihnen der Mut fehlt, Verantwortung zu übernehmen. Verantwortung haben sie nie gelernt, weil sie nicht ehrlich zu sich selbst (und anderen) sein können. Narzissten möchten das eigene Gesicht hinter der Maske im Spiegel nicht sehen. Wenn ich mich noch nicht mal selbst kenne, wenn ich nicht weiß, wer ich bin, dann kann ich auch

337 Und kleine Kinder bis zu einem gewissen Alter.

nicht verantwortlich mit mir und mit anderen umgehen. Und wenn ich nicht verantwortlich mit anderen umgehen kann, kann ich auch nichts verantworten. Und wenn ich nichts verantworten kann, dann **will** ich gar keine Macht. Ich will Kontrolle. Die eigentliche Macht gibt der extreme Narzisst dann doch ganz gerne ab. Zum Beispiel so, wie du es in der Geschichte von Sina und Daniel auf Seite 51 lesen konntest. Der Narzisst macht nichts konkret. Er bleibt immer wage, nebulös, und lässt sich auf nichts festnageln. Er möchte nicht haftbar gemacht werden können. Toxische Charaktere müssen schon einen sehr schwachen, bedürftigen Moment haben, dass sie sich tatsächlich dazu hinreißen lassen, sich irgendwo verbindlich zu zeigen.[338] Wenn sie Verbindlichkeiten eingehen, dann oft aus einem nicht kalkulierten Risiko heraus. Ihr Risikosystem ist gestört: sie können Risiken nicht richtig einschätzen und überschätzen sich hoffnungslos selbst. Sie können Macht gar nicht. Macht kannst du nur, wenn du in dir selbst ruhst. Wenn dir Dinge wie Geld oder Ansehen, die mit Macht verbunden sind, nicht so wichtig sind. Wenn sie nicht als Krücke für deinen lädierten Selbstwert dienen müssen.

Narzissten möchten allerdings gerne ‚Boss' sein: Derjenige, der sagt, wo es langgeht, oft ohne eine Ahnung davon zu haben. Der die Insignien der Macht ohne die Verantwortung haben möchte. Der durch Kontrolle manipuliert und dies dann Führung nennt. Eine Studie aus dem Jahr 2014 verblüfft mit einer Erkenntnis, die sich mit unserer Vermutung des Macht-Kontroll-Missverständnisses deckt. Sie besagt: „Wer Macht empfindet bzw. in einer Machtposition ist, lernt eher aus den eigenen Fehlern!“[339] Wir wissen es nicht, doch wir können uns vorstellen, dass unter den Studienteilnehmern viele gesunde Narzissten waren. Eine Haltung von lebenslanger Lernbereitschaft, ja, die Notwendigkeit, permanent und schnell dazuzulernen, ist für moderne Führung und zukunftsfähige Organisationen essenziell. Doch was gehört zu den markant extrem-narzisstischen Charakterzügen? Sich um ein makelloses Image zu bemühen, grundsätzlich niemals Schuld zu sein, Fehler nicht einzugestehen, Selbstreflexion um alles in der Welt zu vermeiden und aus

338 Stattdessen läuft es eher so: Wenn ein Mitarbeiter darauf besteht, was der toxische Chef ihm versprochen hat, zum Beispiel eine teure Weiterbildung, und wenn das nun dem Chef aus finanziellen oder strategischen Gründen nicht mehr passt, dann vergrault er lieber den Mitarbeiter, bis er freiwillig geht, als sein Versprechen zu halten oder sich dem Konflikt auszusetzen, über die wahren Gründe zu reden.

339 *How social power impacts counterfactual thinking after failure.*

den eigenen alten Mustern nicht herauszukommen! Nicht selten resultierend aus einem großen Selbstbetrug.[340]

Die bereits im ersten Kapitel kurz erwähnte ehemalige Fußball-Nationalspielerin und spätere Autorin Katja Kraus hat für ihr Buch über Macht Politiker, Top-Manager und Leistungssportler interviewt. Darunter auch Skispringer Sven Hannawald, der um die Jahrtausendwende extrem erfolgreich war, bevor er an Burnout erkrankte. Bei den genannten Berufsgruppen dürfen wir Studien[341] und unserer eigenen Erfahrung zufolge einen höheren Narzissmusgrad annehmen, ohne alle über einen Kamm scheren oder gar bewerten zu wollen. Doch Kraus stützt unsere These, wenn sie in ihrem Buch über die Berühmtheiten schreibt: „Keiner von ihnen hat sich selbst als mächtig oder machtorientiert gesehen oder beschrieben … sie vermeiden alle das Bekenntnis zur Macht oder zum Machtanspruch …“[342] Sylvia hat Sven Hannawald vor vielen Jahren kurz persönlich kennengelernt. Am Nürburgring, bei einem Autorennen, Hannawalds neuer Sportart nach dem Ende seiner Karriere als Skispringer. Er machte auf sie einen sehr netten Eindruck. Und wir hoffen, dass er es uns nicht übelnimmt, wenn wir das, was Katja Kraus über ihn geschrieben hat, für unsere Argumentationskette verwenden. Schon seine Kindheit lässt narzisstische Nöte erahnen: Sven weinte, wenn er nicht den weitesten Sprung geschafft hat.[343] Den Perfektionismus nahm er ins Erwachsenenleben mit. Vor seinem Burnout kam noch die Magersucht, die den Körper durch das Essverhalten kontrollieren sollte. Auch nach der großen Karriere konnte er nicht loslassen: Hannawald versuchte sich als Moderator der Vierschanzentournee. Das hat nicht gut für ihn funktioniert. Laut eigener Aussage konnte er den Skisprung nicht moderieren, weil er nicht mehr der Skispringer war. Der Motorsport war ein willkommener Ersatz, weil er das Rennauto beherrschen konnte, wie er zuvor seine Skier unter Kontrolle haben musste. Seine Geschichte bestärkt uns in unserer Annahme: Es geht nicht um Macht. Es geht um Kontrolle. Wer so lebt wie Sven Hannawald, befreit vom Druck der eigenen Verantwortlichkeit, wie Kraus es beschreibt[344],

340 Marion hat sich zur Aufgabe gemacht, Menschen zu helfen, ihren Selbstbetrug aufzugeben. Eine langwierige und sehr schöne Aufgabe, die viel Geduld erfordert. Die erste Zutat zum Gelingen ist, das Vertrauen des Narzissten geschenkt zu bekommen und nicht zu enttäuschen, ohne sich in den Sog des Selbstbetruges reinsaugen zu lassen.

341 https://www.spektrum.de/news/wirtschaftsstudenten-sind-narzisstisch-und-ruecksichtslos/1455229

342 Kraus, 2014. S.15.

343 Ebd. S.22.

344 Ebd. S.23.

ist möglicherweise nicht im gesunden Narzissmusspektrum angesiedelt. Das Beispiel Hannawald wollen wir nicht weiter strapazieren, doch es gibt noch ein bisschen was über Verantwortung, Macht und Machtmissbrauch zu sagen. Wir ziehen dafür zwei bekannte Filme hinzu: *Spiderman* und *Herr der Ringe*.

„Aus großer Macht folgt große Verantwortung", lehrte uns der Film *Spiderman* bereits 2002 im Kino.[345] Aus Gründen der fehlenden Verantwortung miss-brauchen extreme Narzissten Macht, weil sie sie nicht sinnstiftend ge-brauchen können. Das ist wie mit dem Hammer, den ich zwar besitze, ihn jedoch nicht sachgemäß bedienen kann. Dann habe ich möglicherweise Angst vor ihm. Er könnte mir gefährlich werden. Ich könnte mich verletzen, wenn ich es versuche, ihn zu benutzen. Doch wenn ich damit was ganz anderes mache, ihn anders nutze als vorgesehen, zum Beispiel als Briefbeschwerer, schwindet meine Angst und ich miss-brauche ihn. Nur haben Menschen halt im Unterschied zu Werkzeugen Gefühle und Bedürfnisse, auch wenn manchen Unternehmern das egal ist, und sie den reinen Werkzeugaspekt im Mitarbeiter sehen. Aus Angst sowie einer durch Hybris genährten Gleichgültigkeit und damit verbundenem Unwissen wird der Mensch dann ungünstig eingesetzt und ebenfalls miss-braucht. Und egal, wie stark dein Charakter ist – die Sogwirkung des Machtmissbrauchs ist groß! Auch der Filmcharakter Norman Osborn will als grüner Kobold Spiderman auf die Seite des Bösen ziehen. Wer Macht nicht gebrauchen will, lehnt sie ab (Echo) oder missbraucht sie (extremer Narzisst). Peter Parker ist keins von beidem und nutzt sie verantwortungsvoll.

Im letzten Teil der Filmreihe *Herr der Ringe* wird wunderbar gezeigt, wie schmal der Grat zwischen Machtgebrauch und Machtmissbrauch oft ist. Auch beim Ring der Macht geht es vor allen Dingen um Kontrolle: „Ein Ring sie <u>zu knechten</u>, sie alle <u>zu finden</u>, ins Dunkel <u>zu treiben</u> und ewig <u>zu binden</u>." Hobbit Frodo, sein Freund Sam und der monströse Gollum – ein vom Ring der Macht bereits komplett entmenschlichter, zerstörter ehemaliger Hobbit – befinden sich nach langer Reise im Schicksalsberg. Frodo und Gollum kämpfen an einem Abgrund um den ‚einen Ring'. Sam erwacht aus einer Ohnmacht, in dem Moment, als Gollum Frodo den beringten Finger abbeißt. Zuvor hatte der gute, stets integre Sam Frodo ermutigt, den Ring in den Vulkan zu werfen, wie es sein Auftrag war. Doch Frodo verlor den inneren Kampf, der seit Erhalt des Ringes immer stärker in ihm tobte,

345 Im Original soll der Satz von Voltaire stammen. Andere Übersetzungen lauten: „Aus großer Kraft folgt große Verantwortung."

und beanspruchte den Ring als sein Eigentum: Er schlug seinen Freund nieder und steckte sich das vorher nur an einem Band um den Hals getragene Schmuckstück an den Finger. Narzissten vernichten langjährige Gefährten gerne auf unschöne Art und Weise, wenn sie keine Lust haben, ihrer Verantwortung nachzukommen oder Angst davor kriegen, entmachtet zu werden. Doch auch an der Kette war der Ring schon wirksam genug gewesen und hatte Frodos Charakter im Laufe der Geschichte verändert: Von einem fröhlichen Jungen, der voll Liebe und Freundschaft war, wurde er zu einem Besessenen, der im entscheidenden Moment seine Verantwortung ablehnte, seinen Freund angriff und ihn beinahe getötet hätte. Das Motiv der Rache zeigt sich schön im wahnhaften Blick, mit dem sich der verstümmelte Frodo den Ring vom triumphierenden Gollum zurückholen will und auf ihn zustürmt, um ihn zu vernichten. Friedrich Glasls letzte Eskalationsstufe ist erreicht: gemeinsam in den Abgrund! Frodo war bereit, zusammen mit dem Ring unterzugehen – Hauptsache, es trifft auch Gollum. Im Gerangel stürzt das Monster mitsamt dem Ring in die heiße Lava, und auch Frodo „kann den Rand nicht halten" und fällt über die Kante. Man könnte erwarten, auf Gollums Miene Erschrecken, Schmerz und Todesangst zu sehen, während er fällt und versinkt. Doch dieser ist im wahrsten Sinne des Wortes durch die jahrelange Vergiftung völlig schmerzfrei geworden: lediglich Erstaunen zeigt sich auf seinem Gesicht, als er stirbt. Sam und Frodo, der noch „einen Halt fand", retten sich aus dem nun explodierenden Berg. Frodo bricht zusammen, Erleichterung zeigt sich auf seinem Gesicht, während er Visionen hat von allem, was er in seiner Heimat zurückgelassen hat. Erst als auch Sam um seine verloren geglaubte Liebe weint, findet Frodo zurück ins Mitgefühl, während um sie herum die Welt im Chaos versinkt. Er brauchte dazu den schmerzhaften Kampf der Entmachtung. Zwei gigantische Adler bringen die beiden Hobbits am Ende der Szene zurück ins Licht und damit in Sicherheit.

Auch wenn wir in der *Narzissmus-Bilanz* teilweise deutliche Worte benutzt haben: Es geht uns keinesfalls ums Narzissten-Bashing! Ein extremer Narzisst kann so wenig für seine psychologische Disposition, wie ein Raubtier etwas dafür kann, dass es ein Raubtier ist. Doch im Unterschied zum Raubtier hat er die Verantwortung zu übernehmen. Selbst, wenn du über einen gesunden Narzissmusgrad verfügst, kann dich ein toxisches System in die Extreme verschieben. Wir sollten extremen Narzissmus so ernst nehmen, wie wir Covid-19 ernst genommen haben: Auch Narzissmus ist wie ein Virus. Es infiziert unschuldige Leute. Es ist ein hoch ansteckendes Drecksding, das unsere Systeme kapert und die Kontrolle übernimmt. Wenn es dich trifft, musst du dich erstmal vom

Gift befreien, sofern du es überlebst. Dich wieder ganz in Ordnung zu bringen, dauert unter Umständen lang. Welche Folgeschäden du in ein paar Jahren bekommst, ist nicht absehbar. Narzissmus ist unter Umständen so tödlich für die Seele wie Covid-19 in schweren Fällen für den Körper. Er tötet die gesunden Regenerationsmechanismen des Gehirns, und damit die Anteile, die die Seele machen. Nur, dass die Zahl der Opfer durch Narzissmus weltweit noch höher sein dürfte, als die der Corona-Toten und Langzeitgeschädigten. Hast du noch Fragen dazu, weshalb die ganzen psychosomatischen Kliniken voll sind? Hier sind wir alle gefordert, gründlich zu desinfizieren, uns zu schützen, und wieder Ordnung durch gedeihlich kultivierten Narzissmus reinzubringen. Denn im Unterschied zu einem echten Virus, bei dem du keine Chance hast, es über die Sinne wahrzunehmen, hilft dir beim Narzissmus-Virus die Psychoedukation, um zu erkennen und zu unterscheiden.

Wir können mit unserem Buch nur für die wirtschaftlich und menschlich teuren Risiken sensibilisieren. Für das, was alles passieren kann, wenn wir extremen Narzissmus in der Wirtschaft nicht in den Griff bekommen. Wir gehen soweit, mit Blick auf extremen Narzissmus zu sagen: Die Egozentrierung ist daran nicht das Schlimme! Sie ist in Ordnung, wenn als Grundlage gelingender Beziehungen wertschätzend angenommen wird: „Ich bin ok, du bist ok."[346] Schlimm wird es erst, wenn sie in einer Nicht-Verantwortung mündet. Deshalb müssen wir Narzissten in Not bringen. Und ihnen in ihrer Not Halt geben können. Sie werden nur dann von ihrer an Wahn grenzenden Kontrollsucht ablassen, wenn sie es müssen. Sie müssen durch ihren größten Schmerz gehen, um zur Besinnung zu kommen, wie Frodo, der Hobbit. Unsere Hoffnung ist die Neuroplastizität des menschlichen Gehirns. Also seine Fähigkeit, sich zeitlebens anzupassen und zu verändern. Das Gehirn ist eine Reorganisationseinheit, wie ein System: es erschafft sich selbst. Wenn wir alle gemeinsam wissen, was Narzissmus wirklich ist, statt uns unreflektiert auf Klischees wie dem Mythos der Selbstverliebtheit, des Charismas oder des Machtstrebens auszuruhen. Wenn wir alle mit extremen Narzissten so umgehen, dass sie entsprechende Grenzen erhalten und erleben, dass sie gleichzeitig wohlwollend und wertschätzend behandelt werden, dann haben auch sie die Chance, durch günstigere Erfahrungen die Prägungen ihres Gehirns umzubauen. Doch dafür müssen wir alle zusammenstehen. Und niemanden aufgeben, nur weil wir bestimmtes Verhalten ganz klar nicht mehr dulden. Auch extreme Narzissten sind Menschen. Wenn ich einen Menschen, der eine subklinische oder auch bereits pathologische Stö-

346 Dieser Spruch illustriert eine wesentliche Geisteshaltung der Psychotherapie und der Transaktionsanalyse nach Eric Berne.

rung hat, unmenschlich behandle, spiele ich selbst nach den vom Narzissmus aufgestellten Spielregeln der Egozentrierung statt nach meinen Regeln der Humanität. Wenn ich aus verletztem Stolz heraus Rache übe, schaden und vernichten will, statt zu verzeihen. Verzeihen heißt nicht, keine Grenze zu setzen. Verzeihen heißt nicht, von Verantwortung freizusprechen. Ich verzeihe dir, und ich möchte nie wieder einen Weg mit dir gemeinsam beschreiten. Die stärkste Waffe gegen extreme Narzissten ist, ihnen keine Kontrolle mehr über deine Gedanken und Gefühle zu geben. Sie aus der Verantwortung für deine Bedürfnisse zu nehmen. Ihnen nicht den Hauch einer Chance zu geben, dir zu schaden – das ist die große Kunst, in der wir uns alle üben dürfen.

Nehmen wir mal an, ein extremer Narzisst ist ein Mensch, der schlicht und ergreifend in der Lotterie des Lebens Pech gehabt hat. Im Zusammenspiel von Temperament, Epigenetik und Genetik haben Narzissten unverschuldet ins Klo gegriffen. Aus Gründen, die wir noch nicht genau kennen. Wir haben da wirklich vollstes Mitgefühl für! Nehmen wir weiter an, dieser Mensch hat als Kind keine Gelegenheit bekommen, ungünstig angelegte Teile des Gehirns nachreifen und entwickeln zu lassen. Weil er nicht in ein förderliches Umfeld geboren worden ist. Wir kämen als der Humanität verpflichtete Menschen nach heutigem Wissensstand nicht auf die Idee, diesen Menschen zu verurteilen. Wir würden uns Gedanken machen wie bei Leuten, die beispielsweise nach einem Unfall einen Hirnschaden erworben haben, wie die Person ins Leben zu integrieren ist. Wie entwickeln wir sie weiter? Welche Hilfestellung braucht sie? Was können wir tun? Diese Haltung spürt der extreme Narzisst. So können wir auch toxischen Charakteren die Möglichkeit geben, auf gute Art und Weise ihr Potenzial zu entfalten und sich positiv zu entwickeln. Und wenn wir ganz ehrlich zu uns sind, dann haben wir alle hier und da unsere inneren Baustellen.

Wir brauchen wieder mutige Menschen, die die Macht, die sie besitzen, nutzen. Macht bedarf jedoch auch der wohlwollenden Anerkennung von Kompetenz, verantwortlichem Handeln oder in welcher Form auch immer sie sich zeigt. Es bedarf der integren Haltung von Mitarbeitern.
Wir brauchen den gerechten Herrscher, der nicht herrisch ist. Wir brauchen wieder Richter, die sich trauen, ein Urteil zu sprechen, statt einen Vergleich vorzuschlagen. Wir brauchen wieder mehr Menschen wie die von Jim Collins beschriebenen Level-5-Führungskräfte oder die HPO-Manager von André de Waal. Menschen, die integer genug sind, ihre Macht zum Wohle der Organisation und der Gesellschaft zu gebrauchen. Und sie nicht für die Abwehr narzisstischer Nöte, für den eignen Nutzen missbrauchen zu müssen. Die Welt braucht

wahre Leader, die aus ihrem *Self-Empowerment* heraus auch andere Menschen ermächtigen können. Und ihnen Grenzen setzen, wenn es nötig ist. Nur wenn Macht ausgeglichen ist, kommst du in eine Balance mit dir und anderen. Die Befürworter der neuen Arbeitswelt nennen dies *Augenhöhe*. Wenn in Unternehmen Macht als echtes intrinsisches Motiv im Sinne des Wunsches, Einfluss zu nehmen und Verantwortung tragen zu können, nicht erkannt wird oder unterdrückt werden muss, kann dies sogar den Geschäftserfolg bedrohen. Macht sollte deshalb unserer Ansicht nach so gelebt werden, dass sie Individuen selbst ermächtigt ohne sie aus dem Rahmen des Systems – der Organisation, der Gesellschaft – fallen zu lassen oder zuzulassen, dass sie missbraucht wird oder schadet.

Kontrolle ist gut. Vertrauen ist besser. Persönliche Integrität ist das Beste.

## Von guten Mächten wunderbar geborgen[347]

Wir sprachen eingangs von vielen klugen Theorien zum Thema Macht. Es gibt noch eine andere Perspektive darauf, die wir dir im letzten Kapitel der *Narzissmus-Bilanz* ans Herz legen wollen: Macht gehört allein dem Kollektiv. Ein plakatives Beispiel für diese Form von Macht finden wir in der Küche: Eine Spaghetti kann gebrochen werden. 500 Gramm eher nicht. Hier kommt der Brückenschlag mit Hannah Arendt: Als bedeutende politische Theoretikerin des 20. Jahrhunderts hat sie sich intensiv mit dem Konzept der Macht auseinandergesetzt. Sie kommt dabei zu einem ganz anderen Schluss als Thomas Hobbes und Max Weber. Für Arendt ist Macht etwas, das im Individuum nicht zu finden ist. Macht entsteht erst im Miteinander von Menschen – im kollektiven Handeln, der Zusammenarbeit, des vereint an einem Strang Ziehens. Wie wir es oben schrieben: Wir müssen alle zusammen extremem Narzissmus Einhalt gebieten und unseren gesunden Narzissmus kultivieren! Im Gegensatz zu Weber und Hobbes unterscheidet Arendt Macht von Gewalt. Einzelpersonen können Gewalt einsetzen, um zu bekommen, was sie wollen. Macht jedoch entsteht erst dann, wenn Menschen einer gemeinsamen Aktion zustimmen, wenn Konsens entsteht. Auf Arendts Theorien bezieht sich der Philosoph Michael Pauen, wenn er mit dem SWR darüber spricht, dass Macht in höher entwickelten und komplexen Gesellschaften Frieden stiftet und für Ordnung und

347 Die Idee zu dieser Zwischenüberschrift verdanken wir dem wunderschönen gleichnamigen Kirchenlied von Dietrich Bonhoeffer.

Fairness sorgt.[348] Dass der Mensch im Grunde gut und zu Empathie, Vertrauen und Kooperation bereit und fähig ist, haben auch andere Wissenschaftler inzwischen hinreichend belegt.[349] Für Vertrauen, damit verbunden für ein Gefühl von Sicherheit sowie für Kooperation brauchen wir soziale Intelligenz. Auf all dem basieren unsere Macht- und Ordnungsstrukturen, die unter anderem der Willensbildung und Konfliktvermeidung dienen. Genauso wie Gesellschaften sind Organisationen komplexe Systeme in unterschiedlichen Reifegraden. Und keine Organisation kommt ohne Macht in Arendts und Pauens Sinne aus. Weil sie guten Zwecken dient: gewaltfreien Hierarchien und Mechanismen, die dafür da sind, damit die Mitglieder einer Gruppe ihr Verhalten erfolgreich untereinander koordinieren können. Dadurch werden perspektivisch gesehen auch Erfolge wahrscheinlicher. „Wissen ist Macht!" Wissen in seiner Tiefe erschließen und unter Betrachtung der Zeithorizonte deuten zu können, ist eine noch größere Macht! Etwas erfahren statt etwas erreichen zu wollen, ist hingegen Weisheit frei von Ego. Dies bedeutet aus unserer Autoren-Sicht auch, mehr Informationen zu haben und dadurch Situationen ganz anders einschätzen zu können. Im Sinne einer ökonomischen Kosten-Nutzen-Abwägung erfolgreicher, mit einer höheren Trefferquote und geringerem Risiko. Je eher der Erfahrungsraum – das Feld der Begegnung mit Menschen, egal ob Praktikant oder C-Level – auf Augenhöhe genutzt wird, desto treffsicherer wird deine Kosten-Nutzen-Bewertung.

Arendt würde jetzt wahrscheinlich wieder darauf hinweisen, dass Macht keine Eigenschaft von Personen ist. Doch sieht sie eine enge Verbindung zwischen Macht und Freiheit. Und hier sehen wir eine Verbindung zwischen Steven Reiss und Hannah Arendt, die die unterschiedlichen Ansichten möglicherweise überbrückt: Egal, ob es sich um Macht im Individuum im Sinne von Selbstwirksamkeit handelt oder um Macht als Ergebnis dessen, was eine Gruppe freiwillig (!) gemeinsam tut oder erschafft – es geht um Freiheit, die durch gute Macht erst möglich wird. Bei Arendt, um als Gesellschaft politisch etwas zu verändern. Bei Reiss, um im Leben eines Menschen etwas zu verändern. Bei uns, um in Organisationen durch Menschen etwas zu verändern.

Viele Menschen möchten in einer Welt leben, in der ‚Command & Control' zur damals funktionalen, aus heutiger Sicht eher dunklen Vergangenheit der

348 Pauen im Gespräch mit Ralf Caspary von SWR2 im März 2020: https://www.swr.de/swrkultur/wissen/macht-stiftet-frieden-1-2-swr2-wissen-aula-2020-03-15-102.pdf

349 Vgl. Bregman, 2023.

Unternehmensführung gehören. In einer Welt, in der wir Vertrauenskulturen ermöglichen, in denen Menschen in Sicherheit lernen, wachsen und leisten können.

Doch wo extreme Narzissten

» in der Führung sind,
» ihrerseits nicht entsprechend geführt werden und
» auf ein wehrloses, weil nicht entsprechend geschultes Team treffen,

haben psychologische Sicherheit und damit maximaler wirtschaftlicher Erfolg keine Chance. Wenn es stimmt, dass Macht sich überall durchsetzt[350] – gemeint ist vermutlich die Lesart von Gewalt, Micromanagement, Manipulation und Ellenbogenmentalität –, dann sollten wir doch gemeinsam dafür sorgen, dass es die gute Seite der Macht ist: das Wissen, die Wertschätzung, die eigenen Grenzen, die Konsequenz und die Verantwortung. Dass wir gemeinsam im Sinne von Hannah Arendt dem ‚Wir' mehr Raum geben und gemeinsam daran arbeiten, Verdummung und Unterwerfung auf der einen Seite, Machtmissbrauch, Gier und Größenwahn auf der anderen Seite Einhalt zu gebieten.

Francis Bacon, der englische Philosoph des 16. Jahrhunderts, nennt die Trugbilder, die die Sicht auf die Wirklichkeit verstellen, *Idole* – in Anlehnung an Platons Höhlengleichnis. So, wie die Menschen in Platons Höhle, folgen auch viele von uns den falschen Idolen, wenn sie sich an toxischen Managern wie Elon Musk oder Jan Marsalek orientieren. Wir haben dir in der *Narzissmus-Bilanz* gezeigt, wie du die Trugbilder entlarvst und wie du dich und dein Team vor Machtmissbrauch schützen kannst. „Machtausübende tun alles, um eine Interdependenzbeziehung, also eine gegenseitige Abhängigkeit, so erscheinen zu lassen, als ob es nur eine einseitige Abhängigkeit wäre", erklärte Fritz Glasl im Mediations-Online-Camp von Januar 2024. Er betonte, dass ein Bewusstsein für das gegenseitige Geben und Nehmen geschaffen werden muss, beispielsweise durch den Prozess der Mediation. Unser Ausbilder inspirierte uns zu dem Gedanken, dass Macht in der *Narzissmus-Bilanz* unbedingt mitbedacht werden muss: Was bringt der Narzisst? Was bekommt der Narzisst? Wie lässt sich sein Nutzen beziffern? Was kostet er? In einer positiven Bilanz sollte das

350 https://www.svenja-hofert.de/ein-tanker-ist-kein-schnellboot-5-denkfehler-ueber-agile-unternehmen-die-fast-alle-machen/

mindestens ausgeglichen sein. Dies gelingt nur durch die ausführlich beschriebene Art und Weise, wie Narzissten eingesetzt und geführt werden müssen.

Wir möchten mit unserem Buch und natürlich mit unseren Seminaren, Begleitungen und Coaching-Angeboten Menschen ermächtigen und zur Verantwortung ermutigen. Das Wissen der Welt liegt uns dank des World Wide Web heute zu Füßen. Es wird nicht mehr bewacht von Gatekeepern, die den Informationsfluss kontrollieren. Wir müssen zumindest in weiten Teilen der Welt keine Angst mehr haben, für unser Wissen exkommuniziert oder getötet zu werden. Wir haben mehr Möglichkeiten als jede Gesellschaft vor uns. Im Verständnis dafür, dass wir alle verschieden sind, löst sich der Wunsch auf, einander zu kontrollieren und zu beherrschen: „Let's agree a differ!“[351]

Wissen ist Macht. Eine neue wirtschaftliche und damit auch gesellschaftliche Ordnung zu schaffen, zu nicht weniger soll die *Narzissmus-Bilanz* einen Beitrag leisten. Es dient der Welt nicht, wenn du dein Licht unter den Scheffel stellst. Habe den Mut, dich deiner eigenen Macht zu bedienen und diese Welt dadurch ein Stückchen besser zu machen.

351 Klaus Pichler, Dozent FHöV RLP im Seminar *Das Paule-Prinzip*.

**Kapitel 9 – das gibt's zu lernen**

Macht hat viele interessante Facetten, die du kennen und gebrauchen solltest.

Menschen mit hoher Integrität sollten Standards setzen und als Vorbilder dienen, um in zwischenmenschlichen Beziehungen Gewinne zu schaffen und Verluste zu vermeiden.

Verantwortungsvolle Handlungsweisen unter Einhaltung der eigenen Werte begrenzen extreme Narzissten.

Es gibt Werte, die Erträge schaffen, und diese dürfen wir nicht aus dem Blick der Wirtschaftswissenschaften verlieren. Dazu gehören ethische Werte wie Wahrhaftigkeit, Verlässlichkeit, Vertrauen.
Solche Werte sind sehr wirkungsvoll und doch stark flüchtig, kaum erfassbar. Das macht es so knifflig im Miteinander.

Ein Quick-Win durch Wohlbefinden ist ein niedriger Krankenstand.

Menschen sind komplex – Produktionsprozesse sind meist nur kompliziert. Wir sollten die Intelligenz und die Kraft unserer Gefühle wieder erkennen, schätzen und nutzen lernen.
Nur so können wir einen Ausweg finden aus dem Irrsinn unserer Lebenswelt, in den uns unser Verstand geführt hat.

Zu viel des Guten schlägt ins Gegenteil um: Finde das rechte Maß!

Ein Blick auf die Narzissmus-Bilanz sagt uns zu wenig.
Wir müssen Kosten und Erträge durch narzisstisches Verhalten gegenüberstellen. Bewertungen von menschlichen Verhaltensstrategien sind kaum möglich, ohne den Menschen wirklich zu betrachten.

Eine Bilanz zeigt immer den Rückblick auf eine bestimmte Periode an wirtschaftlichem Zeitgeschehen. Wir können immer nur im Rückblick deuten, um für die Zukunft Risiken besser abschätzen zu können.

Wir brauchen wieder mutige Menschen, die die Macht, die sie besitzen, verantwortlich nutzen.

Wir brauchen Richter, die sich trauen, ein Urteil zu sprechen, statt einen Vergleich vorzuschlagen. Sonst mogeln sich extreme Narzissten weiter durch mit ihren Unverschämtheiten.

Der Mensch ist im Grunde gut und zu Empathie, Vertrauen und Kooperation fähig.

Wir haben mehr Möglichkeiten als jede Gesellschaft vor uns. Neurowissenschaftliche Erkenntnisse ermutigen zu einem ganzheitlichen Blick auf den Menschen als kreatives Wesen mit unendlich großem Schöpfungspotenzial. Unter der Voraussetzung, dass ohne Angst die Zeit zum kreativen Werden bleibt. Kreative Ideen entstehen durch Muße.

Narzissten sind häufig Perfektionisten ihres Fachs. Es gelingt ihnen, das beste Talent aus Menschen rauszuholen. Geschieht dies einvernehmlich mit den betroffenen Menschen, ist das völlig in Ordnung. Gegen den Willen eines Mitarbeiters ist es sehr schädigend.

Die Wirtschaft hat eine enorme Macht. Mit der Frage nach dem Sinn unserer Handlungen könnten wir den Fokus weg von der Macht und hin zum Gelingen lenken. Wir würden die Macht zum Gelingen des Sinnvollen einsetzen. Eine hoffnungsvolle Aussicht.

Wenn die Gerissensten statt der Besten sich durchsetzen, verdummen wir nachhaltig und sägen an dem Ast, auf dem wir sitzen.

Wer linkshirnig lebt, ist unter Umständen sehr erfolgreich, aber eben auch in einer Erfolgsfalle. Er schöpft sein eigenes Potenzial nicht aus.

Es ist Zeit, und wirtschaftlich sinnvoll, zurück zu einer humanen Wirtschaft mit ethischen Grundsätzen zu streben.

Let's agree a differ!

*Abb. 18: Diese Grafik ist unabhängig von der ‚Narzissmus-Bilanz' entstanden. Ursprünglich ist es ein Bild von Marions Sohn Maximilian Pauli, 2019 auf eine Holztafel gezeichnet, inspiriert von Quellen aus dem Internet. Marion deutet diese Grafik in Verbindung mit dem Buch wie folgt: Die ‚dunkle Triade' kann sehr mächtige Auswirkungen auf den Einzelnen, eine Organisation, aber auch auf die Gesellschaft haben. Es gibt wunderbare Menschen, die dann „Trotzdem* ***Ja*** *zum Leben sagen" (Victor Frankl) und sich beugen, treten lassen, um das Leben – hier als Blume dargestellt – zu schützen.*

# ANHANG

## Beispielgeschichten und deren Analyse

Kindern erzählt man eine Geschichte zum Einschlafen. Wir erzählen dir Geschichten zum Aufwachen. Unsere anonymisierten Beispielgeschichten haben wir analysiert, und wir zeigen dir, was du daraus lernen kannst. Sieh unsere Einordnung, unsere Kommentare, bitte jeweils als Möglichkeiten, die illustrieren, wie es sein könnte. Nicht, wie es ist. Wir waren nicht dabei, wir kennen nur die eine Seite der Geschichte und niemals alle Details. Deshalb können wir mit unserer Analyse nur Denk- und Handlungsangebote machen. Sie können nicht zutreffend sein und müssen eigenverantwortlich ausprobiert werden, wenn einen das Leben das nächste Mal in eine ganz ähnliche Situation bringt. Denn meistens passieren einem die gleichen Fehler – resultierend aus den eigenen alten Mustern – so lange, bis man seine Lektion gelernt hat. Deshalb schadet es auch nie, auf den eigenen Anteil zu schauen, ohne dabei alle Schuld auf sich zu nehmen. Wir sollten niemals vergessen, dass wir alle von Zeit zu Zeit in narzisstische Nöte geraten. Vielleicht magst auch du deine Geschichte mit uns teilen?[352]

## Nora, Elmar und die neue Personalleiterin

**Die Geschichte dazu haben wir dir auf Seite 49 erzählt, um offen-grandiosen Narzissmus zu illustrieren. Hier kommt unsere Analyse:**

Elmar und Nora haben den Fehler begangen, Janine zu vertrauen, sie machen zu lassen und sich nicht um ihre Arbeitsergebnisse zu kümmern. Wohlgemerkt: Bei gesund-narzisstischen Menschen wären zumindest die ersten beiden Punkte kein Fehler gewesen! Von daher fing das Problem schon bei der Einstellung an, dass sie sich von Janine blenden ließen. Anschließend haben sie Dinge angenommen, anstatt zu reden. Es wurde zu lange akzeptiert, dass Menschen übereinander statt miteinander sprechen. Dass Gerüchte entstehen, kann im-

352 Dann schreib uns an hallo@narzissmus-bilanz.de.

mer passieren. Doch dass die Geschäftsführung untereinander aufgehetzt wird oder dass Gerüchte verbreitet werden, muss sofort unterbunden werden. Hier müssen sofort Gespräche zu dritt stattfinden (die Geschwister und Janine bzw. die Geschwister und Oliver). Konflikte direkt anzusprechen, Sachverhalte nachzufragen und Klarheit zu schaffen, nimmt Narzissten den Wind aus den Segeln. Die Geschwister sind ihrer Führungsfunktion nicht nachgekommen und haben das Tor für Manipulation und missbräuchliches Verhalten ganz weit aufgemacht. Da zeigt sich die Schattenseite der Vertrauenskultur; deshalb solltest du dir wirklich gut überlegen, ob die narzisstischen Sonnenseiten es wert sind, toxische Charaktere einzustellen. Die Geschäftsleitung gibt selbst eine Mitarbeiterumfrage in Auftrag, obwohl es die Aufgabe der Personalleitung wäre. Hier wackelt der Schwanz mit dem Hund, ohne dass dieser es merkt. Narzissten wollen nicht im Dialog kommunizieren. Sie wollen kontrollieren und bestimmen. Gelingt ihnen dies nicht, dann drehen sie geschickte Diskussions-Loopings, werten die Aussagen der Anwesenden ab und lenken die Aufmerksamkeit auf Missgeschicke der anderen. Dies kann auch die Geschäftsleitung betreffen.

Die Strategie von Janine geht bis zu diesem Tag auf. Dreist vernachlässigt sie ihren Job und spielt sich als Geschäftsführung auf. Der fehlende Austausch zwischen den Geschwistern führte zu dieser Situation. Die Geschäftsleitung hat gut und richtig, aber viel zu spät und nicht konsequent reagiert. Nach der Aussage „Ja, das müsst ihr dann halt auch endlich mal machen!", hätten die Geschwister sich sofort deutlich positionieren müssen. Beispielsweise durch Fragen – denn wer fragt, führt: „In wessen Arbeitsplatzbeschreibung gehört denn diese Aufgabe, liebe Janine?" „Wer ist hier mit ‚ihr' gemeint?" „Verstehe ich es richtig, dass du der Geschäftsleitung weisungsbefugt bist?" An dieser Stelle ist eine gewisse Schärfe und Schnelligkeit notwendig. Eine weitere Lösung wäre gewesen, die Sache mit Humor zu nehmen. Als einfache Frage von Bruder zu Schwester: „Sag mal, hast du eine neue Geschäftsleitung eingestellt?" Elmar darf sich überlegen, warum er Janine verraten hat, was er und seine Schwester sagen wollten, und warum er seine Schwester nicht im Vorfeld über das Gespräch mit Janine informiert hat.

Dieses Theaterstück führte Janine nicht zum ersten Mal auf. Es ist ihre Strategie, sich durchs Berufsleben zu wursteln. Es sei an dieser Stelle erwähnt, dass Janine zuvor selbstständige Personalberaterin war und erst durch die Anstellung durch die Geschwister ein paar Monate lang ihren Verpflichtungen gut nachkommen konnte. Das Muster ist leider sehr häufig anzutreffen. Es sieht wie folgt aus: Such dir ein Einfallstor bei bedürftigen Arbeitgebern –

hier unter Entscheidungsdruck – und stelle die Spielregeln auf. Halte diese Spielregeln unter Kontrolle. Sei dreist und glaube deiner eigenen Inszenierung. Es kann Jahre dauern, bis der Vorhang in diesem Theater fällt. Dann wird ein neues Stück geschrieben und irgendwo anders aufgeführt. Menschen wie Janine hätten von Beginn an wertschätzend-konsequent und hart an der Jobbeschreibung entlang geführt werden müssen. Eigene Aufgaben als Anweisung an die Geschäftsleitung delegieren zu wollen, ist eine ganz klare Grenzverletzung. Schlagfertigkeit und Humor helfen in solchen Fällen. Ersteres kannst du trainieren, letzteres ist ein hilfreiches Antidot in deiner Resilienz-Notfallapotheke. Auch hätten die Geschwister Janine darauf hinweisen können, dass sie hier gerade die Rollen verwechselt und bitte bei ihrer Rolle bleiben soll.

Wer extreme Narzissten nicht zu Beginn erkennt, der sollte grundsätzlich erstmal enger führen und seine Grenzen wahren. Wenn Narzissten erst einmal erfolgreich Nebelkerzen geworfen haben, wird es schwer, wieder zurück zum Normalzustand zu kommen und klar zu sehen. Die Unsicherheit der Geschäftsleitung hat Janine wunderbar in die Karten gespielt. Eigene Verletzungen, unerfüllte Bedürfnisse und eigene Schwächen werden im Umgang mit Narzissten sichtbar. Sie sind deshalb ein wunderbarer Turboantrieb für die eigene Persönlichkeitsentwicklung. Der psychische Stress, den Narzissten auslösen und der sich auch körperlich manifestiert, wird häufig weit unterschätzt. Körper, Geist und Seele leiden unter den latenten Irritationen, die auf die Frage hinauslaufen, ob man selbst noch normal im Kopf ist. Ein Besuch bei einem auf Narzissmus spezialisierten Experten ist hilfreich.

## Sina und Daniel: Verdeckter Narzissmus in der Geschäftsleitung

**Die Geschichte dazu haben wir dir auf Seite 51 erzählt, um verdeckt-vulnerablen Narzissmus zu illustrieren. Hier kommt unsere Analyse:**

Sei grundsätzlich vorsichtig, wenn Menschen dir Komplimente der Superlative machen: Wenn du „nur dich …“ hörst, sollten deine Alarmglocken läuten. Kein Mensch ist unersetzlich. Dies sollte jedem bewusst sein. Hier hätte Sina bereits klare Pflöcke einschlagen müssen, statt auf Daniels Lobhudelei einzugehen. Love-Bombing und eine fehlende professionelle Distanz gehen selten gut aus. Wenn es dir wie Sina geht, solltest du in dich gehen und ergründen, weshalb du so stark darauf anspringst. Stattdessen die innere Stimme zu ignorieren, die laut „nein“ schreit, und dich weichklopfen zu lassen, ist keine gute Idee. Wenn du gleich zu Beginn, ohne bereits vom Arbeitgeber abhängig zu sein, schon keine eigenen Grenzen setzen kannst, stell dir Fragen: Was ist es, dass dich hier weich werden lässt? Kennst du deine Bedürfnisse? Kannst du in Vereinbarungen gegen diesen ‚Weichmacher‘ hart verhandeln?

Der Ort, in dem wir leben, hat einen ziemlichen Einfluss auf unser Wohlbefinden. Mach vorab einen Ausflug in diese Stadt. Willst du hier wohnen? Sagen dein Körper und deine innere Stimme „Ja“ zu dieser Stadt? Fühlt sich das gut an? Zieht es dich hier hin? Mit Speck fängt man Mäuse. Bist du eine Maus? Oder doch lieber ein selbstbestimmter Mensch? Wenn eigene narzisstische Anteile sich verselbständigen, solltest du gut in dich hineinspüren. Vom gesunden Selbstwert zur Ich-haften Nabelschau ist der Weg nicht sehr weit. Daniel, der verdeckt-vulnerable Narzisst, vernebelt hier die Sinne der künftigen Mitarbeiterin. Er manipuliert über Lob, und nach unserem Input aus X Seiten *Narzissmus-Bilanz*, sträubt sich wahrscheinlich jetzt schon alles in dir.

Aus der Distanz sind die Dinge immer besser zu beurteilen. In der Situation ist es sehr schwer. Hier zeigt sich bereits, dass Sina nach Daniels toxischen Spielregeln mitspielt. Professionell ist das von beiden Seiten nicht. Sina hätte nachfragen bzw. darauf beharren müssen, zu erfahren, was ihre Aufgabe ist. Wie sieht die Jobbeschreibung aus? Was ist als Gegenleistung für die monatliche Gehaltszahlung vereinbart? Klarheit statt Raum für Interpretationen wäre an dieser Stelle wichtig gewesen – nicht nur im Umgang mit extremen Narzissten. Doch hier besonders, denn einer ihrer Grundsätze lautet: „Das mache ich doch nicht schriftlich!“ Ein weiteres Mal hätte Sina besser beharrlich nachgefragt: Was genau ist denn kein Problem? Was ist denn prima und findet deine Zustimmung? Was kann ich anders machen? Die vielen Mitarbeiter, die sich positiv über Sina äußerten, kränkten Daniel: Die wenigsten Führungskräfte können gut damit umgehen, wenn ihr Mitarbeiter besser ist als sie. Die Befindlichkeiten ihres Chefs – den Elefanten im Raum – hätte Sina offen ansprechen müssen. Achtung: Wer darum weiß und bewusst Neid und Missgunst säen will, lobt dich ganz bewusst vor dem Chef, der in narzisstischen Nöten steckt. Dies ist sogar eine bekannte Strategie im Top-Management großer Unternehmen, in dem, wie du nun weißt, oft ein ganzes Nest an hochgradig toxischen Charakteren zu finden ist. Im Personalgespräch überträgt Daniel seine Kränkung auf Sina. Aus Rache stellt er ihr dann eine unlösbare Aufgabe, um sie auf ihren Platz zu verweisen. Der rasche Wechsel zwischen drohender Kündigung und

Love-Bombing ist sein Mittel, um Sina Angst zu machen, sie verrückt zu machen und sie dadurch zu kontrollieren. Sina hätte einen Weg finden müssen, um mit ihrer erhaltenen Kränkung umzugehen und Daniel klare Grenzen zu setzen. Wir lesen hier eine toxische Dynamik wie aus dem Lehrbuch. Sina spielt nach Daniels Spielregeln. Sie macht ihn verantwortlich für ihr Wohlbefinden. Er macht sie umgekehrt genauso für sein Wohlbefinden verantwortlich. Möglicherweise handelt es sich um einen unausgesprochenen Rollenkonflikt, sollte Sina de facto Daniels Geschäftsleitung ohne Auftrag unbewusst übernommen haben. So, wie wir Daniels Verhalten beschrieben bekommen haben, könnte es auch sein, dass wir hier Tendenzen einer bipolaren Störung sehen: heute high, morgen down. Den emotionalen Abstand, den Sina während ihres Urlaubs gewann, um den hätte sie sich früher bemühen können, um klar im Kopf zu bleiben. Die Firma zu verlassen war ein richtiger Schritt. Ohne Mediation oder externe Begleitung hätte sich das nicht lösen lassen. Nach ihrem Ausstieg war sie so klug, sich an die No-Contact-Regel zu halten, die für Narzissmus-Opfer gilt. Es ist die einzige Möglichkeit, um eine Traumabindung aufzulösen, die es auch im beruflichen Kontext gibt. Im Rückblick vergisst Sina möglicherweise, ehrlich zu sich selbst zu sein. Auch sie hätte auf Verträgen und Auftragsklärungen bestehen können. Narzissten werten sich aus der eigenen Bedürftigkeit heraus immer mit ihren Energiequellen auf und nehmen ihnen langfristig die Kraft. Doch auch Sina hat in Daniels Angebot eine Chance gesehen, ihre eigenen Bedürfnisse zu erfüllen. Jedes Mal, wenn wir etwas geben, tun wir damit auch etwas für uns selbst. Die eigenen Verletzungen, die eigene Bedürftigkeit, muss jeder Mensch für sich selbst versorgen. Professionelle Unterstützung gibt es in Form von Coaching, Beratung oder Therapie. Wenn Sina ihre inneren Wunden heilt, dann fällt sie künftig nicht mehr auf Narzissten rein. Wenn Daniel seine eigenen Defizite angehen würden wollte, bräuchte er nicht so mit seinen Mitmenschen umzugehen.

## Robert und der Vampir-Partner

Robert war 25 Jahre alt und seit zwei Jahren berufstätig, als sein Vater im Jahr 2007 unerwartet starb. Es war ein Schock für die ganze Familie. Das Erbe bestand aus einem Architekturbüro mit neun Mitarbeitern. Robert war naturgemäß überfordert, doch er nahm die neue Aufgabe an und arbeitete sich in die Geschäftsführung ein. Zwei Jahre später, die Trauerarbeit war noch nicht abgeschlossen, überlegte der studierte Industriedesigner, wie er die Firma in die Zukunft führen könnte. Dabei merkte er, dass er eigentlich etwas ganz anderes für sich brauchte, als sich mit Bauträgern, Bauplänen und Modellen zu beschäftigen: etwas, das man ganz direkt aktiv benutzen konnte. Bereits 2001 hatte er auf der IAA das erste Segway bewundert – lange, bevor die zweirädrigen Elektro-Fahrzeuge für eine Person in Deutschland zugelassen wurden. Doch im Sommer 2009 war es soweit, und Segways waren im Straßenverkehr erlaubt. Über ein Unternehmer-Netzwerk lernte Robert regelmäßig neue Leute kennen und stieß schnell auf Gleichgesinnte, die vom Segway fasziniert waren. Zu dritt saßen sie zusammen und überlegten, wie sie den Verkauf von Segways in ihrer Heimatstadt Bonn auf die Beine stellen konnten. Robert war mit 27 Jahren der Jüngste. Auf ihn folgte Ulf mit 30 Jahren. Gunnar war mit 43 der Älteste im Bunde. Ihr jeweiliges Kerngeschäft wollten die Männer behalten, doch nebenher zusammen eine Firma gründen. Bereits zu Beginn gab es Reibereien und Komplikationen: Wo genau sollte die Firma sein? Welche Rechtsform? Welche Zielgruppe? Ulf, der schon tiefer im Thema drin war, versprach, für Kunden zu sorgen. Er hatte schon eine Interessentenliste, doch dafür stellte er gewisse Forderungen. Robert fühlte sich wie das fünfte Rad am Wagen, wenn Ulf und Gunnar fachsimpelten. Auch hatte er im Architekturbüro noch viel zu tun. Doch zwischen Ulf und Gunnar blieb es kompliziert; die beiden begegneten einander zum Teil regelrecht aggressiv. Robert schlug sich auf Seite Gunnars, der ihm wie ein väterlicher Freund vorkam.

Eigentlich war alles klar – sie hatten die ersten Segway-Angebote aus den USA eingeholt, hatten bereits Verkaufsräume besichtigt, ein Logo für ihre *SegCityWarriors* gestalten lassen und eine GmbH gegründet. Da stieg Ulf plötzlich aus, er hatte keine Lust mehr. Robert und Gunnar waren ziemlich angefressen – das hätte Ulf ja auch drei Wochen vorher einfallen können! Ihr Frust ließ sie nur noch enger zusammenrücken. Jetzt wollten sie es Ulf zeigen. Zu sagen, dass es ein kurzer, intensiver Ausflug war, und was sie bis jetzt an Geld verbrannt hatten, sei halt verloren, das kam speziell für Gunnar nicht in Frage. Jetzt erst recht! Dabei war ihnen nicht wirklich klar, worauf sie sich da einlassen. Dann stemmen sie das Geschäft halt zu zweit. Ohne Interessenten, geschweige denn konkrete Bestellungen, mieteten sie Räume, kauften die ersten Segways, stellten eine Mitarbeiterin ein und produzierten auf diese Weise von Beginn an hohe Ausgaben. Gunnar war finanziell mit Haus und Kind in einer angespannteren Lage, als Robert es als wohlhabender, entspannter Single war. Die Idee war, dass jeder von ihnen zwei bis drei Tage pro Woche in seinem eigentlichen Business arbeitet und die anderen Tage für die neue Firma nutzt. Doch nun waren sie ja nur noch zu zweit und mussten die Arbeitslast auf weniger Schultern verteilen. Die Teilzeit-Mitarbeiterin war mit dem Showroom und den wenigen Interessenten, die zur Tür hereinkamen, beschäftigt.

Natürlich hatten sie sich Gedanken über die Finanzierung gemacht. Wer wieviel in die Firma einbringen kann, ohne dass es wehtut. Sie brachten also Darlehen ein, zusätzlich zu den 25.000 Euro Startkapital. Nach einiger Zeit wollte Gunnar bezahlt werden, weil er immer weniger in seiner alten Firma arbeitete und sich immer mehr bei *SegCityWarriors* einbrachte. Dementsprechend waren beide finanziell unter Druck. Nach ein paar Monaten mit sehr wenig Umsatz stellten die beiden Geschäftspartner fest, dass Ulf, mit dem sie ursprünglich gegründet hatten, in Köln das Gleiche machte. Nur halt ohne sie. Für Robert und Gunnar war das der Super-GAU, denn Ulf nahm ihnen die Kunden im Köln-Bonner-Großraum und weit darüber hinaus weg. Auch hatte er ein paar Ideen geklaut, doch nachweisen und ihn dafür belangen, das konnten sie nicht. Was Robert darüber hinaus belastete, war Gunnars Umgang mit allen Menschen außer ihm: absolut eklig, passiv-aggressiv oder sogar offen gereizt, wie damals bei Ulf. Eigentlich hätten bei ihm alle Alarmglocken läuten sollen, konstatierte Robert, als er uns seine Geschichte erzählte. O-Ton: „Wie Gunnar mit anderen Menschen umging, war nicht nur ungünstig, sondern unter aller Sau!“ So gab es für das Gewerbeareal, in dem ihr Ladengeschäft samt Büro untergebracht war, einen Hausmeister. Auch mit ihm hatte sich Gunnar überworfen. Er hasste den Hausmeister regelrecht, wäre ihm schon mal fast an die Gurgel gegangen. Robert war fassungslos. Der Hausmeister war doch die wichtigste Person überhaupt. Läuft deine Toilette nicht mehr, klemmt ein Rollladen, ist die Klimaanlage kaputt – dann hast du ein Problem, für das der Hausmeister die Lösung ist! Außer, er mag dich nicht mehr und priorisiert dein Anliegen nach hinten. Für Gunnar war der Mann nichts als ein Vollhonk, den er zusammenfalten konnte. Gunnar fühlte sich Robert gegenüber sicher und erlaubte es sich, ihm seine Schattenseite zu zeigen, die er jedoch stolz als Stärke und Überlegenheit verkaufen musste. Sein Verhalten deckte sich absolut nicht mit Roberts Wertesystem. Auf die Idee, dass er irgendwann von Gunnar auch so behandelt werden könnte, kam er zu diesem Zeitpunkt nicht. Er war nach dem Tod seines Vaters ohne Ausrichtung und zur Selbstführung nach dem Schock und in seiner Trauer nicht mehr gut fähig. Er suchte eine Vaterfigur. Einen Menschen, der ihm sagte, was zu tun war und wie er die Dinge machen sollte. Den Vater, mit dem er eine innige Beziehung gehabt hatte, nicht verabschieden zu können, war hart zu verarbeiten und er litt lange unter seinem Verlust. Hier konnte Gunnar prima andocken und Robert beeinflussen: Gunnar hatte die Vision. Er kannte sich aus. Er erklärte Robert, er müsse ihm nur helfen, und appellierte damit an sein Helfersyndrom. Am Anfang hinterfragte Robert das nicht. Sein Partner war schließlich wesentlich älter, hatte schon erfolgreich ein Unternehmen gegründet. Und als er sagte, „Vertrau mir, lauf mir hinterher und mach, was ich sage, dann wird das funktionieren!", tat Robert, wie ihm geheißen. Gunnar war doch sein Freund… Ein Freund, der stets seine *Zwei-Kinder-und-ein-Haus*-Karte spielte, wenn er seinem jüngeren Goldesel erklärte, warum er ein weiteres Mal zehntausend Euro investieren sollte. Warum er einen Privatkredit von ihm brauche. Der ihm vorgaukelte, wie nach der nächsten Marketingkampagne alle Kunden kämen und sie glückliche Millionäre werden würden. Der alles mit ihm teilen wollte. Und Robert sprang drauf an, nahm weitere Kredite über stolze Summen bei der Bank auf und stimmte zu, dass jeder von ihnen komplett gesamtschuldnerisch für die Gesamtsumme haftete.

Robert verstrickte sich immer tiefer. Je länger es ging, dass er Blut, Schweiß und Tränen vergoss und jede Menge Geld investierte, umso mehr hielt er an der Idee der *SegCityWarriors* fest. Mit jedem von Gunnars Versprechen – „Nochmal Fünftausend, dann schaffen wir den Durchbruch!" – keimte neue Hoffnung in ihm auf und schenkte ihm kurzzeitig neue Energie. Denn energetisch war er am Ende. Viele schlaflose Nächte voller Albträume hatte Robert in jener Zeit. Er hatte schon Angst, einzuschlafen. In seinen Träumen sank er in Treibsand ein und konnte nicht wegrennen, wenn auf einer großen freien Ebene eine riesige, unbekannte Dunkelheit auf ihn zukam. Irgendwann sagte er zu Gunnar, er solle einfach machen, Hauptsache, er habe seine Ruhe. Hätte Gunnar gefordert, dass er eine Null dranhängt an die Summen, er hätte es vermutlich getan. Auf die Idee, sich umzudrehen und hinzuschauen, sich zu fragen, vor was er da genau wegrennen wollte in seinen Träumen, kam er nicht. Dafür bekam er starke körperliche Probleme: einen Hexenschuss im unteren Rücken. Eigentlich war er damals super durchtrainiert und topfit. Und dann hatte er wochenlang extreme Probleme und konnte sich kaum bewegen. Er konnte Gunnars Machenschaften auch nichts entgegenstellen. Der hatte in der Zwischenzeit neue Mitarbeiter eingestellt, die Kollegin in Teilzeit ausgewechselt und dafür gesorgt, dass ihm jeder nachlief und sich an seinem Wording orientierte. Er hatte neue Berater und neue Hierarchieebenen geschaffen, die über Robert standen und an die er nicht mehr herankam. Die unteren Ränge waren nur noch die Idioten, die nicht mitziehen konnten, die es nicht auf die Reihe brachten, die nicht performten.

Sie machten immer noch zu wenig Umsatz, doch die Idee war, den europaweiten Segway-Vertrieb in Angriff zu nehmen. Es war nur eine Idee auf Papier, die von Gunnars Beratern in Excel und Powerpoint zur leuchtenden Vision mit phantastischen Zahlen aufgebauscht wurde. Einen Investor, der das machen wollte, fanden sie nicht. Außer Robert kümmerte sich niemand mehr ums Tagesgeschäft. Gunnar war in anderen Sphären unterwegs. In den Vertriebsmeetings ging es nur noch darum, High-Level-Aufträge von Firmen an Land zu ziehen, die Segways in großem Stil einsetzen wollten. Doch sie konnten nur ein Zehntel dessen umsetzen, was Gunnar und seine Berater in Aussicht stellten. Hier und da kam mal ein Auftrag. Und Robert, der Geldgeber, wurde von Gunnar angeschrien, er müsse mehr bringen, mehr arbeiten, fleißiger sein. Doch mit 16-Stunden-Tagen über inzwischen 18 Monate hinweg, war Robert fix und fertig.

Er zog den Schlussstrich an einem Freitag. Im Wissen, dass er ab jetzt alles verlieren würde. Robert ging zu Gunnar und sagte ihm die mutigen Worte: „Bis hierhin und nicht weiter. Das, was hier passiert, tut mir nicht gut!“ Gunnar war wütend, nahm es ihm sehr übel und warf ihm vor, er würde ihn hängen lassen. Doch Robert blieb dabei und setzte ihm eine Deadline von vier Wochen, um seine Arbeit zu übernehmen. Seine Arbeit, für die er im Gegensatz zu Gunnar in all der Zeit nicht einen Cent gesehen hatte. Er arbeitete dann noch seine Nachfolgerin ein und verabschiedete sich im September aus seinem Unternehmen. Nur in den Büchern stand er noch drin. Als Prokurist, nicht als Geschäftsführer, der er nie gewesen war. Die Insolvenz kam zehn Monate später. Doch zuvor erkrankte auch Gunnar. An einem Tumor. Die Belegschaft drängte Robert, zurückzukommen und die Geschäftsführung zu übernehmen. Doch er hatte genug gelernt und schlug die freundliche Einladung aus. In all der Zeit dachte er öfter, wie gut, dass sie nie Erfolg gehabt hatten. Sonst wäre Gunnar vermutlich richtig abgedreht und noch viel ekliger geworden. Am Ende waren fast alle Mitarbeiter von *SegCityWarriors* krank oder hatten gekündigt. Der Kontakt zu seiner Firma beschränkte sich für Robert auf Mails. Eine weitere Partnerin, die Gunnar schon vor Roberts Abgang ins Boot geholt hatte, beschimpfte ihn ob der miserablen Zahlen und schlug ihm vor, er solle doch mal IHK-Kurse für Geschäftsführung besuchen. Es sei unter aller Kanone, was er gemacht habe. Doch Robert ließ sich nicht beirren. Die Insolvenz wurde von Gunnar angemeldet, der Grund dafür auf den Prokuristen Robert geschoben, der sich geweigert hatte, während seiner Krankheit die Geschäftsleitung zu übernehmen. Die Dinge nahmen ihren Gang. Eines Tages fand Robert heraus, wer der Insolvenzverwalter war. Sie telefonierten und er berichtete Robert davon, dass er den Eindruck hatte, Gunnar wolle ihn für dumm verkaufen. Einige Wochen später tauchte in München eine Firma namens *SegCityWarriors* auf. Mit dem gleichen Logo und der gleichen Geschäftsidee. Robert wusste bis zu diesem Zeitpunkt nicht, dass so etwas in Deutschland möglich ist. Der Inhaber trug Gunnars Namen. Mit in der Geschäftsführung war die besagte Partnerin. Weil Gunnar lange berufsunfähig war, konnten sie erst zwei Jahre später anfangen, den Bankkredit zurückzuzahlen, für den sie zu zweit privat haftbar waren. In der Zwischenzeit waren 15.000 Euro an Zinsen aufgelaufen. Gunnar und Robert durften jeweils 80.000 Euro abstottern. Insgesamt hatte Robert rund 200.000 Euro an Lehrgeld bezahlt. Zuzüglich seiner unbezahlten Arbeitszeit. Die Möglichkeit, die Insolvenz als Verlust in sein vor sich hin dümpelndes Architekturbüro mit reinzunehmen, bestand nicht. Doch Robert merkte, dass die Firma seines Vaters nur noch ein Relikt aus einer vergangenen, ‚unschuldigen' Zeit für ihn war. Er kann nicht sagen, ob er in einem Burnout war, er ist der Frage nie nachgegangen und hat sich nie untersuchen lassen. Doch er hat lange gebraucht, um wieder klar denken zu können und mental zu genesen. Oft denkt er, dass das Erlebte ihn heute noch beeinflusst und ein Klotz am Bein ist. Als wir kürzlich – Jahre später! – mit ihm darüber sprachen, tat er sich noch immer schwer, beruflich was auf die Beine zu stellen oder was Neues anzufangen. Wie es für ihn weitergeht, weiß er nicht. Doch er hat ein gutes Gespür dafür bekommen, welche Leute gefährlich werden können.

**Analyse:** Robert verfügt über einen gesunden Narzissmus. Er kann seine Interessen gut durchsetzen, aber nicht auf Kosten anderer. Ihm wurde zum Verhängnis, dass in seiner schwächsten Zeit, in der tiefen Trauer um seinen Vater, ein extremer Narzisst in ihm das perfekte Opfer gewittert und seine Bedürftigkeit ausgenutzt hat. Wenn sein Geist nicht trauervernebelt gewesen wäre, hätte Gunnar bei Robert keine Chance gehabt. Gunnar spielte ihm Empathie vor, war nett zu ihm, lullte ihn ein, gaukelte ihm schöne Träume vor und wickelte ihn um den Finger. Robert hätte jedoch früher den Absprung schaffen und somit Schaden begrenzen können. An dieser Stelle nehmen wir auch in Geschäftsbeziehungen eine Art Trauma-Bindung wahr. Das passiert traumatisierten Menschen, in diesem Fall durch den plötzlichen Tod des Vaters, leider sehr häufig. In dem Moment ist ein Mensch, wie Robert in dieser Geschichte, schutzlos und bedürftig. Anderen Menschen gegenüber zeigte er sein wahres Gesicht. Robert trifft keine Schuld. Er hat Entscheidungen getroffen auf der Basis an Informationen, die er damals hatte. Wenn wir Menschen gegenüber chronisch misstrauisch wären oder wenn wir ihnen keinen Vertrauensvorschuss gewähren würden, dann hätten unsere Geschäftsbeziehungen keine Grundlage. Am Anfang wurde Robert gehyped, solange Gunnar etwas von ihm wollte und ihn brauchte. Als er es hatte, wurde Robert abgewertet. Ihm wurde regelmäßig gesagt, was er nicht gut kann, wo er zu wenig leistet. Sein Selbstwert und seine Selbstliebe wurden durch Gunnar und das Gefolge, das er sich aufbaute, vergiftet. Gunnars traurige Mechanismen, um mit dem eigenen Leben klarzukommen, haben einen bereits emotional und mental am Boden liegenden Menschen ausgesaugt und Robert nicht nur in finanzieller Hinsicht schwer geschadet.

## Benni, der toxische Systemadministrator

Luise war die Geschäftsführerin eines 120-köpfigen IT-Dienstleistungs-Unternehmens, das etliche Rechenzentren betrieb. Die Firma hatte einen sehr guten Ruf als Arbeitgeber und keinerlei Probleme, Cloud-Entwickler, Techniker oder Leute für die Marketingabteilung zu finden. Lediglich im Bereich der Systemadministratoren sah es anders aus – der Markt war hier wie leergefegt. Das Team der Systemadministratoren bestand zum Zeitpunkt der Geschichte aus einem Teamleiter, zwei Quereinsteigern, einem Azubi, einer Person in Teilzeit und Benni. Doch den Teamleiter zog es aus familiären Gründen ins Ausland. Da Benni nach ihm die beste Ausbildung und die größte Erfahrung hatte, erhielt er die Teamleitung. Durch die schwierige Lage am Arbeitsmarkt wusste Benni, dass er in einer hervorragenden Position war, um sich mehr und mehr herauszunehmen. Luise war schließlich angewiesen auf ihn. Er begann, sich über die Anweisungen seines IT-Abteilungsleiters hinwegzusetzen, und nahm auch Kundenwünsche nicht mehr ernst. Er machte, was er für richtig hielt und meinte, den Bedarf des Kunden besser zu kennen als der Kunde selbst. Luise hatte immer häufiger den Eindruck, dass er auch sie nicht mehr respektierte. An einem heißen Sommertag saß Benni schließlich mit nacktem Oberkörper in einer Videokonferenz mit ihr. Als Luise ihn bat, sich etwas überzuziehen, verneinte er – es sei gerade kein Kleidungsstück in Reichweite. Nachdem ihr dann zu Ohren kam, wie Benni in einem Kundengespräch schlecht über seinen direkten Vorgesetzten sprach, wollte sie ihn abmahnen. Doch der Abteilungsleiter bat sie, es zu lassen. Seine Angst, Bennis Fachexpertise zu verlieren und keinen Ersatz zu finden, war größer als sein Ärger. Luise gab nach. Im Rückblick wurde ihr klar, dass das ein Fehler war, doch die Existenz ihrer Firma hing an diesem Team und besonders an seiner Person. Was würde passieren, wenn sie ihm kündigte? Sie sah vor ihrem geistigen Auge ihre ganze IT-Infrastruktur den Bach runtergehen und die Technik ausfallen. Luise rechnete sich aus, wie viele Kunden und Aufträge sie dadurch verlieren würde, und bekam Angst vor Schadensersatzforderungen. Vielleicht war es besser, Benni ohne T-Shirt zu ertragen und seine Widerworte zu schlucken. Dass Benni keine Grenzen kannte, zeigte der Geschäftsführerin auch ein Vorfall auf dem Sommerfest der Firma: Als sie gegen Mitternacht das Fest verlassen wollte, um mit dem Auto nach Hause zu fahren, sprang Benni – sturzbesoffen – auf und rief ihr zu: „Hey, ich komme mit!" Völlig selbstverständlich, als wäre sie sein Taxi, und ohne sie zu fragen, ob sie ihn mitnehmen und daheim absetzen könnte.

Die Stimmung in der gesamten IT-Abteilung war durch Bennis Verhalten aufgeheizt. Menschlich im Team und fachlich beim Kunden hatte er bereits großen Schaden angerichtet. Allen war klar, dass jemand bei den Admins den Hut aufhaben muss, und dass die Bewerber bei den Systemadministratoren nicht Schlange stehen. Selbst die Headhunter hatten niemanden, der fachlich brauchbar gewesen wäre. Es schien, als wären Luise und ihre Firma auf Gedeih und Verderb an ihn gebunden. Immer öfter widersetzte Benni sich seinem Abteilungsleiter, ignorierte Kollegen und oder putzte sie öffentlich herunter. Dokumentationspflichten dem Projektmanagement gegenüber ignorierte er, und wichtige Informationen behielt er für sich. Den pfiffigen, motivierten und fähigen Azubi des Teams hielt Benni klein und kümmerte sich nicht weiter um dessen Ausbildung. Der Abteilungsleiter äußerte eines Tages den Verdacht, dass Benni Angst vor dem gleichermaßen fachlich wie sozial kompetenten jungen Mann hatte.

Doch eines Tages gab es einen vielversprechenden Bewerber auf die Teamleiterstelle. Mit ihm haben sich Luise und der IT-Abteilungsleiter getraut, neu über die Teamkonstellation nachzudenken. Nachdem Benni, der inzwischen wirklich alle aus der Abteilung gegen sich aufgebracht hatte, sich erneut eine Dreistigkeit geleistet hatte, fasste sie Mut und sprach ihm die Kündigung und sofortige Freistellung aus. Erstaunlicherweise hat er sie sofort akzeptiert und am nächsten Tag seinen Laptop abgegeben. Ein Abschlussgespräch hat es nie gegeben, um jegliche weitere Konfrontation zu vermeiden.

Was Luise und ihrer Mannschaft erst so richtig die Augen öffnete, war, was nach Bennis Ausscheiden in der Firma passierte: Es war, als hätte sich ein Knoten gelöst. Die Anspannung fiel von den Leuten ab, selbst von denen, die mit den

Systemadministratoren gar nichts zu tun gehabt hatten. Die schlechte Stimmung im Team sowie zwischen Team- und Abteilungsleiter hatte sich auf 40 bis 50 Leute durchgeschlagen. Nun blühten die Leute wieder auf, es herrschte ein positives und angenehmes Klima. Auf einmal war eine ganz neue Agilität zu spüren, eine Dynamik, die wieder innovatives Denken zuließ. Das Team der Systemadministratoren rückte unter der neuen Leitung viel näher an die anderen IT-Teams der Abteilung heran. Ohne, dass es etwas anderes dafür gebraucht hätte, als Bennis Verschwinden. Luise verspürte eine große Erleichterung und Dankbarkeit darüber, dass sie den toxischen Teamleiter am Ende unkompliziert losgeworden waren.

**Unsere Analyse:** Benni zeigte mit steigender Kontrollmöglichkeit seinen wahren Charakter. Dass es ziemlich ungeschickt ist, sich von einzelnen Mitarbeitern abhängig zu machen, war Luise auch klar, doch sie sah sich der Situation ohnmächtig gegenüber. Der Inhaber sollte aus eigenem Interesse die Organisation möglichst so aufstellen, dass der Laden auch ohne ihn läuft. Seine Aufgabe ist es eher, am und nicht im Unternehmen zu arbeiten. Das Abhängigkeitsverhältnis hat sämtliche Führungsmöglichkeiten untergraben. So handelte Luise aufgrund ihrer eigenen begrenzenden Gedanken. Die sonst so klare Luise hat ihre normalen Führungsgrundsätze vernachlässigt und sich auf das Spiel mit der Angst eingelassen. Menschen wie Benni brauchen klare Grenzen. Wir wissen nicht, ob Benni es bewusst auf eine Kündigung hat zulaufen lassen. Es ist ein bekanntes Spiel von Arbeitnehmern mit gefühltem Sonderstatus, die Kündigung zu fokussieren, um eine Abfindung zu bekommen und dann ihr Unwesen an anderer Stelle weiterzuführen. Bennis Überheblichkeit hätte eingegrenzt werden müssen und es gab keinen Grund, eine Abmahnung nicht zu schreiben. Diese kann selbstverständlich gewaltfrei kommuniziert werden, um die Entwicklung des Arbeitnehmers auf den letzten Metern noch zu unterstützen. Die Erfahrung zeigt, dass ‚Sonderlinge' meist gut sind, jedoch selten besser als andere Mitarbeiter. Sie wissen ihre Kompetenz lediglich aufzubauschen und mauern in der Weitergabe von Wissen sowie Informationen. Das schadet der Organisation. Es ist nach jedoch einer Zeit der Herausforderungen keine unlösbare Situation. Menschen mit einem solchen Charakter in der Organisation zu behalten, ist viel zu gefährlich.

## Doktorand Bert

*Von den folgenden Erlebnissen haben uns gleich mehrere Personen berichtet. Wir haben ihre Geschichten so oder so ähnlich erzählt bekommen und zu einem einzigen Beispiel zusammengefasst. Diese Story ist in der Hochschullandschaft leider nicht unbekannt.*

Bert wollte promovieren. Er hatte jedoch ziemlich große Schwierigkeiten, einen Doktorvater für sein Promotionsthema zu finden. So jubilierte er innerlich, als er nach langer Suche den Vertrag für seine Promotionsstelle erhielt. Er verließ rasch seine Heimat und zog samt seiner Familie in die Nähe der Universität. Sein Doktorvater Ernie lobte Bert von Beginn an in den höchsten Tönen. Doch er lästerte über die anderen Kollegen des Fachs, und beschrieb seine eigenen Arbeiten in der Superlative. Bert hatte bereits einiges über Ernie gelesen und dessen Öffentlichkeitswirksamkeit wahrgenommen. Deshalb freute er sich ehrlich und sah hier eine große Chance. Bert ist eher zurückhaltend, sehr gewissenhaft und geradlinig. Normalerweise hat er eine gute Menschenkenntnis. Seine Alarmsysteme waren jedoch in diesem Fall wie ausgeschaltet – durch seine eigene Bedürftigkeit, eine solche Stelle zu finden. Anfangs war alles super. Es entstand sogar eine eher private Freundschaft zwischen den beiden Männern.

Nach und nach gab es am Lehrstuhl mehrere Möglichkeiten, beruflich aufzusteigen und eine langfristige Beschäftigung zu erhalten. Nur für Bert nicht. Er wurde jedes Mal übergangen, bekam Gründe genannt und sollte nachsichtig sein – es war eine Dauerschleife der Demütigung. Natürlich gefiel ihm das nicht, es zermürbte ihn total. Doch Bert fühlte sich tief im Innern von Ernie abhängig, wie gefangen und nicht in der Lage, aus eigener Kraft etwas an der Situation zu verändern. Bald blieb Ernies Unterstützung ganz aus. Stattdessen fanden sich mehr und mehr Steine in Berts beruflichem Entwicklungsfluss. Er schloss trotz aller Widerstände die Promotion erfolgreich ab. Ausgerechnet der eigene Doktorvater bewertete ihn von allen Gutachtern der Fakultät am schlechtesten. Die schlechtere Bewertung war jedoch so gering, dass nach außen nicht auffiel, dass Bert die Figur in einem weiteren Spielchen seines Doktorvaters war und er von ihm verarscht wurde. Wegen der nur minimal schlechteren Beurteilung hatte der durch diese kleine Spitze sehr verletzte Bert keine Möglichkeit, sich zu wehren. So etwas bemerken die meisten Menschen erst gar nicht. Auch wenn es nicht gravierend schlechter war: In der geplanten Karriere kann eine solche Kleinigkeit die berufliche Entwicklung durchaus bremsen.

Das Spannungsfeld zwischen Ernie und Bert spitzte sich immer weiter zu. Versuche von Bert, die Sache mit Ernie zu klären, waren so fruchtbar wie das Gespräch mit einer Wand. Ernie hatte eine Vorliebe für weibliche Mitarbeiter, und nutzte in dieser Hinsicht auch seine Möglichkeiten. Nicht selten wurden die Damen dann an Bert vorbei befördert. Die Spannung zwischen den beiden Männern stieg. Immerhin erhielt Bert eine unbefristete Stelle, wenn auch nicht kampflos. Er interpretierte es trotzdem als Wiedergutmachung. Wenn sie merken, dass sie ihre Quelle sauer gefahren und eine Grenze überschritten haben, geben Narzissten ein Stückchen nach oder starten in anderen Fällen Love-Bombing, um ihr Opfer wieder einzufangen. Nach und nach ging Bert die Energie aus für den andauernden zermürbenden Kampf, für die täglichen kleinen und großen Unverschämtheiten, die sich Ernie ihm gegenüber erlaubte. Die berufliche Situation strahlte bei Bert nicht nur enorm auf die eigene Gesundheit aus, sondern belastete auch die Familie. Der Post-Doc rutschte in depressive Episoden und holte sich Hilfe. Dank seines Therapeuten und seiner Familie stürzte er im toxischen Umfeld nicht komplett ab. Die festen Stellen sind in der Universitätslandschaft rar gesät und es braucht schon wirklich großen Druck und Schmerz, um eine unbefristete Stelle gegen eine befristete einzutauschen. Den Mut zur Veränderung in sich zu entdecken, war Berts Therapieerfolg. Er bewarb sich erfolgreich und wurde sogar durch eine neue unbefristete Stelle an einer anderen Universität belohnt.

Positionen, die Macht in Form von Kontrolle über die berufliche Zukunft der Mitarbeiter zulassen, werden oft missbraucht. Extremen Narzissten wie Ernie kann in unserem Universitätssystem nichts passieren. Leider ist die Geschichte von Ernie und Bert kein Einzelfall. Wir raten Betroffenen, sich von toxischen Umfeldern wie diesem der eigenen Gesundheit und Würde zuliebe zu verabschieden.

**Unsere Analyse:**

Bedürftigkeit ist immer ein Einfallstor für extreme Narzissten. Menschen wie Ernie wissen das und sind klug genug, erst nach Jahren aufzufliegen. Wenn überhaupt. Bert ist sehr integer, geradlinig und setzt bei sich und anderen hohe ethische Standards an. Damit hat er was, was Ernie nicht hat. Ernie wusste, dass Bert ihn durchschaut hat. Deshalb wird Bert gnadenlos von seiner narzisstischen Wut getroffen. Hätte Bert nicht so ein stabiles Umfeld gehabt, hätte er das psychisch nicht überlebt. Die erste Überlebensreaktion von Menschen unter toxischem Stress ist die Bindungssuche. Das ist das Fatale. Hier ist es die Bindung an den Menschen sowie an das System der Universität. Um sich aus eigener Kraft zu lösen, muss erst an einem anderen Ort eine Stelle frei werden. Bert hat leider zu Beginn die Erfahrung gemacht, bedürftig zu sein. Das senkt den gefühlten Selbstwert enorm. Hohe ethische Werte, Geradlinigkeit sowie die Fähigkeit, sozial kompetent zu argumentieren, sind ein rotes Tuch für extreme Narzissten. Besonders, wenn es den weisungsbefugten Chef betrifft. Die Lösung: Finde etwas, wofür du aufrichtig Lob aussprechen kannst. Stelle Fragen und bleibe ansonsten möglichst unterm Radar des Chefs. Eine echte Auseinandersetzung kannst du dir nur leisten, wenn du im ‚Inner Circle' bist – und selbst dann nicht, wie wir gesehen haben. Bert wurde von Ernie als Gefahr wahrgenommen. Möglicherweise war er zu gut, und Ernie kennt tief im Innern seine eigenen Schwächen, auch wenn er sie wegdrückt. Er kann sich gar nicht vorstellen, dass Menschen wie Bert niemals an seinem Stuhl sägen würden. Loyalität, Respekt und Anstand sind Ernie fremd.

Bert zeigt im Beispiel hohe gewissenhafte, fast perfektionistische Persönlichkeitsanteile. Wir können davon ausgehen, dass die toxische Dynamik sich auch aufgrund der unterschiedlichen Persönlichkeiten – ‚G trifft auf I' – entfaltet hat. Ernie ist der sehr initiative Boss und lebt das Motto „Fake it till you make it!": Es ist im Hochschulumfeld üblich, dass Professoren ihre Doktoranden und andere Menschen, die für sie arbeiten, viel schreiben lassen. Die Veröffentlichungen liefen jedoch unter Ernies Namen, seine Mitarbeiter wurden nicht genannt. Bert ist maximal gewissenhaft und absolut integer: Für Forscher sind dies wichtige und nützliche Eigenschaften.

Konflikte wie zwischen Ernie und Bert entstehen auf Ansage. Im universitären Kontext braucht es eben auch die Initiative, um Forschungsgelder einzutreiben. Wichtig: Initiative Menschen müssen nicht extrem narzisstisch sein, und gewissenhafte Menschen nicht zwingend perfektionistisch.

## Literatur- und Quellenverzeichnis

**Bücher:**

Back, Mitja (2023): ICH! Die Kraft des Narzissmus. München: Köser Verlag.

Ballreich, Rudi (Hrsg.) (2020): Systemische Perspektiven. Die Pioniere der systemischen Beratung im Gespräch. Stuttgart: Concadora Verlag.

Ballreich, Rudi/Glasl, Friedrich (2019): Konfliktmanagement und Mediation in Organisationen. Ein Lehr- und Übungsbuch mit Filmbeispielen. Stuttgart: Concadora Verlag.

Bauer, Joachim (2006): Prinzip Menschlichkeit. Warum wir von Natur aus kooperieren. 2. Auflage. Hamburg: Hoffmann und Campe.

Bauer, Joachim (2016): Warum ich fühle, was du fühlst. Intuitive Kommunikation und das Geheimnis der Spiegelneurone. 27. Auflage. Hamburg: Hoffmann und Campe.

Berghaus, Margot (2022): Luhmann leicht gemacht. 4. Auflage. UTB-Band Nr. 2360. Göttingen: Vandenhoeck & Ruprecht Verlage.

Bock, Petra (2011): Mindfuck: Warum wir uns selbst sabotieren und was wir dagegen tun können. München: Knaur Verlag.

Bregman, Rutger (2023): Im Grunde gut. Eine neue Geschichte der Menschheit. 13. Auflage. Hamburg: Rowohlt Taschenbuch Verlag.

Bremer, Fritz (2022): Das Ungewisse ist konkret. Gedichte und andere Texte. 1. Auflage. Berlin: PalmArtPress.

Breithaupt, Fritz (2019): Die dunklen Seiten der Empathie. 2. Auflage. Berlin: suhrkamp taschenbuch wissenschaft.

Brockhoff, Klaus (2012): Betriebswirtschaftslehre in Wissenschaft und Geschichte. Eine Skizze. 3. Auflage. Wiesbaden: Springer Gabler.

Brüggemeier, Beate (2017): Wertschätzende Kommunikation im Business. Wer sich öffnet, kommt weiter. 4. Auflage. Paderborn: Junfermann.

Brunold, Georg (2018): Handbuch der Menschenkenntnis. Mutmaßungen aus 2500 Jahren. 1.Auflage, Berlin: Galiani.

Bucay, Jorge (2016): Selbstbestimmt leben. Wege zum Ich. 2. Auflage. Frankfurt am Main: Fischer Taschenbuch.

Caspar, Franz/Pjanic, Irina/Westermann,Stefan (2018): Klinische Psychologie. Wiesbaden: Springer Fachmedien.

Collins, Jim (2020): Der Weg zu den Besten: Die sieben Management-Prinzipien für dauerhaften Unternehmenserfolg. Frankfurt: Campus Verlag.

De Waal, André A. (2013): What makes a High Performance Organization. Five validated factors of competitive advantage that apply worldwide. Neu-Delhi: Viva Books.

Edmondson, Amy C. (2020): Die angstfreie Organisation. Wie Sie psychologische Sicherheit am Arbeitsplatz für mehr Entwicklung, Lernen und Innovation schaffen. München: Verlag Franz Vahlen.

Eidenschink, Klaus (2024): Es gibt keine Narzissten. Nur Menschen in narzisstischen Nöten. Eine Handreichung für alle und jede(n). Heidelberg: Carl-Auer Verlag.

Gay, Friedbert (2006): Das DISG Persönlichkeits-Profil. Persönliche Stärke ist kein Zufall. Remchingen: Persolog GmbH Verlag.

Geier, John G./ Downey, Dorothy E. (2015): Persönlichkeit entwickeln. Remchingen: Persolog GmbH Verlag.

Grubendorfer, Christina/Ackermann, Christina (2023): The Real Book of Work. München: Verlag Franz Vahlen.

Goffman, Erving (1983): Wir alle spielen Theater. Die Selbstdarstellung im Alltag. 4. Auflage. München: Piper.

Hagemeyer, Pablo (2020): Gestatten, ich bin ein Arschloch. Ein netter Narzisst und Psychiater erklärt, wie Sie Narzissten entlarven und ihnen Paroli bieten. Hamburg: Eden Books.

Hagemeyer, Pablo (2021): Die perfiden Spiele der Narzissten. Der nette Narzissmus-Doc klärt auf. 1. Auflage. Hamburg: Edel Verlagsgruppe.

Haller, Reinhard (2013): Die Narzissmusfalle. Anleitung zur Menschen- und Selbstkenntnis. Salzburg: Ecowin.

Holt, Jim (2020): Als Einstein und Gödel spazieren gingen. Ausflüge an den Rand des Denkens. 2. Auflage. Hamburg: Rowohlt Verlag.

Horx, Matthias (2009): Das Buch des Wandels. Wie Menschen die Zukunft gestalten. 4. Auflage. München: Deutsche Verlags-Anstalt.

Hüther, Gerald (2013): Drei Grundlagenwerke in einem Band. Hier: Biologie der Angst. Göttingen: Vandenhoeck & Ruprecht Verlage.

Hüther, Gerald (2012): Was wir sind und was wir sein könnten. Ein neurobiologischer Mutmacher. 9. Auflage. Frankfurt am Main: S. Fischer Verlag.

Kast, Verena (2013): Abschied von der Opferrolle. Das eigene Leben leben. 14. Auflage. Freiburg im Breisgau: Herder.

Kleve, Heiko (2020): Aufstellungsarbeit in der systemischen Beratung. Grundlagen, Methodik und Anwendungsgebiete. Erschienen in: Praxishandbuch Aufstellungsarbeit (Hrsg.: Christian Stadler/Bärbel Kress). Wiesbaden: Springer Fachmedien.

Kraus, Katja (2014): Macht – Geschichten von Erfolg und Scheitern. Frankfurt am Main: Fischer Taschenbuch.

Krug, Max; Potthoff, Erich; Sieben, Günter unter Mitarbeit von Lutz,Harald (1984): Eugen Schmalenbach. Der Mann – Sein Werk – Die Wirkung. Stuttgart: Schäffer Fachverlag.

Kuhn,Thomas/Weibler,Jürgen (2020): Bad Leadership. Von Narzissten & Egomanen, Vermessenen & Verführten: Warum uns schlechte Führung oftmals gut erscheint und es guter Führung häufig schlecht ergeht. München: Verlag Franz Vahlen.

Kußmaul, Heinz (2022): Betriebswirtschaftslehre. Eine Einführung für Einsteiger und Existenzgründer. 9. Auflage. Berlin: De Gruyter

Küstenmacher, Werner Tiki (2016): Limbi. Der Weg zum Glück führt durchs Gehirn. München: Knaur Verlag.

König, Verena (2021): Bin ich traumatisiert? Wie wir die immer gleichen Problemschleifen verlassen. München: Gräfe und Unzer Verlag.

Lesch, Harald; Kamphausen, Klaus (2018): Die Menschheit schafft sich ab. Die Erde im Griff des Anthropozän. München: Drömer Knaur Verlagsgruppe.

Löffler, Marc (2022): Die Scrum Master Journey. So bringst du dein agiles Team auf die nächste Stufe. Göttingen: Business Village.

Maaz, Hans-Joachim (2014): Die narzisstische Gesellschaft. Ein Psychogramm. München: C.H. Beck.

Malkin, Craig (2017): Der Narzissten-Test. Wie man übergroße Egos erkennt … und überraschend gute Dinge von ihnen lernt. Köln: DuMont Buchverlag.

Müller, Turid (2022): Verdeckter Narzissmus in Beziehungen. Die subtile Form toxischen Verhaltens erkennen und sich von emotionalem Missbrauch befreien. München: Kailash Verlag.

Miyashiro, Marie R. (2011): The Empathy Factor. Your competitive advantage for personal, team, and business success. Encinitas: Puddle Dancer Press.

Nicklisch, Der Betriebprozeß und die Werteumläufe in der Wirtschaft, Zeitschrift für Handelswissenschaften &Handelspraxis, 20. Jg., 1927, S. 121-125; ders., Die Betriebswirtschaft, 7. A., Stuttgart: 1932.

Nida-Rümelin, Julian (2011): Die Optimierungsfalle. Philosophie einer humanen Ökonomie. München: Irisiana Verlag, in der Verlagsgruppe Random House GmbH.

Pfläging, Niels (2013): Organisation für Komplexität. Wie arbeit wieder lebendig wird – und Höchstleistung entsteht. BetaCodexPublishing Teil 2. Norderstedt: BoD – Books on Demand.

Pietzko, Sylvia (2014): Win-Win dank Empathie. Erfolgreich kommunizieren im Job. Hamburg: kreutzfeldt digital.

Pinkola-Estes, Clarissa (1995): Die Wolfsfrau. Die Kraft der weiblichen Urinstinkte. 57. Auflage. München: Heyne.

Quarch, Christoph (2021): Begeistern! Wie Unternehmen über sich hinauswachsen. 1. Auflage. Stuttgart: Schäffer-Poeschel.

Reiss, Steven (2010): Das Reiss Profile. Die 16 Lebensmotive. Welche Werte und Bedürfnisse unserem Verhalten zugrunde liegen. 2. Auflage. Offenbach: Gabal Verlag.

Roth, Gerhard/Strüber,Nicole (2018): Wie das Gehirn die Seele macht. 5. Auflage. Stuttgart: Klett-Cotta.

Roth, Gerhard/Ryba, Alica (2016): Coaching, Beratung und Gehirn. Neurobiologische Grundlagen wirksamer Veränderungskonzepte. Stuttgart: Klett-Cotta.

Roth, Gerhard (2018): Persönlichkeit, Entscheidung und Verhalten. Warum es so schwierig ist, sich und andere zu ändern. 13. Auflage. Stuttgart: Klett-Cotta.

Ryba, Alica/Roth, Gerhard (2019): Coaching und Beratung in der Praxis. Ein neurowissenschaftliches Integrationsmodell. Stuttgart: Klett-Cotta.

Schanz, Günther (2014): Eine kurze Geschichte der Betriebswirtschaftslehre. Konstanz und München: UVK Verlagsgesellschaft.

Schmoll, Julia Marie (2021): Die Maschen der Narzissten. Erkennen, verstehen, selbstbewusst Grenzen setzen. München: Gräfe und Unzer Verlag.

Schnarch, David (2016): Die Psychologie sexueller Leidenschaft. Stuttgart: J.G. Cotta'sche Buchhandlung Nachfolger GmbH.

Schwanfelder, Werner (2005): Machen macht mächtig. Überzeugend führen mit Machiavelli. Heidelberg: Redline Wirtschaft.

Seligman, Martin (2012): Flourish. Wie Menschen aufblühen: Die Positive Psychologie des gelingenden Lebens. München: Kösel-Verlag.

Sievers, Burkard (2008): Die psychotische Organisation: Eine sozioanalytische Perspektive. Erschienen in: Psyche, 62(6), S. 581-602. Stuttgart: Klett-Cotta

Sprenger, Reinhard (2015): Radikal führen. Frankfurt: Campus Verlag.

Sutton, Robert I (2017): The Asshole Survival Guide. How to deal with people who treat you like dirt. Great Britain: Penguin Random House.

Thommen, Jean-Paul/Achleitner, Ann-Kristin (2006): Allgemeine Betriebswirtschaftslehre. Umfassende Einführung aus managementtheoretischer Sicht. 5. Auflage. Wiesbaden: Gabler.

Wardetzki, Bärbel (2021): Weiblicher Narzissmus. Der Hunger nach Anerkennung. 2. Auflage. München: Kösel-Verlag.
Wöhe, Günter (2002): Einführung in die allgemeine Betriebswirtschaftslehre. 21. Auflage. München: Verlag Franz Vahlen.

**Zeitschriften & Fachartikel:**

Frankfurter Allgemeine Personaljournal. Das HR-Magazin für die digitale Transformation. HR-Trends 2022. Ausgabe 06/2021.
Hartmann, Corinna: Die übersehenen Narzisstinnen. Erschienen in Spektrum der Wissenschaft kompakt (02/2022). Stuttgart: Spektrum der Wissenschaft Verlagsgesellschaft.
Harvard Business Manager Heft 05/2021.
Konfliktdynamik, 1. Jahrgang, Heft 1/2012.
Konfliktdynamik, 3. Jahrgang, Heft 2/2014.
Levold, Tom: Die Bewegung der Beziehung. Erschienen in: Kontext. Zeitschrift für systemische Perspektiven. Nr. 37,1 (2006), S.74-81. Göttingen: Vandenhoeck & Ruprecht Verlage.
Miller, Alice: Depression und Grandiosität als wesensverwandte Formen der narzisstischen Störung. Erschienen in: Psyche,1979,33(2),132-156.
Otto, Anne: Passiv-aggressiv. Erschienen in Psychologie Heute (10/2019). Weinheim: Beltz.
Paulus, Jochen, im Interview mit Peter Fiedler: Nie mehr der Narzisst von Station 6. Erschienen in: Psychologie Heute. Das Dossier „Narzissmus" (02/2023). Ursprünglich erschienen in: Psychologie Heute (10/2022). Weinheim: Beltz.
Psychologie Heute, Dossier Narzissmus 02/23.

**Weblinks:**

Für die Gültigkeit der Links sowie die Inhalte der Anbieter können wir keine Verantwortung übernehmen. Die letzten Aufrufe beziehen sich auf Juni 2024.

ADHSpedia Enzyklopädie (2023): Narzisstische Persönlichkeitsstörung und ADHS (https://www.adhspedia.de/wiki/Narzisstische_Pers%C3%B6nlichkeitsst%C3%B6rung_und_ADHS)
Angerer, Peter/Dragano, Nico/Herbig, Britta (2013): Gesundheitliche Situation von langzeitarbeitslosen Menschen (https://www.aerzteblatt.de/archiv/140497/Gesundheitliche-Situation-von-langzeitarbeitslosen-Menschen)
Berufsverbände für Neurologie, Psychiatrie und Psychotherapie, Psychosomatik sowie Kinder- und Jugendpsychiatrie in Deutschland (2018): Narziss-

tische Persönlichkeitsstörung oft kombiniert mit weiteren Störungsbildern (https://www.neurologen-und-psychiater-im-netz.org/neurologie/ratgeber-archiv/artikel/narzisstische-persoenlichkeitsstoerung-oft-kombiniert-mit-weiteren-stoerungsbildern/)

Buhler, Patricia M./Worden, Joel D. (2016): The Cost of Poor Communication (https://www.shrm.org/topics-tools/news/organizational-employee-development/cost-poor-communication)

Chapman, Bob (2019): Leadership Lesson: Herb Kelleher of Southwest Airlines (https://www.barrywehmiller.com/post/blog/2020/03/04/leadership-lesson-herb-kelleher-of-southwest-airlines)

Charité-Universitätsmedizin Berlin und der Freien Universität Berlin im Rahmen einer Kooperation im Excellenzcluster „Languages of Emotion" (http://www.loe.fu-berlin.de/)

Ertl, Sabine (2016): Um sich selbst kreisende Liebe (https://www.wienerzeitung.at/h/um-sich-selbst-kreisende-liebe)

Faulstich, Peter (2011): Aufklärung – Der Zugang zum Wissen und die Macht seines Gebrauchs (https://www.die-bonn.de/doks/report/2011-theorie-der-erwachsenenbildung-01.pdf)

Fleischer, Marie-Thérèse (2017): Wirtschaftsstudenten neigen zu Narzissmus und Rücksichtslosigkeit (https://www.spektrum.de/news/wirtschaftsstudenten-sind-narzisstisch-und-ruecksichtslos/1455229)

Graen, Amelie (2019): Domina verrät: Warum sich euer Chef danach sehnt, ein Sex-Sklave zu sein (https://www.focus.de/familie/sexualitaet/panorama-domina-verraet-warum-sich-euer-chef-danach-sehnt-ein-sex-sklave-zu-sein_id_10254284.html)

Haller, Reinhard (2014): Narzissmus in Partnerschaft, Beruf und Gesellschaft (https://www.youtube.com/watch?v=wQLO4Sp9GTU)

Haller, Reinhard (2016): Die Macht der Kränkung (https://www.youtube.com/watch?v=NwlKy68zNNs)

Hammer, Marc: Psychopath oder Führungskraft? Der schmale Grat zwischen Charme und Manipulation (https://www.linkedin.com/posts/marc-hammer_divisionone-leadership-management-activity-7199337699890130946-5Yse)

Harbinger AG (2024): Warum kündigen Mitarbeiter? Studien & Statistiken (https://www.harbinger-consulting.com/blog/warum-kuendigen-mitarbeiter/)

Haufe Online Redaktion (2022): Gründe für eine Abmahnung im Arbeitsrecht (https://www.haufe.de/personal/arbeitsrecht/abmahnung-im-arbeitsrecht-gruende-fuer-arbeitgeber_76_454548.html)

Hornung, Moritz (2020): Der Mensch im System (https://www.business-survivalist.com/der-mensch-im-system/)

Institut für Weltwirtschaft, Kiel; Wirtschafts-Archiv Frankfurter Zeitung (1939): Professor Nicklisch 60 Jahre alt. (https://dfg-viewer.de/show?tx_dlf%5Bdouble%5D=0&tx_dlf%5Bid%5D=https%3A%2F%2Fpm20.zbw.eu%2Ffolder%2Fpe%2F0128xx%2F012881%2Fpublic.mets&tx_dlf%5Bpage%5D=2&cH ash=92f353f84b179cfc504bade17dedc11d)

James Bond 007, Casino Royale: Poker Game (https://www.youtube.com/watch?v=3jQbXuvGR50)

Journal of Experimental Social Psychology 53 (2014): Where could we stand if I had…? How social power impacts counterfactual thinking after failure (https://www.researchgate.net/publication/260341281_Where_could_we_stand_if_I_had_How_social_power_impacts_counterfactual_thinking_after_failure)

Kalcher, Trude (2017): Ganzheitliches Systemkonzept einer Organisation – eine Einführung in die 7 Wesenselemente (https://www.trigon.at/wp-content/uploads/2017/09/Ganzheitliches-Systemkonzept-einer-Organisation-%E2%80%93-eine-Einf%C3%BChrung-in-die-7-Wesenselemente.pdf)

König, Verena (2019): Toxische Menschen erkennen, verstehen und mit ihnen umgehen (https://member.verenakoenig.de/blog/46-toxische-menschen-erkennen-verstehen-und-mit-ihnen-umgehen/)

Magenheim, Thomas (2022): Studien zeigen – großer Frust in Deutschlands Belegschaften (https://www.rnd.de/wirtschaft/studien-zeigen-grosser-frust-in-deutschlands-belegschaften-NCRDX55DKBG5VNPJ6GLWLZY67Q.html)

Mattenberger, Matthias M. (2024): Was bedeutet BANI? (https://fh-hwz.ch/news/was-bedeutet-bani)

MedTriX GmbH (2015): Burn-out – jetzt auch offiziell eine Krankheit (https://www.journalmed.de/news/lesen/burn_out_offiziell_krankheit)

Osterath, Brigitte (2018): Bewusste Gefühle (https://www.dasgehirn.info/denken/emotion/bewusste-gefuehle)

Pauen, Michael im Gespräch mit Ralf Caspary von SWR2 im März 2020: SWR Südwestrundfunk (2020): Macht stiftet Frieden – Ein neues sozialpsychologisches Konzept (https://www.swr.de/swr2/wissen/macht-stiftet-frieden-1-2-swr2-wissen-aula-2020-03-15-100.html)

Pietzko, Sylvia (2020): Der bipolar gestörte Narzisst und der empathische Mensch (https://www.sylvia-pietzko.de/der-bipolar-gestoerte-narzisst-und-der-empathische-mensch/)

Pietzko, Sylvia (2022): Kennzeichen von starkem Narzissmus: die vier ‚E'. (https://www.sylvia-pietzko.de/kennzeichen-von-narzissmus/)
Pitzke, Marc (2021): Du kommst aus dem Gefängnis frei (https://www.spiegel.de/ausland/donald-trump-143-begnadigungen-in-letzter-minute-a-c510082c-4749-4e7b-a141-cc056addaccf)
Poppenborg, Mark (2015): Eine kompakte Einführung in die Systemtheorie https://intrinsify.de/systemtheorie-wieso-sie-fuer-moderne-unternehmensfuehrung-unverzichtbar-ist/
Radtke, Rainer (2024): Arbeitsunfähigkeitsfälle aufgrund von Burn-out-Erkrankungen* in Deutschland in den Jahren 2004 bis 2022 (https://de.statista.com/statistik/daten/studie/239872/umfrage/arbeitsunfaehigkeitsfaelle-aufgrund-von-burn-out-erkrankungen/)
Reintjes, Dominik (2022): Wer braucht schon Harmonie – die meisten Beschäftigten streben nach Macht (https://www.wiwo.de/erfolg/management/psychologische-studie-wer-braucht-schon-harmonie-die-meisten-beschaeftigten-streben-nach-macht/28537844.html)
Reisinger, Christian (2018): The business of business is business? (https://www.climatepartner.com/de/wissen/insights/business-business-business)
Rettig, Daniel (2014): Macht fördert die Lernfähigkeit (https://www.wiwo.de/erfolg/trends/studie-macht-foerdert-die-lernfaehigkeit/9676504.html)
Schmidt, Manfred G.: Psychoanalytische Beratung von Organisationen https://www.psychoanalyse-aktuell.de/artikel-/detail?tx_news_pi1%5Baction%5D=detail&tx_news_pi1%5Bcontroller%5D=News&tx_news_pi1%5Bnews%5D=142&cHash=8586aa46344e4160de8b6d5d7100d3fe
Schröder, Wolfgang (2023): Zur Rolle von Werten – drei Perspektiven. (1) Wie Werte als Verhaltensgrundlage wirken. Ergebnisse aus 40 Jahren Werteforschung in Deutschland (https://gws-kybernetik.org/zur-rolle-von-werten-drei-perspektiven-1-wie-werte-als-verhaltensgrundlage-wirken-ergebnisse-aus-40-jahren-werteforschung-in-deutschland)
Schröder, Wolfgang (2023): Gallup-Studie23: Stress-Hochburg Deutschland, aber es liegt nicht an Führungskräften (https://www.linkedin.com/pulse/gallup-studie23-stress-hochburg-deutschland-aber-es-liegt-schroeder/)
Shoichi, Ohashi (1997): Gegenwärtige Bedeutung der Betriebswirtschaftslehre (https://core.ac.uk/download/pdf/288122928.pdf)
Stakenborg, Tim (2024): Studie: Berufen narzisstische CEOs eher Narzissten in den Vorstand? (https://www.personalwirtschaft.de/news/hr-organisation/studie-berufen-narzisstische-ceos-eher-narzissten-in-den-vorstand-174087/)

Statistisches Bundesamt (2023): Women in executive positions: Germany below EU average (https://www.destatis.de/Europa/EN/Topic/Population-Labour-Social-Issues/Labour-market/Female_Executive.html)

Thommen, Jean-Paul: Normative Betriebswirtschaftslehre (https://wirtschaftslexikon.gabler.de/definition/normative-betriebswirtschaftslehre-41614)

Ver.di - Vereinte Dienstleistungsgewerkschaft: Mobbing am Arbeitsplatz – was kann ich tun? (https://macht-immer-sinn.de/mobbing-am-arbeitsplatz)

Versicherungsmagazin.de/Springer Fachmedien Wiesbaden GmbH (2018): Die häufigsten Ursachen für eine BU (https://www.versicherungsmagazin.de/rubriken/branche/die-haeufigsten-ursachen-fuer-eine-bu-2239213.html)

Weiss, Bertram/Witte, Sebastian: Psychologie: Wie wir unsere Stärken entfalten (https://www.geo.de/magazine/geo-wissen/1001-rtkl-persoenlichkeit-psychologie-wie-wir-unsere-staerken-entfalten)

Welt/Axel Springer Deutschland GmbH (2019): Weltgesundheitsorganisation erkennt Burn-out als Krankheit an (https://www.welt.de/gesundheit/article194300605/WHO-erkennt-Burn-out-erstmals-als-Krankheit-an.html)

Wikimedia Foundation Inc. (2023): Macht (Begriffsklärung) (https://de.wikipedia.org/wiki/Macht_(Begriffskl%C3%A4rung))

Wikimedia Foundation Inc. (2024): Jack Welch (https://de.wikipedia.org/wiki/Jack_Welch)

Wlodarek, Eva (2024): Anleitung zur Respektlosigkeit (https://www.youtube.com/watch?v=GF_Yswf8MIk)

Zimmerman, Mark (2023): Narzisstische Persönlichkeitsstörung (NPS) (https://www.msdmanuals.com/de-de/profi/psychiatrische-erkrankungen/pers%C3%B6nlichkeitsst%C3%B6rungen/narzisstische-pers%C3%B6nlichkeitsst%C3%B6rung-nps)

**Sonstige Quellen:**

Kraft, Hanna (2016): Narzissmus und Leadership. Persönlichkeitsakzentuierung als kritischer Faktor in Führungspositionen, Master-Thesis an der FOM Hochschule für Ökonomie & Management

König, Verena: Webinar Empathie als Schlüssel und Falle am 21.07.2019.

König, Verena: Ausbildungsunterlagen Traumasensibles Coaching / Neurosystemische Integration, Jahrgang 2023/24.

Löhner, Michael: Seminarunterlagen

Schäfer, Bodo: Online-Kurs Wahrer Wohlstand.
Stahl, Stefanie: Podcast „So bin ich eben!“. Folge vom 12.01.2022 über toxische Beziehungen, zusammen mit Christian Hemschemeier.

## Danksagungen

Ohne euch hätten wir dieses Buch nicht schreiben können.

**Marion dankt:**

Sylvia Pietzko – ohne dich wäre das Buch erst viel später und nicht in dieser Form entstanden. Danke für deine unermüdliche Schaffenskraft und das enorme Tempo in der Entstehungsgeschichte dieses Werkes.

Ihren Kindern Maximilian Pauli, Raphaela Thiel für ihren liebevollen Support und die Einbringung.

Egbert Cardinal von Widdern für den fachlichen Support und das besondere Vorwort. Sowie Jan Kappeler für die wertvollen Impulse.

Klaus Brockhoff für die fachlich tiefen Einblicke in die Geschichte der Betriebswirtschaft.

Heinz Kußmaul für die freundliche Genehmigung, seine Grafik zum Wirtschaftskreislauf nutzen zu dürfen, und sein Buchgeschenk.

Pablo Hagemeyer, Max Happel, Alica Ryba, Klaus Eidenschink, Markus Rudolf, Heribert Wiedenhues, vielen lieben Unterstützern, die anonym bleiben wollen, besonders auch den Menschen, die mich Narzissmus in allen Facetten erleben ließen und sehr zu der Entstehung dieses Werkes beigetragen haben.

Meinen Freuden, besonders Gabi, Bernd, Stefan, Markus, Chris, Barbara, Barbora, die Kartenrunden, die mich mit Heiterkeit erfüllt haben. Ohne euch wäre ich verhungert, verzweifelt, vereinsamt oder im Sumpf dieser Thematik versunken. Danke für euer Gegengewicht.

Meinen Studierenden an der Hochschule Koblenz für den Probelauf unseres Tests und die engagierten Rückmeldungen.

Frank Moseler und Lutz Kindler vom MONREPOS – Archäologisches Forschungszentrum und Museum für menschliche Verhaltensevolution.

Den vielen qualifizierten Vortragenden auf YouTube, besonders Reinhard Haller und Raphael Bonelli.

**Sylvia dankt:**

Marion Thiel – ohne dich hätte es dieses Buch in dieser Form niemals geben können. Danke auch für die coole Idee zum Titel!

Stephan Pietzko – für einfach alles.

Paul und Kara, dass ihr eure Mutter in den Monaten des Schreibprozesses ausgehalten habt; Kara für ihre Mithilfe beim hervorragenden Transkribieren eines Interviews und für die Wellness-Anwendungen. Mit elf Jahren nicht selbstverständlich.

Carsten Nessler, ohne den ich verhungert wäre, für den beständigen Support.

Familie Schminke für das so häufige ‚Asyl‘ für meine Tochter.

Silke Herrmann und Niels Pfläging für die Einladung zur Buchparty 2019.

Dennis Brunotte, den ich dort kennengelernt habe, für die Beratung und den Verlagskontakt.

Dagmar Reiche für die Supervision des Buchlayouts.

Der gesamten BCE-Gruppe für regelmäßiges Feedback und Ermutigung.

Franziska Pille – du weißt, warum …

Egon Benz, ohne den ich mit 16 Jahren in die falsche Richtung abgebogen wäre.

**Wir danken:**

Assunta Hoffmann und Thomas Ammon für das Vertrauen in unsere Idee.

Allen, die uns Feedback, Geschichten oder sonstigen Support gegeben haben: André Hansen, Andrea Spiller, Andreas Dörich, Angela Harde, Anja Greb, Bernd Schmidt, Carina Schäfer, Carmen Hübler-Bartholomä, Christiane Reda, Christine Fröhler, Daniela Fink, Dennis Raudies, Dominik Danz, Eva Baumeister, Frank Schwettmann, Franziska Conrady, Guido Bücker, Hanna Kraft, Heike Heilmann-Weishaupt, Ingrid Zorić, Jana Effertz und ihrem Team, Jannis Acosta, Jens Hilzensauer, Johann Wolkow, Julia Käser und ihrem Leadership-Club, Karsten Simon, Kris Beer, Lydia Löffler, Marc Löffler, Marco Hornung, Markus Engel, Martin Wsizenegger, Nicole Schwalbach, Nina Fischer, Petra Staudenmaier, Reinhard Renter, Sebastian Berger, Sylvia Pruy, Thomas Döring, Tobias Maas, Ulf Hecht, Vera Gebhardt, Viktoria Schütz, Wolfgang Marschall.

Und allen Freunden und Bekannten, die uns durch das ein oder andere liebe Wort Mut gemacht, an die Notwendigkeit dieses Buches geglaubt und es bereits vorbestellt haben.